Java SE 12 基础

蔡文龙 何嘉益 张志成 张力元

清华大学出版社

北 京

内 容 简 介

本书是由教授 OCJP(原 SCJP)认证、MTA Java 认证、Java 课程的教师以及 OCJP 认证专家群，针对目前初学者学习程序设计应具备的基本素养所编写的 Java 入门教材。本书主要介绍了 Java 程序设计的基本流程、数组与方法、对象与类、继承、接口与多态、异常处理、集合与泛型、多线程、I/O 常用类、Swing 窗口程序设计、JDBC 数据库程序设计、Lambda 表达式等内容。本书除了数据库、Swing、Lambda 和专题的章节外，所有章节融入了 OCJP 与 MTA Java 认证的概念，还提供 OCJP 与 MTA Java 具有代表性的认证实例练习，训练初学者考取 OCJP 与 MTA Java 的基本素养。

本书可作为初学者学习 Java 程序设计以及 OCJP 与 MTA Java 认证必修的入门书，也可作为教师教授 OCJP 认证、MTA Java 认证、Java 课程的教材。

北京市版权局著作权合同登记号　图字：01-2019-3587

图书在版编目(CIP)数据

Java SE 12 基础 / 蔡文龙　等编著. —北京：清华大学出版社，2020.8
ISBN 978-7-302-55173-7

Ⅰ. ①J…　Ⅱ. ①蔡…　Ⅲ. ①JAVA 语言－程序设计　Ⅳ. ①TP312.8

中国版本图书馆 CIP 数据核字(2020)第 049582 号

责任编辑：王　定
装帧设计：孔祥峰
责任校对：成凤进
责任印制：杨　艳

出版发行：清华大学出版社
网　　址：http://www.tup.com.cn，http://www.wqbook.com
地　　址：北京清华大学学研大厦 A 座　　邮　　编：100084
社 总 机：010-62770175　　邮　　购：010-62786544
投稿与读者服务：010-62776969，c-service@tup.tsinghua.edu.cn
质 量 反 馈：010-62772015，zhiliang@tup.tsinghua.edu.cn
印 装 者：三河市铭诚印务有限公司
经　　销：全国新华书店
开　　本：185mm×260mm　　印　　张：28.25　　字　　数：740 千字
版　　次：2020 年 8 月第 1 版　　印　　次：2020 年 8 月第 1 次印刷
定　　价：88.00 元

产品编号：082165-01

编者序

经过 20 多年的发展，Java 技术不断推陈出新。2019 年 3 月，Java 12 正式发布，新的版本给用户带来了新的体验。曾经有人这样说过，有了 Java，你不需要担心自己因体力不支而不能登上更高的技术楼层，Java 会像电梯一样，承载它的用户轻松到达任何高度。Java 是一种功能强大的编程语言，以其完全面向对象和跨平台的特点风靡全球，它是目前国内外最为流行和应用最广泛的编程技术。

虽然市场上已经有很多有关 Java 的书籍，但大多都晦涩难懂，让人看不下去，实用性不强。台湾碁峰资讯股份有限公司出版的《Java SE 12 基础必修课》一书，是由 OCJP(原 SCJP)认证专家及有多年授课经验的教师共同编著，针对初学者学习程序设计所应具备的基本技能而编写的 Java 入门教材。与同类书籍相比，本书摆脱了一般书籍中枯燥的语法讲授，以实际应用为主，理论联系实际，提供了大量且浅显易懂的实例，增强了本书的实用性和可操作性。通过实例引导读者，进而掌握学习完全面向对象编程语言的思想和方法。

本书的原版书采用繁体字编写，繁体版与简体版在表达方式上存在很多差异，若想进一步推广使用，需要进行繁简转换。但是，繁体版与简体版在用字、数据表示、译名、标点符号、排版等方面有所差异，如同一事物使用的词语表达不同，同一词语表达的事物也有所不同。因此，这并不是一个简单的繁简转换工作，在转换过程中需要把其中很多繁体版用语改编为可以理解的简体版文字。受清华大学出版社的委托，我们组织富有经验的一线教师对本书进行文字转换和改编工作。在改编过程中，编者们认真研究繁体版的术语用法，并结合自己多年的教学经验和工程实践经验，所有的图示和代码都增加了注释，就是为了帮助读者降低难度，快速入手；大量改用简体版常用的表达方式，而不是一味地介绍术语、概念和原理，其工作量之繁重，并不亚于一本新书的编写。

全书共分 17 章，首先介绍了 Java 语言的特点、基本数据类型、结构化程序设计的基本思想(Java 从面向过程语言继承过来，仍然采用模块化的思想)，通过与现实世界的对比，讲述了面向对象编程的基本特征；其次介绍了多线程、异常处理、泛型、常用的 Java 类、图形界面设计、事件处理、输入输出流、数据库编程等技术；最后介绍了 Lambda 表达式和游戏编程技术，并提供了多个实用的例子。本书还介绍了 Java 10 以后新增的功能 Var，使用 Var

声明局部变量，可以不需要先指定变量的数据类型，而是交由 Java 编译器自动推断变量的数据类型，程序设计将更具弹性。此外，本书还介绍了 Java 12 提供的 switch 新语法，通过 switch 新语法让撰写程序更加精简。

本书非常适合零基础的自学者，也适合作为高等院校编程技术的教材。无论读者是否从事计算机相关行业，是否接触过 Java，都能从本书中找到最佳的起点。本书结合实际工作中的范例，由浅入深、循序渐进，逐一讲解 Java 的各种知识和技术，让初学者从范例练习中学习到程序设计的思想与技巧，了解 Java 的运行原理。本书除了数据库、Swing、Lambda 和专题的章节之外，所有章节融入 OCJP 与 MTA Java 认证的概念，还加入 OCJP 与 MTA Java 认证实例练习小节，并针对 OCJP 与 MTA Java 类似题做详解说明，读者可以随时自我检测巩固所学知识。本书最后以两个游戏开发项目来总结本书所学内容，帮助读者在实战中掌握知识，轻松拥有项目经验。

本书由郑州升达经贸管理学院的何保锋负责全书的文字转换和改编工作，此外，郑州工业应用技术学院的孙滨参与了第 3~9 章内容的整理，郑州升达经贸管理学院的张小峰参与了第 10~14 章内容的整理，在此表示衷心的感谢。

由于繁体版和简体版表达方式不同，以及台湾作者的写作风格与大陆作者也有所差异，本书的文字转换和改编工作难免存在疏漏之处，欢迎读者批评指正。

本书提供课件、实例程序源文件、习题参考答案及源代码，读者可扫描下方二维码获取：

课件

实例程序源文件

习题参考答案及源代码

编　者

2020 年 5 月

序

随着计算机硬件技术不断发展，软件技术也日新月异。程序语言经历了早期的机器语言、汇编语言、FORTRAN、COBOL、BASIC、C、PHP、Java、C++和C# 等，一直不断发展。新程序语言不断地被推出，一些早期的程序语言不断地被淘汰，经过近 20 年的发展，Java 语言已成为目前的主流，其原因是 Java 以面向对象的思想来设计程序。使用 Java 的最大好处是其有跨平台、易扩展等特点，适合开发窗口应用程序、Web 应用程序、云端应用程序及 Android 移动终端应用程序等。

本书有别于市面上的其他书籍，是由 OCJP(原 SCJP)与 MTA Java 认证讲师、教授 IJava 课程的教师以及 OCJP 认证专家群，针对目前初学者学习程序设计应具备的基本素养所编写的 Java 入门教材。书中理论与实践相结合，范例浅显易懂且具代表性和实用性，非常适合教学和自学。

由于 Java 功能强大，非一本书就能完整介绍，本书只针对程序设计的基本流程、面向对象程序设计、多线程、异常处理、泛型、文件 I/O、Swing 窗口程序设计、事件处理、JDBC 数据库程序设计以及常用的 Java 类分别做介绍。此外还介绍了 Lambda 表达式以及 Java 10 新增的功能 Var。使用 Var 声明局部变量，可以不需要先指定变量的数据类型，而是交由 Java 编译器自动推断变量的数据类型，程序设计将更具弹性。此外，本书还介绍了 Java 12 提供的 switch 新语法，通过 switch 新语法让撰写程序更加精简。

本书每个单元由浅入深、循序渐进，让初学者从范例练习中学习到程序设计的思想与技巧，了解 Java 的运行原理。本书除了数据库、Swing、Lambda 和专题的章节外，所有章节融入了 OCJP 与 MTA Java 认证的概念，还加入 OCJP 与 MTA Java 认证实例练习小节，并针对 OCJP 与 MTA Java 类似题做详解说明，此外附录 A 提供完整的 MTA Java 认证模拟试题，以供学习者练习达到相辅相成之效。本书修改了上一版的错别字部分，更换了合适且具代表性的范例，并加强范例说明，既可作为初学者学习 Java 程序设计以及 OCJP 与 MTA Java 认证必修的入门书，也可作为教师教授 OCJP 与 MTA Java 认证、Java 课程的教材。

本书主要特色如下：

- 培养程序设计基本素养
- 范例具代表性与实用性
- 观念与内容以OCJP与MTA Java认证架构为主
- 提供OCJP认证试题实例练习
- 提供MTA Java认证试题实例练习
- 完整面向对象程序设计介绍
- 详述解题技巧，培养逻辑思维能力
- 提升自我解题能力，能学以致用于职场
- 培养参与整合型程序规划的技能
- 培养简易专题制作能力

本书虽经多次精心校对，难免百密一疏，尚祈读者不吝指正，以期再版时能更趋扎实。感谢蔡文龙与周家旬小姐细心校稿与提供宝贵的意见，张思婷小姐精美的封面设计，以及碁峰同仁的鼓励与协助，使得本书得以顺利出书。在此声明，书中所提及相关产品名称皆为各所属公司之注册商标。

吴明哲 策划

侨光科技大学多媒体与游戏设计系 蔡文龙 编著

OCJP 认证专家 何嘉益、张志成、张力元 编著

目录

第 1 章

Java 概述

- ✧ Java 的兴起
- ✧ Java 的特点
- ✧ 安装 Java SE 12
- ✧ 使用“记事本”编写 Java 程序
- ✧ 安装 Eclipse
- ✧ 在 Eclipse 集成开发环境下编写 Java 程序
- ✧ Java 程序结构
- ✧ 创建程序说明文档
- ✧ 反编译程序
- ✧ 认证实例练习

1.1 Java 的兴起

1.1.1 Java 的由来

Java 程序语言从 1995 年正式问世以来，其间有起有落。但是由于 Java 具备跨平台的特点，以及可以设计智能手机、平板计算机等设备的 APP 程序，使得 Java 再度受到重视。

Java 语言原来的名字叫做 Oak。1990 年 12 月，Sun 公司成立 Green Team 小组，这个小组的主要任务是开发一种分布式系统，希望能够应用在微波炉等家用电器的产品上。1992 年 9 月 3 日，Green Team 发表了一款名叫 Star Seven (* 7)的机器，它类似现在的智能手机。Star Seven 拥有相当丰富的功能，具有无线通信、5 吋彩色的 LCD、触摸屏、16 位色彩、PCMCIA 接口等特点，甚至可以看电视。

Green Team 本来用 C++语言开发 Star Seven 上的应用程序，但是后来发现 C++语言不能满足预期的要求，因此自行设计了一种新的程序语言——Oak(因公司门外种了一棵 Oak 橡树而取名)。但是，在将 Oak 注册为商标时却发现该名字已经被注册了。经过多次讨论，决定以小组成员常去的咖啡店的店名 Java 来命名(Java 本来是一种咖啡豆的产地名称)，1995 年 5 月 23 日正式命名为 Java。Java 语言的标志和 Java 语言的吉祥物分别如图 1-1、图 1-2 所示。

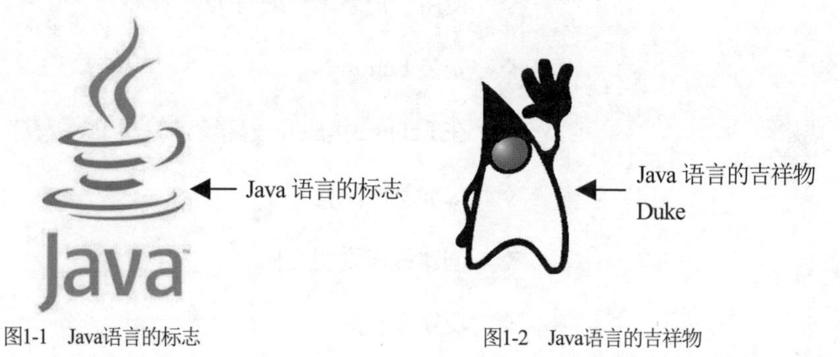

图1-1　Java语言的标志　　图1-2　Java语言的吉祥物

Java 问世后并没有受到市场的青睐，直到第一个全球信息网浏览器 Mosaic 诞生。因为 Java 可以编写出功能强大且具有互动性的网页，从此 Java 受到大众的瞩目，成为著名的程序设计语言。

1.1.2 Java 的版本

Java 备受程序设计师欢迎，Sun 公司不断推出更新的版本。Java 程序开发者版本名称为 **J**ava **D**evelopment **K**it，简称为 JDK，早期版本为 JDK 1.1.4 ~ JDK 1.1.8。1998 年 Sun 公司发布 Java 程序开发平台 Java 2 Platform，平台包含 JDK 和 Java 程序语言，标准版本为 J2SE 1.2 ~ J2SE 1.4.2。直到 2004 年的 J2SE 1.5 版本，为凸显语法和功能的重大改变，版本改命名为 J2SE 5.0。2006 年推出新版本时，再次改名为 Java SE 6。

Sun 公司在 1999 年公布 Java 的体系架构，根据应用开发的级别分为三种版本：J2SE(Java 2 Platform, Standard Edition)——Java 的标准版，J2ME(Java 2 Platform, Micro Edition)——用于消费性电子商品及嵌入式系统，J2EE(Java 2 Platform, Enterprise Edition)——Java 的企业版。

后来 Sun 公司因为运营不佳，Java 程序迟迟未能改版，直到 2010 年 Oracle 公司收购了 Sun 公司才出现转机。2011 年 Oracle 公司正式推出 Java SE 7 版本，此次改版间隔长达 5 年之久。2014

年 3 月 18 日，Oracle 公司推出 Java SE 8 版本，不仅提供了新的 Lambda 语法，也提供了以前版本缺少的日期与时间、Stream 等 API。采用新的 JavaScript 引擎 Nashorn，使得效率更快也更轻量化。在 JVM 中则将 JRockit 和 Hotspot 做进一步的整合，提供更好的监控和管理。另外，可支持小于 3MB 的低容量 JVM，让 Java 可以在更低的配置上执行。

2017 年 9 月 21 日，Oracle 公司发表 Java SE 9 版本，其中最大的改变就是引进模块平台系统(Java Platform Module System)。使用模块平台系统，可以不用修改程序代码内容，就能改进链接库的封装性与相依性。模块化可以帮助程序设计者在编辑、维护和开发程序时更有效率，特别是在开发大型程序系统时。

2018 年 3 月 21 日推出 Java SE 10 版本，而且 Java 9 将不再推出免费的更新支持。Java 10 新增的功能中，最引人注目的就是增加了 Var 保留字。使用 Var 声明的局部变量，可以不用提前指定变量的数据类型，而是交由 Java 编译程序来推断变量的数据类型，程序设计将会更具弹性。Java 10 能并用 G1 垃圾收集器的 Young GC 和 Mixed GC 两种模式，对于垃圾收集造成的迟延问题有良好的改善，提高执行的效率。

从 Java 10 版本之后，为顺应网络环境快速的发展，每隔六个月就会发布新版本，至今 Java 11、Java 12 都如期发布。本书将以 Java SE 12 版本为主，其他 Java 版本功能的差异会在相关地方介绍说明。

1.1.3 Java SE 的组成

Java 目前最新版本为 Java SE 12，其程序开发平台可以分成 JVM、JRE、JDK 和 Java 语言四个部分，其关系如图 1-3 所示。

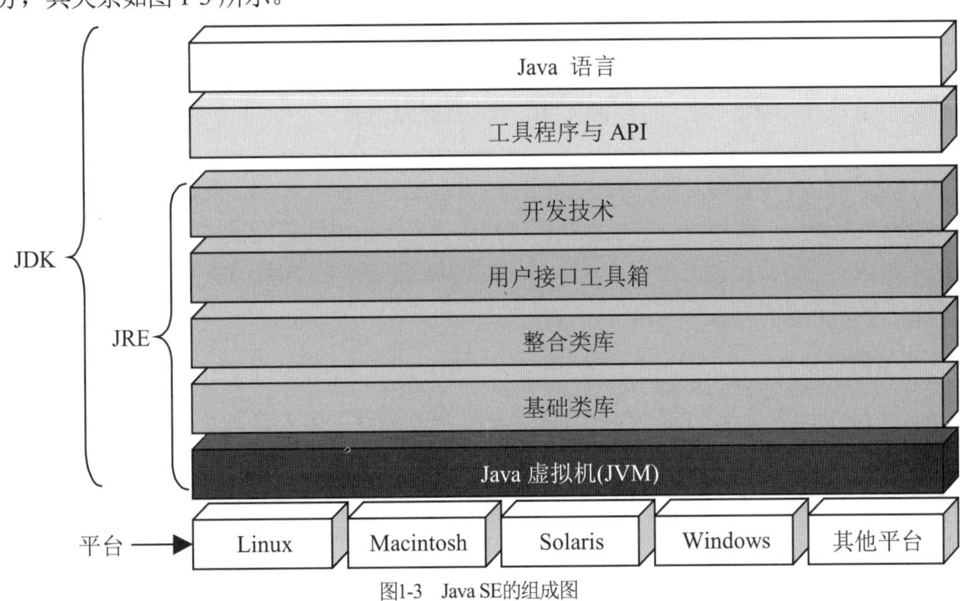

图1-3 Java SE的组成图

1.2 Java 的特点

Java 程序语言能够如此备受市场重视，一定有其特别的优点，现在让我们来认识它的特点。

1. 面向对象

在 20 世纪 80 年代，被程序设计师奉为金科玉律的结构化程序设计，渐渐地被面向对象程序设计(Object-Oriented Programming，OOP)所取代，主要是因为面向对象的程序更能应付大型的程序设计。到了 20 世纪 90 年代，面向对象程序设计受到 C++程序语言的影响，更加确立了 OOP 的地位。只要能够了解面向对象程序设计的特点，就可以很轻松地学习 Java 程序语言。

2. 跨平台

什么叫做跨平台呢？简单来说就是程序只要编译一次，便可以在各种不同的操作系统平台上执行，例如 Windows、Unix/Linux、Mac OS 等操作系统。如果程序设计师呕心沥血开发的软件，只能在一个操作系统下执行，若要跨平台就必须重新编写程序，将会浪费很多时间。但是，Java 的源代码(*.java)经过编译后所产生的.class 文件并不是一种可执行文件(*.exe)，而是一种虚拟的机器码，称为字节码(Byte codes)。这个.class 文件必须交由解释程序来执行，与计算机硬件、操作系统没有直接关系，这个解释程序就是 Java 虚拟机(Java Virtual Machine，JVM)。不论是哪种类型的配置，只要安装了 JVM，就能够执行 Java 的.class 文件。因此，程序设计师只要编写一次程序代码就可以运行在各种平台上，这可以说是程序设计师的一大福音。

为了实现跨平台，程序执行时必须通过 JVM 解释执行，所以会影响程序执行的效率。所幸 Java 的 JVM 采用了一种称为 JIT (Just In Time compilation)的技术，只要额外运用少量的内存空间，就可以大幅提升解释的效率。Java 程序跨平台执行过程如图 1-4 所示。

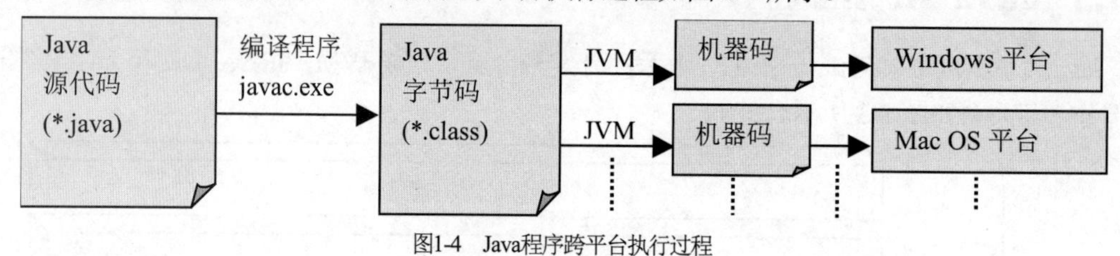

图1-4 Java程序跨平台执行过程

3. 容易学习

Java 为高级语言，即使是程序设计新手，只要投入一段时间就能很快熟悉它。如果已经学习过 C 或 C++的话，将会更容易上手。另外，Java 提供功能强大的类库，程序设计师可以直接引用，大大减少了程序开发时间。

4. 提供网络支持

Java 就是为网络而设计的语言，所以完全支持互联网的所有功能。只要安装了浏览器(如 Chrome、FireFox、Safari 等)，就能执行 Java 程序达到随时随地使用的效果。为配合网络的分布式环境，安全性是需要考虑的重要因素，Java 可以有效地防范计算机病毒的入侵和破坏行为。

5. 垃圾回收

Java 原来是针对电子产品设计的程序语言，善用宝贵的内存是它的专长。在程序执行时，JVM(Java 虚拟机)会自动将占用但不再使用的内存(垃圾)释放，以供其他程序使用。如果不释放占用的内存，很容易发生内存不足而造成死机问题。Java 可以自动对内存进行管理，不像有的程序需要自行编写程序释放对象所占用的内存。

6. 多线程

Java 另一个特别的优点就是能够以多线程的方式来执行，多线程使得同一程序可以同时处理多件不同的事情。例如，有家商店规定先进来的客人要先结账，现在有多位客人进入商店，如果第一位客人不去结账，那后来的客人都必须等待，此时柜台当然就没事干，像这样子的商店就不是多线程。如果将规定改成不管客人进商店的顺序，只要想结账，客人就可以来到柜台结账，那这就是多线程的商店。将上述的例子套用在计算机中，柜台就像是 CPU，每位客人就是一个线程，而商店就是一个程序。两者比较之下，就可以发现多线程其实是比较合理的，因为客人可以随时到柜台结账，可以使得柜台(CPU)的闲置较少。所以，多线程可以让 CPU 有效率地工作，不会因某线程而停顿闲置。

由于 Java 提供了多线程的功能，因此程序设计师在开发程序时只要在程序代码中设计好各个线程工作的条件，便能够使得程序执行时让各个线程同时去工作，这样便能够设计出更有效率的软件。

7. 异常处理

程序执行时会有非预期的情况发生，例如文件访问失败，或者是除数为零等，这些情况被称为“异常”。异常处理是解决程序在执行时所产生的错误，因此可以避免一些难以预计的 Bug (错误)。在未提供异常处理的程序中，要发现执行时的错误是一件不容易的事。Java 提供异常处理，可以为程序设计师解决许多麻烦。

1.3 安装 Java SE 12

在开发程序之前，建议先检查计算机是否已安装 JDK。因为新旧版本的 JDK 都默认安装在 C:\Program Files\Java 文件夹之中，所以先检查 C 盘是否有该文件夹。若没有，就表示没有安装过。若有，则可打开文件夹检查是否有 jdk-12 的文件夹，若有则表示已经安装目前最新版本；如果文件夹开头为 jdk-10、jdk1.9、jdk1.8……则表示为较旧的版本。JDK 包含开发 Java 程序需要的所有包，如果只是执行 Java 程序则只需要安装 JRE 即可，详细内容可以参考 1.1.3 节中 Java SE 的组成图。安装 Java SE 12 之前，建议先将旧版本卸载。

1.3.1 下载 JDK

要编写 Java 程序，需要先下载 JDK 安装程序，JDK 的下载网址如下：

http://www.oracle.com/technetwork/java/javase/downloads/index.html

通过浏览器打开下载主页面，如图 1-5 所示，单击其中的 DOWNLOAD 按钮进入对应下载网页，如图 1-6 所示。网页内容可能因版本或 Oracle 公司规划而有所不同。

如图 1-6 所示，在 JDK 下载页面中选择同意授权 Accept License Agreement，然后下载对应计算机操作系统的文件。本书默认为 64 位的 Windows 10 环境，所以选择 jdk-12.0.1_ windows-x64_bin.exe，文件名会因版本而有所不同。在该文件名上单击鼠标右键选择“将目标另存为”选项，将文件保存在指定的文件夹中。

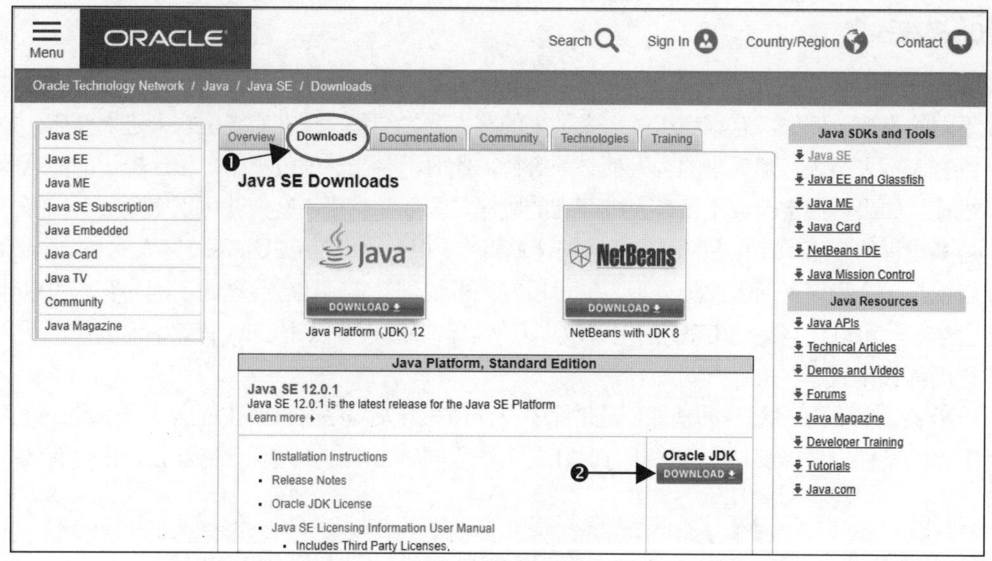

图1-5　JDK下载主页面

Java SE Development Kit 12.0.1

You must accept the Oracle Technology Network License Agreement for Oracle Java SE to download this software.

❶ → ○ Accept License Agreement　◉ Decline License Agreement

Product / File Description	File Size	Download
Linux	154.7 MB	jdk-12.0.1_linux-x64_bin.deb
Linux	162.54 MB	jdk-12.0.1_linux-x64_bin.rpm
Linux	181.18 MB	jdk-12.0.1_linux-x64_bin.tar.gz
macOS	173.4 MB	jdk-12.0.1_osx-x64_bin.dmg
macOS	173.7 MB	jdk-12.0.1_osx-x64_bin.tar.gz
Windows	158.49 MB	jdk-12.0.1_windows-x64_bin.exe ← ❷
Windows	179.45 MB	jdk-12.0.1_windows-x64_bin.zip

图 1-6　JDK 下载页面

1.3.2　安装 JDK

下载 JDK 安装软件后，执行文件 jdk-12.0.1_windows-x64_bin.exe 进入安装程序。安装过程基本上只要一直单击 下一步(N) > 按钮，最后单击 关闭(C) 按钮，即可完成安装。安装步骤如图 1-7 所示。

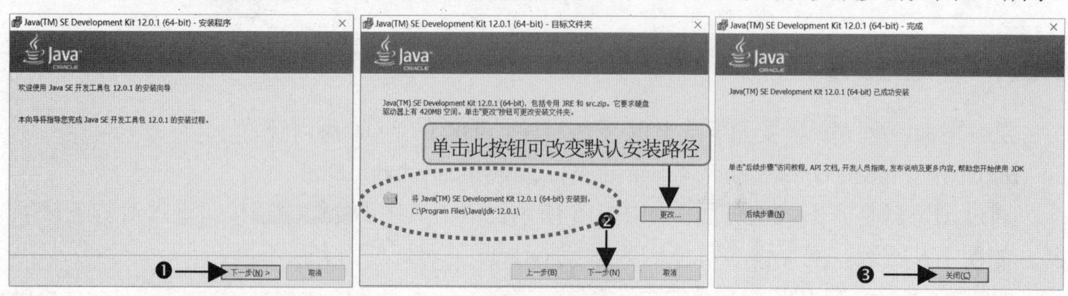

图1-7　JDK安装

1.3.3　环境变量设定

为使 Java 程序能够顺利编译和执行，要先设定好 Windows 的环境变量，下面以 Windows 10 操作系统为例说明。

Step 1 执行【控制面板/系统和安全/系统/高级系统设置】命令，会打开“系统属性”对话框。(Windows 7 与 Windows 10 操作系统操作相同)

Step 2 单击“系统属性”对话框中“高级”选项卡下的“环境变量”按钮，打开“环境变量”对话框。单击“系统变量(S)”列表框下的“新建”按钮，出现“新建系统变量”对话框。在“变量名(N)”文本框中输入 JAVA_HOME，“变量值(V)”文本框中 C:\Program Files\ Java\ jdk-12.0.1(内容请按照实际安装的路径和版本为准)。然后单击“确定”按钮，“系统变量(S)”列表中会新增 JAVA_HOME 变量，这样就完成了 JAVA_HOME 环境变量的配置，步骤如图 1-8 所示。

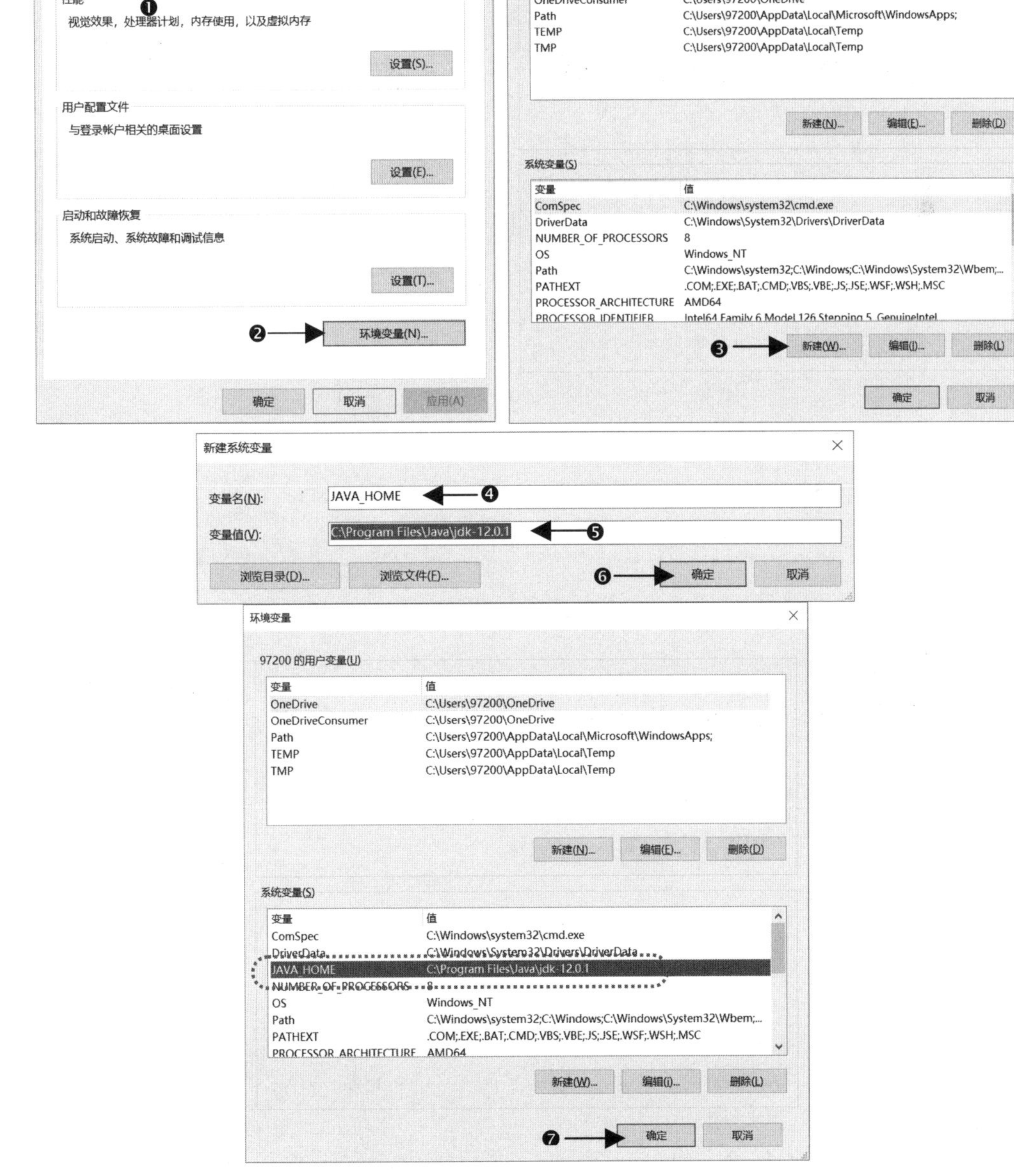

图1-8 JAVA_HOME环境变量的配置

Step 3 单击“系统变量(S)”列表框下的“新建”按钮，出现“新建系统变量”对话框。在“变量名(N)”文本框中输入 CLASSPATH，“变量值(V)”文本框中输入“.”，表示在源文件所在的文件夹即当前文件夹中寻找*.class 文件。然后单击“确定”按钮，完成环境变量 CLASSPATH 的配置，如图 1-9 所示。

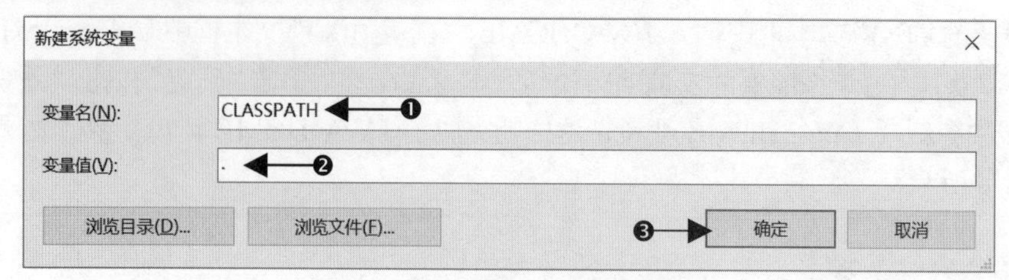

图1-9　CLASSPATH环境变量的配置

Step 4 在“系统变量(S)”列表中选择 Path 变量，然后单击“编辑(I)…”按钮。在“编辑环境变量”对话框中单击“新建”按钮，然后在文本框中输入%JAVA_HOME%\bin，其中%JAVA_HOME% 表示之前所设定的环境变量 JAVA_HOME 的值 C:\Program Files\Java\jdk-12.0.1，而\bin 代表其中的 bin 文件夹。然后单击“上移”按钮，提高%JAVA_HOME%\bin 的顺序。最后单击“确定”按钮，完成 Java 编译程序和执行文件路径的设定，如图 1-10 所示。如果没有设定 Path 变量，执行 Java 提供的执行文件(例如 java.exe)时，必须正确指定完整的路径，否则会因为找不到执行文件而造成错误。设置完成后在“环境变量”对话框中单击“确定”按钮，完成环境变量 Path 的设定。

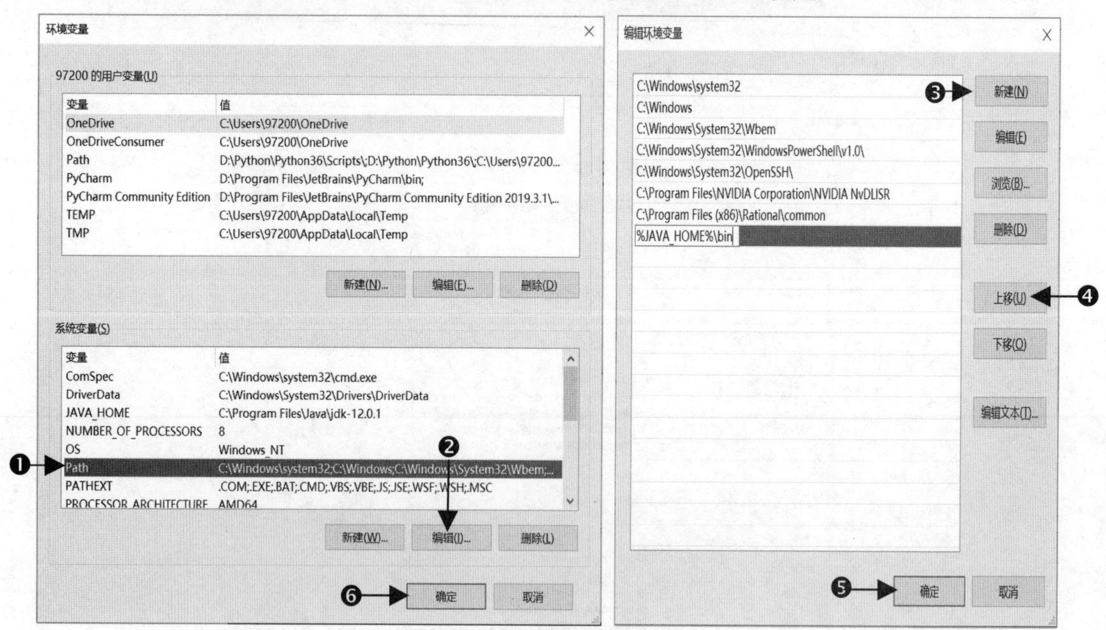

图1-10　PATH环境变量的配置

Step 5 打开“命令提示符”程序，来测试环境变量是否设定成功。如图 1-11 所示，在 Windows 10 桌面的任务栏上单击图标，在文本框中输入 cmd 后按 Enter 键，打开“命令提示符”窗口，进入 DOS 操作模式。

全部 应用 文档 电子邮件 网页 更多
最佳匹配
命令提示符
应用
搜索网页
cmd - 查看网络搜索结果
命令提示符
应用
打开
以管理员身份运行
打开文件位置
固定到"开始"屏幕
固定到任务栏
cmd

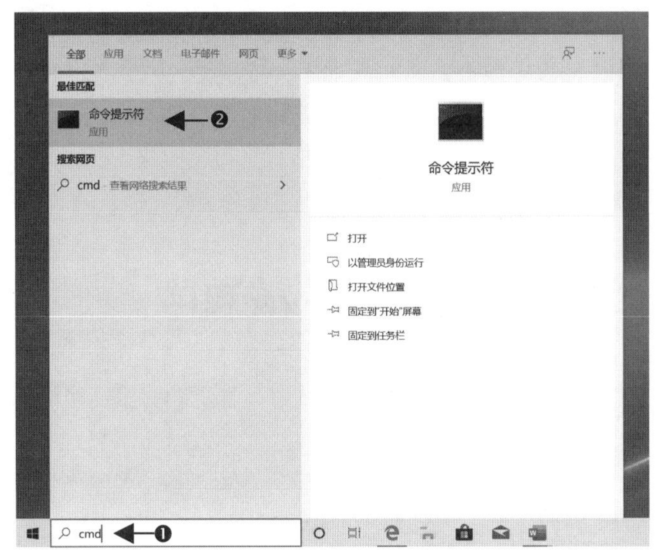

图1-11 打开“命令提示”符程序

Step 6 在“命令提示符”窗口中输入 java -version 命令，然后按 Enter 键来查看 Java 的版本，如图 1-12 所示。若出现 java version "12.0.1"…，就表示已安装好 JDK 12，并且环境变量已正确配置。

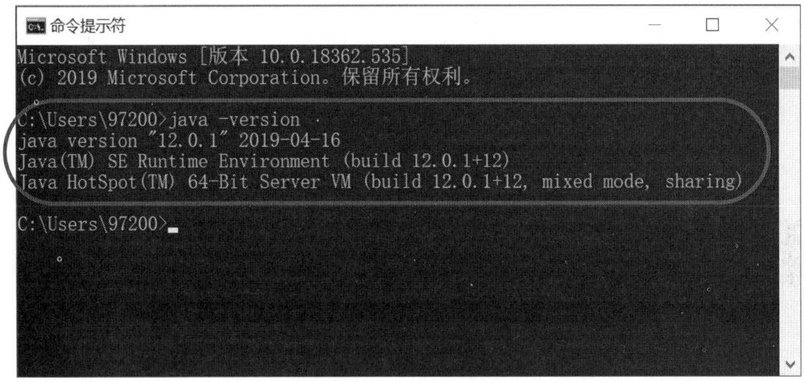

命令提示符
Microsoft Windows [版本 10.0.18362.535]
(c) 2019 Microsoft Corporation。保留所有权利。
C:\Users\97200>java -version
java version "12.0.1" 2019-04-16
Java(TM) SE Runtime Environment (build 12.0.1+12)
Java HotSpot(TM) 64-Bit Server VM (build 12.0.1+12, mixed mode, sharing)
C:\Users\97200>

图1-12 Java版本的查看

1.3.4 Java 环境的相关重要文件

完成安装 Java SE 12 后，系统默认创建 C:\Program Files\Java\jdk-12.0.1 文件夹，在此文件夹下包含许多文件及文件夹，下面说明比较重要的文件夹及文件的功能。

(1) bin 文件夹。bin 文件夹中放置一些开发工具程序，也就是安装 JDK 时 Development Tools 的选项，具体有以下几个选项。

① javac.exe：Java 编译程序，用来将 *.java 文件编译成*.class 文件。

② java.exe：Java 解释程序，用来解释执行*.class 文件。

③ javadoc.exe：从程序源代码中抽取类、方法、成员和注释等形成一个和源代码配套的 API 帮助文档。

④ javap.exe：用来将*.class 文件反编译成源程序文件*.java。

(2) conf 文件夹。conf 文件夹中放置.properties、.policy 等类型的文件，供程序开发人员使用。

(3) lib 文件夹。lib 文件夹中放置 Java 程序的各种工具类。

(4) include 文件夹。include 文件夹中放置 C / C ++的头文件(*.h)。

(5) jmods 文件夹。从 Java SE 9 起使用 JMOD 格式来封装模块，在编译时产生扩展名为.jmod 的文件，这些文件就放置在 jmods 文件夹中。

1.4 使用“记事本”编写 Java 程序

完成 JDK 的安装以及环境变量设定后，我们就可以尝试编写第一个简单的 Java 程序了！

1. 编写程序代码

打开“记事本”文本编辑器，编写 Java 程序代码，如图 1-13 所示。输入时要注意严格区分字母的大小写，而且空格只能使用英文状态下的空格或 Tab 字符。编写完成后将文件保存在 C:\Java 文件夹下，文件名为 Hello.java，编码采用 UTF-8。

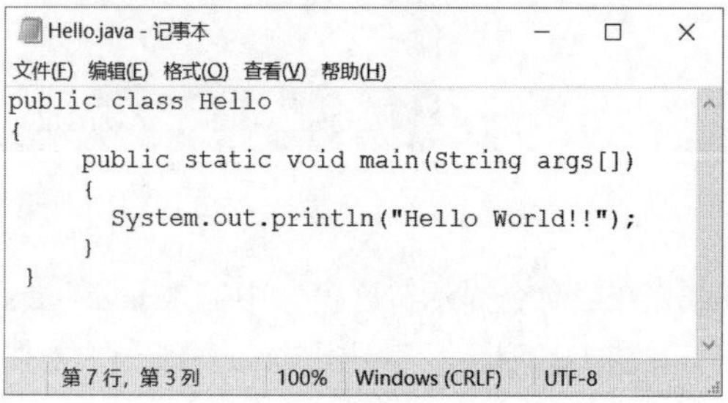

图1-13　记事本编写Java程序

```
01 public class Hello
02 {
03    public static void main(String args[])
04    {
05      System.out.println("Hello World!!");
06    }
07 }
```

说 明

(1) 程序代码前面的 01 ~ 07 编号为行号，是为方便解说程序，编写程序时请不要输入。

(2) 在 Java 中，所有的程序代码必须被包含在类之中。程序文件名称与类名称要相同，而且英文的大小写也要一致，因为在 Java 中，英文字母的大小写是视为不相同的。在第 1 行中，class Hello 说明类的名称为 Hello，因此文件命名应与类名称相同，即为 Hello。Java 文件的扩展名必须是*.java，因此程序文件的全名就是 Hello.java。

(3) 第 1 行：用关键字 class 来声明一个 Hello 类，在 class 之前加上 public，即表示这个类是公共类，可以供其他类调用。Hello 类的内容都会被放在左括号{ (第 2 行)和右括号 } (第 7 行)之中。切记，这两个括号必须成对出现，缺一不可。

(4) 第 3 行：定义 main()这个方法，在 Java 中 main()就是应用程序开始执行的起点。关键字 static 声明 main 为静态方法，void 表示 main()在结束的时候不返回任何类型的值。在 main()括号内的 String[] args，是程序执行时要传给 main()方法的参数。

(5) 第 5 行：使用 System.out.println()方法，在屏幕上输出 Hello World! !文字。Java 程序中每一行语句会以分号(;)结尾，表示该语句到此结束。

2. 编译程序

编写好 Hello.java 程序代码后，接着使用 Java 的编译程序 javac.exe，将*.java 文件编译成*.class 文件，*.class 文件是 JVM 的执行文件。在“命令提示符”窗口中输入 javac C:\Java\Hello.java 命令，然后按 Enter 键，执行 Hello.java 程序的编译，如图 1-14 所示，此时会在 Hello.java 所在的文件夹中产生一个 Hello.class 文件。

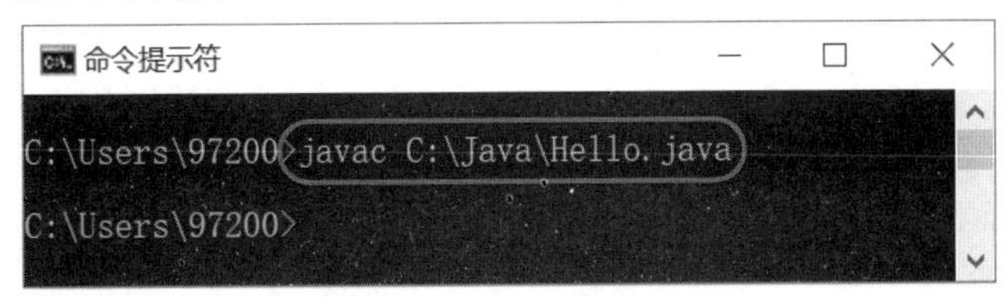

图1-14　Java程序的编译

关于 javac C:\Java\Hello.java 的语法，详细说明如下。

(1) C:\Java\Hello.java 是指定所要编译 java 文件的路径和名称。

(2) 编译后的 class 文件存放在和源文件相同的文件夹中，若要指定不同的文件夹则可以用-d 参数，例如 javac -d C:\Java\new C:\Java\Hello.java，则会将 Hello.class 保存在 C:\Java\new 文件夹中。

(3) javac.exe 编译程序可引用的参数众多，可以输入 javac -help 来查看所有参数的说明。

(4) 虽然 javac.exe 编译程序并不在目前文件夹中，但是前面已经设定好 Path 环境变量，所以可以顺利执行不会产生错误。

3. 执行程序

Hello.java 编译成 Hello.class 字节码后，可以使用 Java 解释程序 java.exe 执行 Hello.class 字节码文件。

Step 1 在“命令提示符”窗口中输入 cd C:\Java 命令后按 Enter 键，将路径切换到 Hello.class 文件所在路径中。

Step 2 在 C:\Java>下输入 java Hello 命令后按 Enter 键，执行 java.exe 程序来解释 Hello.class 文件。若显示 Hello World!!的信息，就表示第一个程序编写成功了，如图 1-15 所示。

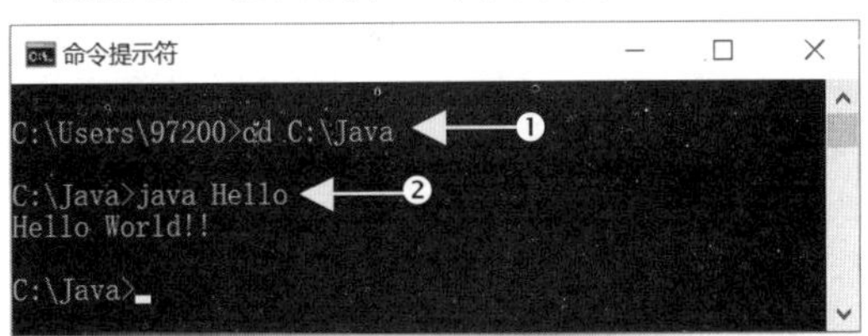

图1-15　Java程序的执行

关于 java Hello 的语法，详细说明如下。

(1) 执行前要先使用 cd 命令将当前路径切换到 Hello.class 文件所在路径中，以避免解释执行时找不到 class 文件。

(2) Hello 为指定要执行 class 文件的名称，注意文件名不可以加扩展名.class。

(3) java.exe 解释程序可以引用的参数众多，可以输入 java -help 来查看所有参数的说明。

1.5 安装 Eclipse

前一节所编写的第一个 Java 程序是使用“记事本”来编写的，虽然可行但是在编写较大的程序时将会非常辛苦，因此需要一个集成开发环境(IDE)。Java 常用的 IDE 有 Eclipse 和 NetBeans，两者各有所长。因为 Eclipse 是支持插件(Plugin)的绿色软件，支持 Windows、Linux 和 Mac OS 且能跨平台，也可以用来开发 Android 程序，所以本书将采用 Eclipse 作为 Java 应用程序的集成开发环境。目前的 Eclipse 的最新版本为 Eclipse 2019-09(4.13)，可以支持 Java 12。

1. 下载 Eclipse IDE for Java Developers

Step 1 打开浏览器输入下载网址：https://www.eclipse.org/downloads/packages/，下载网页界面会随版本不同而有所不同，如图 1-16 所示。本书默认以 Windows 10 的 64 位为操作环境，所以注意选择 Windows 版本。在下载页面上单击 Eclipse IDE for Java Developers 中的 Windows 64 Bit 下载链接。

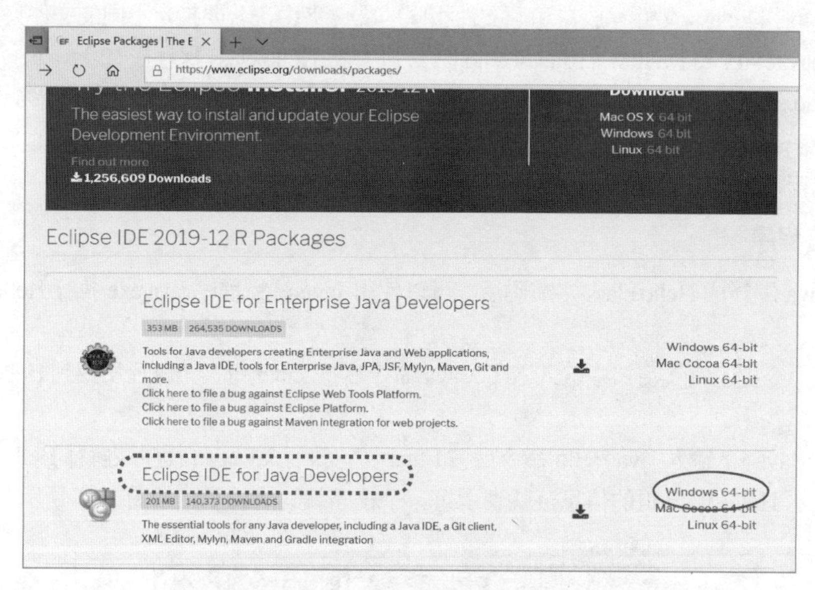

图1-16 Eclipse IDE的下载主页

Step 2 此时出现如图 1-17 所示的下载页面，直接单击 DOWNLOAD 按钮，开始下载文件。

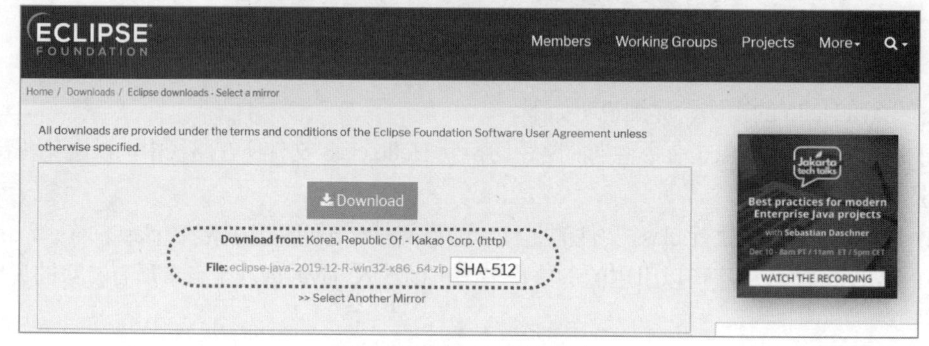

图1-17 Eclipse IDE下载页面

2. 解压缩 Eclipse IDE for Java Developers

Step 1 下载的文件为 eclipse-java-2019-12-R-win32-x86_64.zip(文件名会因版本不同而不同)，将文件保存在 C 盘路径下。

Step 2 因为该文件为 zip 压缩文件，在压缩文件上右击，执行快捷菜单中的【解压到当前文件夹(X)】命令，将会创建一个 eclipse 文件夹并将文件解压缩至该文件夹下。

3. 创建Eclipse快捷方式

Step 1 打开 eclipse 文件夹，在 eclipse.exe 应用程序上右击，执行快捷菜单中的【发送到(N) /桌面快捷方式】命令。

Step 2 上述操作完成后会在桌面上生成"eclipse- 快捷方式"图标，以后只要双击该图标，便可打开 Eclipse 开发环境。

Step 3 也可以将 eclipse 文件夹中的 eclipse.exe 应用程序直接拖曳到任务栏上，此时会将快捷方式在任务栏上显示。

1.6 在 Eclipse 集成开发环境下编写 Java 程序

前面范例中，我们使用"记事本"编辑程序代码，然后在"命令提示符"窗口中使用命令来编译和执行程序。使用 Eclipse 集成开发环境(IDE)，则可以提供较多的功能，来协助用户编写 Java 程序。

1.6.1 打开 Eclipse

到桌面上找到"eclipse- 快捷方式"图标，双击图标打开 Eclipse IDE(集成开发环境)。启动 Eclipse 开发环境时，会先出现 Eclipse Launcher 对话框。在 Workspace:文本框中输入工作区文件夹(C:\Java 为本书范例和练习的工作文件夹，也可以自行输入其他名称的文件夹)，如图 1-18 所示，然后单击 Launch 按钮。

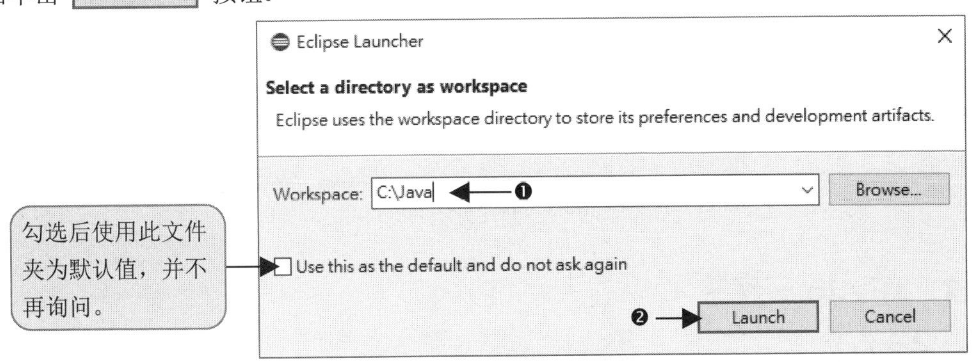

图1-18 Eclipse IDE工作区的设置

第一次启动 Eclipse 开发环境时会出现 Welcome 欢迎页面，如图 1-19 所示。可单击 Welcome 标签页的关闭按钮关闭欢迎页面。关闭欢迎页面后，显示 Eclipse 集成开发环境窗口，如图 1-20 所示。

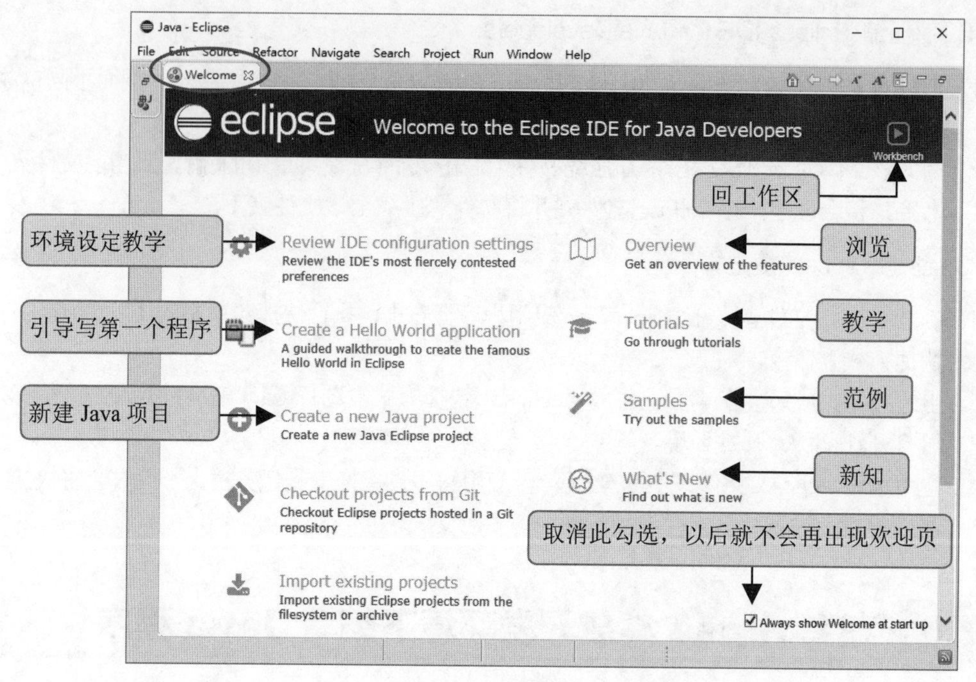

图1-19　Welcome页面

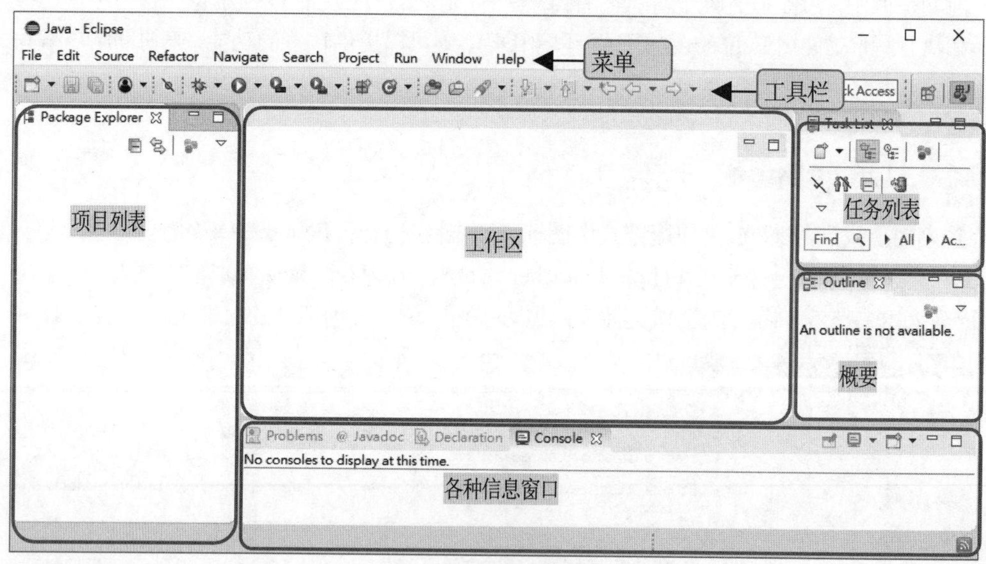

图1-20　Eclipse IDE窗口

1.6.2　编写 Java 程序

1. 新建项目

执行菜单中的【File / New / Java Project】命令，打开 New Java Project 对话框。在 Project name 文本框中输入项目名称，在本例输入 ex01。选中第一个项目 Use an execution environment JRE，本书采用 JavaSE-12，如果列表项目没有 JavaSE-12，则在下拉列表中选取适当版本。输入项目名称并选择好 JRE 版本后，单击 Finish 按钮会弹出新建模块的对话框，初次使用不需要创建模块，单击Don't Create按钮即可完成项目的新建，此时在项目列表窗口(Package Explorer)中会显示新建的项目，如图 1-21 所示。

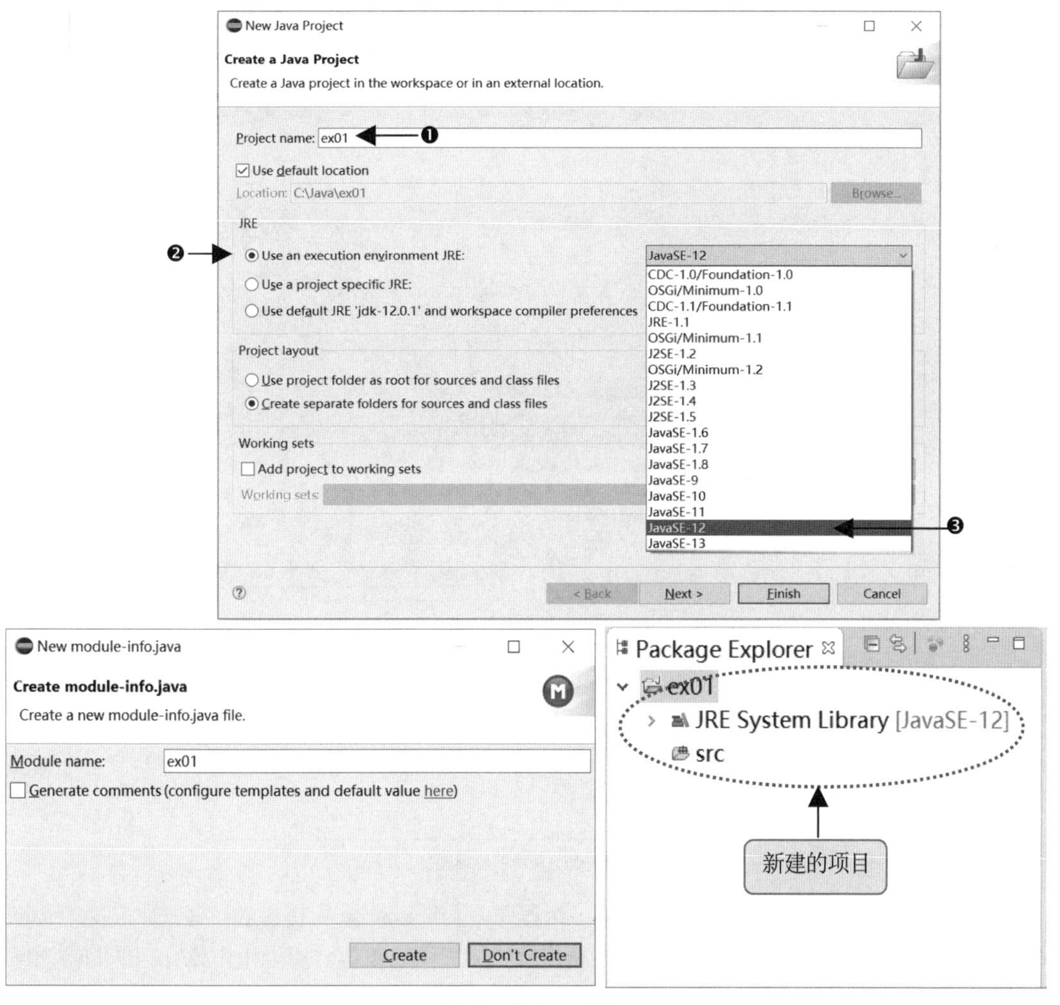

图1-21　新建Java项目

2. 新建Class文件

执行菜单中的【File / New / Class】命令，或者直接单击工具栏中的图标，打开 New Java Class 对话框。在 Source folder 和 Package 文本框中会自动显示默认值。在 Name 文本框中输入类(class)的名称，在本例中输入 Hi。因为 Hi 为可以执行的类，所以要勾选 public static void main(String args[]) 选项，最后单击Finish按钮，完成类文件的新建，如图 1-22 所示。

系统自动创建以项目名为名字的文件夹(本例为ex01)，其中再创建src文件夹存放java源文件。Package的名称默认和项目名相同，所以在src文件夹中有一个名称为ex01的Package，而新建的Hi.java类文件会放在其中。在工作区中显示Hi.java窗口，自动产生部分的程序代码，可以减少输入。因为创建类时已勾选public static void main(String args[])选项，所以类中自动创建main方法作为程序执行的起点，如图1-23所示。

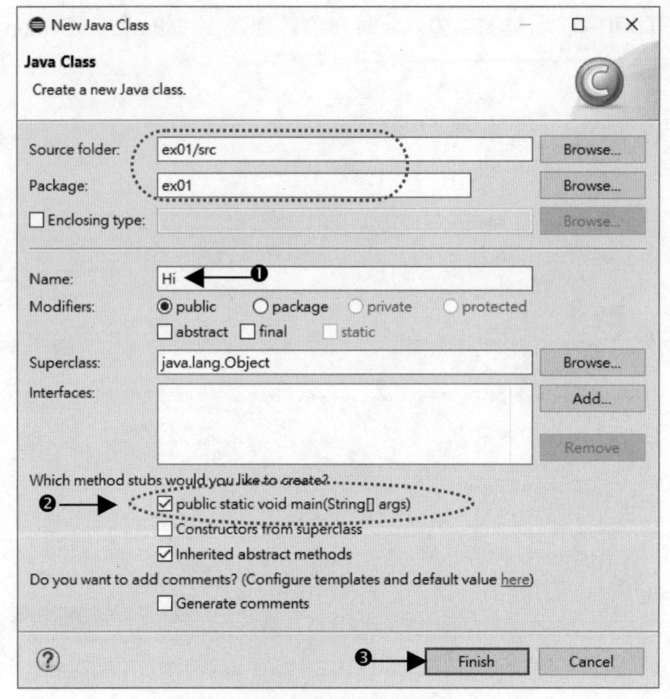

图1-22　新建Java类

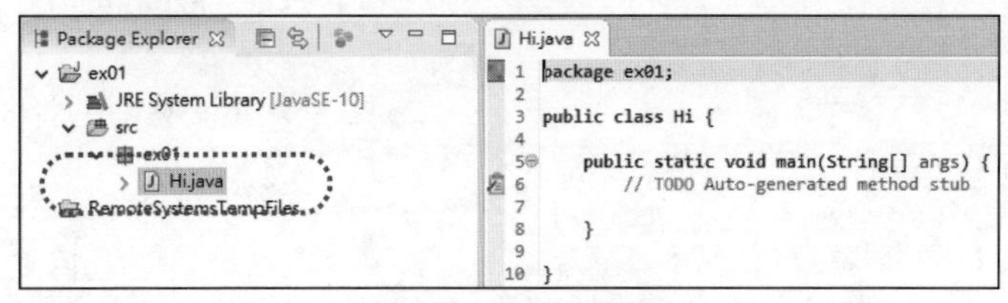

图1-23　Java项目结构

下面在 Eclipse 集成开发环境下编辑第一个程序，了解 Eclipse 所提供的一些基本功能。main()方法中第一行为//TODO Auto…，此行是系统提醒我们应做的工作。可以单击该行前面的图标，然后在弹出的 Remove task tag 命令条上双击，删除该行，如图 1-24 所示。

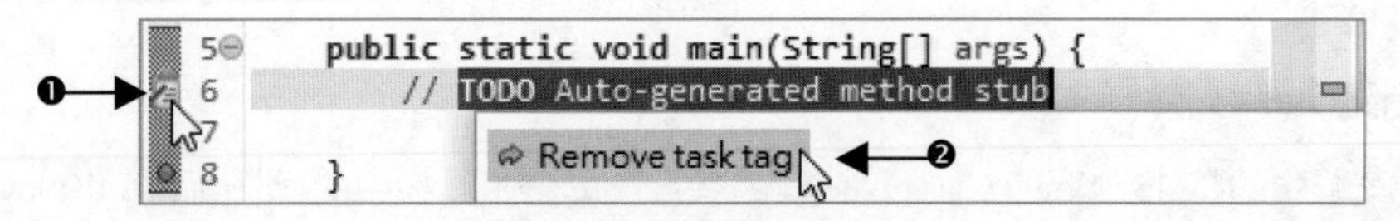

图1-24　删除任务标签

接着，输入 Scanner scn = new Scanner(System.in);语句。当输入到 System.时，IDE 会以列表形式输出 System 的所有成员。继续输入 i 后，则只会剩下 i 开头的成员。此时我们要的 in 在第一列，然后按 Enter 键剩下的字母会自动补上，如图 1-25 所示。这样可以减少输入的时间。如果自动完成列表没有出现，可以按 Alt + \ 快捷键。

输入完成后，其中 new 会显示为紫色字，表示其是 Java 保留字。另外，前方会出现图标，以及 Scanner 下方有红色波浪线表示有错误，必须修正错误后程序才能执行。我们只要将鼠标指针放在 Scanner 上面，会出现建议修改错误的列表。因为目前程序中没有引入 Scanner 类，所以选择第一项 Import 'Scanner' (java.util)，如图 1-26 所示。引入 java.util.Scanner 类后，就可以用简写的方法来使用 Scanner 类。

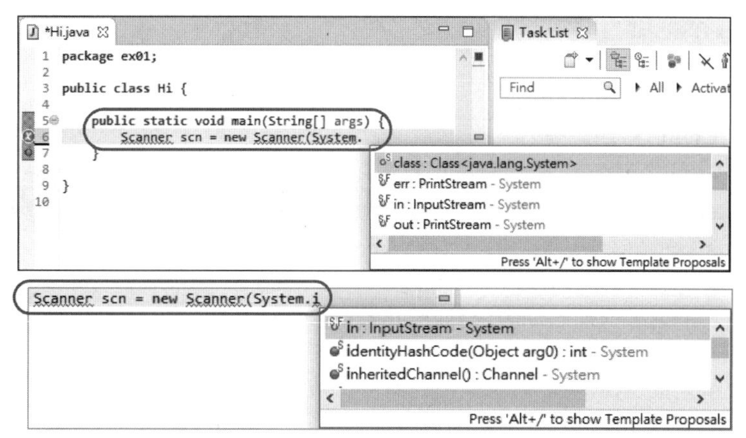

图1-25　自动完成列表

```
 5⊖    public static void main(String[] args) {
 6         Scanner scn=new Scanner(System.in);
 7
 8     }
 9
10 }
11
```

Scanner cannot be resolved to a type
6 quick fixes available:
- Import 'Scanner' (java.util)
- Import 'Scanner' (jdk.nashorn.internal.parser)
- Create class 'Scanner'
- Change to 'Signer' (java.security)
- Change to 'Spinner' (javafx.scene.control)
- Fix project setup...

Press 'F2' for focus

图1-26　自动导入包

引入java.util.scanner类后，第3行会自动加入相关语句，Scanner下方的红色波浪线消失，错误自动修正。另外，该行前面改为图标，scn下方有黄色的波浪线，提醒该变量有问题但尚未影响程序执行，如图1-27所示。

```
3  import java.util.Scanner;      ← 修改错误后自动加入的语句
4
5  public class Hi {
6
7⊖     public static void main(String[] args) {
8          Scanner scn = new Scanner(System.in);
9      }
```

图1-27　警告提示

按下Enter键继续输入程序代码，完成下面的程序代码。如图1-28所示，在标签标题*Hi.java上的星号表示文件尚未存盘，此时可以执行菜单中的【File / Save】命令，或者直接单击工具栏中的图标(保存当前文件)或图标(全部保存)，即可保存修改过的文件。

```
*Hi.java
 1 package ex01;
 2
 3 import java.util.Scanner;
 4
 5 public class Hi {
 6
 7     public static void main(String[] args) {
 8         Scanner scn = new Scanner(System.in);
 9         System.out.print("请输入姓名: ");
10         String strName = scn.next();
11         System.out.println("Hi! "+strName + ", 欢迎来到Java世界! ");
12         scn.close();
13     }
14
15 }
16
```

图1-28　程序编辑

文件名：C:\Java\ex01\src\ex01\Hi.java

```
01  package ex01;
02
03  import java.util.Scanner;
04
05  public class Hi {
06
07      public static void main(String[] args) {
08          Scanner scn = new Scanner(System.in);
09          System.out.print("请输入姓名：");
10          String strName = scn.next();
11          System.out.println("Hi! "+strName + "，欢迎来到 Java 世界！");
12          scn.close();
13      }
14
15  }
```

说明

(1) 第 1 行程序：声明 Hi 类所属的包为 ex01。

(2) 第 3 行程序：用 import 命令导入 java.util.Scanner 包。

(3) 第 5~15 行：为主类 Hi，保存的文件名必须和主类的名字相同。

(4) 第 7~13 行：为 main()方法，是 Hi.java 程序执行的起点。

(5) 第 8 行：创建一个 Scanner 类的对象 scn，用来接收用户输入的字符串。

(6) 如果第 3 行没有用 import 命令导入 java.util.Scanner 类，则第 8 行必须写出 Scanner 类的完整路径，程序代码如下：

```
08  java.util.Scanner scn = new java.util.Scanner(System.in);
```

(7) 第 9 行：用 print 方法在控制台输出显示“请输入姓名：”文字。

(8) 第 10 行：声明一个字符串对象 strName，使用 scn.next()方法获得用户所输入的字符串赋值给 strName。

(9) 第 11 行：用 println 方法在控制台输出显示“Hi!”+ strName 变量值 + “，欢迎来到 Java 世界！”文字。

(10) 第 12 行：用 close 方法关闭 scn 对象，使用本方法后第 8 行前的图标会消失，表示程序的问题已修正。

3. 执行Java程序

程序编写并保存后，执行菜单中的【Run / Run】命令，或者直接单击工具栏的图标，就可以执行程序。在下方的控制台 Console 窗口中，会显示程序执行情况。程序先询问姓名，输入姓名(本例为张无忌)后按 Enter 键，会显示“Hi！张无忌，欢迎来到 Java 世界！”文字，如图 1-29 所示。

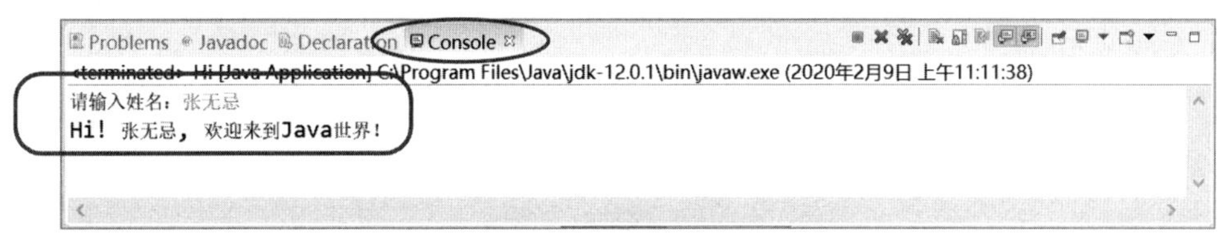

图1-29　程序执行结果

4. 导出项目

若要将自己设计的 Java 项目在其他计算机使用，可以先将项目导出，使用【File/Export…】命令，可以将指定的 Java 项目导出，操作步骤如下：

Step 1 执行菜单中的【File / Export…】命令，打开 Export 对话框，依照如图 1-30 所示操作，指定导出为压缩文件。

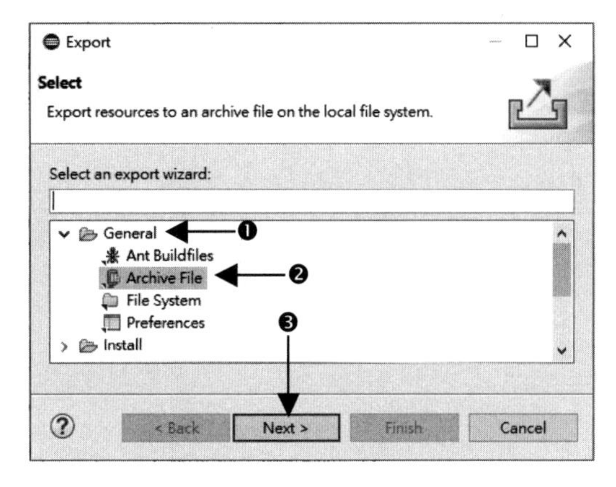

图1-30　Java项目导出

Step 2 选取要导出的项目，输入导出的文件夹和文件名，并设定如图 1-31 所示选项后单击 Finish 按钮，就会将项目导出成压缩文件。

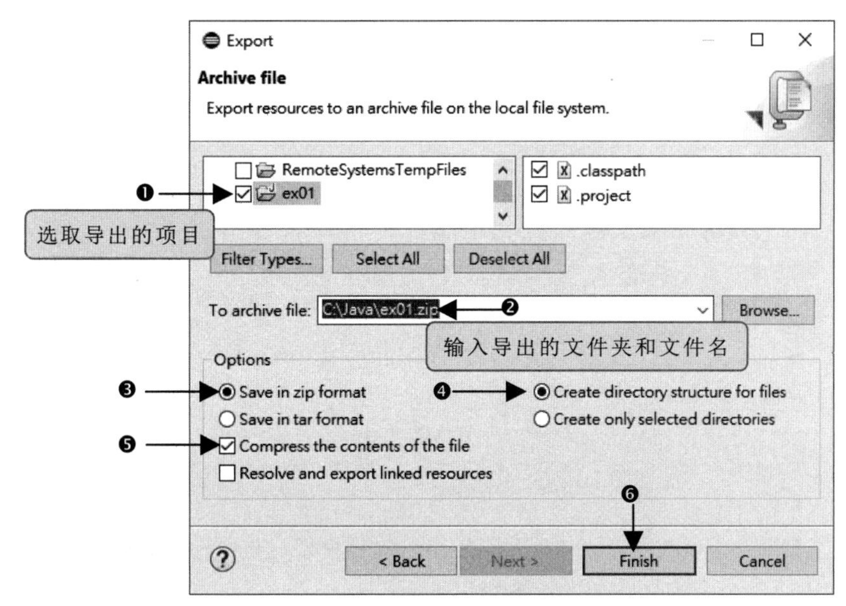

图 1-31　Java 项目导出设置

5. 删除项目

若要从 Eclipse IDE 中删除项目，在项目名称上右击，执行快捷菜单的【Delete】命令，如图 1-32 所示，会打开 Delete Resources 对话框。

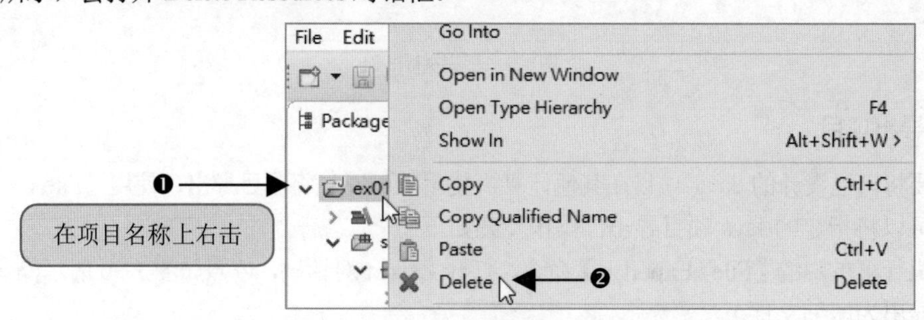

图1-32 Java项目删除

在 Delete Resources 对话框中，若没勾选 Delete project contents on disk 项目，则只是从 Eclipse IDE 中删除项目名称，项目文件夹及程序代码仍保留于计算机硬盘中。若想删除项目文件，必须勾选此选项，如图 1-33 所示。

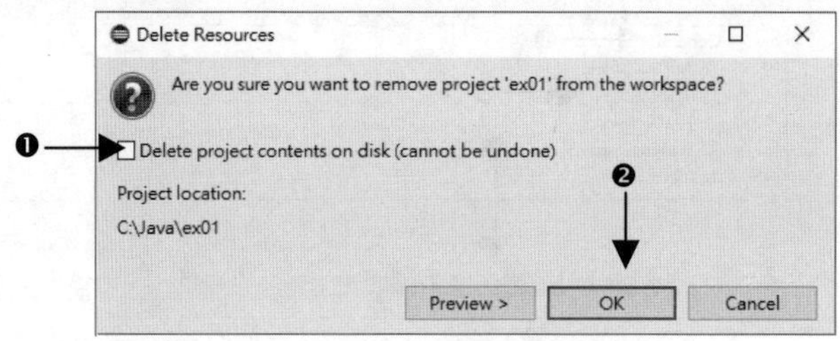

图1-33 Java项目删除设置

6. 导入项目

使用【File / Import…】命令将指定的 Java 项目导入至 Eclipse，下面将导出的 ex01.zip 文件导入到新工作空间 C:\workspace 中，操作步骤如下：

Step 1 重新打开 Eclipse，在询问工作区的 Eclipse Launcher 对话框中，将 Workspace 设为 C:\workspace，然后单击 Launch 按钮，如图 1-34 所示。

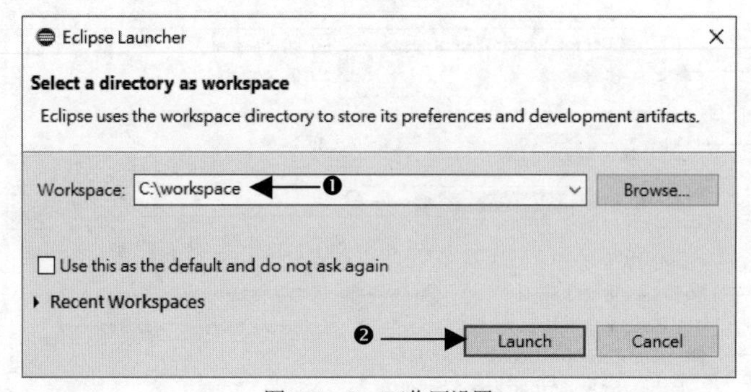

图1-34 Java工作区设置

Step 2 执行菜单的【File/Import…】命令，打开 Import 对话框口，按照图 1-35 所示操作，将 C:\Java\ex01\下的 ex01 项目导入到 Eclipse IDE 中。

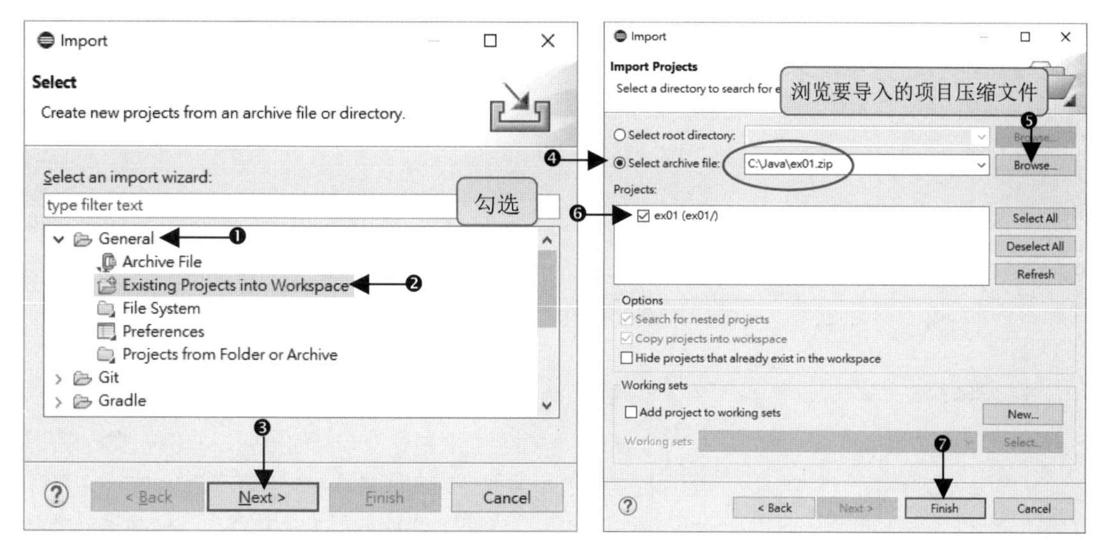

图1-35 导入Java项目

Step 3 完成上述操作后，原来空白的 Package Explorer 窗口就会出现 ex01 项目，供用户继续编辑该项目程序，如图 1-36 所示。

```
Package Explorer
ex01
  JRE System Library [JavaSE-12]
  src
    ex01
      Hi.java

*Hi.java
1  //我的第一个Java程序
2  package ex01;  //指定Package为ex01
3
4  import java.util.Scanner;//导入Scanner系统类
5
6  /** 这是主类 */
7  public class Hi {
8      /** 这是程序执行的入口点main方法 */
9      public static void main(String[] args) {
10         Scanner scn = new Scanner(System.in);
11         System.out.print("请输入姓名：");
12         String strName = scn.next(); //通过对象scn读取一个字符串
13         System.out.println("Hi! "+strName + ", 欢迎来到Java世界！");
14         scn.close();  //关闭scn对象
15     }
16
17 }
18
```

图1-36 导入Java项目后的窗口

1.7 Java 程序架构

本节将利用前面创建的 ex01 项目来说明 Java 程序的基本架构。Java 程序的基本架构由下列八大部分组成。

1. 项目

当新建一个项目后，系统自动创建和项目名称相同的文件夹(本例为 ex01)，所有的文件都放在这个文件夹中，如图 1-37 所示。

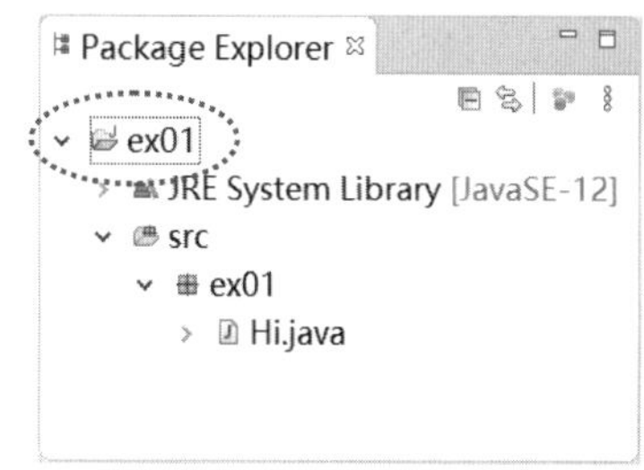

图1-37 项目文件夹

2. 类程序

当在项目中新建一个类，该类文件会放在 src 文件夹中，扩展名为*.java(本例为 Hi.java)。若在新建类时指定 package，则会自动创建一个子文件夹以方便管理。本例中指定 package 名称为 ex01，所以在 src 文件夹中再创建 ex01 子文件夹，类文件放在 ex01 子文件夹中。

3. 导入类包

程序使用到其他的类包时，可使用 import 导入一些类库或资源。比如，若要导入 java 包内 util 包下的所有类，可以使用*通配符，写法如下：

```
import java.util.*;
```

4. class类

Java 程序是由类(class)所组成，一个 Java 程序至少要包含一个类的声明。本例的类程序(即*.java 类文件)中只有一个类，这个类的名称必须和类程序的文件名称相同。一个 Java 文件中可以有多个类，但是只能有一个使用 public 声明的类。用 public 声明的类为公共类，该公共类的类名必须和所保存的文件名相同。

```
public class Hi {
  .........
}
```

5. 程序执行入口点

程序执行的起点称为程序执行入口点，Java 程序的入口点就是 main()方法。所以 Java 程序必须有 main()方法才能执行，而且只能有一个 main()方法。另外，main()方法必须写在 public 类中，用 public 声明。static 表示程序执行时，会自动执行 main()方法。另外，使用 void 表示 main()方法没有返回值。main()方法的写法如下：

```
public static void main(String args[]){
  .........
}
```

6. 语句块

在 Java 程序中使用大括号 { 和 } 来区分程序代码的范围，程序代码必须写在{ }中，且大括号 { 和 } 必须成对使用。为提高程序可读性，程序代码应采用缩进格式。在 Eclipse 中可以执行菜单中的【Source/Format】命令，由系统来自动排版。

7. 语句

语句是程序中的一行命令，语句要以分号(;)结尾。

```
  Scanner scn = new Scanner(System.in);
```

8. 注释

一个好的程序设计师要养成写注释的好习惯，注释在编译时会被忽略，所以详细的注释不会影响程序执行的效率。Java 中注释有下列三种方式。

(1) 文件注释：以“/**”开头，并以“*/”结尾，文件注释可以在同一行或者跨越多行，但“/**”和“*/”必须成对使用。“文件注释”方式注释的内容，可以利用 JDK 的文档产生工具

(javadoc.exe)来产生程序的说明文档。

```
/** 这是主类 Hi */
```

(2) 多行注释：以“/*”开头，并以“*/”结尾，多行注释可以在同一行或者跨越多行，但“/*”和“*/”必须成对使用。

```
/*
 * 1.0.1 版
*/
```

(3) 单行注释：单行注释以“//”符号开头，“//”符号后的文字就是注释的文字。

上节创建的项目名称为 ex01 的程序基本架构如下：

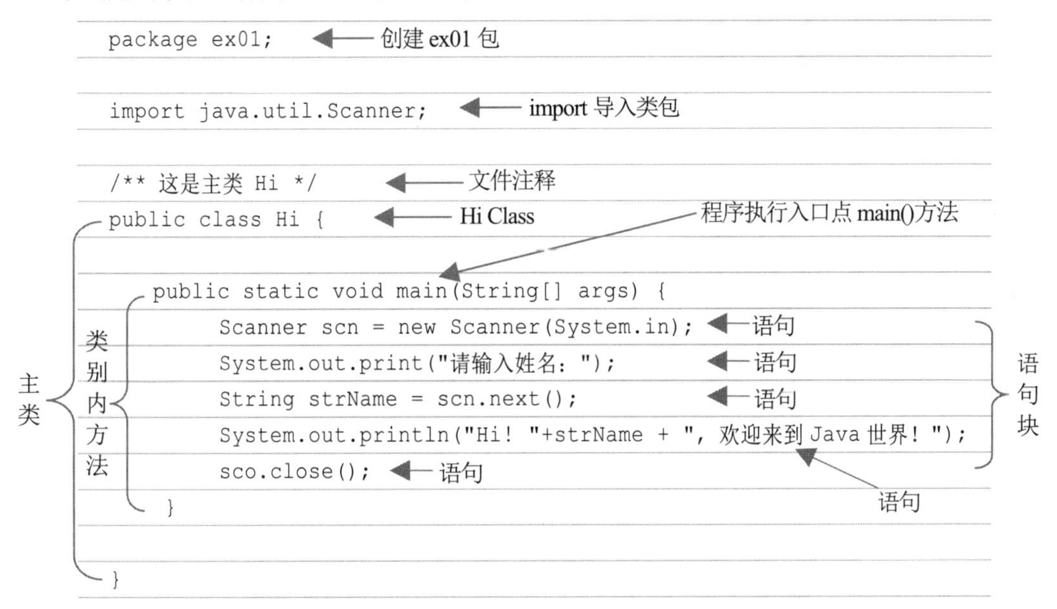

1.8 创建程序说明文档

程序设计师千辛万苦写好程序后，还需要再编写烦琐的程序说明文档。如果在编写程序时适当加入注释，就可以使用 JDK 的文档生成工具(javadoc.exe)快速产生程序说明文档。我们将前面的程序加上适当注释，然后练习使用 javadoc 命令创建程序说明文档。

```
/*
 * 我的第一个 Java 程序          } 多行注释
*/
package ex01;           //指定 package 为 ex01   ←—— 单行注释

import java.util.Scanner;     //import Scanner 类包   ←—

/** 这是主类 Hi */   ←—————— 文件注释
public class Hi {
    /**这是程序入口点 main 方法*/   ←—
```

```
    public static void main(String[] args) {
        Scanner scn = new Scanner(System.in); /*创建 Scanner 对象 scn*/
        System.out.print("请输入姓名: ");
        String strName = scn.next(); //字符串变量 strName 保存 scn 接收的字符串
        System.out.println("Hi! "+strName + ", 欢迎来到 Java 世界! ");
        scn.close();   //关闭 scn 对象
    }

}
```

注释好 Hi.java 程序代码后，接着使用 Java 程序的文档产生工具 javadoc.exe，将 Hi.java 程序的内容编写成说明文档，如图 1-38 所示。

(1) 执行“命令提示符”程序。

(2) 输入 cd C:\Java\ex01\src\ex01 命令后按 Enter 键，切换到该文件夹(因为 java 文件存放在此)。

(3) 输入 javadoc -d doc -private Hi.java 命令后按 Enter 键，就会自动创建说明文档。

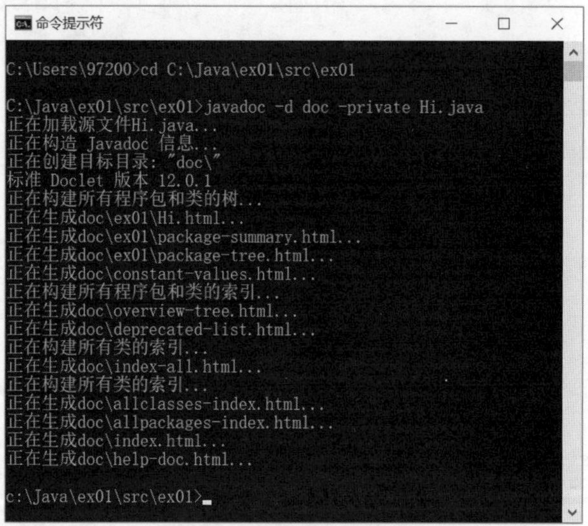

图1-38　创建Java程序说明文档

上述命令行语法说明如下：

(1) -d doc：在当前的文件夹(C:\Java\ex01\src\ex01)中新建一个 doc 子文件夹，存放产生的 Java API 文档。

(2) -private：指定 Java API 文档内容包含所有类和成员。

(3) Hi.java：指定要产生 Java API 文档的类名，本例为 Hi.java。如果有 package 也可以指定为 package 名称(例如 ex01)，但必须在该 package 所在的路径下执行此命令：

```
cd C:\Java\ex01\src\
javadoc -d doc -private ex01
```

javadoc.exe 可以使用的参数有很多，可通过 javadoc -help 来查看所有参数说明。

打开 C:\Java\ex01\src\ex01 文件夹，发现新建了一个 doc 子文件夹。在 doc 文件夹中产生许多 Java API 文档，如图 11-39 所示。其中 index.html 是首页，可用浏览器查看文件内容，如图 1-40 所示。

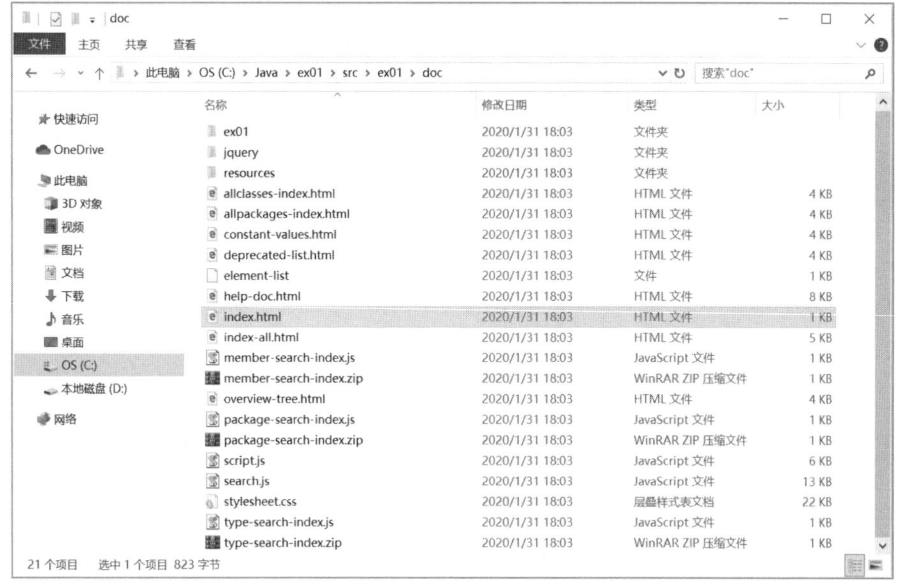

图3-39 Java API文档

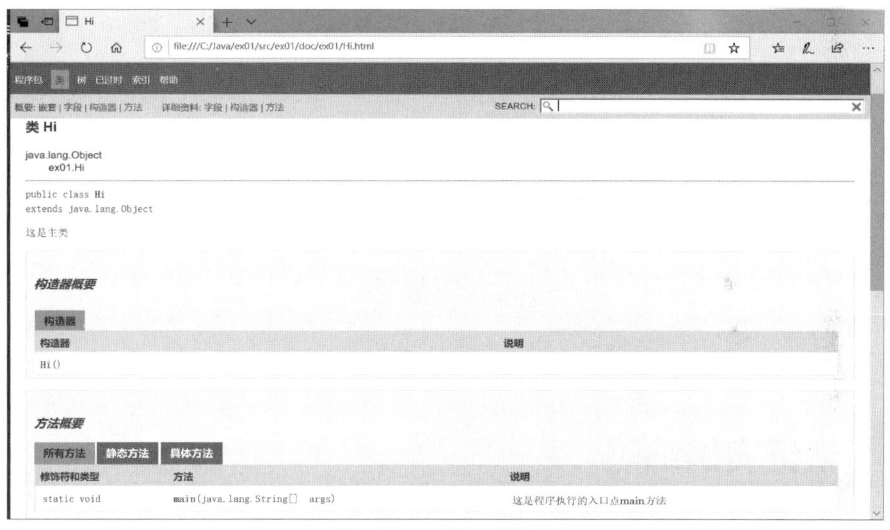

图1-40 Java程序说明文档

1.9 反编译程序

Java 源程序文件 *.java 经过 javac.exe 编译后产生*.class 文件，可以供各平台的 JVM 解释后执行。若想了解别人的 class 文件内容，可以使用反编译程序 javap.exe。下面练习将 Hi.class 反编译成 Hi.txt 文本文件，如图 1-41 所示。

(1) 执行“命令提示符”程序。

(2) 输入 cd C:\Java\ex01\bin 命令后按 Enter 键，切换到编译后的程序存放的位置。

(3) 输入 javap -c -p ex01.Hi > Hi.txt 命令后按 Enter 键，就会将反编译的结果存放在 Hi.txt 文件之中。

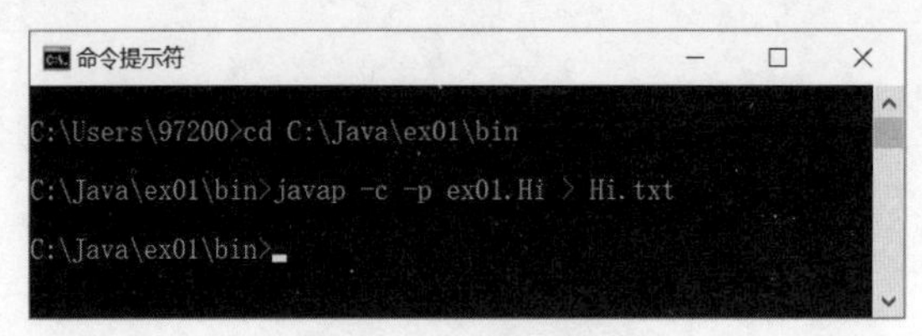

图1-41 Java程序反编译

上述命令行语法说明如下：

(1) -c：反编译 class 文件。

(2) -p：显示所有类和成员。

(3) ex01.Hi：指定要反编译的 class 文件所属的包名和类名，注意不可以写成 Hi.class。如果没有包时，只需指定类名。

(4) > Hi.txt：将执行的结果保存在 Hi.txt 文件之中。

javap.exe 命令可以使用的参数很多，可以输入 javap -help 来查看所有参数的用法。

使用“记事本”查看 C:\Java\ex01\bin\Hi.txt 文件的内容，如图 1-42 所示。

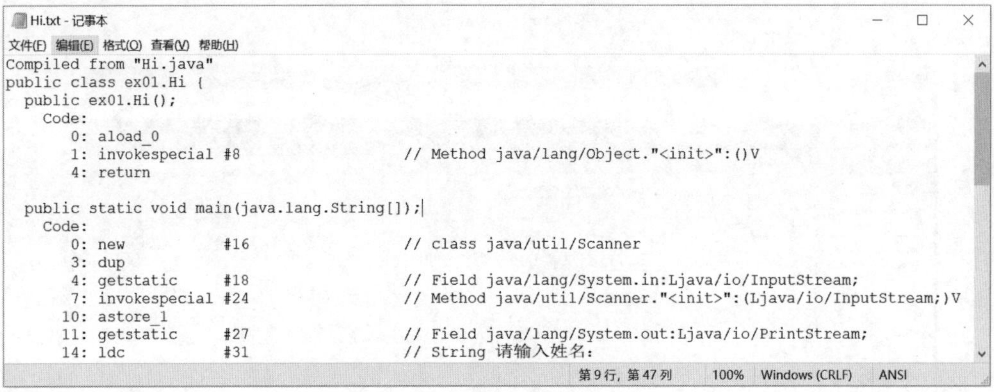

Hi.txt - 记事本

文件(F) 编辑(E) 格式(O) 查看(V) 帮助(H)

```
Compiled from "Hi.java"
public class ex01.Hi {
  public ex01.Hi();
    Code:
       0: aload_0
       1: invokespecial #8                  // Method java/lang/Object."<init>":()V
       4: return

  public static void main(java.lang.String[]);
    Code:
       0: new           #16                 // class java/util/Scanner
       3: dup
       4: getstatic     #18                 // Field java/lang/System.in:Ljava/io/InputStream;
       7: invokespecial #24                 // Method java/util/Scanner."<init>":(Ljava/io/InputStream;)V
      10: astore_1
      11: getstatic     #27                 // Field java/lang/System.out:Ljava/io/PrintStream;
      14: ldc           #31                 // String 请输入姓名:
```

第 9 行，第 47 列 100% Windows (CRLF) ANSI

图1-42 使用“记事本”查看反编译文件

1.10 认证实例练习

1. Java 程序代码如下：

```
01.  public class Test{
02.    static public void main(String [] args) {
03.      for(int x=1;x<args.length;x++) {
04.        System.out.print(args[x] + "  ");
05.      }
06.    }
07.  }
```

在“命令提示符”窗口中执行命令 java Test a b c，请问结果是(　　)。

① a b　　② b c　　③ a b c　　④ 编译错误　　⑤ 执行时抛出一个错误

说明

(1) main 方法是程序执行的入口点，执行时可以传入参数，例如本题的参数为“a b c”共三个参数。

(2) 传入的参数存入 args[]字符串数组中，所以 args[0]="a"；args[1]="b"；args[2]="c"。

(3) for 循环 x 由 1 到 2 (但是 args.length 为 3)，第一次循环显示 args[1]其值为 b，第二次循环显示 args[2]其值为 c，所以结果会显示 b c，答案是②。

(4) for 循环的详细用法会在后面章节介绍。

题目

2. 文件夹的结构如下：

```
testProject
|--source
|    |--Test.java
|--classes
|
```

假设当前的文件夹是 testProject，如果在命令行执行 javac -d classes source/Test.java，请问结果是(　　)。

① 若编译成功，Test.class 新建在 source 文件夹中

② 编译时返回无效的错误信息

③ 若编译成功，Test.class 新建在 classes 文件夹中

④ 若编译成功，Test.class 新建在 testProject 文件夹中

说明

(1) javac -d classes source/Test.java 命令中，-d classes 参数表示将产生的类文件放在 classes 文件夹中。

(2) source/Test.java 参数表示要编译的文件是在当前文件夹(testProject)下的 source 文件夹中的 Test.java 类文件。

(3) 所以答案是③，若编译成功，Test.class 新建在 classes 文件夹中。

1.11 习题

一、选择题

1. 下列不是 Java 语言特点的是(　　)。

① 自动回收不用的内存　　② 具有面向对象程序特点

③ 可以跨平台执行　　④ 低级程序语言效率高

2. Java 语言编译后产生的文件的扩展名是(　　)。

① *.java　　② *.class　　③ *.exe　　④ *.com

3. Java 程序执行前需要通过下列(　　)的解释。

① JDK　　② JRE　　③ JVM　　④ API

4. Java 程序安装后需设定一些 Windows 的环境变量，不包含下列(　　)。

① CLASSPATH　　② JAVA_HOME　　③ JAVAPATH　　④ Path

5. 若要编译 Java 程序需要使用下列(　　)程序。

① java.exe　　② javac.exe　　③ javadoc.exe　　④ javap.exe

6. 若要执行 Java 程序需要使用下列(　　)程序。

① java.exe　　② javac.exe　　③ javadoc.exe　　④ javap.exe

7. Pro 项目中 Test.java 的 package 设为 tw，则 Test.java 的保存路径是(　　)。

① Pro/src/tw　　② Pro/tw/src　　③ Pro/tw　　④ Pro/tw/Test

8. Test.java 程序的入口点为下列(　　)方法。

① main()　　② Test()　　③ start()　　④ run()

9. 若注释要加入说明文档中，注释时要使用下列(　　)方式。

① /** … **/　　② /** … */　　③ /* … */　　④ //

10. Java 程序代码如下：

```
01.  public class Test{
02.    static public void main(String [] args) {
03.      for(int x=1;x<args.length;x++) {
04.        System.out.print(args[x] + " ");
05.      }
06.    }
07.  }
```

在命令行执行 java Test a b c 和 java Test 1 2 3 4 两个命令，结果分别是(　　)。

① 没有输出，输出1 2 3　　② 输出b c，输出2 3 4

③ 没有输出，输出1 2 3 4　　④ 执行时抛出一个错误，输出1 2 3

⑤ 执行时抛出一个错误，输出2 3 4

⑥ 执行时抛出一个错误，输出1 2 3 4

二、程序设计

1. 将1.4节的Hello.class程序，依照下列说明进行修改：

(1) 在Eclipse IDE下创建hw01项目。

(2) 指定Hello.class在edu包中。

2. 延续上面的hw01项目，加入适当的文件注释，然后在src文件夹的data文件夹中创建程序说明文档。

3. 延续上面的hw01项目，在bin文件夹中将Hello.class反编译成Hello.txt文本文件。

第 2 章

数据类型与运算符

- ✧ 标识符与保留字
- ✧ 基本数据类型
- ✧ 变量与常量
- ✧ 运算符与表达式
- ✧ Java 数据类型的转换
- ✧ 基本数据类型与引用数据类型
- ✧ 控制台输入与输出
- ✧ 认证实例练习

2.1 标识符与保留字

2.1.1 标识符

在现实的世界中，我们会为人和事物命名以便识别。同样在设计程序时，我们也会对每个变量、类、方法、对象及包(Package)命名以便在程序中识别，这些变量、类、方法、对象等的名称为标识符(Identifier)。在 Java 程序中，标识符是由一连串的字符(Characters)组合而成。标识符命名时必须遵守下列规则，否则会发生错误。

(1) 标识符必须以字母(a~z 或 A~Z)、下画线(_)或美元符号($)开头。

(2) 标识符从第二个字符开始，只允许是大小写字母(a~z 或 A~Z)、数字(0~9)、下画线(_)、美元符号($)等字符。

(3) 在 Java 中大小写字母视为不同的字符，例如 Ab 和 AB 是不同的标识符。

(4) 标识符的长度不限。

(5) Java 的保留字不允许当作标识符。

(6) Java 的标识符可以使用中文，但习惯上还是以英文为主。

(7) 标识符中不可以使用特殊字符，例如+、-、*、/、’ 等。

(8) 标识符尽量使用有意义的英语单词，以提高程序的可读性。

下面对合法标识符合和不合法标识符举例说明。

(1) 下列为合法标识符：

Score、score、_isTrue、Tel_No、telNo、$dollar、Do、总金额

(2) 下列为不合法标识符：

① 3Tickets　　(不能以数字开头)
② Tom's　　(不允许使用单引号)
③ tax Rate　　(标识符不允许空格符，可使用下画线，如tax_Rate)
④ do　　(不允许使用Java保留字)
⑤ qty-price　　(不允许使用-号)

虽然标识符只要符合命名规则就可以当作变量、类、对象、方法等名称，但最好使用有意义的英语单词作为标识符，不论是对自己或是别人在浏览程序时，能够见名知义。Java 程序中各类标识符的常用写法如下。

(1) 变量名以小写字母开头，若由两个以上的英语单词组成，则从第二个单词开始，每个单词首字母要大写，例如：score、javaScore。

(2) 建议方法名或包名第一个单词小写开头，从第二个单词开始，每个单词大写开头，例如：getData、setMyAge。

(3) 建议类的每个英语单词都以大写开头，例如：Hello、HelloWorld、MyFirstClass。

(4) 建议由 static final 声明的常量名全部为大写，例如：PI。

2.1.2 保留字

“保留字”(Reserved Word)又称“关键字”(KeyWord)，是程序语言中事先定义且具有特殊

意义的标识符，在程序设计时不能再将它定义成别的用途，例如保留字不能作为变量名。在 Eclipse 中保留字会自动以紫色显示，提示该字为保留字以避免被误用。表 2-1 为目前 Java 语言中的保留字。

表2-1　Java保留字

abstract	assert	boolean	break	byte
case	catch	char	class	const
continue	default	do	double	else
enum	extends	false	final	finally
float	for	goto	if	implements
import	instanceof	int	interface	long
native	new	null	package	private
protected	public	return	short	static
strictfp	super	switch	synchronized	this
throw	throws	transient	true	try
var	void	volatile	while	

2.2 基本数据类型

在 Java 程序设计中，能够量化处理的数据称为“常量”(Literal，或称为字面量)。Java 提供了常量的八种基本数据类型(Primitive Type)，以方便在程序中执行一些基本的运算。其中，整型常量和浮点型常量用来作数值运算；字符常量用来处理文字信息；布尔常量用来作逻辑判断。表 2-2 列出了各种数据类型占用的内存及有效范围。

表2-2　基本数据类型

数据类型	常量种类	内存	有效范围
char	统一字符(Unicode)	2 Bytes	所有Unicode字符'\u000' ~ '\uFFFF'
byte	整数	1 Byte	−128 ~ 127
short	整数	2 Bytes	−32768 ~ 32767
int	整数	4 Bytes	−2147483648 ~ 2147483647
long	整数	8 Bytes	−9223372036854775808~ 9223372036854775807
float	浮点数	4 Bytes	$\pm1.40239846\times10^{-45}$~$\pm3.40282347\times10^{+38}$
double	浮点数	8 Bytes	$\pm4.94065645841246544\times10^{-324}$ ~ $\pm1.76769313486231570\times10^{+308}$
boolean	布尔值	1 Bit	true或false

2.2.1 字符型和字符串常量

字符和字符串的表示需要使用单引号和双引号，且必须是英文输入状态下输入的符号。

1. 字符常量

在 Java 程序语言中，可用 char 数据类型存储字符数据。Java 使用 Unicode 编码表示所有的字符，所以每一个 char 占 2 Bytes 内存，Java 8 以后版本可以支持 Unicode 6.2.0。应注意字符常量只有一个字符，字符的表示必须用单引号括起来，例如'A'、'b'、'5'、'中' 均是合法的字符常量。

2. 字符串常量

字符串常量(String Constant)是由两个或两个以上的字符连接而成的字符串。字符串常量使用双引号("…") 将字符串括起来，例如"Java"、"1234"、"面向对象" 均是合法的字符串常量。

3. 转义字符

转义字符是指用一些普通字符的组合来代替一些特殊字符，由于其组合改变了原来字符表示的含义，因此称为“转义字符”。比如用\n 表示换行，\r 表示回车，\t 表示跳格等，它们本身只是一个反斜杠和一个字母，但是却被赋予了特殊的意义。

当编译程序编译到这些转义字符时，会将接在反斜杠后面的字符当成某种特殊意义来处理。表 2-3 为常用的转义字符及功能说明。

表2-3 常用的转义字符及功能说明

转义字符	功能
\'	显示单引号，不当作字符控制符号
\"	显示双引号，不当作字符串控制符号
\\	显示一个反斜杠
\n	光标移到下一行
\f	光标移到下一页
\b	使光标倒退一格
\t	移到下一个水平定位
\r	光标移到本行的最前面
\ddd	显示8进制字符码， \101 =101_8=65_{10}显示 'A'
\uhhhh	显示16进制字符码

简 例

(1) System.out.println("八进制101的字符为：\101");
输出结果：八进制101的字符为：A
(2) System.out.print("How\'re you?\n");
输出结果：How're you? (光标会移到下一行)
(3) System.out.println("网络最佳程序语言就是 \"Java\" !");
输出结果：网络最佳程序语言就是"Java" !

2.2.2 数值常量

数值常量包括整型常量及带小数的浮点型常量两种数据。Java 中用来表述整型常量的数据类型有 byte、short、int、long 四种形式，表示浮点型常量的数据类型有 float、double 两种形式。

1. 整型常量

Java 能处理的整型常量用四种进制表示，分别为十进制(Decimal)、二进制(Binary)、八进制

(Octal)及十六进制(Hexadecimal)。日常生活中我们习惯使用十进制数值，在程序中用一般方式书写即可。二进制以 0b 或 0B 开头(注意是数字 0，而非字母O)，八进制则必须以数字 0 开头，十六进制以 0x 或 0X 开头，以便程序中能区分出该整型常量是以何种进制表示。

Java 语言的整型常量默认为 int 类型，在内存中占 32 位。当运算过程中所需值超过 32 位长度时，可以把它表示为长整型(long)数值。长整型类型要在数字后面加 L 或 l，如 697L 表示一个长整型数，它在内存中占 64 位。

简 例

我们以 Eclipse 为整合开发环境(IDE)，操作步骤如下：

(1) 开启Eclipse时，将workspace设为C:\Java\。

(2) 执行【File / New / Java Project】命令，新建项目ex02。

(3) 执行【File / New / Class】命令新建类，Package设为ex02，Name设为Ex02_01。

(4) 执行【Run / Run】命令，执行程序观看执行结果。

程序代码

文件名：\ex02\src\ex02\Ex02_01.java

```
01 package ex02;
02 public class Ex02_01 {
03   public static void main(String[] args) {
04        System.out.println("  十进制 10 -> " + 10);     // 十进制 10
05        System.out.println("  二进制 10 -> " + 0b10);  // 二进制 10 转十进制
06        System.out.println("  八进制 10 -> " + 010);   // 八进制 10 转十进制
07        System.out.println("十六进制 10 -> " + 0x10);  // 十六进制 10 转十进制
08   }
09 }
```

结 果

```
  十进制 10 -> 10
  二进制 10 -> 2
  八进制 10 -> 8
十六进制 10 -> 16
```

说 明

(1) 第5行：二进制是用0b或0B开头，0b10执行结果为2。

(2) 第6行：八进制是用0开头，010执行结果为8。

(3) 第7行：十六进制是用0x或0X开头，0x10执行结果为16。

2. 浮点型常量

浮点型常量又称为实型常量，当用到带小数点的数来作运算时，就必须使用浮点型常量。在 Java 中浮点数可以使用两种表示方式：一种是十进制数形式，由数字和小数点组成，且必须有小数点，如 12.34、−98.0；另一种则是使用标准 IEEE-754 科学计数法表示，如 1.23e+4 或 3.2E3，其中 e 或 E 之前必须有数字，且 e 或 E 之后的数字必须为整数。Java 提供的浮点型常量有 32 位的 float 型和 64 位的 double 型，前者是单精度类型，后者是双精度类型。

Java 浮点型常量默认在内存中占 64 位，属于双精度类型。如果考虑到需要节省运行时的系统资源，而运算时的数据取值范围并不大且运算精度要求不太高的情况，可以把它表示为单精度类型的数值。单精度型数值一般要在该常数后面加 F 或 f，如 69.7f 表示一个 float 型实数，它在内存中占 32 位(位数取决于系统的版本高低)。

此外，double 类型能表示的浮点数精度较高。例如：123000000.0 在数学中可表示为 1.23×10^8，但这不是 Java 的表示方式。Java 的浮点型常量在程序中的表示方式为 1.23e8 或 123000000.0。下面列出合法和不合法浮点型常量的表示方式，以免使用时发生错误。

(1) 合法的double浮点型常量表示方式：

3.1416、0.05、0.3456、.3456、25.0、25.、25.0e-04(值为0.0025)、
1.25e-3(值为0.00125)、25e+3(值为25000.0)

(2) 不合法的double浮点型常量表示方式：

① -25e-0.5 (指数部分不能为小数)

② 25.8e.3 (指数部分不能为小数)

③ e-3 (必须以数字开头)

在 Java SE 7(含)以后的版本提供下画线(_)来分隔常量，使得长串的数值变得容易阅读。例如：

```
123_456_789          // 整数 123456789 改以_千位分隔
1.234_567_89         // 浮点数 1.23456789 改以_千位分隔
0b1001_0001_1101     // 二进制整数 100100011101 改以_四位一个分隔
```

2.2.3 布尔常量

布尔(Boolean)常量只有 true(真)或 false(假)这两种情况，而不是 0 或 1。在程序中可使用此种数据类型来代表判定条件，改变程序执行的流程。例如：关系表达式 a > b，用来表示 a 是否大于 b，将运算结果所传回的布尔常量来决定程序执行的流程。Java 的布尔值和 C 与 C++语言不相同，不允许使用数值 0 表示假，也不允许使用数值 1 表示真，这点应当注意，避免程序在编译时发生错误。

2.3 变量与常量

在 Java 程序中，使用变量(Variable)来存放随着程序的执行而改变的数据。从程序开始执行一直到程序结束，其值保持不变则视为常量(Constant)。例如：圆周率 3.14159，其值在程序执行过程中不能改变，就属于常量。

2.3.1 变量的声明

在 Java 程序中，若要使用变量必须先声明(Declare)。声明的目的是给变量一个名称以及设定变量的数据类型，以方便程序进行编译时告知编译程序在内存中要占用多少个存储单元来存放该

变量的内容。变量名称(Variable Name) 的命名方式应遵循标识符的命名规则。

在声明变量时应该选择适当的数据类型，长度不足时无法容纳数据；长度太长时则会占用太大的存储空间。如图 2-1 所示，把数据 123456 保存到一个 byte 类型的存储单元中是无法存入的，因为超出了 byte 类型的表示范围。又例如：欲将数值 3.14159(浮点型常量)存入到一个变量中，若使用无法存储小数部分的 int 或 char 两种数据类型来存储，则是错误的，应使用 float 或 double 数据类型。另外，因 3.14159 数值并不大，使用 32 位的 float 来存储已足够，使用 double 数据类型会浪费内存空间，且会降低内存存取文件的效率。虽然小型程序需要处理的数据量不多，所占用的内存不大，但是随着程序的增大，应注意变量类型的声明，以免影响到内存存取数据的效率。

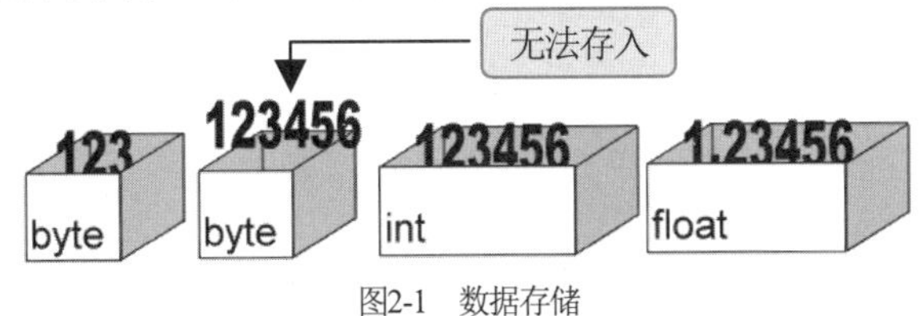

图2-1　数据存储

Java 提供了基本数据类型和引用数据类型两种。基本数据类型属于直接存取数据方式。引用数据类型则采用间接方式来存取数据，后面章节将详细说明基本数据类型与引用数据类型的差异。Java 变量基本数据类型声明的语法如下：

```
数据类型 变量名1[= 初值1], [变量名2 [= 初值2]…];
```

在 Java 中变量声明后，系统不会自动指定默认值，必须自行指定变量初值，此行为称为“初始化”(Initialization)。在声明变量时，可以同时指定其初值。

```
int ages = 18;              // 声明整数变量 ages，并指定初值为 18
```

上面语句可以分成两行语句书写：

```
int ages;                   // 声明整数变量 ages
ages = 18;                  // 赋给 ages 变量的内容为 18，若省略此语句程序会出现错误
int nextAges = ages + 1;    // 声明 nextAges 为整数变量并赋初值为 18+1(=19)
```

若一行语句中同时声明两个或两个以上相同数据类型的变量时，变量与变量之间必须以逗号(,)加以隔开。

简 例

```
int year;                   // 声明 year 为整数变量
int price = 10, qty;        // 声明price 为整数变量并赋初值为 10，qty 为整数变量
int price2 = price;         // 声明price2 为整数变量并赋初值等于 price 变量值 10
double height = 178.8;      // 声明 height 为浮点数变量并赋初值为 178.8
float weight = 54.6F;       // 声明 weight 为 float 数据类型，由于浮点型常量默认为 double，
                            // 因此必须使用 F 指名 54.6 为 float 数据类型
char yesOrNo = 'y';         // 声明 yesOrNo 为字符变量，并赋初值为'y'
boolean ok = true;          // 声明 ok 为布尔变量，初值设为 true
```

简 例

文件名：\ex02\src\ex02\Ex02_02.java

```
01 package ex02;
02 public class Ex02_02 {
03   public static void main(String[] args) {
04     int money = 100_000;             // 声明 money 为整数变量，并赋初值
05     double rate = .01;               // 声明 rate 为浮点数变量，并赋初值
06     System.out.println("本金 " + money + " 元, 利率 " + rate +
                    ", 年利息为" + money * rate + "元");
07   }
08 }
```

结 果

```
本金 100000 元，利率 0.01，年利息为 1000.0 元
```

(1) 第 4 行：声明 money 为整数变量，并赋初值为 100_000(利用_作千位分隔)。

(2) 第 5 行：声明 rate 为浮点数变量，并赋初值为 0.01。

(3) 第 6 行：读取 money 和 rate 变量的值，并将两变量进行乘法运算，计算年利息，然后用 println()方法显示结果。

2.3.2 常量的声明

有些常量在程序执行过程中多次出现，为方便在程序中辨识，可使用一个有意义的“常量名”名来取代这些不变的数字或字符串，例如税率、圆周率、日期、常用的字符串等。在程序执行过程中，变量会随着程序执行而改变其值；但常量一旦经过声明，在整个程序流程中会维持声明时所指定的常量值不变。使用常量可以增加程序的可读性，因为由常量名能了解其意义。此外，使用常量容易修改和维护程序代码。例如：程序中有多处使用到及格分数 PASS(60)，如果想将及格分数改成 50 时，就必须逐行查找修改。而如果使用常量定义及格分数，只要修改常量值即可。

常量声明后，在程序任何位置都不能修改常量值。常量用 final 声明，常量名惯例全部使用大写字母，声明时要指定常量的数据类型，并且指定该常量的常量值，其语法如下：

```
final 数据类型 常量名 = 常量值;
```

例如将 PI 声明成常量代表圆周率，常量值为 3.14159，其写法如下：

```
final double PI = 3.14159;        // PI 常量表示圆周率，数据类型为浮点数
int r = 10;                       // r 变量表示半径，数据类型为整数
double length = 2 * r * PI;       // 圆周长 = 2rπ
double area = PI * r *r;          // 圆面积 = πr²
PI = 3.14;                        // 如果加此行语句，程序会出现错误
```

简例

文件名：\ex02\src\ex02\Ex02_03.java

```
01 package ex02;
02 public class Ex02_03 {
03    public static void main(String[] args) {
04         final double basicRate = 1.2;
05         System.out.println("一年期定存利率为 " + (basicRate + 0.1));
06         System.out.println("两年期定存利率为 " + (basicRate + 0.2));
07    }
08 }
```

结果

```
一年期定存利率为 1.3
两年期定存利率为 1.4
```

说明

(1) 第 4 行：声明 basicRate 为浮点型常量，表示基础利率，并赋初值为 1.2。

(2) 第 5~6 行：利用 basicRate 常量来显示一年期和两年期的定存利率。如果将第 4 行的 basicRate 常量值修改为 1.45，程序执行结果如下：

```
一年期定存利率为 1.55
两年期定存利率为 1.65
```

2.3.3 var 变量的声明

Java 的语法非常严谨，在使用变量前必须声明数据类型，并指定变量的初值。因为 Java 语法严谨使代码有点冗长，造成初学者学习较困难。Java 10 版本新增 var 关键字，可以用比较简洁的方式来声明局部变量，变量的数据类型交由系统来自动判断。

使用 var 声明变量的语法如下：

```
var 变量名 = 初值;
```

用 var 声明变量时，必须同时赋初值，不可以拆成两行语句。另外注意，在声明方法的返回值类型时，不可以使用 var。类的成员变量也不能用 var 声明。var 只能声明局部变量。

```
类范围 {  public class Ex02 {
              int pass = 60;   ◀── 类的成员变量
   方法范围 {  public static void main(String[] args) {
                 var score = 86;   ◀── 方法的局部变量
                 .........
              }
          }
```

简 例

文件名： \ex02\src\ex02\Ex02_04.java

```
01 package ex02;
02 import java.util.Scanner;
03 public class Ex02_04 {
04    public static void main(String[] args) {
05       Scanner scn = new Scanner(System.in);
06       System.out.print("请输入数据：");
07       var inputData = scn.next();
08       System.out.println("您输入的数据是 "+ inputData);
09       scn.close();
10    }
11 }
```

结 果

```
请输入数据：12345 ↵
您输入的数据是 12345
```

说 明

(1) 第 7 行：声明 inputData 为 var 变量，其初值由用户输入值而定。

(2) 程序中用到 Scanner 类，必须在程序开头使用语句 import java.util.Scanner;将其导入，该类还有其他如 nextInt()、nextLine()等方法。程序使用 var 声明变量不用指定数据类型，程序写法较为简洁方便。

2.4 运算符与表达式

所谓“运算符”(Operator)，是指可以对操作数作特定运算的符号(如+、-、*、/等)。“操作数”(Operand)是指运算的对象，操作数可以为变量、常量或表达式。组合操作数与运算符所构成的计算式，称为“表达式”(Expression)。

运算符按照运算时所需要的操作数的数目，可分成以下三种。

(1) 一元运算符(Unary Operator)，例如：-10、++k。

(2) 二元运算符(Binary Operator)，例如：a + b。

(3) 三元运算符(Ternary Operator)，例如：max = a > b ? a : b;。

按照运算符的性质，Java 所提供的运算符可分为下面七大类。

(1) 赋值运算符(Assignment Operator)。

(2) 算术运算符(Arithmetic Operator)。

(3) 自增和自减运算符(Increment & Decrement Operator)。

(4) 关系运算符(Relational Operator)。

(5) 逻辑运算符(Boolean Logical Operator)。

(6) 位运算符(Bit Logical Operator)。

(7) 移位运算符(Shift Operator)。

2.4.1 赋值运算符

赋值运算符的表示符号就是赋值号(=)，赋值运算符能将赋值号右边表达式运算的结果赋给赋值号左边的变量。赋值号右边可以为表达式、常量或变量。其语法为：

```
变量名 = [表达式 | 变量 | 常量] ;
```

例如：有两个变量 a 与 b，其值分别为 1 与 2，将变量 a、b 两者相加的结果赋给变量 sum 的写法为：

```
sum = a + b;
```

a + b 是一个表达式，其中+为运算符，a 和 b 为操作数。执行此语句时会将 a + b 的结果存入变量 sum 中，所以 sum 值为 3。如果赋值号右边第一个操作数和赋值号左边的变量名一样，可以改成复合赋值运算符(Combination Assignment Operator)来表示。例如 sum = sum + 10;，可改成 sum += 10;。除了 += 复合赋值运算符外，也可以配合 *、/ 等其他运算符一起使用。例如

```
num -= 2;      // 等于 num = num - 2;
```

2.4.2 算术运算符

算术运算符用来执行一般的数学运算，包括加法(+)、减法(−)、乘法(*)、除法(/)、取负(−)、取余数(%)等，主要的算术运算符如表 2-4 所示。

表2-4 算术运算符

算术运算符	功能	假设执行前a的值为7，观察运算后结果
+	加法	a=a+5; a+=5; 结果：a值为12
−	减法	a=a−5; a−=5; 结果：a值为2
*	乘法	a=a*5; a*=5; 结果：a值为35
/	除法	a=a/5; a/=5; 结果：a值为1
%	取余数	a=a%5; a%=5; 结果：a值为2

简 例

文件名：\ex02\src\ex02\Ex02_05.java

```
01 package ex02;
02 public class Ex02_05 {
03   public static void main(String[] args) {
04     int num1=10, num2=3; // 声明 num1 和 num2 为整数变量
05     System.out.println(num1 + " - " + num2 + " = " + (num1 - num2));
06     System.out.println(num1 + " * " + num2 + " = " + (num1 * num2));
07     System.out.println(num1 + " / " + num2 + " = " + (num1 / num2));
08   }
09 }
```

```
10 - 3 = 7
10 * 3 = 30
10 / 3 = 3
```

说明

(1) 第 4 行：使用赋值运算符(=)，分别赋给 num1 和 num2 的初值为 10 和 3。

(2) 第 5 行：使用算术运算符(-)，计算 num1 和 num2 变量相减的值。

(3) 第 6 行：使用算术运算符(*)，计算 num1 和 num2 变量相乘的值。

(4) 第 7 行：两个变量都为整数类型，10/3 无法整除，在 Java 中会将小数点以后的位数省略。若要保留小数点以后的位数，则须声明 num1 和 num2 变量为 float 或 double 数据类型，执行结果如下：

```
10.0 - 3.0 = 7.0
10.0 * 3.0 = 30.0
10.0 / 3.0 = 3.3333333
```

2.4.3 自增和自减运算符

++自增运算符(Increment Operator)和--自减运算符(Decrement Operator)都属于一元运算符，用来对目前的变量值作加 1 或减 1。其语法为：

```
变量++;    或 变量--;    或  ++变量;    或    --变量;
```

若将运算符放在变量的前面，如：++a 或 --a 称为“前置式”(Prefix)，先进行加 1 或减 1 的动作后再使用变量。反之，若将运算符放在变量之后，如：a++或 a--称为“后置式”(Postfix)，先使用变量的值，之后再对变量作加 1 或减 1 的动作。

简例　说明前置式与后置式自增和自减运算符的差异。

文件名：\ex02\src\ex02\Ex02_06.java

```
01 package ex02;
02 public class Ex02_06 {
03   public static void main(String[] args) {
04       int a = 10;  // 声明 a 为整数，初值为 10
05       System.out.println("a = " + a );
06       int b = a++; // a++为后置式
07       System.out.println("b = a++ ： a = " + a + ", b = " + b);
08       b = ++a;              // ++a 为前置式
09       System.out.println("b = ++a ： a = " + a + ", b = " + b);
10       b = a--;              // a--为后置式
11       System.out.println("b = a-- ： a = " + a + ", b = " + b);
12       b = --a;              //  --a 为前置式
```

```
13         System.out.println("b = --a ;  a = " + a + ",  b = " + b);
14     }
15 }
```

结果

```
a = 10
b = a++ ;   a = 11,   b = 10
b = ++a ;   a = 12,   b = 12
b = a-- ;   a = 11,   b = 12
b = --a ;   a = 10,   b = 10
```

说明

(1) 第 6 行：因为 a++为后置式，所以会先将 a 变量值 10 赋给 b 变量，然后 a 变量才加 1，执行后 a = 11，b = 10。

(2) 第 8 行：因为++a 为前置式，所以 a 变量会先加 1 再赋给 b 变量，执行后 a = 12，b = 12。

(3) 第 10 行：因为 a--为后置式，所以先将变量值 12 赋给 b 变量，然后 a 变量才减 1，执行后 a = 11，b = 12。

(4) 第 12 行：因为--a 为前置式，所以 a 变量先减 1 再赋给 b 变量，执行后 a = 10，b = 10。

2.4.4 关系运算符

关系运算符又称为“比较运算符”，可以比较一个操作数与另外一个操作数之间的关系，而比较后的结果是 boolean 值，不是 true 就是 false。表 2-5 是在 Java 中使用的关系运算符。

表2-5 关系运算符

关系运算符	说明	数学表示式	Java书写方式
==	等于	a=b	a==b
!=	不等于	a≠b	a!=b
>=	大于等于	a≥b	a>=b
<=	小于等于	a≤b	a<=b
>	大于	a>b	a>b
<	小于	a<b	a<b

简例

文件名： \ex02\src\ex02\Ex02_07.java

```
01 package ex02;
02 public class Ex02_07 {
03     public static void main(String[] args) {
04         int a = 10, b = 3;
05         System.out.println("a = " + a + ", b = " + b);
06         boolean c = a < b;
07         System.out.println("a < b = " + c);
```

```
08         c = a > b;
09         System.out.println("a > b = " + c);
10         c = (a == b);
11         System.out.println("a == b = " + c);
12     }
13 }
```

结果

```
a = 10, b = 3
a < b = false
a > b = true
a == b = false
```

说明

(1) 第 7 行：因为 a 变量值 10 没有小于 b 变量值 3，所以 c = false。
(2) 第 9 行：因为 a 变量值 10 大于 b 变量值 3，所以 c = true。
(3) 第 11 行：因为 a 变量值 10 不等于 b 变量值 3，所以 c = false。

2.4.5 逻辑运算符

程序中作条件判断时，可以使用逻辑运算符来连接两个或以上的关系表达式。表 2-6 是 Java 提供的逻辑运算符。

表2-6 逻辑运算符

<table>
<tr><th>逻辑运算符</th><th>功能说明</th><th colspan="2">假设boolean a=true, boolean b=false</th></tr>
<tr><td>&</td><td>与</td><td>boolean c = a & b ;</td><td>结果：c为false</td></tr>
<tr><td>|</td><td>或</td><td>boolean c = a | b ;</td><td>结果：c为true</td></tr>
<tr><td>^</td><td>异或</td><td>boolean c = a ^ b ;</td><td>结果：c为true</td></tr>
<tr><td>!</td><td>非</td><td>boolean c = !a ;</td><td>结果：c为false</td></tr>
<tr><td>||</td><td>短路或</td><td>boolean c = a || b ;</td><td>结果：c为true</td></tr>
<tr><td>&&</td><td>短路与</td><td>boolean c = a && b ;</td><td>结果：c为false</td></tr>
</table>

表 2-7 是针对布尔变量 a 和 b，使用与、或、异或、非逻辑运算符运算的结果。

表2-7 逻辑运算结果表

<table>
<tr><th>a</th><th>b</th><th>a&b</th><th>a|b</th><th>a^b</th><th>!a</th></tr>
<tr><td>true</td><td>true</td><td>true</td><td>true</td><td>false</td><td>false</td></tr>
<tr><td>true</td><td>false</td><td>false</td><td>true</td><td>true</td><td>false</td></tr>
<tr><td>false</td><td>true</td><td>false</td><td>true</td><td>true</td><td>true</td></tr>
<tr><td>false</td><td>false</td><td>false</td><td>false</td><td>false</td><td>true</td></tr>
</table>

逻辑运算符中的&和&&、| 和 || 的运算结果都相同，但是&&和 || 属于短路运算，可以加快执行效率。当使用 & 与 | 时，必须做完全部的逻辑运算，才能决定运算结果。如果改用 && 与 || 时，只要前面条件满足，不用再执行后面的条件就能得到运算结果。

例如作 & 逻辑运算时，必须所有的值都为 true，其结果才是 true，若其中一个是 false 结果就为 false。&& 就是利用这种特性，当判断到一个 false 值时，其结果就是 false，之后的值就不再作判断，可以加快程序执行的效率。|| 逻辑运算也是如此，当判断到一个 true 时，其结果就是 true，之后的值就不再作判断。

简例

文件名：\ex02\src\ex02\Ex02_08.java

```
01 package ex02;
02 public class Ex02_08 {
03   public static void main(String[] args) {
04      int a = 1,b = 1,c = 1;
05      System.out.println("a = " + a + ", b = " + b + ", c = " + c);
06      System.out.println("a=b | a=c = " + (a == b | a == c));
07      System.out.println("a=b || a=c = " + (a == b || a == c));
08      System.out.println("a>b && a++>c = " + (a > b && a++ > c));
09      System.out.println("a = " + a + ", b = " + b );
10      System.out.println("a>b & a++>c = " + (a > b & a++ > c));
11      System.out.println("a = " + a + ", b = " + b );
12   }
13 }
```

结果

```
a = 1, b = 1, c = 1
a=b | a=c = true
a=b || a=c = true
a>b && a++>c = false
a = 1, b = 1
a>b & a++>c = false
a = 2, b = 1
```

说明

(1) 第 6 行：a == b | a == c，两个式子都要判断，两者都是 true，所以结果为 true。

(2) 第 7 行：a == b || a == c，因为 a == b 为 true，结果为 true，但是 a == c 不会再执行。

(3) 第 8 行：a > b && a++ > c，第一个式子为 false，所以结果为 false。因为&&为短路运算，第二个式子不会执行，所以 a 变量值仍为 1。

(4) 第 10 行：a > b & a++ > c，两个式子都要判断，两者都是 false，所以结果为 false。但是，执行后 a 变量会加 1，所以其值为 2。

2.4.6 位运算符

位(Bit)运算符应用在整型(long、int、short、byte)和字符型(char)数据上，而不应用于布尔型数据。这些数据都可用二进制数来表示，对每个二进制位作位逻辑运算，运算结果不是 0 就是 1。二进制数的最高位是符号位，0 代表正数，1 则为负数。例如：十进制整型常量 52_{10} 转换成二进制，将 52 连续除以 2，余数连续由最低位往最高位存放，一直到商为 0 停止，结果为$(00110100)_2$。

最高位							最低位
0	0	1	1	0	1	0	0
	2^6	2^5	2^4	2^3	2^2	2^1	2^0

二进制转换成十进制：$(00110100)_2 = 1\times2^5+1\times2^4+1\times2^2 = 32+16+4 = 52_{10}$

Java 的位运算符有& 、| 、^、~，其定义如表 2-8 所示。

表2-8 位运算符

位运算符	说明
&	按位与
|	按位或
^	按位异或
~	取反

若 a 和 b 相当于二进制中的某个位，其值只能取 0 或 1，所以 a 和 b 只有表 2-9 中的四种状态组合。针对按位与、按位或、按位异或、取反逻辑运算，各种运算符四种状态运算结果如表 2-9 所示。

表2-9 位运算结果表

a	b	a&b	a|b	a^b	~a
1	1	1	1	0	0
1	0	0	1	1	0
0	1	0	1	1	1
0	0	0	0	0	1

1. &：按位与运算符

两个位作按位与运算时，须两个位都为 1 时结果为 1，否则都为 0。例如，整数 a = 52 和 b = 15 作&运算，其值为 4。

```
a        ( 0  0  1  1  0  1  0  0 )₂   = 52₁₀
&运算
b        ( 0  0  0  0  1  1  1  1 )₂   = 15₁₀
─────────────────────────────────────────────
           ↓  ↓  ↓  ↓  ↓  ↓  ↓  ↓
结果     ( 0  0  0  0  0  1  0  0 )₂   = 4₁₀
```

2. |：按位或运算符

两个位作按位或运算时，只要两个位有一个为 1 时结果为 1，所以只有两者都为 0 时才会为 0。

例如，整数 a = 52 和 b = 15 作 | 运算，其值为 63。

a	(	0	0	1	1	0	1	0	0	$)_2$	$=52_{10}$
| 运算											
b	(	0	0	0	0	1	1	1	1	$)_2$	$=15_{10}$
		↓	↓	↓	↓	↓	↓	↓	↓		
结果	(	0	0	1	1	1	1	1	1	$)_2$	$=63_{10}$

3. ^：按位异或运算符

两个位作按位异或运算时，只要两个位值不同时结果为 1，当两个都是 0 或 1 时结果是 0。例如，整数 a = 52 和 b = 15 作^运算，其值为 59。

a	(	0	0	1	1	0	1	0	0	$)_2$	$=52_{10}$
^ 运算											
b	(	0	0	0	0	1	1	1	1	)2	=1510
		↓	↓	↓	↓	↓	↓	↓	↓		
结果	(	0	0	1	1	1	0	1	1	$)_2$	$=59_{10}$

4. ~：取反运算符

取反运算符是将位的值作反转，也就是将 0 变 1，1 变为 0。例如：$52_{10}=(00110100)_2$。

a	(	0	0	1	1	0	1	0	0	$)_2$	$=52_{10}$
补码运算		↓	↓	↓	↓	↓	↓	↓	↓		
~a	(	1	1	0	0	1	0	1	1	$)_2$	$=-53_{10}$

如何将~a 的结果$(11001011)_2$由二进制转换成十进制？若数值是以 8-Bits 表示，最高位若为 0 表示是正数，若为 1 则为负数。二进制的正数转换成十进制，只要如上面各 Bit 乘上对应的 2 次方相加即可。例如将上面 a =$(00110100)_2$转换成十进制，因为最高位为 0 表示是正数，其做法如下：

a =	(	0	0	1	1	0	1	0	0	$)_2$
			↑	↑	↑	↑	↑	↑	↑	
			2^6	2^5	2^4	2^3	2^2	2^1	2^0	
				↓	↓		↓			
十进制				32	+16		+4			$=52_{10}$

将二进制的负数转换成十进制，其步骤如下。

(1) 先将各位取反：用取反运算符将所有位值作反转，即 0⇨1 , 1⇨0。

(2) 末位加1：将上面得到的结果加1。

(3) 将各 Bit 乘上对应的 2 次方相加即得十进制。

(4) 最后在数值前面加上负号即可。

例如，将上面 a =$(11001011)_2$ 转换成十进制，因为最高位为 1 表示是负数，其做法如下：

a	(	1	1	0	0	1	0	1	1	$)_2$	
1. ~a(各位取反)	(	0	0	1	1	0	1	0	0	$)_2$	
2. 加1(末位加1)	(	0	0	1	1	0	1	0	1	$)_2$	
			2^6	2^5	2^4	2^3	2^2	2^1	2^0		
3. 转换十进制				32	+16		+4		+1		$=53_{10}$
4. 加上负号											$=-53_{10}$

简例

文件名：\ex02\src\ex02\Ex02_09.java

```
01 package ex02;
02 public class Ex02_09 {
03   public static void main(String[] args) {
04     byte a = 52,b = 15;
05     System.out.println("a = " + a + ", b = " + b);
06     System.out.println("~ a = " + ~a);
07     System.out.println("a & b = " + (a & b));
08     System.out.println("a | b = " + (a | b));
09     System.out.println("a ^ b = " + (a ^ b));
10   }
11 }
```

结果

```
a = 52, b = 15
~ a = -53
a & b = 4
a | b = 63
a ^ b = 59
```

说明

位运算符与逻辑运算符&、|、^虽符号相同而且都是对两个值作运算，但两者之间仍有很大的差异。如果这两个值的数据类型都为整数类型时，则是作位运算，但如果两个值都为boolean 类型时，则为逻辑运算。下面举个简单的例子来说明这两者之间的差异。

简例

文件名：\ex02\src\ex02\Ex02_10.java

```
01 package ex02;
02 public class Ex02_10 {
03   public static void main(String[] args) {
04     int a = 10, b = 5;
05     System.out.println("a = " + a + ", b = " + b);
06     System.out.println("a | b = " + (a | b));
07     boolean c = true, d = false;
08     System.out.println("c = " + c + ", d = " + d);
09     System.out.println("c | d = " + (c | d));
10   }
11 }
```

结果

```
a = 10, b = 5
a | b = 15
c = true, d = false
c | d = true
```

说明

(1) 第 6 行：因为a、b 两个变量都是整数类型，所以 | 运算符会作位运算。

(2) 第 9 行：因为c、d 两个变量都是布尔类型，所以 | 运算符会作逻辑运算。

2.4.7 移位运算符

移位运算符是把一个二进制数值向左或向右按位移动。在 Java 中所使用的移位运算符如表 2-10 所示。

表2-10 移位运算符

移位运算符	结果
<<	左移，符号位不变，高位移出舍弃，低位的空位补0
>>	右移，符号位不变，低位移出舍弃，高位的空位补符号位，即正数补0，负数补1
>>>	无符号右移，忽略了符号位扩展，0补最高位，低位移出舍弃
<<=	左移后赋值
>>=	右移后赋值
>>>=	左端补0向右移后赋值

移位语法：

```
1. 左移语法：数值 << 移动的位数
2. 右移语法：数值 >> 移动的位数
```

Java 的左移符号用<<来表示，左移的规则是：符号位不变，高位移出舍弃，低位的空位补 0，下面的符号×表示对应的二进制位被舍弃。

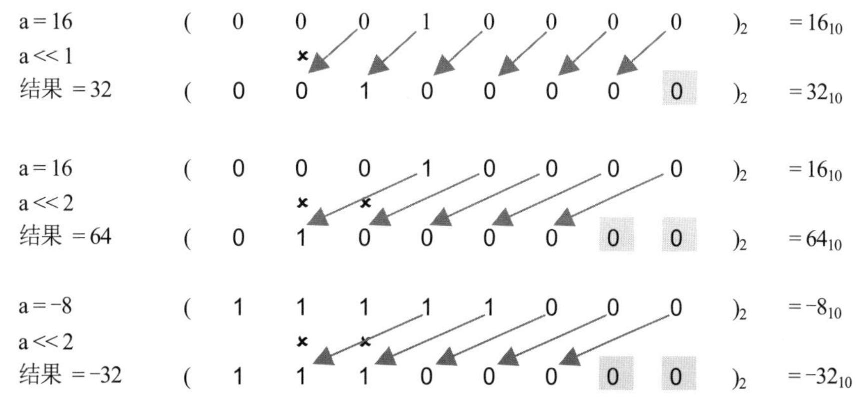

>>为右移符号，右移的规则是：符号位保持不变，其余位向右移动指定数目的位，低位移出

舍弃，高位的空位补符号位，即正数补 0，负数补 1，下面的符号×表示对应的二进制位被舍弃。

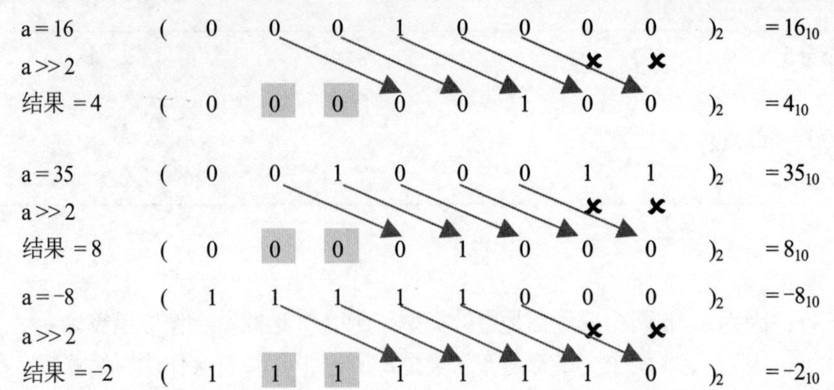

由上面的示例可发现把数值每次左移一个位，其值会变成原来的两倍。a 原来的值为 16，向左移一个位时，其值变为 32(16×2=32)；左移两个位时，变为 64(16×2×2=64)。所以，左移一个位具有将原数值乘以 2 的效果。同样地，右移一个位是除以 2，右移两个位是除以 4，若有余数则去掉余数部分，只保留商的部分。

简 例

文件名：\ex02\src\ex02\Ex02_11.java

```
01 package ex02;
02 public class Ex02_11 {
03    public static void main(String[] args) {
04       int a = 16;
05       System.out.println("a = 16, a << 1 = " + (a << 1));
06       System.out.println("a = 16, a << 2 = " + (a << 2));
07       System.out.println("a = 16, a >> 2 = " + (a >> 2));
08       a = 35;
09       System.out.println("a = 35, a >> 2 = " + (a >> 2));
10       a = -16;
11       a >>= 1;
12       System.out.println("a = -8, a >> 2 = " + (a >> 2));
13       System.out.println("a = -8, a << 2 = " + (a << 2));
14    }
15 }
```

结 果

```
a = 16, a << 1 = 32
a = 16, a << 2 = 64
a = 16, a >> 2 = 4
a = 35, a >> 2 = 8
a = -8, a >> 2 = -2
a = -8, a << 2 = -32
```

说明

(1) 第9行：因为35除以4不能整除，所以余数去除只取商，结果 a >> 2 = 8。

(2) 第11行：a原为-16，>> = 1就是右移1个位，变量值变成-8，再赋值给a，所以 a >>= 1; 就等于 a = (a >> 1);。

2.5 Java数据类型的转换

所谓数据类型转换是指在表达式中不同数据类型的数据，必须转换成相同的数据类型才能运算，就是将一种数据类型转变成另一种数据类型。在Java中，数据类型的转换可分成自动转换和强制转换两种。

2.5.1 数据类型自动转换

数据类型自动转换必须符合以下两个条件。

(1) 数据类型必须是兼容的：例如整数与浮点数两者都是数值数据类型，所以彼此间兼容。但是数值数据和字符、布尔值数据则是不兼容的。

(2) 转换后的目的数据类型所能存储的范围，必须大于转换前的数据类型。就像两个大小不同的箱子，我们可以将小箱子放进大箱子中，但不可以将大箱子放进小箱子中。例如4位的float数据类型，可以转换成8位的double数据；但是8位的double数据，不能转换成4位的float数据类型。

如果表达式中包含不同类型的数值时，则会以其中最大的类型为准，较小的数值会自动提升类型。例如：

```
int a = 2;              // a为整数
double b = a * 1.5;     // 在运算a*1.5时，a变量会先提升成double才作运算
```

简例

文件名：\ex02\src\ex02\Ex02_12.java

```
01 package ex02;
02 public class Ex02_12 {
03   public static void main(String[] args) {
04     double total;
05     int income = 10000;
06     total = income;            // 数据类型自动转换
07     System.out.println("total = " + total);
08     // income = total;     // 若加入此行，会产生编译错误
09   }
10 }
```

```
total = 10000.0
```

(1) 第 6 行：是将 income 的值赋给变量 total。变量 total 的数据类型是 double，变量 income 为 int，两者都为数值数据类型，符合自动类型转换的第一个条件。目的数据类型 total 是 64 位，比 income 的 32 位的范围大，符合自动类型转换的第二个条件。因为符合自动数据类型转换的全部条件，所以在编译时不会产生错误。因此在执行第 7 行程序时，会显示 total 的值为 10000.0(浮点数)。

(2) 第 8 行：虽然 income 和 total 都为数值数据类型，但是目的数据类型小于源数据类型，不符合第二个条件，所以无法自动转换，因此会产生编译错误。

2.5.2 数据类型强制转换

上面已介绍了 Java 数据类型的自动转换。但是在编写程序的过程中，有时必须将较大数据类型的值赋给较小数据类型的变量，例如把 int 的值赋给 byte 类型的变量。此时，使用类型自动转换将会产生错误。为了让两个不兼容的数据类型能够进行转换，则必须使用到强制类型转换，这种类型的转换又被称为“缩小转换”。语法格式如下：

```
(指定转换的目标数据类型) 变量或数值
```

程序中的整型常量，编译程序默认为 int 数据类型。所以，如果需要将超过 2147483647 的常量数据赋值给 long 类型的变量时，就会产生错误。例如：

× `int num = 2147483648;`	//因 2147483648 超出 int 数据类型范围，所以产生错误
× `long num = 2147483648;`	//long 虽可容纳，但 2147483648 超出 int 范围，转换前已产生错误
✓ `long num = 2147483648L;`	//用 L 指定常量 2147483648 类型为 long，所以正确
× `int num = (int)2147483648;`	//用(int)强制转换但 2147483648 超出 int 范围，所以错误

程序中的浮点型常量，编译程序会默认为 double 数据类型。所以，如果要将 double 常量数据赋给 float 变量会产生错误。例如：

✓ `double PI = 3.14;`	//3.14 默认为 double 数据类型，所以正确
× `float PI = 3.14;`	//3.14 默认为 double 数据类型，要赋值给较小的 float，所以错误
✓ `float PI = 3.14F;`	//使用 F 指定 3.14 为 float 数据类型，所以正确
✓ `float PI = (float)3.14;`	//使用(float)3.14 强制转换为 float 数据类型，所以正确
✓ `int PI = (int)3.14;`	//使用(int)3.14 强制转换为 int 数据类型，小数部分删除，值为 3

简 例

文件名：\ex02\src\Ex02_13.java

```
01 package ex02;
02 public class Ex02_13 {
03    public static void main(String[] args) {
04       int sum;
```

```
05        float score1 = 60.5F;
06        long score2 = 100;
07        sum = (int) score1;                    // 数据类型强制转换
08        System.out.println("sum = " + sum);
09        sum = (int) (score1 + score2);      // 数据类型强制转换
10        System.out.println("sum = " + sum);
11    }
12 }
```

结果

```
sum = 60
sum = 160
```

说明

(1) 第5行：给score1变量赋值时，60.5后加F来指定该常量为float型。

(2) 第7行：当float数据类型的变量scorc1赋值给int型的sum时，会因为无法自动转换而造成程序错误，所以要用(int)强制将变量值转换成int型。

(3) 第9行：程序作score1 + score2运算时，因为score2为long类型，会自动转换为最大类型。但是运算后的long类型数据无法放入整型的变量sum中，所以必须用(int)强制将(score1 + score2)的运算结果转换为int型。

2.6 基本数据类型与引用数据类型

在说明基本数据类型与引用数据类型变量的区别之前，必须先了解Java中的数据在内存中Global存储区、Stack存储区、Heap存储区的存放方式，如图2-2所示。

图2-2 内存存储空间分配示意图

2.6.1 Global(全局数据区)

使用static保留字来修饰的变量，都会存放在Global全局数据区，一般称为“静态成员”(或称类成员)。静态成员是类中共享的成员，它并不属于某个特定对象，因此并不会因为建立新的对象而再给静态成员分配存储空间，由某个类所创建的对象都可共享该类的静态成员。关于静态成员请参看 6.5 节的说明。

2.6.2 Stack(栈)

声明属于基本数据类型的变量都存放在 Stack 栈存储空间，例如 char、byte、short、int、long、float、double、boolean 八种类型变量。Stack 栈存储空间是直接存放变量的值，其优点是占用内存空间小，访问速度快。我们使用以下三条语句来说明使用 Stack 栈存放和使用变量的方式，如图 2-3 所示。

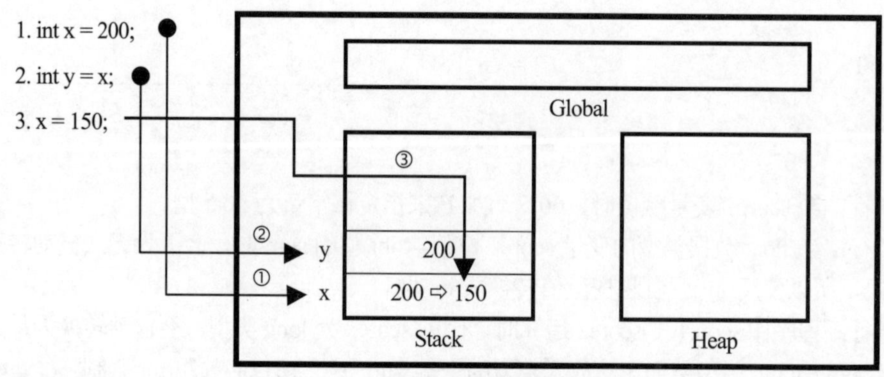

图2-3　Stack栈的使用方式

说明

(1) 执行第 1 行语句 int x = 200;时，在 Stack 栈区分配一个地址存放 200。

(2) 执行第 2 行语句 int y = x; 时，会在 Stack 栈区再分配一个地址，然后复制 x 的值(值=200)。此时，x 与 y 两者存放的内容相同均为 200，但是在存储器中分别占用不同的地址。

(3) 执行第 3 行语句 x = 150; 时，因为 x 与 y 在存储器中占用不同的地址，彼此互相独立，因此将 x 变量的内容改为 150，并不会影响 y 的内容。

2.6.3 Heap(堆)

数组、类、字符串等都属于引用数据类型。在 Java 的 Heap 堆中，存放引用数据类型的对象。当声明引用数据类型的对象时，会在 Stack 栈中分配一个存储单元，用来存放将要创建的对象的地址。当使用 new 创建对象时，会在 Heap 堆中分配一段存储单元，用来存放该对象(实际上存放的是对象内部封装的数据)。此时在 Stack 栈中的对象存放的是 Heap 中该对象的地址。我们使用以下 4 行程序来说明引用类型的对象在 Stack 与 Heap 中的存放方式(程序中使用到数组，请参阅第 4 章)，如图 2-4 所示。

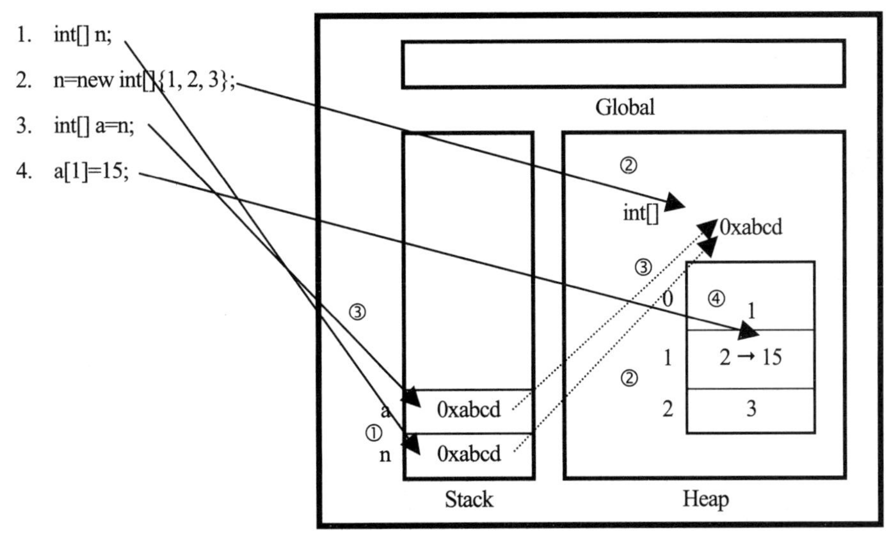

图2-4　Heap堆的使用方式

(1) 执行第 1 行语句 int[] n; 时，声明 int 类型的数组对象 n，此时会在 Stack 栈中分配一个存储单元给对象 n 使用。

(2) 执行第 2 行语句 n=new int[]{1, 2, 3}; 时，使用 new 关键字创建 int 类型数组对象。此时，在 Heap 堆中分配存储空间存放数组对象实体，即数组元素 n[0]=1, n[1]=2, n[2]=3。同时，在 Stack 栈中的数组对象 n 存放的是 Heap 堆中数组元素的首地址，此处假设首地址为十六进制数 0xabcd，如图 2-4 所示。

(3) 执行第 3 行语句 int[] a=n;时，声明 int 类型的数组对象 a，并设定 a=n，表示将 n 的引用地址赋值给 a，所以 a 和 n 数组对象都会指向 Heap 堆中相同的位置。

(4) 执行第 4 行语句 a[1]=15; 时，重设 a[1]元素值为 15。因为 n 和 a 都指向相同的数组对象实体，所以此时 n[1]和 a[1]都为 15。

简 例

文件名：\ex02\src\ex02\Ex02_14.java

```
01 package ex02;
02 public class Ex02_14{
03   public static void main(String[] args){
04     int[] a;
05     a = new int[] { 1, 2, 3 };
06     int[] n = a;
07     System.out.println("a[0]=" + a[0] + "\ta[1]=" + a[1] + "\ta[2]=" + a[2]);
08     System.out.println("n[0]=" + n[0] + "\tn[1]=" + n[1] + "\tn[2]=" + n[2]);
09     n[1] = 15;
10     System.out.println("------------------------");
11     System.out.println("a[0]=" + a[0] + "\ta[1]=" + a[1] + "\ta[2]=" + a[2]);
```

```
12        System.out.println("n[0]=" + n[0] + "\tn[1]=" + n[1] + "\tn[2]=" + n[2]);
13    }
14 }
```

结果

```
a[0]=1        a[1]=2        a[2]=3
n[0]=1        n[1]=2        n[2]=3
------------------------------------------------------------
a[0]=1        a[1]=15       a[2]=3
n[0]=1        n[1]=15       n[2]=3
```

说明

(1) 第 7 行：程序中\t 表示跳格字符，相当于键盘上的 tab 键。

(2) 第 7~8 行：分别显示数组 a 和数组 n 中元素的初值。

(3) 第 9 行：给 n[1]数组元素赋值为 15。

(4) 第 11~12 行：分别显示数组 a 和数组 n 元素的值，由结果发现两者的元素值全部相同。

2.7 控制台输入与输出

所有的 Java 程序默认自动加载 java.lang 这个基本包内的所有类。在这个包中定义了一个名称为 System 的类，该类包含许多常用的方法，例如获取当前的时间以及与系统有关的一些设定。System 类中定义了三个重要的流类型的对象成员：in、out、err。System.out(标准输出流)，默认输出设备为控制台(一般是指屏幕设备)，在之前的程序中经常出现。System.in (标准输入流)，默认输入设备为键盘设备，也是本节所要介绍的重点。System.err(标准错误流)，默认输出设备也是控制台。

2.7.1 输出

System.out 对象提供的 println()、print()、printf()及 format()方法都可用来输出数据，但是使用 println()方法输出数据后会自动换行。语法格式如下：

```
System.out.println(要输出的数据或变量);
System.out.print(要输出的数据或变量);
System.out.printf(格式化字符串, 变量1, 变量2…);
System.out.format(格式化字符串, 变量1, 变量2…);
```

printf()和format()方法中可以使用格式化字符串控制输出的数据，所以弹性比较大。通常 printf()和format()的第一个参数为格式化字符串，其后的参数必须按照格式化字符串中对应的转换字符格式输出。常用的转换字符如表 2-11 所示。

表2-11 常用转换字符

转换字符	功能	转换字符	功能
%c	转换成字符	%s	转换成字符串
%d	转换成十进制整数	%x	转换成十六进制整数
%o	转换成八进制整数	%b	转换成布尔值
%f	转换成浮点数	%a	转换成十六进制浮点数
%e	转换成科学计数法	%g	转换成浮点数(较短)
%%	输出%百分号	%n	换行

简例

```
System.out.printf("Hello,%s", "World");          // 输出“Hello,World”
System.out.format("%c%c", 'T', 'W');             // 输出“TW”
System.out.printf("100 的 16 进制是%x", 100);     // 输出“100 的 16 进制是 64”
System.out.printf("2>1 结果是%b", 2>1);           // 输出“2>1 结果是 true”
System.out.printf("123*0.65=%g", 123*0.65);      // 输出“123*0.65=79.9500”
System.out.printf("%d%%%n", 75);                 // 输出“75%”并且会换行
String str=String.format("%d+%d=%d",1,2,1+2);    // str 变量值为"1+2=3"
System.out.printf(str);                          // 输出“"1+2=3"”
```

转换字符中的%是必要的字符，其后可以加上格式字符来进一步指定输出格式，这些字符可以组合使用。常用的格式字符如表 2-12 所示。

表2-12 常用格式字符

格式字符	功能	格式字符	功能
+	加入正负号	,	数值加上千位分隔
m	m表显示的字符串总长度	.n	n表示小数位数
0	数值有空位时补0	-	靠左对齐

简例

```
System.out.printf("%+d,%+d",1234, -1234);  // 输出“+1234,-1234”
System.out.format("%,d", 12345678);        // 输出“12,345,678”
System.out.printf("%8d", 1234);            // 输出“    1234”(前面有四个空白)
System.out.printf("%08d", 1234);           // 输出“00001234”(前面补四个 0)
System.out.printf("%.2f", 1234.566);       // 输出“1234.57”
System.out.printf("%8.2f", 1234.566);      // 输出“ 1234.57”(前面有一个空白)
System.out.printf("%-8s", "Love");         // 输出“Love    ”(后面有四个空白)
```

简例

文件名：\ex02\src\ex02\Ex02_15.java

```
01 package ex02;
02 public class Ex02_15 {
03   public static void main(String[] args) {
```

```
04        String title = "价格：NT";
05        int money = 128;
06        double tax = money * 0.05;
07        System.out.printf("%s%5d 元, 税金: %.1f 元%n", title, money, tax);
08    }
09 }
```

结果

```
价格：NT 128 元，税金：6.4 元
```

说明

(1) 第 4~6 行：声明 title、money、tax 三个变量并赋初值，数据类型分别为 String、int 和 double。

(2) 第 7 行：System.out.printf()方法使用了格式化字符串。

① "%s%5d 元，税金：%.1f 元%n "中的%s、%d、%f，依次代表后面的 title、money、tax 三个参数，而%n 表示显示后会换行。“元，税金：”为字符常量，也会依次显示。

② %5d的5表示预留5个字符空间，而%.1f的.1表示显示到小数第1位。

2.7.2 输入

如果要在控制台中输入数据，可以通过 Scanner 类的对象来实现。此类在 java.util 包中，因此使用前需要在程序开头编写 import java.util.*;加载此包，或者在程序开头编写 import java.util.Scanner;表示只加载 Scanner 类，这样才可以在程序中直接使用 Scanner 类。使用 Scanner 对象的方法前，要先使用 new 来创建一个以 System.in 作为参数的对象，其语法如下：

```
Scanner 对象名 = new Scanner(System.in);
```

创建 Scanner 对象后，就可以使用该对象的各种方法来接收用户所输入的数据。

(1) next()方法：使用 next()方法获得用户输入的字符串，但是不包含空格符和 Tab 字符。

(2) nextLine()方法：使用 nextLine()方法获得输入的整行字符，可以包括空格符和 Tab 字符。

(3) nextInt()方法：使用 nextInt()方法获得一个整数，另外可以使用 nextByte()、nextShort()、nextLong()、nextFloat()、nextDouble()、nextBoolean()等方法获得用户的输入并转换为对应的数据类型。

(4) close()方法：当不再使用 Scanner 对象时，可以使用 close()方法来关闭 Scanner 对象，其语法如下：

```
Scanner 对象名.close();
```

使用 Scanner 对象时，当用户按下 Enter 键后，就可以用 next()、nextLine()等方法读取用户输入的数据。使用 nextLine()方法时，可以读取空格、Tab 字符，并处理按下 Enter 键产生的换行字符。使用 next()、nextInt()等方法，会读取空格、Tab 和换行字符前的数据，并且不会处理换行字符。所以当用户输入“How are you?”后按 Enter 键，如果是使用 nextLine()方法读取时，会读到" How are you?"字符串。如果是使用 next()方法读取时，只会读到"How"字符串，输入缓冲区中仍会遗留"are you?"和换行字符。next()方法遗留下来的换行字符，会造成其后的 nextLine()方法读取不到正确的数据。此时可以使用下列语句，利用一个 while 循环来重复执行 nextLine()方法，直到接

收到新输入的字符串才离开循环。关于循环的用法，将在后面章节再作介绍。

```
String str;
while( (str = scn.nextLine()).equals("") ){}
```

使用 Scanner 对象的方法读取输入的数据时，要注意数据类型必须匹配。使用 nextInt()方法读取时，用户如果输入“Java”则会产生错误。又例如，使用 next()方法读取时，用户如果输入“123”，读取到的是"123"字符串，而不是 123 数值。

2.7.3 字符串转换成数值数据类型

在 Java 中，字符串 String 其实是一个类，所以声明字符串就是创建一个对象。当接收用户输入的字符串数据后，比如 123 虽然在字面上是数值，但是不能直接作四则运算，必须先将数值字符串转换成数值类型。

简 例

```
String num1 = "1";
String num2 = "2";
System.out.print( num1 + num2);      // 执行结果为"12"，而不是 3
```

在 Integer 类中有 parseInt()方法，可以将字符串转为整数。使用 parseInt()方法时，要注意如果字符串不是数值，转换时会产生错误，所以要使用异常处理。parseInt()方法的语法：

```
int 变量 = Integer.parseInt(字符串变量或常量);
```

简 例

```
String num1 = "1";
String num2 = "2";
System.out.print(Integer.parseInt(num1) + Integer.parseInt(num2));
// 执行结果为 3，而不会是"12"
```

另外，如果数值字符串转换的不是整数，而是 double、long 等类型的数据时，可以使用下列方法转换成对应类型的数据。但是要注意转换后的数据类型的有效范围，例如整数字符串可以转换为浮点数，但浮点数字符串不能转换成整数。

```
double 变量 = Double.parseDouble(字符串变量或常量);        // 转换为 double 类型
float 变量 = Float.parseFloat(字符串变量或常量);           // 转换为 float 类型
long 变量 = Long.parseLong(字符串变量或常量);              // 转换为 long 类型
short 变量 = Short.parseShort(字符串变量或常量);           // 转换为 short 类型
byte 变量 = Byte.parseByte(字符串变量或常量);              // 转换为 byte 类型
```

简 例

```
String num1 = "1.25";
String num2 = "2";
System.out.print(Double.parseDouble(num1) + Short.parseShort(num2));//结果为 3.25"
System.out.print(Long.parseLong(num1) + Float.parseFloat(num2));  //执行时产生错误，
  //因为 num1 为浮点数字符串不能转换为整数。但是 num2 为整数字符串，可以转换为浮点数，结果为 2.0
```

简 例 (本例使用到 try…catch…的异常处理，请参阅第 8 章)

```
System.out.print("请输入整数：");
try {                              //利用异常处理来捕获错误
   String num1 = scn.next();    // 读入字符串并赋值给 num1 变量
   System.out.printf("输入值为%d%n", Integer.parseInt(num1));
} catch (NumberFormatException e) {
   System.out.print("输入值不是整数！");
}
```

实操 文件名：\ex02\src\02\Ex02_16.java

设计一个可由控制台输入姓名和用空格隔开的两个整数，并且显示姓名和两个整数相加结果的程序。

结 果

```
请输入您的姓名：Jerry Chang ↵
Jerry Chang 您好!!
请输入两个整数，中间用空格隔开：12 56 ↵
12 + 56 = 68
```

程序代码

文件名： \ex02\src\ex02\Ex02_16.java

```
01 package ex02;
02 import java.util.Scanner;
03 public class Ex02_16 {
04    public static void main(String[] args) {
05       Scanner scn = new Scanner(System.in);
06       System.out.print("请输入您的姓名：");
07       String name = scn.nextLine(); // 读入一行字符串并赋值给 name 字符串变量
08       System.out.printf("%s 您好!!%n", name);
09       System.out.print("请输入两个整数，中间用空格隔开：");
10       int num1 = scn.nextInt(); // 读入一个整数并赋值给 num1 变量
11       int num2 = scn.nextInt(); // 读入一个整数并赋值给 num2 变量
12       System.out.printf("%d + %d = %d%n", num1, num2, num1 + num2);
13       scn.close();
14    }
15 }
```

说 明

(1) 第 2 行：使用 import 载入 java.util.Scanner 类。

(2) 第 5 行：使用 new 创建一个 Scanner 对象 scn。

(3) 第 7 行：使用 scn.nextLine()方法，读入整行字符串并赋值给 name 字符串变量。

(4) 第 8 行：使用 System.out.printf()方法显示 name 字符串变量。

(5) 第 10~11 行：因为 nextInt()方法会读取空格、Tab 和换行字符前的数据，所以使用两 nextInt()方法来读取整数到 num1、num2 变量。

(6) 第 12 行：使用 System.out.printf ()方法，显示两数相加的结果。

(7) 第 13 行：使用 close()方法关闭 Scanner 对象 scn。

2.8 认证实例练习

题目

1. Java 程序代码如下：

```
System.out.printf("PI 约等于 %f 和 E 约等于 %b",Math.PI,Math.E);
```

执行后显示结果：PI 约等于(　　)和 E 约等于(　　)。

① 3　　② 2　　③ 3.141593　　④ 2.718282

⑤ true　　⑥ false　　⑦ Math.PI　　⑧ Math.E

说明

(1) Math.PI 代表圆周率的数值(3.141592653589793)，经过%f 格式化后会显示 3.141593，所以第一个答案是③。

(2) Math.E 的值为 2.718281828459045，经过%b 格式化后会显示成 true，因为%b 格式化是除了值为 null 和 false 会转换成 false 外，其余均转换成 true，所以第二个答案是⑤。

题目

2. Java 程序代码如下：

```
System.out.format("PI 约等于 %d.", Math.PI);
```

执行后结果是(　　)。

① 编译错误　　② PI 约等于 3

③ PI 约等于 3.141593　　④ 执行时抛出一个异常

说明

(1) System.out.format()等同于System.out.printf()方法，是Java SE 5 后新增的方法。Math.PI表示圆周率的数值(3.141592653589793)，其数据类型为double。因为%d只能格式化整数值(如Byte、Short、Integer、Long类型)，所以执行时会产生错误，因此答案是④。

(2) 若将%d 改成%f，则可以顺利执行，答案则会是③。

题目

3. Java 程序代码如下：

```
01 String #name ="Oracle Java";
02 int $age = 17;
03 Double _height = 100.5;
04 double -temp = 50.5
```

下面正确的两个语句是(　　)。

① 第1行不能编译　② 第2行不能编译　③ 第3行不能编译　④ 第4行不能编译

Java 变量的前缀只能是英文字母、$(美元符号)、_(下画线)，所以#name 和-temp 为不合法的变量名，答案是①和④。

题目

4. 填入下列选项完成以下程序，声明占用最少内存的数据类型来存放各种员工数据，空白处应依次填入(　　)。

A. boolean　B. byte　C. char　D. float　F. short

```
____I____ year = 1999;
____II____ married = false;
____III____ grade = 'B';
____IV____ salary = 34567.5f;
```

① F，A，C，D　　② C，A，B，B

③ B，A，A，D　　④ C，A，C，F

因为题目要求变量的数据类型占用最少内存，year 变量的数值不大，使用 short 即可；married 值为布尔值，所以只能声明为 boolean；grade 值为字符，所以声明为 char；salary 的值为 34567.5f，因为加 f 指定为 float，所以声明为 float。答案为①。

题目

5. 填入下列选项完成以下程序，读取输入的到职日期，空白处应依次填入(　　)。

A. java.io.*　B. java.util.Scanner　C. InputStream stream = System.in

D. Scanner sc = new Scanner(System.in)　E. stream.read()　F. sc.next()

G. sc.wait()　H. stream.close()　I. sc.close()

```
Import ____I____
public class ReadDate{
public static String getDate(){
        System.out.print("请输入到职日期(格式: MMDDYYYY)");
        ____II____
        String startDate = ____III____;
____IV____;
return startDate;}
}
```

① B，D，F，I　② B，C，G，H　③ A，C，E，H　④ A，D，F，I

说明

使用 Scanner 对象的 next()方法可以读取用户输入的数据，答案为①。

题目

6. 执行下列程序后，变量 num1、num2、num3 的值依次为(　　)。

```
double num1 = 255.755;
int num2 = (int)num1;
byte num3 = (byte)num2;
```

① 255.755，255，-1　　② 255.755，255，255.8

③ 255.755，1111111，256　　④ 255.755，1111111，-1

说明

(1) num1 是 double 数据类型，变量值为 255.755。

(2) num2 为 int 整型变量，变量值是 num1 强制转换为整数，其值为 255，小数部分舍弃。

(3) num3 为 byte 类型，byte 类型的范围是-128~127。num2 为 255，超出范围，用(byte)强制类型转换，虽然可以转换但结果不是预期值，其值为-1。答案为①。

2.9 习题

一、选择题

1. 下列合法的标识符有(　　)个。
   Score、int、kimo、7-11、name、Boolean、lung's
   ① 2　　② 3　　③ 4　　④ 5
2. 下列不合法的标识符有(　　)个。
   println、double、4pchome、_isTure、tel_no、$money
   ① 2　　② 3　　③ 4　　④ 5
3. 下列不是保留字的有(　　)个。
   int、name、yy、static、True、false、double
   ① 2　　② 3　　③ 4　　④ 5
4. a+b语句中的+是(　　)。
   ① 一元运算符　　② 二元运算符　　③ 三元运算符　　④ 操作数
5. a++语句中的++是(　　)。
   ①一元运算符　　②二元运算符　　③ 三元运算符　　④ 操作数
6. 若要让光标移到下一行，要使用转义字符(　　)。
   ① \b　　② \r　　③ \t　　④ \n

7. 程序int sum = 10; sum += 20;执行后sum值是(　　)。

① 0　　② 10　　③ 20　　④ 30

8. 程序int a = 0, b = 0; b = a++ + ++a;执行后b值是(　　)。

① 0　　② 1　　③ 2　　④ 3

9. 程序int a = 0, b = 0; b = a-- – --a;执行后b值是(　　)。

① 0　　② 1　　③ 2　　④ 3

10. 程序int a = 32 << 2;执行后a值是(　　)。

① 4　　② 16　　③ 64　　④ 128

11. 程序int x = 1; boolean a = true; System.out.println(x == a); 执行结果是(　　)。

① 1　　② true　　③ false　　④ 编译错误

12. 程序int a = 32;执行后变量a在内存存储的位置是(　　)。

① Global　　② Heap　　③ Stack　　④ Reference

13. 程序int a = 32; byte b = a; 执行后b值是(　　)。

① 32　　② true　　③编译错误　　④ 执行时抛出异常

14. 下列声明过后就不能修改其值的是(　　)。

① 常量　　② 变量　　③ 常量　　④ 对象

15. 在printf()方法中使用下列(　　)字符，可以格式化数值使其加上正负号。

① ,　　② +　　③ -　　④ 0

二、程序设计

1. 编写一个程序，用户可以输入两个整数，然后显示第一个数是否大于第二个数。

```
请输入第一个整数：15
请输入第二个整数：26
15 > 26 = false
```

2. 编写一个程序，用户可以输入三门课的成绩(整数)，然后显示平均分数，精确到小数第二位，而且长度为6个字符。

```
请输入计概成绩：78
请输入 Java 成绩：79
请输入电子学成绩：91
平均分数　= 82.67
```

3. 编写一个程序，用户可以输入两个整数，然后显示两数的商。

```
请输入第一个整数：29
请输入第二个整数：3
29 除以 3 的商为 9
```

4. 编写一个程序，用户可以输入两个整数成绩(中间用空格隔开)，然后显示两个成绩是否及格。及格分数请使用常量来声明，显示成绩的长度为4个字符。

```
请输入两个成绩(中间用空格隔开)：56 99
第一个成绩为  56，及格分数为  60，是否及格：false
第二个成绩为  99，及格分数为  60，是否及格：true
```

第 3 章

控制语句

- ✧ if 选择语句
- ✧ if else 选择语句
- ✧ switch 选择语句
- ✧ for 循环语句
- ✧ do 循环语句
- ✧ while 循环语句
- ✧ do while 循环语句
- ✧ 跳转语句

3.1 前言

“语句块”是指连续多条语句的集合。当一个程序执行时，其流程是自上向下逐条执行。下次重新执行时仍会按照同一流程，所得结果都是一样的，这种方式只能设计出简单的程序。这样的程序被称为“顺序结构”。实际上编写程序并非如此简单，常会因用户的需要而改变程序执行的流程，这种称为“选择结构”。或者程序中某些语句块需要重复执行多次，这种是“循环结构”。在“选择结构”和“循环结构”中，必须通过各种“控制语句”(Control statements)来完成程序编写。编写程序时要能灵活运用控制语句，必须具备良好的逻辑思维能力，才能设计出较复杂的程序。Java 语言所提供的控制语句有下列三类：①选择语句；②循环语句；③跳转语句。

3.2 选择语句

所谓“选择语句”，就是让程序执行此语句时能按照条件来决定程序执行的流程。在 Java 中提供 if 和 switch 两种选择语句。

3.2.1 if 语句的使用

if 如同字面上所看到的，它的意思就是“如果”。当写程序时的流程是“如果……就做……”时，就可以使用 if 语句。Java 中 if 语句共分为单分支、双分支、多分支和嵌套多分支结构，可以在不同的情况下来使用。

1. 单分支结构

单分支结构是最简单的语句，只使用一个 if 作为判断条件，其语法格式如下：

```
if(条件表达式) {
        语句块 1
  }
语句块 2
```

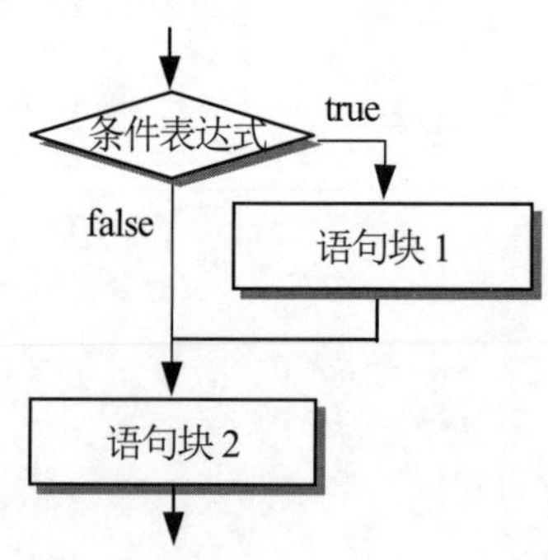

说明

(1) 若条件表达式由多个关系表达式组成时，可以使用适当的逻辑运算符来连接。比如：

① x大于零且是偶数，条件表达式的写法为：

```
if ((x > 0) && (x % 2 == 0))
```

② 若判断输入的字符(ch)不是数字，其 if 条件表达式写法为：

```
if (ch < '0' || ch > '9')
```

(2) if语句的执行顺序如下：

① 若条件表达式的结果为true，先执行 <语句块1>，接着再执行 <语句块2>。

② 若条件表达式结果为false，跳过if 内的 <语句块1> 不执行，直接执行 <语句块2>。

(3) 若 <语句块1> 有多条语句时，必须用大括号括起来。若只有一条语句，则大括号可省略。

实操 文件名：\ex03\src\ex03\If.java

设计一个购物程序，消费金额超过 1000 元的部分打九折。例如：消费 3000 元，其中 2000 元可打九折变成 1800 元，实付 1000 元 + 1800 元 = 2800 元。

结 果

```
请输入消费金额：570
实付金额：570 元
```

```
请输入消费金额：1570
实付金额：1513 元
```

程序代码

文件名：\ex03\src\ex03\If.java

```
01 package ex03;
02 import java.util.Scanner;
03 public class If {
04   public static void main(String[] args) {
05     Scanner scn = new Scanner(System.in);
06     System.out.print("请输入消费金额：");
07     int money = scn.nextInt();                     // 获得输入的金额并转成int数据类型
08     if(money > 1000) {                             // 如果金额大于1000时
09       money = 1000 + (int)((money - 1000) * 0.9);  //超出部分打九折
10     }
11     System.out.printf("实付金额：%d 元%n", money);
12     scn.close();
13   }
14 }
```

说 明

(1) 第 7 行：使用 Scanner 对象的 nextInt()方法，接收用户输入的数据并转为 int 数据类型。

(2) 第 8~10 行：此语句块为单分支 if 语句，判断的条件为 money > 1000 表达式，表示 money 大于 1000。如果表达式为 true 就执行第 9 行语句；若为 false 就直接执行第 11 行语句，此时因为没有执行第 9 行语句，所以金额将不会改变。

(3) 第 9 行：实付金额等于不打折的 1000 元加上打九折的超出部分。因为超出的部分乘以 0.9 后会自动转型为浮点数，要用(int)强制转换为整数。

(4) 第 8~10 行：如果 if 的条件为 true，则执行的语句只有第 9 行的单条语句，所以 if 分支语句的{}可以省略，可以改写为：

```
if(money > 1000)                              // 如果金额大于1000时
money = 1000 + (int)((money - 1000) * 0.9);   //超出部分打九折
```

(5) 第 11 行：使用 printf()方法，以格式化方式显示实付的金额。

2. 双分支结构

如果希望程序达到“如果……就进行……，否则才做……”的目的，单分支结构 if 已无法满足，此时需要采用双分支结构的 if….else 语句来完成，其语法格式如下：

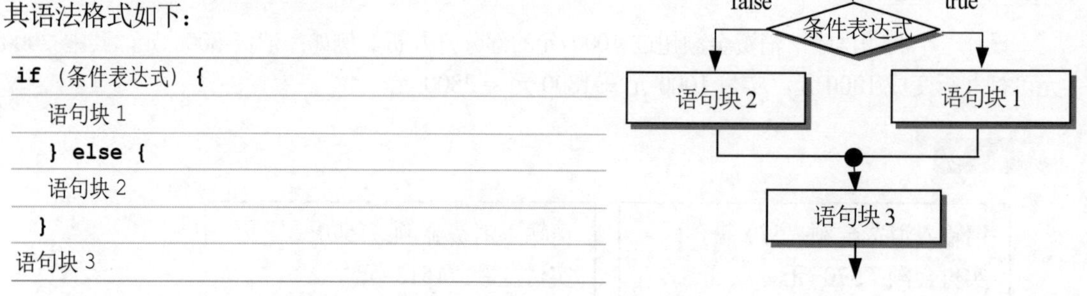


```
if (条件表达式) {
   语句块 1
   } else {
   语句块 2
  }
语句块 3
```

双分支结构，除了 if 语句外又多了一个 else 语句。else 如同字面的意义，即“否则”。else 不能单独使用，必须配合 if 一起使用。如果<条件表达式>的结果为真(true)，就执行<语句块 1>；如果<条件表达式>的结果是假(false)，就执行<语句块 2>。请注意<语句块 1>和<语句块 2>两个语句块，只能有一个语句块被执行。这种双分支结构不管条件是否满足，最后都会执行后面的<语句块 3>，然后继续往下执行。在双分支结构 if 语句中，如果将结果赋值给一个变量，也可以使用条件运算符(?　:)来编写，程序代码会比较简洁，语法为：

```
变量 = 条件表达式 ? 表达式 1 : 表达式 2;
```

简例 两数取最大数。

```
int max, n1 = 2, n2 = 3;
if (n1 > n2) {            ⇦ 使用 if…else 双分支结构
    max = n1;
} else {
    max = n2;
}

max = (n1> n2) ? n1 : n2;    ⇦ 可以改用条件运算符来编写
```

实操 文件名：\ex03\src\ex03\ElseIf.java

使用键盘输入账号与密码，若输入的账号为 Love，且输入的密码为 2520，则显示正确信息，否则显示错误信息。

结果

```
请输入账号: Love ↵
请输入密码: 2520 ↵
账号密码正确!!
欢迎进入本系统!!
```

```
请输入账号: AK848 ↵
请输入密码: 4848 ↵
账号密码错误!!
无法进入本系统!!
```

程序代码

文件名：\ex03\src\ex03\ElseIf.java

```
01 package ex03;
02 import java.util.Scanner;
03 public class ElseIf {
04     public static void main(String[] args) {
05         Scanner scn = new Scanner(System.in);
06         String id, pass;
07         System.out.print("请输入账号: ");
08         id = scn.next();
09         System.out.print("请输入密码: ");
10         pass = scn.next();
11         if (id.equals("Love") & pass.equals("2520")) {
12             System.out.println("账号密码正确!!");
13             System.out.println("欢迎进入本系统!!");
14         } else {
15             System.out.println("账号密码错误!!");
16             System.out.println("无法进入本系统!!");
17         }
18         scn.close();
19     }
20 }
```

说 明

(1) 第 11~17 行：是双分支结构 if 语句，如果 id 和 pass 都正确，就执行第 12 ~ 13 行，否则执行第 15 ~ 16 行。

(2) 第 11 行：条件表达式是检查 id 和 pass 是否等于"Love"和"2520"，因为两个条件都要成立所以用&运算符。另外，比较字符串是否相等，必须使用 equals()方法。

3. 第12~13和15~16行：在这个选择结构中包含多条语句，所以必须使用{}。

在 Java 中，如果要比较字符串是否相同时，必须使用 String 类的 equals()方法。比如要检查 id 字符串变量是否等于"Love"，应该使用 id.equals("Love")，不可以使用 id == "Love"。若要忽略大小写时，可以使用 equalsIngoreCase()方法。比如使用 str.equalsIgnoreCase("Y")，则 str 等于"Y"或"y"结果都会为真。

3. 多分支结构

程序设计想要实现“如果……就做……，否则就去做……，如果两个条件都不成立，就去做……”的效果，当判断条件多于两项时，则需使用 if...else if...else 多分支结构。其语法格式如下：

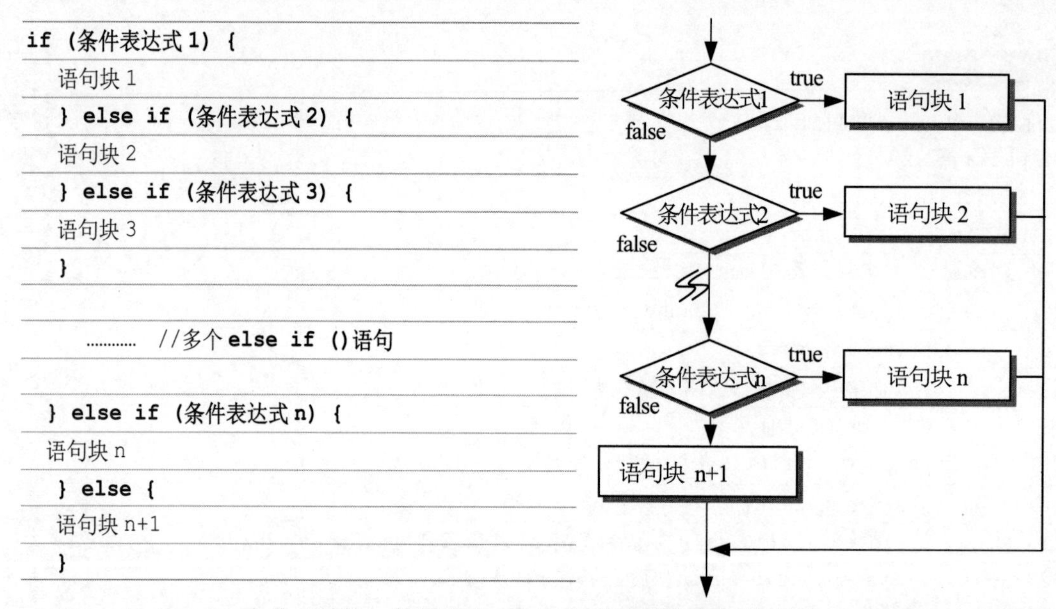

if …else if…else 多分支结构，使用多个 else if 语句来增加判断的条件，不管有多少个条件，只允许执行其中某一个语句块。执行时会由上向下逐一检查条件，一旦符合某条件就执行对应的语句块，接着跳离整个多分支结构。注意最后是 else，可以处理以上条件都不满足时的情形。

实操 文件名：\ex03\src\ex03\ElseIfElse.java

设计一个水费查询程序：当用水度数在1~10度之间，每度单价为7.35元；度数在11~30度之间，每度单价为9.45元；度数在31~50度之间，每度单价为11.55元；度数在50度以上，每度单价为12.075元。

结 果

```
请输入用水度数: 8 ↵
每度： 7.350 元
实付水费：58 元
```

```
请输入用水度数: 48 ↵
每度：11.550 元
实付水费：554 元
```

程序代码

文件名：\ex03\src\ex03\ElseIfElse.java

```
01 package ex03;
02 import java.util.Scanner;
03 public class ElseIfElse {
04   public static void main(String[] args) {
05        Scanner scn = new Scanner(System.in);
06        System.out.print("请输入用水度数: ");
07        int deg = scn.nextInt();                    // 获得用水度数
08        double unit;                                // 每度单价
09        if (deg <= 10) {                            // 若度数小于等于 10
```

```
10            unit = 7.35;                          // 每度 7.35 元
11        } else if (deg > 10 && deg <= 30) {       // 若度数介于 10~30
12            unit = 9.45;                          // 每度 9.45 元
13        } else if (deg > 30 && deg <= 50) {       // 若度数介于 30~50
14            unit = 11.55;                         // 每度 11.55 元
15        } else {                                  // 其余即大于 50 度
16            unit = 12.075;                        // 每度 12.075 元
17        }
18        System.out.printf("每度: %6.3f 元%n", unit);
19        System.out.printf("实付水费: %d 元", (int) (deg * unit));
20        scn.close();
21    }
22 }
```

说明

(1) 第 7 行：使用 nextInt()方法接收用水度数，并赋值给 deg 整型变量。

(2) 第 9~17 行：为 if...else if...else 多分支结构，逐一检查 deg 所属的范围。

(3) 第 9~10 行：若 deg 小于等于 10，则 unit = 7.35(每度 7.35 元)，否则就继续向下检查。

(4) 第 11~12 行：若 deg 介于 10~30，则 unit = 9.45，否则就继续向下检查。

(5) 第 13~14 行：若 deg 介于 30~50，则 unit = 11.55，否则就继续向下检查。

(6) 第 15~16 行：else 语句处理不符合上述条件的情况，也就是 deg 大于 50 时 unit = 12.075。

(7) 第 18~19 行：使用 printf()方法，输出每度单价和实付水费。

4. if语句的嵌套

嵌套的 if 语句，就是在一个 if 的语句块里面，又包含另一个 if 语句。不过要注意，在语句块内可能不是只有 if，也可能包含 else，所以 if 总是要与和它最近的 else 配对。为避免配对错误，编写程序时要使用缩排。

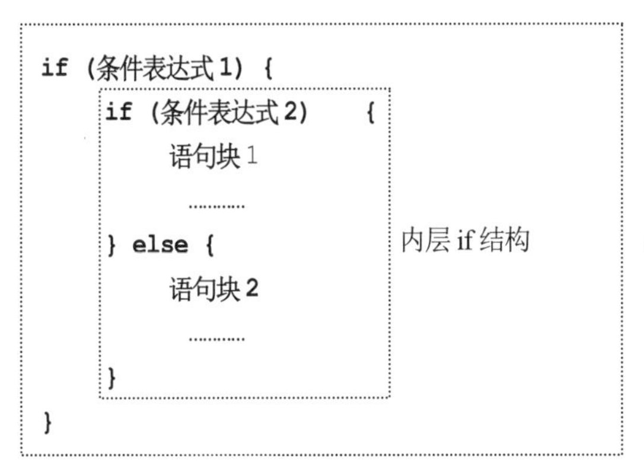

编写控制语句程序时，必须使用缩排来提高程序的可读性，且能减少程序错误。缩排时可以按 Tab 或 Del 键来增加或减少缩排，另外也可以在 Eclipse 中执行【Source / Format】命令，自动完成缩排。

实操 文件名：\ex03\src\ex03\NestIf.java

用户利用键盘输入三个数字，输出其中最大的数字。

结果

请输入三个数字(空白间隔):70 90 36 最大的数字是:90	请输入三个数字(空白间隔):85 24 56 最大的数字是:85

程序代码

文件名：\ex03\src\ex03\NestIf.java

```
01 package ex03;
02 import java.util.Scanner;
03 public class NestIf {
04   public static void main(String[] args) {
05         Scanner scn = new Scanner(System.in);
06         int num1, num2, num3, max;
07         System.out.print("请输入三个数字(空白间隔):");
08         num1 = scn.nextInt();
09         num2 = scn.nextInt();
10         num3 = scn.nextInt();
11         if (num1 > num2) {          // 用嵌套 if 结构判断三个数字中，谁是最大数字
12             if (num1 > num3)
13                 max = num1;
14             else
15                 max = num3;
16         } else {
17             if (num2 > num3)
18                 max = num2;
19             else
20                 max = num3;
21         }
22         System.out.println("最大的数字是:" + max);
23         scn.close();
24   }
25 }
```

说明

(1) 第 7~10 行：用户输入三个数字，分别存入 num1、num2、num3 整型变量。

(2) 第 11~21 行：为 if 的嵌套式结构，外层 if 结构先判断 num1 是否大于 num2。

① 若是，执行完第 12~15 行，再跳至第 22 行。

② 若不是，执行完第 17~20 行，再跳至第 22 行。

(3) 第12~15行：为内层if结构，使用if判断num1和num3哪个大。

① 若是num1较大，执行第13行将num1赋给max变量，再跳至第22行。

② 若是num3较大，执行第15行将num3赋给max变量，再跳至第22行。

(4) 第17~20行：为内层if结构，使用if判断num2和num3哪个大。

① 若是num2较大，执行第18行将num2赋给max变量，再跳至第22行。

② 若是num3较大，执行第20行将num3赋给max变量，再跳至第22行。

(5) 第22行：在屏幕上显示最大数字max变量值。

实操 文件名：\ex03\src\ex03\Train.java

设计火车票价计算程序：用户输入千米数、车种和票种三个选项，程序根据输入值显示应付的票价。车种是输入数值，选项有1-高铁(每千米2.27元)、2-特快(每千米1.75元)、3-直达(每千米1.46元)。票种输入数值的选项有1-单程票、2-往返票(票价乘以2后打九折)。

结果

```
请输入千米数:100 ↵
请输入数字选择车种(1-高铁、2-特快、3-直达):2 ↵
请输入数字选择票种(1-单程票、2-往返票):1 ↵
票价:  175 元
```

```
请输入千米数:100 ↵
请输入数字选择车种(1-高铁、2-特快、3-直达):1 ↵
请输入数字选择票种(1-单程票、2-往返票):2 ↵
票价:  408 元
```

程序代码

文件名：\ex03\src\ex03\Train.java

```
01 package ex03;
02 import java.util.Scanner;
03 public class Train {
04   public static void main(String[] args) {
05         Scanner scn = new Scanner(System.in);
06         System.out.print("请输入千米数:");
07         int km = scn.nextInt();
08         System.out.print("请输入数字选择车种(1-高铁、2-特快、3-直达):");
09         int kind = scn.nextInt();
10         double unit;
11         if(kind==1) {
12             unit=2.27;
13         } else if(kind==2) {
14             unit=1.75;
15         } else {
```

```
16            unit=1.46;
17        }
18        System.out.print("请输入数字选择票种(1-单程票、2-往返票):");
19        int back = scn.nextInt();
20        double returnT = back == 1 ? 1 : 1.8;
21        System.out.printf("票价: %4d 元%n", (int) (km * unit * returnT));
22        scn.close();
23    }
24 }
```

(1) 第 11~17 行：使用 if...else if...else 多分支结构，根据用户的输入值设定每千米的单价。如果使用条件运算符，程序代码可以写为：

```
unit = kind == 1 ? 2.27 : (kind == 2 ? 1.75 : 1.46);
```

(2) 第 20 行：使用条件运算符，根据用户的输入值设定票价的比例系数。

(3) 第 21 行：显示票价(即变量 km、unit 与 returnT 的乘积)，并利用(int)强制转换为整型。

3.2.2 switch 多分支语句

switch 语句是另外一种选择语句，其和 if...else if...else 选择语句有所区别。switch 语句是当一个变量或表达式的结果有多种不同的选择时使用。而 if...else if...else 选择结构是有多个不同的条件表达式，需用多个 if 语句来判断，每个条件表达式只有两种选择。下面让我们来看一些简单的范例。

1. 典型用法

switch 语句是用多个 case 来列出同一变量或表达式的各种值，依据符合值执行对应的语句块。另外，使用 default 来处理都不符合 case 值的情形。通常 switch 选择语句结构的语法如下：

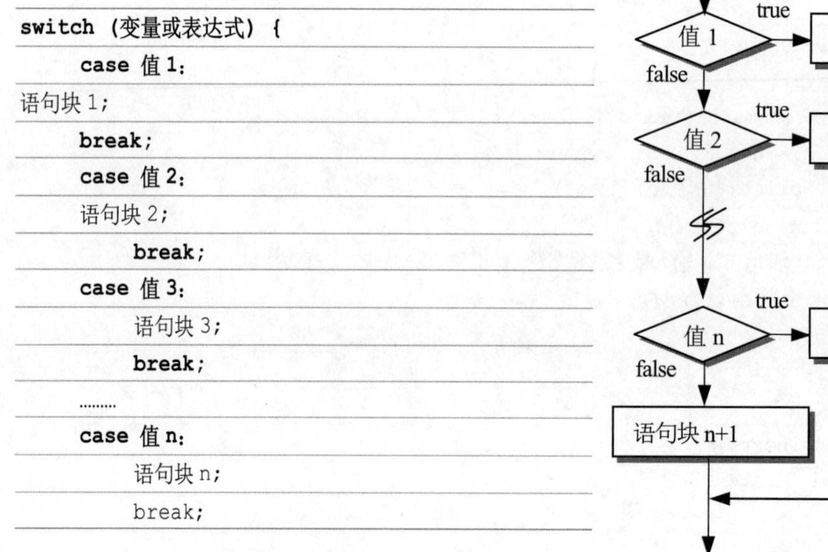

```
switch (变量或表达式) {
    case 值 1:
语句块 1;
    break;
    case 值 2:
    语句块 2;
        break;
    case 值 3:
        语句块 3;
        break;
    .........
    case 值 n:
        语句块 n;
        break;
```

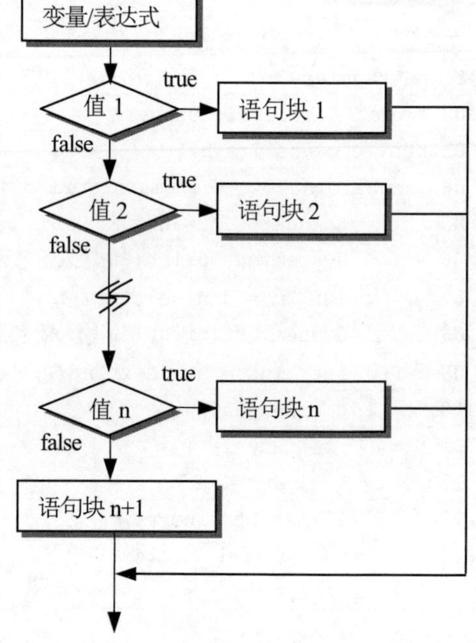

```
    default:
        语句块 n+1;
}
```

switch 小括号内的变量或表达式必须是 int、char、字符串数据类型，或者是 enum 枚举类型。若变量或表达式结果的数据类型范围比 int 小(如 short、byte)时，JVM 会自动转换成 int 数据类型。若比 int 大(如 long、double)时，就必须强制转型成 int。

当程序执行到 switch 语句时，会自上向下逐一判断 switch 后的变量或表达式的结果符合哪个 case 的值，一旦符合就执行该 case 后面的语句块(statements)。每个 case 所对应的语句块，最后一行必须加上 break 语句，使执行后跳出整个 switch 结构。如果没加 break 语句，就不会跳出 switch 结构，会继续向下执行各语句块而造成错误。通常 default 会放在最后一项，处理 switch 后的变量或表达式的结果不符合任何 case 值的情况。

简例

【例 3-1】 num 变量的 case 值为整数 1、2 或 3 时，分别执行不同的语句块。

```
switch (num) { // 变量
    case 1:
        语句块 1
        break;
    case 2:
        语句块 2
        break;
    default:
        语句块 n
}
```

【例 3-2】 num1 + num2 表达式的 case 值为 1、2、3 时，都执行相同的语句块。

```
switch (num1 + num2) {  // 表达式
    case 1:
    case 2:
    case 3:
        语句块 1
        break;
    default:
    语句块 n
}
```

【例 3-3】 ch 变量的 case 值为字符'Y'和'y'时，都执行相同语句块。

```
switch (ch) {
    case 'Y':
    case 'y':
    语句块 1
        break;
    default:
        语句块 n
}
```

【例 3-4】 title 变量的 case 值为各种字符串，分别执行不同的语句块。

```
switch (title) {
    case "董事长":
    语句块 1
        break;
    case "经理":
        语句块 2
        break;
    default:
        语句块 n
}
```

【例 3-5】 case 值为 enum。

```
public enum Day {
    SUNDAY, MONDAY, TUESDAY, WEDNESDAY, THURSDAY, FRIDAY, SATURDAY
}
public static void main(String[] args) {
    Day weekDay = Day.THURSDAY;
    switch (weekDay) {
        case SATURDAY:
        case SUNDAY:
            System.out.println("周末");
            break;
        default:
            System.out.println("工作日");
            break;
    }
}
```

关键字 enum 用来定义枚举类型 Day，其中包含多个枚举常量。

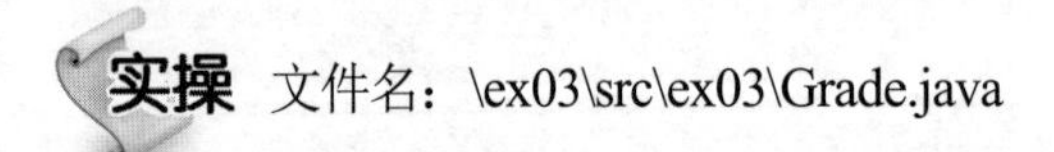

实操 文件名：\ex03\src\ex03\Grade.java

使用键盘输入成绩(score)后，按照分数范围 80~100 为甲、70~79 为乙、60~69 为丙、0~59 为丁的标准，显示分数所属的等级(grade)。

结 果

```
请输入考试分数: 82 ↵
82 分是属于甲级的成绩。
```

```
请输入考试分数: 48 ↵
48 分是属于丁级的成绩。
```

程序代码

文件名：\ex03\src\ex03\Grade.java

```
01 package ex03;
02 import java.util.Scanner;
03 public class Grade {
```

```
04   public static void main(String[] args) {
05         Scanner scn = new Scanner(System.in);
06         char grade;
07         System.out.print("请输入考试分数: ");
08         int score = scn.nextInt();
09         switch (score / 10) {
10         case 10:                    // 以下是属于甲级的分数
11         case 9:
12         case 8:
13             grade = '甲'; break;
14         case 7:                     // 属于乙级的分数
15             grade = '乙'; break;
16         case 6:                     // 属于丙级的分数
17             grade = '丙'; break;
18         default:                    // 属于丁级的分数
19             grade = '丁';
20         }
21         System.out.println(score + "分是属于" + grade + "级的成绩。");
22         scn.close();
22   }
23 }
```

说明

(1) 第9~20行：利用switch语句，根据(score / 10)表达式的值来决定执行哪个case的语句块。

(2) 第9行：将score除以10，以便缩小case值的范围。因为score除以10后数据类型为double，系统会自动转型为int。

(3) 第10~13行：当表达式值是10、9、8时，执行第13行语句块，将grade设成“甲”，然后执行break跳出整个switch结构，继续执行第21行。若表达式值不是10、9、8时，则继续向下检查case值，而执行第14行。

(4) 第14行：判断score除以10是否是7。若是，执行第15行，将grade设成“乙”，否则执行第16行。

(5) 第16行：判断score除以10是否是6。若是，执行第17行，将grade设成“丙”，否则执行第18行。

(6) 第18行：default是当以上所有case都不成立时，会把grade设成“丁”。

(7) 第21行：在屏幕上显示分数及所属的等级。

2. 省略break的用法

switch选择语句中，case内的语句块最后一行必须是break语句，执行到此语句才会离开switch结构。break使得执行一个相匹配case值的语句块后，便不再往下继续判断是否符合case。若省略break语句，则一旦匹配某个case值就会执行该case语句块以及所有后面case的语句块。所以，省略break可能会造成非预期的执行结果，要特别注意！另外编写程序时，如果省略default程序仍能执行，但是为避免所有case值都不满足时会造成错误，建议加上default语句块。

实操 文件名：\ex03\src\ex03\NoBreak.java

使用键盘输入 1~3 查询票价(假设全票 500 元)：

① 输入 1，敬老优待票在优待票价的基础上再打七折，票价为 280 元。

② 输入 2，优待票为全票票价打八折，票价为 400 元。

③ 输入 3，显示全票票价为 500 元。

结果

```
请输入 1~3 选择种类:(1.敬老优待票  2.优待票  3.全票 )1
票价为： 280 元
```

```
请输入 1~3 选择种类:(1.敬老优待票  2.优待票  3.全票 )2
票价为： 400 元
```

```
请输入 1~3 选择种类:(1.敬老优待票  2.优待票  3.全票 )3
票价为： 500 元
```

程序代码

文件名：\ex03\src\ex03\NoBreak.java

```
01 package ex03;
02 import java.util.Scanner;
03 public class NoBreak {
04   public static void main(String[] args) {
05        Scanner scn = new Scanner(System.in);
06        System.out.print("请输入 1~3 选择种类:(1.敬老优待票 2.优待票 3.全票 )");
07        String kind = scn.next();
08        int money = 500;
09        switch (kind) {
10            case "1":
11                money *= 0.7;
12            case "2":
13                money *= 0.8;
14            default:
15                System.out.printf("票价为： %d 元", money);
16        }
17        scn.close();
18   }
19 }
```

说明

(1) 第 10 行：当输入 1 时，会执行第 11 行(money * 0.7 = 350)，因为没有 break 语句，所以会

再执行第 13 行(money * 0.8 = 280)，仍因为没有 break 所以会再继续执行第 15 行，显示票价 280 元。

(2) 第 12 行：当输入 2 时不会执行第 11 行，会执行第 13 行(money * 0.8 = 400)，因为没有 break 所以会再执行第 15 行，显示票价 400 元。

(3) 第 14 行：当输入 3 时不会执行第 9、11 行，会执行第 15 行，显示票价 500 元。

(4) 本例因为敬老优待票是在优待票价的基础上再打七折，所以可以省略 break 语句。如果敬老优待票是全票价打七折(350 元)，若省略 break 则结果会是错误的，所以除非必要请避免省略 break 语句。

3. Java 12 的switch新语法

因为 Java 的 switch 选择语句语法较烦琐，所以 Java 12 版本推出了 switch 新语法。新的语法省略了 break 语句，而且多个 case 值写在一起，可以大大缩短程序代码。另外，语句中不使用冒号(：)，改用 Lambda 语法的->。下面用一些简例来说明 Java 12 switch 新语法的用法。

简例

【例 3-6】 pass 变量的 case 值为 true，输出“及格”，其他则输出“不及格”。

```
switch (pass) {
   case true -> System.out.printf("及格");
   default -> System.out.printf("不及格");
}
```

【例 3-7】 ch 变量的 case 值为字符'Y'和'y'时，输出“同意”，其他则输出“不同意”。

```
switch (ch) {
   case 'Y','y' -> System.out.printf("同意");
   default -> System.out.printf("不同意");
}
```

【例 3-8】 num 变量的 case 值取不同的数字，对应输出不同的语句。。

```
String numString = switch (num) {
   case 1 -> "一";
   case 2 -> "二";
   case 3 -> "三";
   case 4 -> "四";
   default -> "错误";
};
System.out.printf ( num + " = " + numString);
```

实操 文件名：\ex03\src\ex03\Grade2.java

将前面分数等级的实操改用 Java12 新语法编写。

程序代码

文件名： \ex03\src\ex03\Grade2.java

```
01 package ex03;
02 import java.util.Scanner;
03 public class Grade {
04    @SuppressWarnings("preview")
05    public static void main(String[] args) {
06        Scanner scn = new Scanner(System.in);
07        System.out.print("请输入考试分数：");
08        int score = scn.nextInt();
09        char grade;
10        switch (score / 10) {
11            case 10,9,8 -> grade = '甲';
12            case 7 -> grade = '乙';
13            case 6 -> grade = '丙';
14            default -> grade = '丁';
15        }
16        System.out.println(score + "分是属于" + grade + "级的成绩。");
17        scn.close();
18    }
19 }
```

说明

(1) 第 4 行：此行语句是来关闭编译程序警告信息，以便来测试新语法。

(2) 第 9~15 行：此段语句可以改写如下：(请参考范例程序 Grade3.java)

```
char grade = switch(score / 10) {
    case 10,9,8 -> '甲';
    case 7 -> '乙';
    case 6 -> '丙';
    default -> '丁';
};
```

3.3 循环语句

循环语句是编写程序时常用的语句之一，它的主要功能就是能重复执行某项工作，直到满足终止的条件才会停止。Java 内的循环语句有 for、while 和 do...while 这三种。

3.3.1 for 循环的使用

当预先知道循环的执行次数时，for 循环是一个十分实用的重复执行语句。

1. 最基本的for循环

我们先来看一下 for 的使用语法，再来说明 for 循环的应用。

```
for(表达式 1;  表达式 2;  表达式 3) {

        语句块

}
```

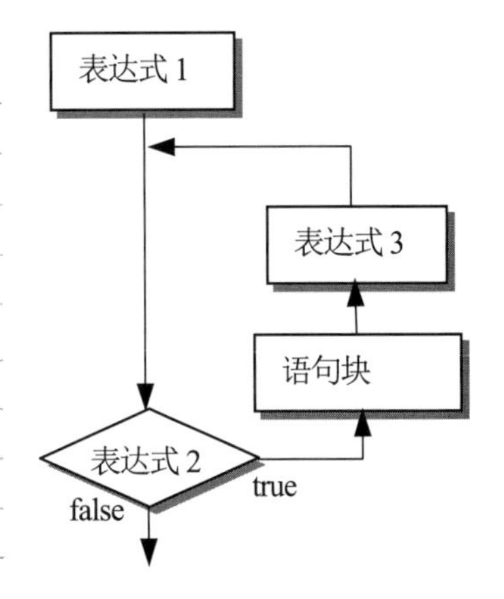

说明

(1) **表达式 1**：设定循环控制变量的数据类型(可以使用 var 声明)和初值。当 for 循环执行时会先执行表达式 1，表达式 1 只会执行一次，以后就不会再执行。

(2) **表达式 2**：判断是否执行循环体的条件。如表达式 2 的结果为 true 时，就执行循环体内的语句块一次，否则(false)就会跳离 for 循环。表达式 2 除第一次执行是在表达式 1 后执行之外，其余都是在执行完表达式 3 时候才会执行的。

(3) **表达式 3**：用来改变循环控制变量的值，可以控制循环执行的次数。表达式 3 是在循环内的语句块执行后执行。

(4) 如循环内的语句块有多条语句时，一定要加大括号；若只有一条语句，则允许不加大括号。

(5) 表达式 1 和表达式 3 若含有多个条件时，中间使用逗号隔开。

简例

(1) 用 var 声明 i 并设初值为 1，i 每次加 1，直到 i 值为 101 时离开循环：

```
for (var i = 1; i <= 100; i++) { ... }
```

(2) j 为浮点数并设初值为 0，每次加 0.25，直到值为 10 时离开循环：

```
for(float j = 0; j < 10; j += 0.25) { ... }
```

(3) 声明 x、y 为整数并分别设初值为 1、0，x 每次加 2，y 每次加 1，直到 x 值为 11 时离开循环：

```
for(int x = 1, y = 0; x < 10; x += 2, y++) { ... }
```

简例 1 + 2 + 3+ …. + 9 + 10 = sum。

文件名：\ex03\src\ex03\For.java

```
01 package ex03;
02 public class For {
03   public static void main(String[] args) {
04        int i;
05        int sum = 0;
```

```
06        for (i = 1; i <= 10; i++) {
07            sum += i;
08        }
09        System.out.println("从1加到10的总和是: " + sum);
10        System.out.println("最后 i 值为: " + i);
11    }
12 }
```

结果

```
从 1 加到 10 的总和是: 55
最后 i 值为: 11
```

说明

(1) 第 4~5 行：声明两个整型变量，i 用来当作循环变量，而 sum 是存储累加的总和，初值设为 0。i、sum 为 For 类的成员变量。

(2) 第 6~8 行：for 循环语句，先将 i 的初始值设为 1，再判断条件表达式 i <= 10，符合就执行第 7 行，不符合就离开循环执行第 9 行。

(3) 第 7 行：sum + i 后再赋值给 sum，然后返回第 6 行，先执行 i++，再检查 i <= 10 的真假。

① 若为 true，执行第 7 行，再返回第 6 行，先执行 i++，再检查 i <= 10，以此类推。

② 当 i=11 时，则 i<=10 的结果为 false，则离开 for 循环然后执行第 9 行。

(4) 第 9 行：打印出“从 1 加到 10 的总和是 : 55”。

(5) 第 10 行：打印出 i 值，结果为 11。如果不声明 i 为成员变量，程序若改为如下语句，则 i 只是 for 循环的局部变量，在 for 循环外是无效的，所以第 10 行语句会产生错误。

```
04    //int i;
05    int sum = 0;
06    for (int i = 1; i <= 10; i++) {
```

2. 嵌套for循环

if 有嵌套的 if 语句，for 循环也有嵌套结构。例如：显示九九乘法表格时按照多行的方式显示，则需要嵌套循环来完成。

简例　使用嵌套 for 循环完成如下的输出画面：

```
****************
****************
****************
****************
```

程序代码

文件名：\ex03\src\ex03\NestFor.java

```
01 package ex03;
02 public class NestFor {
03   public static void main(String[] args) {
04       for (int y = 1; y <= 4; y++) {
05           for (int x = 1; x <= 16; x++) {      内层循环    外层循环
06               System.out.print("*");
07           }
08           System.out.println();      // 换行
09       }
10   }
11 }
```

说明

(1) 本例是嵌套的 for 循环，外层循环(第 4~9 行) y 的值从 1 到 4 共执行 4 次，内层循环(第 5~7 行) x 的值从 1 到 16，执行次数为 16 次。

(2) 当外层循环 y = 1 时，内层循环 x 从 1 到 16 共执行 16 次，所以显示 16 个*。然后离开内层循环，执行第 8 行语句进行换行。接着回到外层循环，y 会由 2 到 4，内层循环会继续显示 16 个*，然后离开外层循环。所以嵌套循环执行后，总共会显示 4 行，每行 16 个*。

3.3.2 while 循环的使用

for 循环一般用于循环次数是已知的情况，若循环执行的次数无法预知，常使用 while 循环和 do...while 循环。

1. 基本的while循环

while 如同字面上的意思是“当……就……”。在下面语法中，当<条件表达式>的结果为 true 时，就执行 while 后面大括号内的语句块一次。若<条件表达式>为 false 时，就不再执行语句块而离开 while 循环，其语法如下：

说明

(1) 编写程序时要注意语句块内必须有语句能将<条件表达式>变成 false，否则程序会一直执行变为无穷循环。

(2) 若<条件表达式>一开始就是 false，语句块的语句就一次也不会被执行。

简 例

文件名：\ex03\src\ex03\Average.java

```
01 package ex03;
02 import java.util.Scanner;
03 public class Average {
04   public static void main(String[] args) {
05       Scanner scn = new Scanner(System.in);
06       int score = 0;                    // 假设分数初值为 0
07       int sum = 0;                      // 假设累计总和的初值为 0
08       int num = 0;                      // 假设人数初值为 0
09       while (score != -1) {
10        System.out.print("请输入分数 (输入-1 结束):");
11        score = scn.nextInt();           // 读取分数
12        if(score != -1) {
13             sum += score;               // 将输入的分数加到总和 sum 中
14             num++;                      // 人数加 1
15        }
16       }
17       System.out.printf("平均分数 = " + (double)((sum+1) / (num-1)));
18       scn.close();
19   }
20 }
```

结 果

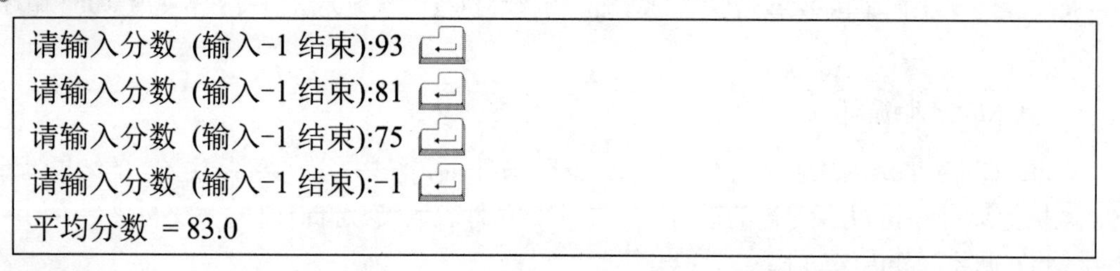

```
请输入分数 (输入-1 结束):93
请输入分数 (输入-1 结束):81
请输入分数 (输入-1 结束):75
请输入分数 (输入-1 结束):-1
平均分数 = 83.0
```

说 明

(1) 第 9~16 行：因为不知道用户会输入多少个分数，所以要使用 while 循环，当 score != -1 时就会重复执行第 10~15 行语句块。在第 6 行假设 score 变量的初值为 0，就是要让循环至少要执行一次，直到用户输入-1 才跳离 while 循环。

(2) 第 12~15 行：当 score 不等于-1 时，则将输入的分数 score 加入 sum 中，并将 num 值加 1，以便人数加 1。

(3) 第 17 行：当用户输入-1 时就跳离 while 循环，然后执行第 17 行显示输入分数的平均值。

2. 嵌套的while循环

while 循环也可以是嵌套的，只要是在 while 循环内再放入其他的 while 循环，就是嵌套的 while 循环结构。

实操 文件名：\ex03\src\ex03\NestWhile.java

使用 while 嵌套循环接收三位同学的计算机导论和程序设计成绩，然后显示含总分的成绩表。

结果

```
请输入 1 号计算机导论分数:98 ↵
请输入 1 号程序设计分数:85 ↵
请输入 2 号计算机导论分数:65 ↵
请输入 2 号程序设计分数:78 ↵
请输入 3 号计算机导论分数:92 ↵
请输入 3 号程序设计分数:83 ↵
座号    计算机导论    程序设计    总分
1 号    98            85          183
2 号    65            78          143
3 号    92            83          175
```

程序代码

文件名：\ex03\src\ex03\NestWhile.java

```
01 package ex03;
02 import java.util.Scanner;
03 public class NestWhile {
04   public static void main(String[] args) {
05       Scanner scn = new Scanner(System.in);
06       String msg = "座号\t 计算机导论\t 程序设计\t 总分\n";
07       String score = "";                          // 输入的分数
08       int sum = 0; int no = 0; int sub = 0;       // 总分、 座号、 科目
09       while (++no <= 3) {
10           msg += no + "号\t";
11           sum = 0; sub = 0;                       // 设总分、科目为 0
12           while (++sub <= 2) {
13               System.out.print("请输入"+no+"号"+(sub==1 ?" 计算机导论":"程序设计")+"分数:");
14               score = scn.nextLine();             // 读取分数
15               msg += score + "\t";                // 将分数加入 msg 字符串
16               sum += Integer.parseInt(score);     // 将分数转成整数后加入 sum
17           }
18           msg += sum + "\n";                      // msg 字符串加入换行符号
19       }
20       System.out.println(msg);                    // 显示 msg 字符串
21       scn.close();
22   }
23 }
```

(1) 第 9~19 行：是双层嵌套 while 循环，外层的 while 循环是用来控制座号 no 为 1~3，而内层循环(第 12~17 行)用来控制科目 sub 为 1~2。while 循环的变量 no 和 sub 要在循环体内完成加 1 的操作。

(2) 第 6 行：利用\t 和\n 字符来做定位和换行，使输出结果能够对齐。

3.3.3 do...while 循环的使用

do...while 循环和 while 循环用法非常相似，差别在于 while 循环是先判断条件表达式的结果才决定是否执行语句块，而 do...while 循环是先做完语句块才检查条件表达式的结果。所以，do...while 循环中的语句块至少会被执行一次；而 while 循环的语句块可能一句都不被执行。do...while 的格式和 while 类似，多了一个 do 而且把 while(条件表达式); 放到右大括号的后面，要注意的是一定要加上分号！

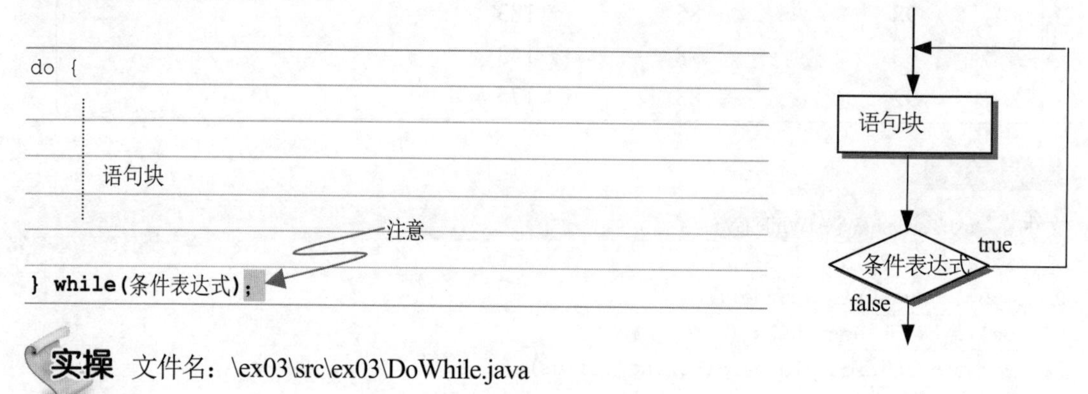

实操 文件名：\ex03\src\ex03\DoWhile.java

编程只能输入 1~15 的正整数，超出范围就要求重新输入直到正确为止。数值正确后，则显示该数的阶乘。例如，5 阶乘(5!)等于 5*4*3*2*1，值为 120。

结果

```
请输入 1~15 正整数来计算阶乘值: 7 ↵
7! = 5040
```

程序代码

文件名：\ex03\src\ex03\DoWhile.java

```
01 package ex03;
02 import java.util.Scanner;
03 public class DoWhile {
04   public static void main(String[] args) {
05        Scanner scn = new Scanner(System.in);
06        int num, n, sum;
07        do {
08             System.out.print("请输入 1~15 正整数来计算阶乘值: ");
```

```
09            num = scn.nextInt();
10        } while (num < 1 || num > 15);
11        n = num;
12        sum = 1;
13        do {
14            sum *= n--;
15        } while (n > 0);
16        System.out.printf("%d! = %d %n", num, sum);
17        scn.close();
18    }
19 }
```

说明

(1) 第 7~10 行：因为用户输入数值后才检查数值是否介于 1~15，所以使用 do...while 循环。当数值小于 1 或是大于 15 时就继续执行 do...while 循环，条件表达式的写法为(num < 1 || num > 15)。

(2) 第 11 行：阶乘计算的第一个数 n 等于 num。

(3) 第12行：假设阶乘的初值sum为1。

(4) 第 13~15 行：因为阶乘的计算最少要执行一次，所以使用 do...while 循环。阶乘的值 sum 等于 sum*n，计算后 n 值减 1，直到 n > 0 时才结束循环。

(5) 第 14 行：sum *= n--; 可改写成：

```
sum = sum * n;
n -= 1;
```

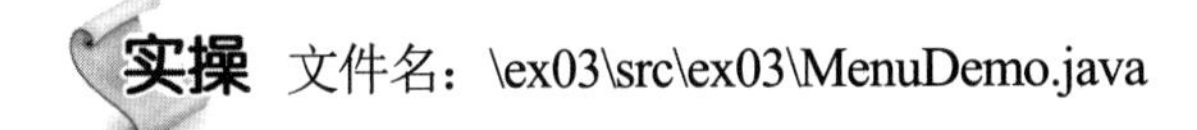

实操 文件名：\ex03\src\ex03\MenuDemo.java

利用 do...while 循环制作一个菜单的选择界面，用户可以选择“A.平方”“B.三次方”和“C.离开系统”等选项。选择 A 和 B 时可以输入数据，然后显示该数据的平方或三次方。

结果

```
********** 选单  **********
    A. 平方
    B. 三次方
    C. 离开系统
*************************
请选择功能: A ↵
请输入整数: 6 ↵
 6 的平方 = 36
```

程序代码

文件名：\ex03\src\ex03\MenuDemo.java

```
01 package ex03;
02 import java.util.Scanner;
03 public class MenuDemo {
04   public static void main(String[] args) {
05       Scanner scn = new Scanner(System.in);
06       int num = 0;
07       String sel;
08       do {                // 只要输入的不是大小写的 E，就继续执行程序
09          System.out.println("********** 选单  **********");
10          System.out.println("\tA. 平方");
11          System.out.println("\tB. 三次方");
12          System.out.println("\tC. 离开系统");
13          System.out.println("*************************");
14          do {               // 直到输入 A~C 才离开循环
15             System.out.print("请选择功能: ");
16             sel = scn.next().toUpperCase();    // 输入字母转成大写
17          } while ("ABC".indexOf(sel) == -1);
18          if(!(sel.equals("C"))) {
19             System.out.print("请输入整数: ");
20             num = scn.nextInt();
21          }
22          switch (sel) {
23          case "A":
24             System.out.printf(" %d 的平方 = %d%n", num, num * num);
25             break;
26          case "B":
27             System.out.printf(" %d 的三次方 = %d%n", num, num * num * num);
28             break;
29          case "C":
30             System.out.println("结束程序");
31          }
32       } while (!(sel.equals("C")));
33       scn.close();
34   }
35 }
```

说 明

(1) 因为至少要执行一次，所以使用 do...while 循环。并且使用 do...while 嵌套循环，反复执行直到条件符合为止。

(2) 第 8~32 行：是外层的 do...while 循环，可以不断执行菜单选择，并执行用户选择项目对应的程序，直到用户输入 C 才结束循环。

(3) 第 14~17 行：是 do...while 循环不断接收输入的字符串，直到输入 A~C 为止。

(4) 第 16 行：使用 toUpperCase()方法将输入的字母转成大写。

(5) 第 17 行：do...while 循环的条件是当 sel 不是 A~C 时，就继续执行循环。我们使用字符串的 indexOf 方法来检查是否为 A~C。

(6) 第 18~21 行：若 sel 不是 C 时，就接收用户输入数值。要判断字符串是否等于某个字符串值时，不可以使用 “==”，必须使用 equals()方法。

(7) 第 22~31 行：使用 switch 选择结构，按照输入字符串 sel 分别执行对应的四则运算或结束程序。

字符串的 indexOf()方法

用来查询某个字符串在指定字符串出现的位置，位置由 0 开始算起，若查询不到时返回值为-1。例如："ABCDE".indexOf("A")返回值为 0，"ABCDE".indexOf("CD")返回值为 2，"ABCDE".indexOf("F")返回值为-1。

3.4 跳转语句

Java 提供的跳转语句有 break、continue 和 return 三种，这三个跳转语句可控制程序代码执行到某个地方时，直接跳到另一个地方继续执行。这些跳转语句可以使程序更轻松、更有弹性地达到预期的目标。在早期的程序语言中有一个叫做 goto 的语句，程序执行到它就会跳到 goto 所指定的程序代码，这种程序易产生问题且不易维护，因此 Java 不支持 goto 语句。但是，Java 提供 break 和 continue 语句及对应的标记，可以达到类似 goto 的效果。本章依次介绍前两种跳转语句，return 则在第 5 章再做介绍。

3.4.1 break 的使用

break 有两个功能，第一个功能是应用在跳出 for、while、switch 等循环，第二个功能则是配合标记(Label)来达到跳离一个或多个程序区块。

1. break跳出循环的应用

在循环体内，程序执行到 break 语句就会终止这个循环，直接跳到整个循环后面的第一行语句继续往下进行。

简例 用户输入正整数后，显示该数是否为质数(只能被 1 和本身整除的数)。

文件名：\ex03\src\ex03\BreakFor.java

```
01 package ex03;
02 import java.util.Scanner;
03 public class BreakFor {
04   public static void main(String[] args) {
05        Scanner scn = new Scanner(System.in);
06        System.out.print("请输入正整数: ");
07        int num= scn.nextInt();
```

```
08        boolean prm = true;          // 设 prm 为 true 时表示为质数
09        for (int i = 2; i < num; i++) {
10            if (num % i == 0) {
11                prm = false;         // 设 prm 为 false 时表示不是质数
12                break;               // 离开 for 循环
13            }
14        }
15        if (prm == true)
16            System.out.printf("%d 是质数", num);
17        else
18            System.out.printf("%d 不是质数", num);
19        scn.close();
20    }
21 }
```

```
请输入正整数：9 ↵
9 不是质数
```

说明

当输入 9 时，for 循环中 i 依次取值 2 ~ 8，当 i = 3 时 9 除以 3 余数为 0，此时设 prm = false 表示 9 不是质数。然后执行 break 跳出 for 循环，后面 4~8 就不用判断，可以提高程序执行的效率。

2. break搭配标记的应用

程序代码中使用标记，可以把某范围的程序代码全部括起来成为一个区块。利用 break 和标记的搭配使用，可以让程序代码很轻易地从某行程序代码跳出整个标记区块，到该区块后的第一行程序继续进行。

标记可自行命名但是要根据标识符的规则，然后在名称后面加上一个冒号，用来当作程序区块的起始记号。然后利用左、右两个大括号将程序代码括起来，标定程序区块的范围。例如：

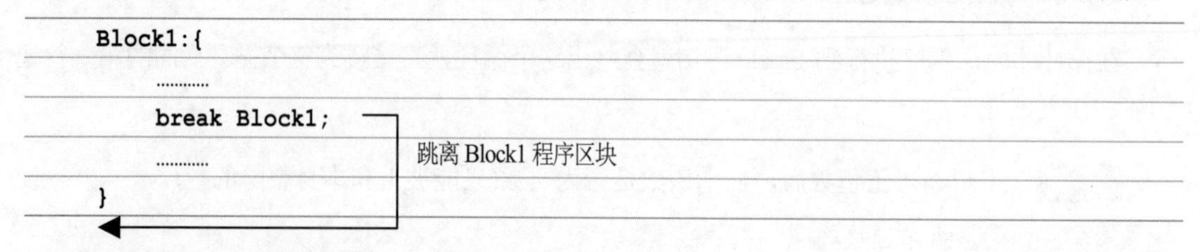

```
Block1:{
    ............
    break Block1;
    ............
}
```


简例　验证执行到 break Block2; 语句马上跳离 Block2 区块。

文件名：\ex03\src\ex03\BreakLabel1.java

```
01 package ex03;
02 public class BreakLabel1 {
03   public static void main(String[] args) {
04        boolean i=false;
```

```
05          Block1:{
06              System.out.println("这是第一个程序区块");
07              i=true;
08              Block2:{
09                  if (i==true)
10                      break Block2;
11                  System.out.println("这是第二个程序区块"); // 不会执行
12              }
13              System.out.println("已经跳出了第二个程序区块");
14          }
15      }
16  }
```

跳离 Block2 程序区块

结果

```
这是第一个程序区块
已经跳出了第二个程序区块
```

说明

(1) 程序中有 Block1 和 Block2 两个标记，Block1 标记的范围为第 5~14 行，Block2 标记的范围为第 8~12 行。

(2) 程序由上往下开始执行，变量 i 的初始值先设为 false，之后进入 Block1 区块中将变量 i 的值改为 true，程序紧接着进入 Block2 的程序区块。此时 if 判断 i 的值是 true，因此会执行 break Block2，程序会跳离 Block2 程序区块，直接跳到第 12 行执行，打印出“已经跳出了第二个程序区块”，第 11 行程序不会被执行。

简 例 编写程序时，如果遇到需要一次从好几层的循环中离开，此时使用 break 搭配标记来跳离循环。

文件名：\ex03\src\ex03\BreakLabel2.java

```
01 package ex03;
02 public class BreakLabel2 {
03   public static void main(String[] args) {
04          int i=0,j=0,k=0;
05          Block1:{
06              for(i=0;i<100;i++){
07                  for(j=0;j<100;j++){
08                      for(k=0;k<100;k++){
09                      if(i==10 && j==20 && k==30)
10                              break Block1;
11                      }
12                  }
13              }
14          }
15          System.out.println("一口气跳出三个 for 循环");
```

跳离 Block1 程序区块

```
16        System.out.println("此时 i = " + i + "、 j = " + j + "、 k = " + k);
17    }
18 }
```

结果

```
一口气跳出三个 for 循环
此时 i = 10、 j = 20、 k = 30
```

说明

(1) 程序中有 Block1 标记，标记范围为第 5~14 行。

(2) 当 i = 10，j = 20 和 k = 30 时满足第 9 行的条件，接着执行第 10 行的离开 Block1 区块，跳到第 15 行往下继续执行。

3.4.2 continue 的使用

continue 语句如同 break 语句一样，一般也有两个功能：第一个功能是应用在 for、while、do...while 循环中，它可以跳过 continue 后面的程序代码不执行，直接跳到循环开头的表达式继续进行。第二个功能则是配合标记来决定程序在跳过 continue 后面的程序代码时，重新回到所设置的标记的位置，这说明 continue 不一定总是回到所在循环开头，可由程序设计者自行决定跳转的目标位置。

1. 利用continue跳过程序代码的应用

在循环中放入 continue 成立的条件，这样在 continue 后面的程序代码就都会被忽略不执行，然后跳到该循环的条件表达式中，再继续执行。

简例

文件名：\ex03\src\ex03\Continue.java

```
01 package ex03;
02 public class Continue {
03   public static void main(String[] args) {
04        for (int i = 0; i <= 10; i++) {
05            if (i % 2 == 0)
06                continue;
07            System.out.print(i + ", ");
08        }
09    }
10 }
```

结果

```
1, 3, 5, 7, 9,
```

说明

(1) 第4~8行：为for循环，i的值从0到10。

(2) 第5~6行：为if判断语句，若i除以2的余数为0(i为偶数)，会执行continue语句而跳到第4行执行i++；否则(i为奇数)会执行第7行打印出i值。所以，这个程序只会打印出奇数的数字，而不会打印出偶数的数字。

2. continue搭配标记的应用

continue的标记是用来注记当continue执行时，程序应该要回到的位置。一个合法的标识符后加上一个冒号，就成为标记。continue标记的位置在for或while循环的前一行，就像为循环命名一样。使用continue配合标记时，不需用左右大括号括住程序，而是以循环为范围。当程序执行到continue语句时，程序就会回到标记的所在位置。

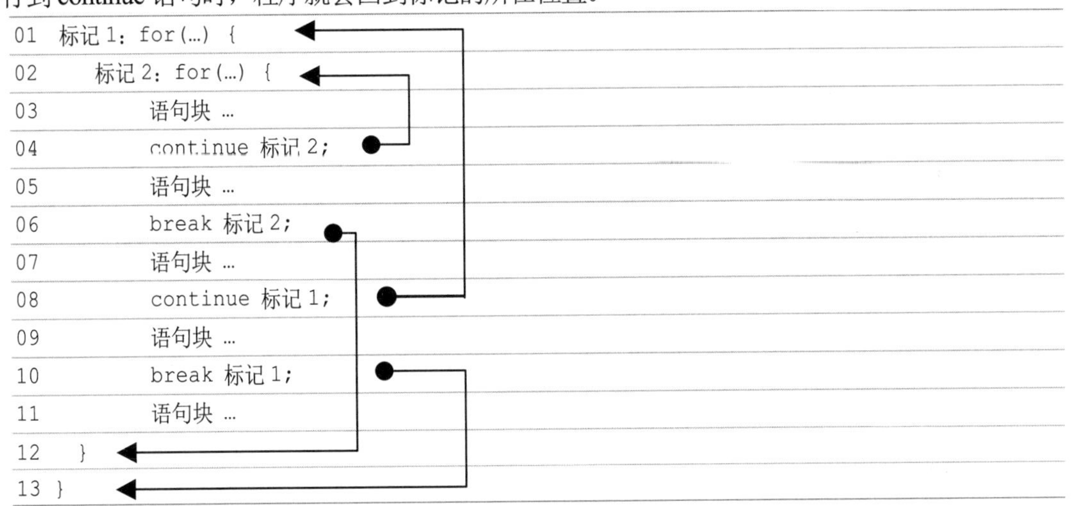

简例

利用for循环配合continue和标记，显示五行 * 号，第1行有1个*号，第2行有2个*号，……，结果如下。

结果

程序代码

文件名：\ex03\src\ex03\ContinueLabel.java

```
01 package ex03;
02 public class ContinueLabel {
```

```
03    public static void main(String[] args) {
04    Block: for (int y = 1; y <= 5; y++) {
05          for (int x = 1; x <= 10; x++) {
06               if (x > y) {
07               System.out.println();
08                    continue Block;
09               }
10          System.out.print("*");
11          }
12          }
13    }
14 }
```

说明

(1) 第4~12行：利用标记建立Block区块，范围为外层for循环，循环y从1到5。

(2) 第5~11行：内层for循环，循环x从1到10。

(3) 第6~9行：当外层循环的y的值为1，内层循环变量x的值为1时，不符合条件x > y，所以执行第10行显示1个 *。内层循环变量x的值为2时，符合条件x>y，就执行第7行换行，接着执行continue Block立刻跳出内层循环，回到Block标记的for循环，所以第10行的程序不会执行。

当外层循环的y的值为2，内层循环x的值为1和2时，不符合条件x > y，所以执行第10行显示2个 *。内层循环x为3时，符合条件x>y，就执行第7行换行，接着执行continue Block立刻跳出内层循环，回到Block标记的for循环。

以此类推，外层循环的y的值是3、4、5时，就会显示分别3、4、5个 *。

3.5 认证实例练习

题目 (OCJP认证模拟试题)

1. 下面Java程序代码执行后显示结果是(　　)。

① null　　② zero　　③ some　　④ 编译错误　　⑤ 执行时抛出异常

```
11  public static void main(String[] args) {
12   String str = "null";
13   if (str == null) {
14        System.out.println("null");
15   } else (str.length() == 0) {
16        System.out.println("zero");
17   } else {
18        System.out.println("some");
19   }
20  }
```

说明

(1) 因为第 15 行程序语法错误会产生编译错误，所以答案是④。应改为：

```
} else if (str.length() == 0) {
```

(2) 若将第 15 行程序语法修正后，因为 str 是内容为 null 的字符串，所以值不是 null(空值)，长度也不是 0(长度为 4)，因此会执行第 18 行显示 some。

题目 (OCJP 认证模拟试题)

2. 下面 Java 程序代码执行后显示结果是(　　)。

① 00　② 0001　③ 000120　④ 00012021

⑤ 编译错误　⑥ 执行时抛出一个例外

```
11   public static void main(String[] args) {
12        String str = "";
13        b:
14        for(int x = 0; x < 3; x++){
15             for(int y = 0; y < 2; y++){
16                  if(x == 1) break;
17                  if(x == 2 && y == 1) break b;
18                  str = str + x + y;
19             }
20        }
21        System.out.println(str);
22   }
```

说明

(1) 程序中有 for 的嵌套循环，外层循环 x 值从 0~2，内层循环 y 值从 0~1。另外，外层循环有一个 b:标记。

(2) 当 x 的值为 0 时进入内层循环，第一圈 y 的值为 0，因不合第 16、17 行程序条件，所以会执行第 18 行，执行后 str 的值为 00。第二圈 y 的值为 1 也会执行第 18 行，执行后 str 的值为 0001。

(3) 当 x 的值为 1 时进入内层循环，第一圈 y 的值为 0，因符合第 16 行程序条件，所以会跳到第 15 行。第二圈 y 的值为 1 也会跳离，执行后 str 仍为 0001。

当 x 的值为 2 时进入内层循环，第一圈 y 的值为 0，因不合第 16、17 行程序条件，所以会执行第 18 行，执行后 str 的值为 000120。第二圈 y 的值为 1，因符合第 17 行程序条件，所以会跳到第 13 行 b:标记，x 超出范围结束循环。所以 str 仍为 000120，答案为③。

题目 (OCJP 认证模拟试题)

3. 下面 Java 程序代码执行后显示结果是(　　)。

① 0　②10　③12　④ 第16行程序不会执行

```
11   public static void main(String[] args) {
12        int num = 12;
13        while (num < 10) {
14             num--;
```

```
15        }
16        System.out.println(num);
17  }
```

说明

while 循环会先检查条件是否符合，再决定是否执行循环体中的语句，因为 num 的值为 12 不小于 10，因此第 14 行程序不会执行，所以答案是③。

题目 (OCJP 认证模拟试题)

4. 下面 Java 程序代码执行后显示结果是(　　)。

① 23　　② 234　　③ 235　　④ 2345　　⑤ 2357　　⑥ 23457　　⑦编译错误

```
01 public class Test {
02   static String str = "";
03   public static void main(String[] args) {
04         b:
05        str = str + 2;
06        for (int x = 3; x < 8; x++) {
07              if (x == 4) break;
08              if (x == 6) break b;
09            str = str + x;
10        }
11        System.out.println(str);
12     }
13 }
```

说明

(1) 循环的标记必须紧接循环语句，其间不能有其他语句，所以会产生编译错误，因此答案是⑦。

(2) 若将第 4、5 行程序位置对调就能正确执行，答案是①。

题目 (MTA 认证模拟试题)

5. 填入下列选项完成以下语句，实现当 total 大于或等于 num1，且 num2 小于 num1 时，if 语句结果为 true。空白处应依次填入(　　)。

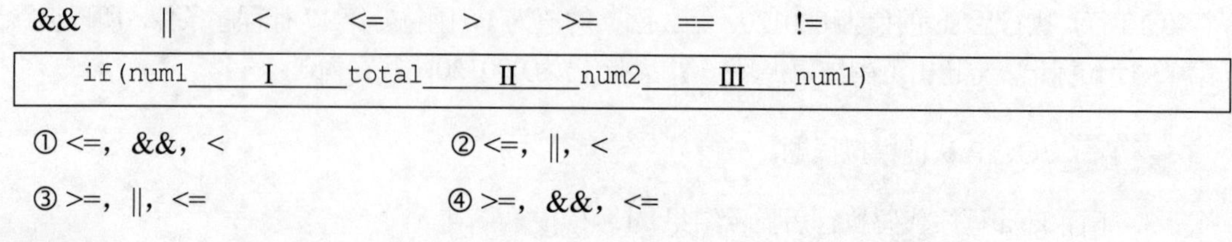

&&　　||　　<　　<=　　>　　>=　　==　　!=

```
if(num1____I____total____II____num2____III____num1)
```

① <=，&&，<　　　　② <=，||，<

③ >=，||，<=　　　　④ >=，&&，<=

说明

根据题目 if 语句写法为：if(num1 <= total && num2 < num1)，所以答案为①，程序代码请参考 Ex03_T05.java。

题目 (MTA 认证模拟试题)

6. 填入下列选项来完成 ages 方法，该方法接收一个 int 参数 age，当 age 大于或等于 65 时返回字符串"老年", age 大于或等于 20 且小于 65 时返回"成年", 其余则返回"青年"。空白处应依次填入(　　)。

A. if(age>=65)　　B. if(age>65)　　C. if(age<20)　　D. if(age>19)

E. else if(age>=20)　　F. else if(age>=19)　　G. else if(age!=20)

H. else　　I. default

```
public static String ages(int age) {
    String str;
    ____Ⅰ____;
        str="老年";
    ____Ⅱ____;
        str="成年";
    ____Ⅲ____;
        str="青年";
    return str;
}
```

① A, E, H　　② A，F，I　　③ B，D，I　　④ B，C，H

说明

根据 if 多重判断式的语法，答案应为 ①，程序代码请参考 Ex03_T06.java。

题目 (MTA 认证模拟试题)

7. 根据下列方法，当 grade 的值为'A'、'T'、'C'、其他值时，返回值分别为(　　)。

```
public static int pay(char grade) {
     int price = 0;
     switch (grade) {
    case 'A':price = 40; break;
    case 'T':   price = 20;
    case 'C':price = 10; break;
    default:price = 80; break;
     }
     return price;
}
```

① 40，10，10，80　　② 40，20，10，80

③ 10，20，40，80　　④ 10，20，10，80

说明

(1) 根据 switch 的语法答案为①，程序代码请参考 Ex03_T07.java。

(2) 其中 case 'T' 因为后面没有 break 语句，会继续向下执行，所以返回值为 10。

题目 (MTA 认证模拟试题)

8. 填入下列选项来完成 countDown 方法，该方法接收一个 int 参数 start，会以递减方式显示 start 到 0 的所有整数。空白处应依次填入(　　)。

A. int i=start;　　B. int i==start;　　C. int i<=start;

D. i<=0;　　E. i<0;　　F. i>=0;

G. ++i　　H. --i　　I. --i

```
public static void countDown(int start) {
    for ( ______I______ ______II______ ______III______ ;) {
        System.out.println(i);
    }
}
```

① A，F，H　　② A，E，G　　③ A，D，H　　④ B，F，I

说明

(1) 根据 for 循环的语法答案为①，程序代码请参考 Ex03_T08.java。

(2) 初值为 start，终值为 0，因为题目要求要递减所以增值为--i。

3.6 习题

一、选择题

1. 下列不属于选择语句的是(　　)。

   ① for{…}　　② if{…}　　③ if{…} else{…}　　④ switch{…}

2. 循环for(k = −5; k <= 7; k++)会执行其中语句(　　)次。

   ① 2　　② 3　　③ 12　　④ 13

3. 下列对String类型的字符串s的比较正确的是(　　)。

   ① s = "Y"　　② s == "Y"　　③ s.equals("Y")　　④ s like "Y"

4. 循环体内还包含其他循环的结构称为(　　)。

   ① 树状循环　　② 嵌套循环　　③ 分支循环　　④ 重复循环

5. 下列(　　)循环可能连一次都不会执行。

   ① do{…}while　　② for{…}　　③ for{…for{…}…}　　④ while{…}

6. switch循环中下列case的用法正确的是(　　)。

   ① case x:　　② case 1,2:　　③ case <= 0:　　④ case 'x'

7. 下列程序执行后变量a和b的值是(　　)。

```
int a = 10, b = 20, t;
    if (a > b) {
        t = a; a = b; b = t;
    }
```

   ① a = 10、b = 10　　② a = 10、b = 20　　③ a = 20、b = 10　　④ a = 20、b = 20

8. 程序代码如下：

```
01  public class Test{
02   static String str = "";
03   public static void main(String[] args){
04       b: for(int x = 2; x < 7; x++){
05           if(x == 3) continue;
06           if(x == 5) break b;
06           str = str + x;
07       }
08       System.out.println(str);
09    }
10  }
```

执行结果是(　　)。

① 2　　② 24　　③ 246　　④ 编译错误

9. 程序代码如下：

```
01  int x = 0, y = 10;
02  do {
03      y--;
04      ||x;
05  } while(x < 5);
06  System.out.print(x + "," + y);
```

执行结果是(　　)。

① 5,6　　② 5,5　　③ 6,5　　④ 6,6

10. 程序代码如下：

```
01  public class Test{
02    public static void main(String[] args){
03        int x = 5;
04        boolean b1 = true, b2 = false;
05        if((x == 4) && !b2)
06            System.out.print("1 ");
07            System.out.print("2 ");
08        if((b2 = true) && b1)
09            System.out.print("3 ");
09    }
10  }
```

执行结果是(　　)。

① 1　2　　② 3　　③ 2　3　　④ 1　2　3

11. 如果可能有两种情形要执行，不能使用下列(　　)选择结构。

① if{…}　　② if{…} else{…}　　③ switch{…}　　④ 条件运算符? :

12. 如果可能有多种情形要执行，可以使用下列(　　)选择结构。

① if{…}　　② if{…} else{…}

③ if{…} if else{…}　　④ for{…}

13. 如果要查询某个字符串在指定字符串出现的位置，可以使用下列(　　)方法。

① equals()　　② equalsIgnoreCase ()

③ indexOf()　　④ toUpperCase()

14. switch循环小括号内的变量或表达式，不可以使用下列(　　)数据。

① char　　② double　　③ enum枚举　　④ 字符串

15. 在Java中要直接跳到另一个地方继续执行，不可以使用下列(　　)语句。

① break　　② continue　　③ goto　　④ return

二、程序设计

1. 编程写出可输出以下结果的程序代码：

(A)
```
12345
1234
123
12
1
```

(B)
```
1
22
333
4444
55555
```

(C)
```
    1
   22
  333
 4444
55555
```

(D)
```
    1
   222
  33333
 4444444
555555555
```

2. 编程写出一个输入账号(默认 Java)和密码(默认 1234)的程序，若账号和密码正确即进入系统，若账号和密码错误即无法进入系统，但若连续三次输入账号和密码错误，则离开程序。

```
请输入账号:java
请输入密码:2520
输入错误  1 次 !
请输入账号:Java
请输入密码:1234
欢迎进入系统!
```

3. 编程写出一个可以重复输入正整数，计算 1 到该正整数之和，直到输入的正整数为 0 时才结束的程序。

```
请输入正整数，计算 1 到该数的总和(输入 0 结束)：10
1 到 10 的总和 = 55
请输入正整数，计算 1 到该数的总和(输入 0 结束)：100
1 到 100 的总和 = 5050
请输入正整数，计算 1 到该数的总和(输入 0 结束)：0
程序结束
```

4. 编程写出一个判断输入的数字为奇数或偶数的程序。

```
请输入整数，判断是奇数或偶数：18
18 为偶数
```

5. 试写出一个可以显示 1~100 中所有能被输入的数字整除的程序。输入的数值必须介于 2~99，超出范围会再要求输入。

```
请输入 2 ~ 99 的整数：120
请输入 2 ~ 99 的整数：15
1 ~ 100 能被 15 整除的数值：
15, 30, 45, 60, 75, 90,
```

6. 试使用 switch 语句写出一个电影分级的查询程序。若输入 A 或 a 就显示“普遍级：一般观众都可观赏”，若输入 B 或 b 就显示“保护级：6~12 岁儿童需父母陪伴观赏”，若输入 C 或 c 就显示“辅导级：未满十二岁的儿童不可观赏”，若输入 D 或 d 就显示“限制级：未满十八岁不得观赏”，若输入 E 或 e 就显示“离开系统”并结束程序，若输入非上述的值时，就显示“请输入 A、B、C、D 或 E！”。

```
************ 分级查询菜单 ************
A.普遍级    B. 保护级    C. 辅导级
D.限制级    E. 离开系统
******************************
请选择功能: B
保护级：6~12 岁儿童需父母陪伴观赏
```

第 4 章

数　　组

- ✧ 前言
- ✧ 数组的声明及使用
- ✧ 多维数组
- ✧ 数组的排序与查找
- ✧ 认证实例练习

4.1 前言

编写程序时若要记录一名学生的身高和体重，就必须声明一个字符串变量来存放姓名，然后声明两个整型变量分别来存放身高和体重，程序写法如下：

```
String name;
int height, weight;
name = "王小明";
height = 165;
weight = 52;
```

如果学生的人数增加到 10 名时，因为每名学生都需使用到三个变量，所以总共需要 10 ×3＝30 个变量。为 30 个变量命名、声明和设定初值是相当烦琐的，除了程序变得冗长外，也增加了程序维护的困难度。其写法如下：

```
String name1, name2, ……,name10;
int height1, height2, ……,height10;
int weight1, weight2, ……,weight10;
name1 = "王小明";
height1 = 165;
weight1 = 52;
    ⋮
name10 = "陈智慧";
height10 = 158;
weight10 = 48;
```

因此，Java 提供了数组(Array)，可以将同种类型的数据一起存放在同一个数组中。数组属于引用数据类型，上面的示例可用下面三个数组分别来存放姓名、身高和体重：

```
string[] name = new String[10];
int[] height = new int[10];
int[] weight = new int[10];
```

我们可将一个数组想象成一组经过编号并且连续排列的变量。如果将一个变量视为一个车厢的话，那么一个数组就像是一列火车，而火车车厢的总数就是数组的长度，数组的长度(大小)由程序的需求来决定。

4.2 数组的声明及使用

当需要处理多个同种类型的数据时，可以使用数组中的元素来代表多个同类型的变量。数组必须先声明，并且使用 new 关键字创建数组对象，编译程序就会在内存中按照所设定数组的数据类型，自动分配连续空间给此数组使用。所以，数组经声明和 new 关键字后，就可以知道数组中含有多少个数组元素，以及每个数组元素是属于哪种数据类型。

4.2.1 如何声明数组

数组的声明方式是在数据类型后加上[ ]符号(如语法 1 和语法 2)，或是在变量名称后加上[ ]符号(如语法 3)，语法如下：

```
语法 1：数据类型[ ]   数组名;   ⇦ 建议语法
语法 2：数据类型   [ ]数组名;
语法 3：数据类型   数组名[ ];
```

数组声明方式如下：

```
String[] name;    // 声明 name 为字符串类型的数组
byte []b;         // 声明 b 为 byte 类型的数组
char hex[];       // 声明 hex 为字符类型的数组
```

【例 4-1】 声明整型数组 n 的语句为 int[] n;。每个数组元素都是整型数据，此时会在 Stack(栈)中分配一块空间给数组 n，如图 4-1 所示。数组名 n 为引用类型变量，其值为 null，此时在 Heap(堆)中并没分配数组 n 这个对象实体，表示此数组内目前没有任何数据。

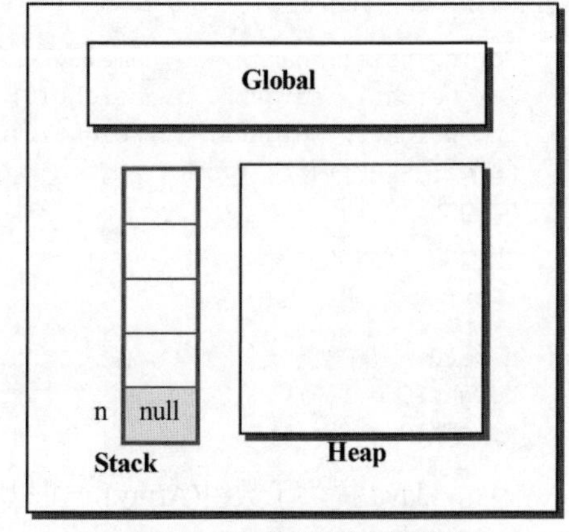

图4-1 声明数组时内存的分配

4.2.2 数组的初始化

当声明数组后，必须再使用 new 关键字在 Heap(堆)内存中分配一块空间给该数组，然后指定该数组中元素的个数。其语法如下：

```
数组 = new 数据类型[数组元素个数];
```

上述语法中指定数组元素的个数后，数组元素的下标是从 0 开始，而最后一个数组元素的下标为数组元素个数减 1。例如，下面四种写法都是声明 n 是一个含有三个数组元素的整型数组：

```
写法 1:   int[] n;                 // 声明数组对象
          n = new int[3];          // 创建数组对象实体
写法 2:   int[] n = new int[3];    // 可以同时声明并创建，将两行语句合并成一行
写法 3:   int []n = new int[3];    // 可以同时声明并创建，将两行语句合并成一行
写法 4:   int n[] = new int[3];    // 可以同时声明并创建，将两行语句合并成一行
```

上面整型数组 n 的下标是由 0 开始，最后一个下标为 2，我们将紧接在数组名后[ ]内的数值称为“下标”或“索引”(Index)。这三个数组元素 n[0]、n[1]、n[2]依次存放在 Heap(堆)内存中连续的空间，而存放在 Stack(栈)中的数组名 n 的值是第一个数组元素 n[0]的地址。因为数组 n 声明为 int 类型，所以每个数组元素存放的数据必须是整型，创建数组后整型数组元素默认值为 0。因为数组的长度为 3，所以 n[2]为数组的最后一个元素，如图 4-2 所示。

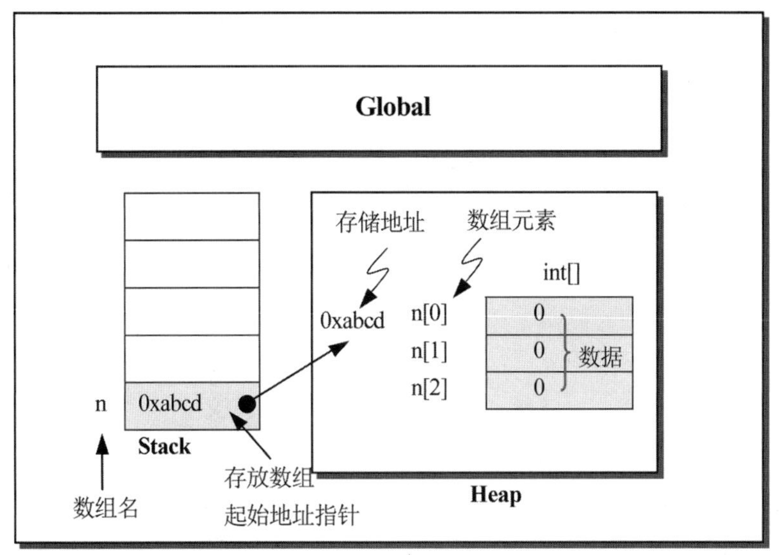

图4-2　数组内存分配

建议初学者可将语句 int[] n = new n[10];执行后如下表所示，存放在从左到右的一维内存单元中，而 n[0] ~ n[9]数组元素会初始化为 0。

```
int[] n = new n[10];
```

n[0]	n[1]	n[2]	…	n[8]	n[9]
0	0	0	…	0	0

我们可将每个数组元素视为一个变量。由于数组中的每个数组元素的数据类型都一样，所以每个数组元素在内存中占用的字节数都相同，而且一起存放在连续的存储单元中。只要将数组的起始地址加上下标值乘以数组元素的长度，便能计算出该数组元素的内存地址。

如下例先创建一个 int 类型且数组名为 n 的数组，含有四个数组元素，然后再逐一赋值给 n[0] ~ n[3]。执行后数组初始值分别为 n[0] = 56、n[1] = 45、n[2] = 68、n[3] = 32。

```
01 class MyArray
02 {
03    public static void main(String[] args) {
04       int[] n = new int[4];
05       n[0] = 56;
06       n[1] = 45;
07       n[2] = 68;
08       n[3] = 32;
09    }
10 }
```

在声明数组时，也可以同时为每个数组元素设定初始值，其方法就是紧跟在数据类型[]符号后使用{ }大括号，将数组初始值放在里面。如上例第 4~8 行，也可以合并成下例第 4 行的写法：

```
01 class MyArray
02 {
03   public static void main(String[] args) {
```

```
04        int[] n = new int[] { 56, 45, 68, 32 };
05    }                   ▲
06 }                      └──────── 注意不能指定元素个数
```

如果初值都相同时，可以使用 Arrays.fill()方法来对数组初始化。语法如下：

```
Arrays.fill(数组名, 元素值);
```

使用 Arrays.fill()方法时，记得要先 import java.util.Arrays 包。例如：设定整型数组 liftEnergy 各数组元素的值均为 100。

```
import java.util.Arrays;
  …
int[]liftEnergy = new int[6];
Arrays.fill(liftEnergy, 100);
```

import 包的方法：

要导入 Java 包，除了自行输入程序代码和第 1 章介绍的方法外，也可以在 Eclipse 中执行【Source/Organize Imports】命令，系统会自动导入程序需要的包，也会移除不需要的包。

4.2.3 使用循环存取数组的内容

1. 使用for循环

由于数组元素内的下标可以是整型常量、整型变量或表达式，因此可以通过 for 循环来存取数组元素值。这样可以减少为每个变量命名的困扰，而且容易存取数组元素值，这是使用数组取代单个变量的好处。比如，当要存取四个相同性质的数据，此时使用数组并且配合 for 循环，只要改变数组下标即能存取数组元素。

简 例 将已知数组 n 的每个数组元素初始化后，使用 for 循环显示出来，然后将所有数组元素的初值相加存入 sum 变量并显示。

文件名：\ex04\src\ex04\MyArray1.java

```
01 package ex04;
02 public class MyArray1 {
03   public static void main(String[] args) {
04        int[] n = new int[] { 56, 45, 68, 32 };
05        int sum = 0;
06        for (int i = 0; i < 4 ; i++) {    // 使用循环逐一显示 n[0]~n[3]的值
07            System.out.println(" n[" + i + "] = " + n[i]);
08            sum += n[i];
09        }
10        System.out.println(" n 数组元素总和为 " + sum);
11    }
12 }
```

结果

```
n[0] = 56
n[1] = 45
n[2] = 68
n[3] = 32
n 数组元素总和为 201
```

由 MyArray1.java 程序的代码可知，改变数组的下标便可将四个数组元素 n[0] ~ n[3]进行相加，简洁易读，比起使用一大堆的变量方便许多。若在编写程序时不知道数组的大小，可使用数组对象的 length 属性来获得数组元素的个数。例如，上面范例第 6 行 for 语句可改用 n.length 来获得 n 数组的元素总个数，如此 for 循环可以逐一获得数组 n 所有的元素并计算所有元素的总和。

```
06    for (int i = 0; i < n.length ; i++)  // 使用循环逐一显示 n[0]~n[3]的值
```

2. 使用加强型for循环

加强型for循环(Enhanced for-Loops)是Java SE 5.0版本以后新增的语法，专门用来存取数组或集合(collection)中的元素，功能像其他编程语言的for...each循环。加强型for循环执行时会自动将数组中的数组元素或集合内对象逐一读出，一直到全部读取完毕为止。加强型for循环的语法如下：

```
for (数组数据类型 变量名称 : [数组名 | 集合名称]) { }
```

要注意加强型 for 循环只能从头开始向后读取每个元素，不能从中或从后向前读取。而且，只能读取不能改变元素值。另外，循环的变量属于局部变量，只能在该循环体内使用，在循环外无效。

简例　用加强型 for 循环读取 score 数组元素，显示及格学生数，程序代码如下：

文件名：\ex04\src\ex04\MyArray2.java

```
01 package ex04;
02 public class MyArray2 {
03   public static void main(String[] args) {
04        int[] score = new int[] { 56, 75, 68, 32 };
05        int pass = 0;
06        for (int s : score) {      // 逐一读取数组 n 的元素值到变量 i
07             if (s >= 60)
08                  pass++;
09        }
10        System.out.println("及格学生人数： " + pass);
11    }
12 }
```

结果

```
及格学生人数： 2
```

4.3 多维数组

前面介绍的数组的下标(或称索引)只有一个，我们称为“一维数组”(One-Dimensional Array)，其维度为 1。如果将数组想象成一列火车，那么每个车厢相当于一个数组元素。想要存取数组内的元素时，只要指定下标值，就可将数据赋值给数组元素，或将数组元素的值读出。若程序需用到两个下标的数组来表示，我们将此种数组称为“二维数组”(Two-Dimensional Array)，其维度为 2。例如：描述表格、电影院的座位表、教室座位等时，都可以用第几行、第几列来表示出任何一个位置，此时就必须用二维数组来描述。

如果声明数组时含有三个下标，就称为三维数组，其维度为 3。可以想象成由多个教室叠起来的立体大楼，指定第几层的第几列的第几行可以表示出任何一个位置。若数组的维度是二维以上，我们就称为“多维数组”(Multi-Dimensional Array)。

4.3.1 二维数组的创建

二维数组是用两个下标来表示，每个下标间须以[]括住。语法如下：

```
数据类型[ ][ ]  数组名 = new 数据类型[第一维长度][ 第二维长度] ;
```

创建一个 3×4 的整型(即 3 个水平行和 4 个垂直列)数组，写法如下：

```
int[][] n;              // 声明n为二维数组，可写成int n[][];
n = new int[3][4];      // 创建n为3×4 的整型数组
```

以上语句可以将声明和创建合并成一行：

```
int[][] n = new int[3][4]; // 声明并创建n为3×4 的整型数组
```

图 4-3 是 3×4 二维数组的示意图，第一个下标表示水平行(Row)有三行，由 0~2 行组成；第二个下标表示垂直列(Column)有四列，由 0~3 列组成。此数组共有 12 个数组元素。

	第0列	第1列	第2列	第3列
第0行	n[0][0]=0	n[0][1]=0	n[0][2]=0	n[0][3]=0
第1行	n[1][0]=0	n[1][1]=0	n[1][2]=0	n[1][3]=0
第2行	n[2][0]=0	n[2][1]=0	n[2][2]=0	n[2][3]=0

图4-3　3×4二维数组示意图

数组经声明并使用 new 分配内存空间后，我们才可逐一给数组的每个元素赋值。下面写法是将 3×4 二维数组 n 的数组元素初值依次设为 0~11。图 4-4 所示为其示意图。

```
int[][] n = new int[3][4];
n[0][0]=0; n[0][1]=1; n[0][2]=2;  n[0][3]=3;
n[1][0]=4; n[1][1]=5; n[1][2]=6;  n[1][3]=7;
n[2][0]=8; n[2][1]=9; n[2][2]=10; n[2][3]=11;
```

逐一为每一个数组元素赋初值实在是有点麻烦，其实可以在声明二维数组的同时直接在{ }大括号内设定数组的初值。例如，创建 3×4 二维数组 n 的初值，以逐行方式依次设为 0 ~ 11，可以直接改成下面写法即可：

```
int[][] n={ {0, 1, 2, 3}, {4, 5, 6, 7}, {8, 9, 10, 11} };
```

	第0列	第1列	第2列	第3列
第0行	n[0][0]=0	n[0][1]=1	n[0][2]=2	n[0][3]=3
第1行	n[1][0]=4	n[1][1]=5	n[1][2]=6	n[1][3]=7
第2行	n[2][0]=8	n[2][1]=9	n[2][2]=10	n[2][3]=11

图4-4　3×4二维数组赋值示意图

数组声明的方式：

前面介绍三种数组声明方式，建议使用将[]放在数据类型后面的声明方式。例如：

int[] n;　⇦　一维数组

int[][] n; ⇦　二维数组

声明数组时将[]放在数组名后易造成混淆，例如：

int n[];　⇦　一维数组

int n[][]; ⇦　二维数组

int[] n[]; ⇦　二维数组先声明一维数组，在一维数组的每个元素再声明一维数组，变成二维数组

4.3.2　多维数组的内存分配

使用下面语句创建数组名为n的2×3二维整型数组，并为每个数组元素设定初值：

```
int[][] n = new int[2][3];
n[0][0] = 87; n[0][1] = 2; n[0][2] = 6;
n[1][0] = 74; n[1][1] = 10; n[1][2] = 99;
```

上述三行可写成：

```
int[][] n = {{87, 2, 6}, {74, 10, 99}};
```

此时内存分配情形如图4-5所示。

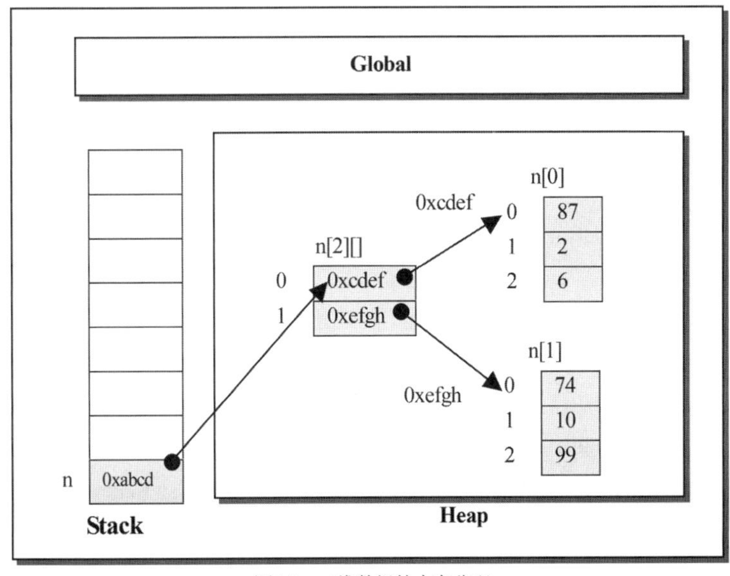

图4-5　二维数组的内存分配

由图 4-5 可知，2×3 二维数组 n 其实是一个一维数组 n[2][]，其元素值分别参照 n[0]和 n[1]两个一维数组所组成。

4.3.3 使用嵌套循环存取二维数组的内容

若要存取二维数组的内容，可使用嵌套的 for 循环，使用数组的 length 属性分别获得第一维及第二维数组元素的个数，以此个数作为 for 循环结束的终值。

简 例

文件名： \ex04\src\ex04\TwoDimArray1.java

```
01 package ex04;
02 public class TwoDimArray1 {
03   public static void main(String[] args) {
04         int[][] n = { { 0, 1, 2, 3 }, { 4, 5, 6, 7 }, { 8, 9, 10, 11 } };
05         int sum = 0;
06         for (int i = 0; i < n.length; i++) {       // n.lenght 会获得第一维数组个数 3
07             for(int j = 0; j < n[0].length; j++){   // n[0].length 获得第二维数组个数 4
08               System.out.print(" n[" + i + "][" + j + "] = " + n[i][j] + ", ");
09               sum += n[i][j];
10             }
11             System.out.println();      // 换行
12         }
13         System.out.println(" n 数组元素总和为 " + sum);
14   }
15 }
```

结 果

```
n[0][0] = 0,  n[0][1] = 1,  n[0][2] = 2,  n[0][3] = 3,
n[1][0] = 4,  n[1][1] = 5,  n[1][2] = 6,  n[1][3] = 7,
n[2][0] = 8,  n[2][1] = 9,  n[2][2] = 10,  n[2][3] = 11,
n 数组元素总和为 66
```

说 明

(1) 第 4 行：创建 3×4 二维数组 n，并给予初值 0~11。

(2) 第6~12行：使用嵌套的for循环，逐一显示n[i][j]的数组元素并计算其总和。

(3) 第6行：通过n.length可以获得第一维数组个数，其值为3。

(4) 第7行：通过n[0].length可以获得第二维数组个数，其值为4。

如果只计算数组元素的总和，则使用加强型 for 循环程序将更简洁。

简 例

文件名：\ex04\src\ex04\TwoDimArray2.java

```
01 package ex04;
02 public class TwoDimArray2 {
03   public static void main(String[] args) {
04         int[][] n = { { 0, 1, 2, 3 }, { 4, 5, 6, 7 }, { 8, 9, 10, 11 } };
05         int sum = 0;
06         for (int[] r : n) {
07             for (int i :r) {
08                 sum += i;
09             }
10         }
11         System.out.println(" n 数组元素总和为 " + sum);
12   }
13 }
```

结 果

```
n 数组元素总和为 66
```

说 明

(1) 第 6~10 行：使用嵌套加强型 for 循环，逐一显示 n[i][j]的数组元素，并计算其总和。

(2) 第 6 行：由前面二维数组的内存分配图，可以认为二维数组是由多个一维数组组成的数组。

4.3.4　非对称型数组

前面章节介绍的多维数组都是对称型数组(Rectangular)，对称型数组所谓就是每一行 的数组元素的个数都相同。例如图 4-6 的 3×2 二维数组所创建出来的数组，发现每行的数组元素个数都是 2，属于对称型数组：

```
int[][] n = new int[][] { {1, 2},{3, 4}, {5, 6} };
```

	第0列	第1列
第0行	n[0][0]=1	n[0][1]=2
第1行	n[1][0]=3	n[1][1]=4
第2行	n[2][0]=5	n[2][1]=6

图4-6　对称型数组

1. 创建非对称型数组

由 Java 多维数组的内存分配情况可知，多维数组是由一个数组中的元素再引用到另一个数组。因此，我们可以使用这种方式来创建非对称型数组(Non-Rectangular)，所谓“非对称数组”就是不规则的多维数组。其做法是先创建一个只指定第一维长度的二维数组，然后依次为第一维的每一个数组元素创建另一个新的一维数组(也就是第二维数组)。

例如：先创建第一维长度为 3 的二维数组 n[3][]，然后逐一为 n[0]~n[2]创建数组元素个数不相同的新的数组，就构成一个非对称型数组。例如：

① n[0]创建的数组只有一个元素：n[0][0]=1。

② n[1]创建的数组有两个元素：n[1][0]=2、n[1][1]=3。

③ n[2]创建的数组有三个元素：n[2][0]=4、n[2][1]=5、n[2][2]=6。

其写法如下：

```
int[][] n=new int[2][];          // 第一维指定个数为 3，第二维不指定个数
n[0] = new int[] {1};            // 第 0 行一个元素，值为 1
n[1] = new int[] {2, 3};         // 第 1 行两个元素，值为 2、3
n[2] = new int[] {4, 5, 6};      // 第 2 行三个元素，值为 4、5、6
```

上述二维数组如图 4-7 所示，若数组中每行的元素个数不同，而且大部分元素用不到时，为了节省内存使用非对称型数组是最佳的选择。

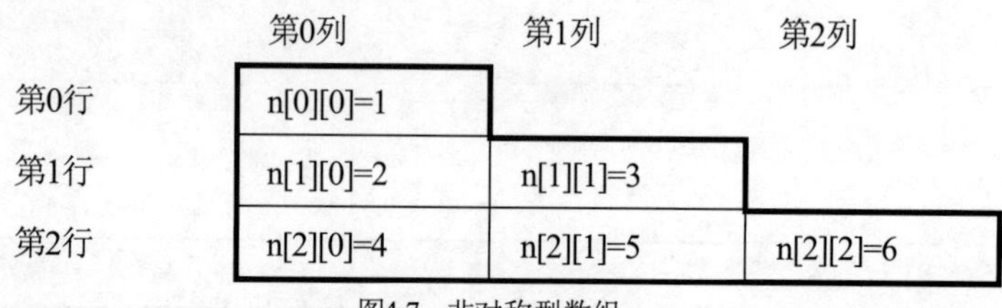

图4-7　非对称型数组

上述数组 n 的内存分配如图 4-8 所示，n[0]、n[1]、n[2]再引用到另一个新的数组，但 n[0]所引用的数组只有一个元素，n[1]引用的数组有两个元素，n[2]引用的数组有三个元素。

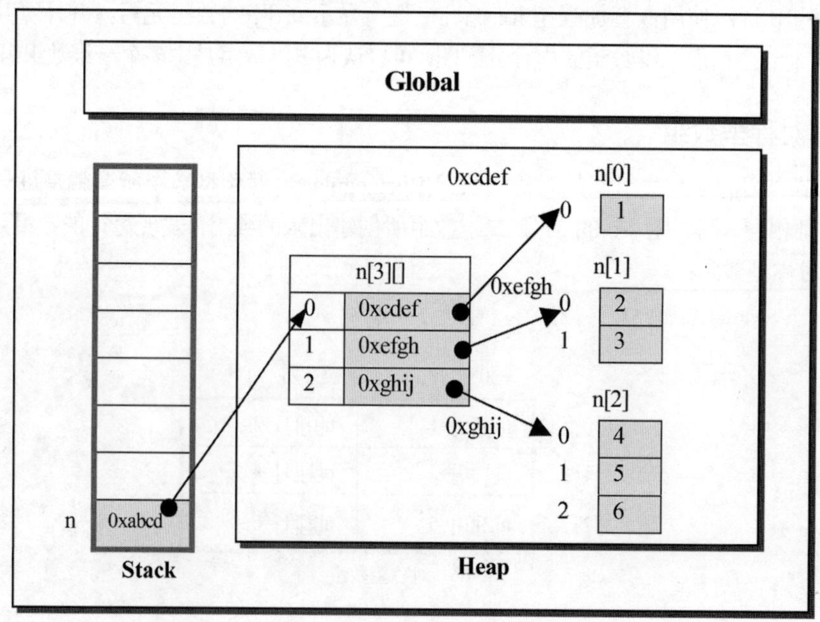

图4-8　非对称型数组内存分配

2. 读取非对称型数组元素值

若要获得非对称型数组的所有元素，可以通过嵌套 for 循环或者加强型 for 循环来完成。

简例

文件名：\ex04\src\ex04\Non_R_Array1.java

```
01 package ex04;
02 public class Non_R_Array1 {
03   public static void main(String[] args) {
04        int[][] n = new int[3][];
05        n[0] = new int[] {1};
06        n[1] = new int[] {2, 3};
07        n[2] = new int[] {4, 5, 6};
08        for (int i = 0; i < n.length; i++){ //使用n.length获得第一维数组个数
09        //使用n[i].length获得第一维数组引用另一个数组元素的个数
10            for (int j = 0; j < n[i].length; j++)
11                System.out.print(" " + n[i][j]);
12            System.out.println();
13        }
14   }
15 }
```

结果

```
1
2 3
4 5 6
```

说明

(1) 第 8~13 行：使用嵌套的 for 循环，逐一显示数组元素值。
(2) 第 10 行：n[i].length 的值依次为 1、2、3。
(3) 本例也可以用加强型for循环来编写。

实操 文件名：\ex04\src\ex04\Order.java

设计一个点餐程序，执行时会询问用户选择凉菜、主餐和饮料等。凉菜有“凯萨色拉”“和风沙拉”两种选择，用户如果输 1 表示选择“凯萨色拉”。主餐有“香煎鸡腿”“经典牛排”“海陆双拼”三种。饮料有“绿茶”“咖啡”“柳橙汁”“冰醋”四种。选择完毕后，会显示用户所选择凉菜、主餐和饮料的种类。

结果

```
** 请选择 **
凯萨色拉 ->输入1
和风沙拉 ->输入2
1
** 请选择 **
香煎鸡腿 ->输入1
经典牛排 ->输入2
海陆双拼 ->输入3
2
** 请选择 **
绿茶 ->输入1
咖啡 ->输入2
柳橙汁 ->输入3
冰醋 ->输入4
3
** 您选择 **
凉菜：凯萨色拉，主餐：经典牛排，饮料：柳橙汁
```

程序代码

文件名：\ex04\src\ex04\Order.java

```
01 package ex04;
02 import java.util.Scanner;
03 public class Order {
04   public static void main(String[] args) {
05         String[][] menu = new String[3][];
06         menu[0] = new String[] { "凯萨色拉", "和风沙拉" };
07         menu[1] = new String[] { "香煎鸡腿", "经典牛排", "海陆双拼" };
08         menu[2] = new String[] { "绿茶", "咖啡", "柳橙汁", "冰醋" };
09         int[] sel = new int[] { 0, 0, 0 };
10         Scanner scn = new Scanner(System.in);
11         for (int i = 0; i < menu.length; i++) { //menu.length 表第一维数组个数
12             System.out.println("** 请选择 **");
13             for (int j = 0; j < menu[i].length; j++) {
14                 System.out.println(menu[i][j] + " ->输入" + (j + 1));
15             }
16             sel[i] = scn.nextInt() - 1; // 输入值减 1 表示下标值
17         }
18         System.out.println("** 您选择 **");
19         System.out.printf("凉菜：%s，主餐：%s，饮料：%s",
                     menu[0][sel[0]], menu[1][sel[1]], menu[2][sel[2]]);
20         scn.close();
21   }
22 }
```

(1) 第 5 行：因为凉菜、主餐和饮料的种类数目不相同，所以可以创建非对称型字符串数组，指定第一维个数为 3。

(2) 第 6 行：第 0 行的元素值为“凯萨色拉”“和风沙拉”，个数为 2。

(3) 第 7 行：第 1 行的元素值为“香煎鸡腿”“经典牛排”“海陆双拼”，个数为 3。

(4) 第 8 行：第 2 行的元素值为“绿茶”“咖啡”“柳橙汁”“冰醋”，个数为 4。

(5) 第 9 行：创建 sel 整型数组，记录用户选择项目的下标值，个数为 3，初值都预设为 0。

(6) 第 11~17 行：使用嵌套 for 循环，逐一将凉菜、主餐和饮料的项目显示，并将用户所输入的数据存到 sel 数组中。外层 for 循环 i 由 0 到 menu.length−1，menu.length 表示第一维数组个数，也就是凉菜、主餐和饮料三个项目。内层 for 循环 j 由 0 到 menu[i].length−1，例如 menu[0].length 表示凉菜的凯萨色拉、和风沙拉两个项目。

(7) 第 16 行：将用户所输入的数据存到 sel 数组中，输入值减 1 是下标值。

(8) 第 19 行：显示用户选择的项目，例如 menu[0][sel[0]]就是用户选择的凉菜名称。

4.4 数组的排序与查找

数组可以帮我们处理大量的数据，但是要在许多数组元素中找到指定的数据，需要有查找的功能。要在一大堆数组数据中查找某个数据，通常先将这些数据按照某一个条件排序，以加快查找的速度。所以，排序和查找是数组常使用的功能。

4.4.1 冒泡排序法

排序算法有很多种，其中“冒泡排序法”是最简单易懂的方法。用冒泡排序法来排序，就是将两个相邻数据做大小比较，再依排序条件互换位置，其算法规则如下。

Step 1 假设有 32、24、11、48、15 五个数据，要做从小到大的排序。此时，先将这五个数据依次放入 aNum[0]~aNum[4]的数组中。

32	24	11	48	15
aNum[0]	aNum[1]	aNum[2]	aNum[3]	aNum[4]

Step 2 将两个相邻的数据互相做比较，在 aNum[0]~aNum[4]中找出最大值放入 aNum[4]中，方法如下：

① aNum[0]和 aNum[1]相比较，若 aNum[0]＞aNum[1]，则将两个数组元素的值互换。aNum[0]、aNum[1]比较结果，符合条件两者互换。

24	32	11	48	15
aNum[0]	aNum[1]	aNum[2]	aNum[3]	aNum[4]

② aNum[1]和 aNum[2]相比较，若 aNum[1]＞aNum[2]，则两个数组元素的值互换。aNum[1]、aNum[2]比较结果，符合条件两者互换。

③ aNum[2]和aNum[3]相比较，若aNum[2]>aNum[3]，则两个数组元素的值互换。aNum[2]、aNum[3]比较结果，不符合条件两者不互换。

④ aNum[3]和aNum[4]相比较，若aNum[3]>aNum[4]，则两个数组元素的值互换。aNum[3]、aNum[4]比较结果，符合条件两者互换。

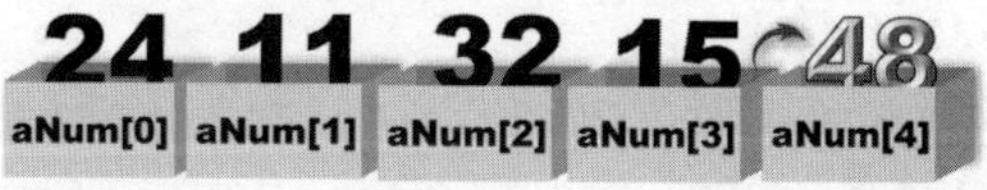

五个数据经过上面四次比较后，便可找出最大的元素值(48)放在aNum[4]数组中，这是第一次比较循环。

Step 3 仿照 Step 2，在第二次比较循环中，在aNum[0]~aNum[3]中找出第二大的值(32)放入aNum[3]中；aNum[4]则不再参与比较。

Step 4 仿照 Step 2，在第三次比较循环中，在 aNum[0]~aNum[2]中找出第三大的值(24)放入aNum[2]中；aNum[3]和 aNum[4]则不再参与比较。

Step 5 仿照 Step 2，在第四次比较循环中，由 aNum[0]~aNum[1]中找出第四大的值(15)放入aNum[1]中；aNum[2]、aNum[3]和 aNum[4]则不再参与比较。

Step 6 最后只剩下 aNum[0]，就是最小值(11)。整理如下：

第一循环比较了 4 次，得到的最大值放在 aNum[4]。

第二循环比较了 3 次，得到的最大值放在 aNum[3]。

第三循环比较了 2 次，得到的最大值放在 aNum[2]。

第四循环比较了 1 次，得到的最大值放在 aNum[1]。

由上可知，五个数据进行冒泡排序要经过四次循环，共比较 4 + 3 + 2 + 1 = 10 次。若是 N 个数据就必须经过(N−1)次循环，共比较 1 + 2 +...+ (n−2) + (n−1) = n(n−1) / 2 次比较。

实操 文件名：\ex04\src\ex04\BubbleSort.java

使用冒泡排序，将 32、24、11、48、15 五个数据由小到大排序，并显示每一次循环后的结果。

结果

排 序 前:	32	24	11	48	15
第 1 次循环:	24	11	32	15	48
第 2 次循环:	11	24	15	32	48
第 3 次循环:	11	15	24	32	48
第 4 次循环:	11	15	24	32	48
排 序 后:	11	15	24	32	48

程序代码

文件名：\ex04\src\ex04\BubbleSort.java

```
01package ex04;
02public class BubbleSort {
03   public static void main(String[] args) {
04         int[] aNum = { 32, 24, 11, 48, 15 };
05         System.out.print(" 排   序   前: ");
06         for (int a = 0; a < aNum.length; a++)
07              System.out.print("  " + aNum[a] + "\t");
08         System.out.println();
09         int n = aNum.length;
10         int t;
11         for (int i = n - 2; i >= 0; i--) { // 进行冒泡排序法
12              for (int j = 0; j <= i; j++) {
13                   if (aNum[j] > aNum[j + 1]) {
14                        t = aNum[j];
15                        aNum[j] = aNum[j + 1];
16                        aNum[j + 1] = t;
17                   }
18              }
19              System.out.print(" 第" + (4 - i) + "次循环: ");
20              for (int a = 0; a < aNum.length; a++)
21                   System.out.print("  " + aNum[a] + "\t");
22              System.out.println();
23         }
24         System.out.print(" 排   序   后 : ");
25         for (int a = 0; a < aNum.length; a++)
26              System.out.print("  " + aNum[a] + "\t");
27    }
28 }
```

(1) 第 9 行：获得 aNum 数组的元素个数。

(1) 第 11~23 行：使用冒泡排序法对 aNum 数组的元素进行排序。

(3) 第 19~22 行：显示每次循环执行后的结果。

4.4.2 顺序查找法与二分查找法

排序是要将数组元素排出大小顺序，更重要的目的是在排序后的数组中能更有效地查找数据。所谓查找，就是从多个数据中找出指定数据的方法。查找的算法有很多种，本书只介绍顺序查找法和二分查找法。

1. 顺序查找法

顺序查找法(Linear Search)是最简单的查找方法。其做法是将同种类型的数据先放入数组，从数组的第一个数据逐一往后查找，一直找到所要的数据为止，或者是查找完全部的数据为止。若有 N 个数据使用顺序查找法，平均要执行 N/2 次比较，是效率比较低的一种查找法。所以，顺序查找法常用于少量数据的查找，或是未经排序数据的查找。

实操 文件名：\ex04\src\ex04\LineraSearch.java

使用顺序查找法从 10 个整型数据的数组中，查找输入的数据是否存在？若存在，显示该数据是数组中的第几个数据。若不存在，则显示“没有这个数据 --> xx”。

结果

```
第 1 个数=5   第 2 个数=3   第 3 个数=1   第 4 个数=2   第 5 个数=10
第 6 个数=9   第 7 个数=4   第 8 个数=8   第 9 个数=7   第 10 个数=6
请输入要查找的数据： 4 ↵
=================
 4 是第 7 个数。
```

程序代码

文件名： \ex04\src\ex04\LineraSearch.java

```
01 package ex04;
02 import java.util.Scanner;
03 public class LineraSearch {
04   public static void main(String[] args) {
05       int[] Adata = new int[] { 5, 3, 1, 2, 10, 9, 4, 8, 7, 6 };
06       for (int i = 0; i < Adata.length; i++) {
07           System.out.print(" 第 " + (i + 1) + "个数=" + Adata[i]);
08           if (i == 4 || i == 9)
09               System.out.println();
10       }
```

```
11          Scanner scn = new Scanner(System.in);
12          System.out.print(" 请输入要查找的数据： ");
13          int searchNum = scn.nextInt();
14          int num = -1;                  // num 等于-1 表示没有找到数据
15          for (int j = 0; j < Adata.length; j++) {
16              if (Adata[j] == searchNum) {
17                  num = j;
18                  break;
19              }
20          }
21          System.out.println("================");
22          if (num == -1)
23              System.out.println(" 没有这个数据--> " + searchNum);
24          else
25              System.out.println(" " +searchNum +"是第" + (num + 1)+ "个数。");
26          scn.close();
27      }
28  }
```

说明

(1) 第 13 行：使用 nextInt 方法读入整型数据，并赋值给整型变量 searchNum。

(2) 第 14 行：num 用来存放查找到数据的下标值，默认 num = −1 表示尚未找到，所以若执行完毕，num 仍等于-1，表示没查找到指定的数据。

(3) 第 15~20 行：使用顺序查找法，将找到数据的下标值 j 记录在 num 变量中。

(4) 第 22~25 行：显示查找的结果。

2. 二分查找法

使用二分查找法(Binary Search)来寻找数组中的数据，必须先将该数组进行排序。二分查找法的执行效率比顺序查找法高，N 个数据进行二分查找法，平均会执行 Log_2N+1 次的比较。其算法如下：

Step 1 假设 n 数组有九个数据，我们要查找 67 这个数据，首先必须先将 n 数组的每个元素进行由小到大排序。

数组元素：	n[0]	n[1]	n[2]	n[3]	n[4]	n[5]	n[6]	n[7]	n[8]
排序前：	23	100	58	11	**67**	12	44	101	75
排序后：	11	12	23	44	58	**67**	75	100	101

Step 2 进行由小到大排序后，先找出中间数组元素的下标，中间数组元素的下标值为(下界值 + 上界值) / 2。本例中间下标值为((0 + 8) / 2 = 4)，因此中间数组元素即为 n[4]。

Step 3 将要查找的数据与数组的中间数组元素 n[4]进行比较。

(1) 若欲查找的数据与数组的中间数组元素值相同，表示已经找到该数据。

(2) 若欲查找的数据与数组的中间数组元素值不同，表示没有找到该数据，此时请进行以下步骤，将查找一分为二来缩小范围：

① 若要查找的数据大于 n[4]，表示数据是在 n[5]~n[8]的数组元素之中，则下一次查找数据的范围是在数组元素 n[5]~n[8]之间。

② 若要查找的数据小于 n[4]，表示数据是在 n[0]~n[3]的数组元素之中，则下一次查找数据的范围在数组元素 n[0]~n[3]之间。

以本题为例：要查找的数据 67 大于 n[4]，因此要查找的数据是在数组元素 n[5]~n[8]之间，查找的范围缩减了一半。

数组元素：	n[5]	n[6]	n[7]	n[8]
排序后：	**67**	75	100	101

Step 4 重复 Step 2 与 Step 3，一直到找到数据才停止，步骤如下。

(1) 以本题为例，再执行 Step 2 与 Step 3：找出中间下标((5+8)/2 = 6，中间数组即 n[6]。然后将欲查找数据 67 与 n[6] 进行比较，结果发现 67 小于 n[6]，因此要查找的数据是在数组元素 n[5]~ n[5]之间。

(2) 以本题为例，再执行 Step 2 与 Step 3：找出中间下标((5+5)/2 = 5，中间数组即 n[5]。然后将欲查找数据 67 与 n[5]进行比较，结果发现 n[5]与 67 相同，此时结束查找。

实操 文件名：\ex04\src\ex04\BinarySearch.java

使用随机数生成 1~100 之间的九个数据，存入整型数组中。先使用冒泡排序法，将数组进行由小到大排序。用户输入数值，再使用二分查找法从九个数据中查找所输入的数据，最后显示该数据是第几个数据。

结 果

```
排序前：  52  41  34  47  64  33  14  45  82
排序后：  14  33  34  41  45  47  52  64  82
请输入要查找的数字：  45  ↵
排序后找到 45 是第 5 个数据!
```

程序代码

文件名：\ex04\src\ex04\BinarySearch.java

```
01 package ex04;
02 import java.util.Scanner;
03 public class BinarySearch {
04   public static void main(String[] args) {
05        int[] aNum = new int[9];
06        for (int i = 0; i < aNum.length; i++)
07            aNum[i]=(int)(Math.random()*100)+1;
08        System.out.print(" 排序前: ");
09        for (int a : aNum)                    //使用加强型 for 循环读取数组元素值
10            System.out.print("  " + a);
11        System.out.println();
12        int n = aNum.length;
```

```
13          int t;
14          for (int i = n - 2; i >= 0; i--) {     // 进行冒泡排序法
15              for (int j = 0; j <= i; j++) {
16                  if (aNum[j] > aNum[j + 1]) {
17                      t = aNum[j];
18                      aNum[j] = aNum[j + 1];
19                      aNum[j + 1] = t;
20                  }
21              }
22          }
23          System.out.print(" 排序后: ");
24          for (int a : aNum)
25              System.out.print("  " + a);
26          System.out.println();
27          Scanner scn = new Scanner(System.in);
28          System.out.print(" 请输入要查找的数据: ");
29          int sNum = scn.nextInt();
30          int num = -1, low = 0, high = aNum.length - 1, midNum = 0;
31          do {
32              midNum = (low + high) / 2;
33              if (aNum[midNum] == sNum) {  //若中间下标的元素值和查找数据相同
34                  num = midNum;
35                  break;                   //离开循环
36              }
37              if (aNum[midNum] > sNum)     //若中间下标的元素值>查找数据
38                  high = midNum - 1;       //重设上界值
39              else
40                  low = midNum + 1;        //重设下界值
41          } while (low <= high);           //若下界值 <= 上界值就继续执行
42          if (num == -1)
43              System.out.println(" 没有 " + sNum + " 这个数据! ");
44          else
45              System.out.println("排序后找到"+sNum+"是第"+(num +1)+ "个数据!");
46          scn.close();
47      }
48  }
```

说明

(1) 第6~7行：使用Math.random()方法产生1~100的随机数，因为Math.random()方法产生的随机数为浮点数，所以要使用(int)强制类型转换。产生n~m之间的整型随机数公式：(int) (Math.random() * (m − n + 1)) + n;。

(2) 第14~22行：将aNum数组用冒泡排序法从小到大排序。

(3) 第30行：声明num为查找到数据的下标值，预设为-1表示没有找到数据。另外，low为下界值(=0)，high为上界值(= aNum.length −1)，midNum为数组的中间下标。

(4) 第 31~41 行：进行二分查找，将找到数据的下标值 midNum 记录在 num 变量中。因为不知道查找的次数，所以使用 do...while 循环，当下界值(low)<=上界值(high)时，就继续执行查找。

(5) 第 32 行：计算出数组 midNum 的中间下标值。

(6) 第 33~36 行：如果 aNum[midNum]等于 sNum，表示中间下标的元素值和查找数据相同，那么就设 num = midNum，将找到数据的下标值 midNum 记录在 num 变量中。最后，执行 break 语句离开循环。

(7) 第 37~40 行：如果中间下标的元素值 aNum[midNum] >查找数据 sNum，那么就重设上界值 high = midNum −1；否则就重设下界值 low = midNum + 1。

(8) 第 42~45 行：显示查找的结果，如果 num = −1 就表示没有查找到相同的数据；否则就显示数据所在的数组元素下标值。

4.4.3 Arrays 类的基本应用

在 Java 中使用 Arrays 类可以协助用户快速完成数组元素的排序和查找。前面我们介绍了 Arrays 类的 filll()方法，本节继续介绍 sort()和 binarySearch()方法。Arrays 类位于 java.util 包中，在程序开头用 import 导入后就可以使用。

```
import java.util.Arrays;
```

1. sort方法

Arrays 类中提供 sort 方法来进行数组的排序，排序后数组元素会递增排列，其语法如下：

```
Arrays.sort(数组名);
```

简 例

文件名：\ex04\src\ex04\Sort.java

```
01 package ex04;
02 import java.util.Arrays;
03 public class Sort {
04   public static void main(String[] args) {
05        int[] num = new int[]{1,9,6,2,8,4};
06        Arrays.sort(num);
07        for(int n:num)
08            System.out.print(n+", ");
09   }
10 }
```

结 果

```
1, 2, 4, 6, 8, 9,
```

说 明

(1) 第 2 行：导入 Arrays 类。

(2) 第 6 行：用 sort 方法将 num 数组元素按升序排列。

2. binarySearch方法

Arrays 类中提供 binarySearch()方法，可以对已经完成排序的数组进行查找。如果找到指定的数据，就会返回该数据所在的下标，否则就会返回一个负数。注意：查找的数组如果没提前完成排序，查找的结果会是错误的。其常用语法如下：

```
Arrays.binarySearch(数组名 , 查找值);
```

binarySearch 方法找不到数据时，会将该数据排序插入数组适当的位置中，返回值为该下标值的负值再减 1。例如：

```
01  int[] num = new int[]{1,2,3,5,6};
02  int n1 = Arrays.binarySearch(num, 2);//n1=1
03  int n2 = Arrays.binarySearch(num, 4);//n2=-4
```

因为 2 在数组 num 的下标值 1 的位置，所以 n1 值为 1。因为 4 在数组 num 中找不到，因此会将 4 插入数组中，位置在 3 和 5 之间，下标值为 3，所以返回值 n2 为−4 (即−3 − 1 = −4)。

简 例

文件名： \ex04\src\ex04\Search.java

```
01 package ex04;
02 import java.util.Arrays;
03 import java.util.Scanner;
04 public class Search {
05   public static void main(String[] args) {
06         Scanner scn = new Scanner(System.in);
07         String[] aName = { "Jerry", "Jack", "Winnie", "Max", "Amy", "Peter", "Tony" };
08         System.out.print("排序前: ");
09         for (int i = 0; i < aName.length; i++)
10             System.out.print(aName[i] + ", ");
11         System.out.println();
12         Arrays.sort(aName);
13         System.out.print("排序后: ");
14         for (int i = 0; i < aName.length; i++)
15             System.out.print(aName[i] + ", ");
16         System.out.println();
17         System.out.print("请输入查找值: ");
18         String sName = scn.nextLine();
19         int find = -1;
20         if ((find = Arrays.binarySearch(aName, sName)) > -1) {
21             System.out.println("找到 "+sName +"位于下标 " + find + " 的位置");
22         } else
23             System.out.println("找不到"+sName);
24         scn.close();
25    }
26 }
```

结果

```
排序前: Jerry, Jack, Winnie, Max, Amy, Peter, Tony,
排序后: Amy, Jack, Jerry, Max, Peter, Tony, Winnie,
请输入查找值: Jerry ↵
找到 Jerry 位于下标 2 的位置
```

```
排序前: Jerry, Jack, Winnie, Max, Amy, Peter, Tony,
排序后: Amy, Jack, Jerry, Max, Peter, Tony, Winnie,
请输入查找值: Mary ↵
找不到 Mary
```

说明

(1) 第 2 行：导入 Arrays 类。

(2) 第 12 行：用 Arrays.sort()方法将 aName 数组做升序。

(3) 第 20~23 行：用 binarySearch 方法在 aName 数组中查找输入值 sName，并将返回值存在 find 变量中。如果 find > -1 表示查找到该数据，那么就显示所在的数组元素下标值，否则就显示“找不到”信息。

4.5 认证实例练习

题目 (OCJP 认证模拟试题)

1. 下面 Java 程序代码执行后显示结果是(　　)。

① 2　　② 3　　③ 4

④ 6　　⑤ 7　　⑥ 编译错误

```
01 class Test{
02  public static void main(String[] args) {
03      int[]x[] = { {1,2},{3,4,6},{6,7,8,9} };
04      int[][]y = x;
05      System.out.print(y[2][1]);
06   }
07 }
```

说明

(1) 第 3 行 int[]x[]写法等于 int[][]x，为二维数组，并给予{1, 2}、{3, 4, 5}、{6, 7, 8, 9}三组初值，所以为非对称型数组。

[0]	[1]	[2]

[0][0]	[0][1]
1	2

[1][0]	[1][1]	[1][2]
3	4	5

[2][0]	[2][1]	[2][2]	[2][3]
6	7	8	9

(2) 第4行赋值二维数组 y = x，所以 y 的元素值和 x 数组相同。y[2][1]的值是 7，所以答案为⑤。

题目 (OCJP 认证模拟试题)

2. 下面 Java 程序代码执行后显示结果是(　　)。

① 2-1　　② 2-4　　③ 2-5　　④ 3-1

⑤ 3-4　　⑥ 3-5　　⑦ 编译错误

```
01  import java.util.*;
02  public class Test{
03      public static void main(String[] args) {
04          String[] colors = { "blue","red","green","yellow","orange" };
05          Arrays.sort(colors) ;
06           int s2 = Arrays.binarySearch(colors, "orange") ;
07           int s3 = Arrays.binarySearch(colors, "violet") ;
08      System.out.print(s2 + "" + s3);
09           }
10  }
```

说明

(1) 第5行字符串数组 colors 经过 sort 方法排序后，其中元素按照字母升序排列，结果为 blue、green、orange、red、yellow。

(2) 第6行用 binarySearch 方法在 colors 数组中查找 orange，返回值为 orange 所在的下标值。因为 orange 下标值为 2，所以 s2 值为 2。

(3) 第7行用 binarySearch 方法在 colors 数组中查找 violet，因为查找不到所以会将 violet 插入，元素值依次为 blue、green、orange、red、violet、yellow，violet 下标值为 4，因此返回值为 −5(即 −4 − 1 = −5)，所以 s3 值为−5。

(4) s2 + "" + s3 的值为 2−5，所以答案是③。

题目 (MTA 认证模拟试题)

3. 填入下列选项完成以下程序，要建立一个 int 数组名为 num，并初始化元素值 n1、n2、n3。空白处应依次填入(　　)。

A. (n1, n2, n3)　　B. [n1, n2, n3]　　C. {n1, n2, n3}　　D. int

E. int[]　　F. new int　　G. new int[]

```
int n1 = 15;
int n2 = 25;
int n3 = 35;
_____I_____um = ; _____II_____ _____III_____;
```

① E，G，C　　② D，F，B　　③ F，E，A　　④ G，D，C

声明整数数组并同时指定初值的写法为：int[] num = new int{ n1, n2, n3};，所以答案为①，程序代码请参考 Ex04_T03.java。

题目 (MTA 认证模拟试题)

4. 填入下列选项完成以下程序，将数组中分数为 0 者变为 45。空白处应依次填入(　　)。

1　2　3　4　0

```
int[][] score = new int[][]
{
    {90, 92, 95, 100},
    {100, 85, 0, 88},
    {65, 91, 45, 93},
};
score[____I____][____II____] = 45;
```

①1，2　　②1，3　　③2，2　　④2，3

说明

score 二维整数数组元素值为 0，位于第 2 列的第 3 列，注标值由 0 开始写法为 score[1][2]，所以答案为①，程序代码请参考 Ex02_T04.java。

题目 (MTA 认证模拟试题)

5. 填入下列选项完成以下方法，方法要接收传入的姓名 String 参数 name，返回值为"欢迎"+姓名(姓名必须第 1 个字母大写其余小写)。空白处应依次填入(　　)。

A. charAt　　B. substring　　C. toLowerCase　　D. toUpperCase

```
Public String welcome(String name) {
    String msg = "欢迎";
    msg += name.__I__(0,1).__II__()+name.__III__(1).__IV__();
    return msg;
}
```

①B，D，B，C　②B，C，A，D　③A，C，A，D　④A，D，B，C

在 Java 中字符串是 java.lang.String 类的对象实体，所以可以使用该对象的方法来操作字符串。在第 2 章已经介绍一些数值字符串转成数值的方法，下面介绍一些字符串常用的方法。

(1) length()方法：可以取得字符串的字数，如果 String name="Jerry"，则 name.length()返回的值为 5。

(2) toUpperCase()方法：将字符串内容转为大写字母，例如 name.toUpperCase()返回的值为"JERRY"。

(3) toLowerCase()方法：将字符串内容转为小写字母，例如 name.toLowerCase()返回的值为"jerry"。

(4) toCharArray()方法：将字符串的内容依序建立为 char 数组，例如 char[] cName = name.toCharArray();，则 cName[]数组元素值为'J'、'e'、'r'、'r'、'y'。

(5) charAt()方法：可以取得字符串中指定的目标字符，例如 name.charAt(0)返回的值为'J'。

(6) substring()方法：可以取得字符串的部分字符串。如果方法只有一个参数，则表示由该注标值起取字符串到最后，例如 name.substring(1)返回的值为"erry"。若方法有两个参数，则第二个参数表示结束的注标(但不包含该注标)，例如 name.substring(1, 3)返回的值为"er"。

(7) 题目要求返回的姓名字符串必须是第 1 个字母大写其余小写，所以可以用 substring(0, 1)方法取得第一个字母、substring(1)方法取得第二个字母起的其余字符串。然后再配合 toUpperCase()和 toLowerCase()方法来转成大小写字母。程序代码为：

```
msg += name.substring(0,1).toUpperCase()+name.substring(1).toLowerCase();
```

所以答案为①，程序代码请参考 Ex04_T05.java。

题目 (MTA 认证模拟试题)

6. 请填入下列选项来完成 2×3 二维数组的声明和初始化。

[[　　][　　],[　　]];　　{{　　}{　　},{　　}};

double[][] minAry = __I__0.76,4.3,5__II__2.6,0.45,8__III__

① {{，},{，}};　② [[，],[，]];　③ {{，}{，}};　④ [[，][，]];

说明

根据 Java 二维数组的声明和初始化语法，写法为：double[][] minAry = {{ 0.76,4.3,5 },{2.6,0.45,8}};，所以答案为① 。

4.6 习题

一、选择题

1. 下列数组的声明方式错误的是(　　)。
   ① String[] name　② char hex[]　③ byte []b　④ [] int num
2. 执行 int[] n; 语句声明整型数组 n，此时数组 n 内存分配的位置在(　　)。
   ① Global　② Heap　③ Stack　④ 尚未分配
3. 整型数组经 new 创建但未指定初值时，数组元素默认初值是(　　)。
   ① 0　② ""　③ null　④ -1
4. 执行 int n[]=new int[5];语句后，数组 n 的元素个数为(　　)个。
   ① 0　② 4　③ 5　④ 6
5. 数组元素值在内存的存放位置是(　　)。
   ① Global　② Heap　③ Stack　④ 尚未分配

6. 10个数据以冒泡排序法排序，共要经过(　　)次比较。

① 9　　② 10　　③ 45　　④ 55

7. 执行int[][] n=new int[2][4];语句后，数组n的元素个数是(　　)个。

① 4　　② 6　　③ 8　　④15

8. 下列语句错误的是(　　)。

① 二分查找法比顺序查找法有效率

② 顺序查找法平均会做Log_2N+1次的比较

③ 执行二分查找法前要先排序

④ 顺序查找法常用于少量数据的查找

9. 执行下面语句后，n[2]的值是(　　)。

```
int[] n = new int[]{5,2,4,9};
Arrays.sort(n);
```

① 2　　② 4　　③ 5　　④ 9

10. 执行

```
String[] s = new String[]{"a","b","d","e"};
int n=Arrays. binarySearch (s, "c");
```

语句后，n 的值是(　　)。

① 0　　② -1　　③ -2　　④ -3

11. 若要指定数组元素初值，可以使用 Arrays 类的(　　)方法。

① binarySearch()　　② fill()　　③ new()　　④ sort()

12. 一个二维数组 aTest，使用下列(　　)语句能获得第二维数组的元素个数。

① aTest.length　　② aTest.length-1　　③ aTest [0].length　　④ aTest [1].length-1。

二、程序设计

1. 以程序创建 9×9 的二维整型数组，数组内容是九九表的乘积，并将之输出。

```
1×1=1   1×2=2   1×3=3   1×4=4   1×5=5   1×6=6   1×7=7   1×8=8   1×9=9
2×1=2   2×2=4   2×3=6   2×4=8   2×5=10  2×6=12  2×7=14  2×8=16  2×9=18
3×1=3   3×2=6   3×3=9   3×4=12  3×5=15  3×6=18  3×7=21  3×8=24  3×9=27
4×1=4   4×2=8   4×3=12  4×4=16  4×5=20  4×6=24  4×7=28  4×8=32  4×9=36
5×1=5   5×2=10  5×3=15  5×4=20  5×5=25  5×6=30  5×7=35  5×8=40  5×9=45
6×1=6   6×2=12  6×3=18  6×4=24  6×5=30  6×6=36  6×7=42  6×8=48  6×9=54
7×1=7   7×2=14  7×3=21  7×4=28  7×5=35  7×6=42  7×7=49  7×8=56  7×9=63
8×1=8   8×2=16  8×3=24  8×4=32  8×5=40  8×6=48  8×7=56  8×8=64  8×9=72
9×1=9   9×2=18  9×3=27  9×4=36  9×5=45  9×6=54  9×7=63  9×8=72  9×9=81
```

2. 创建一个姓名数组及一个同样长度的年龄数组，用户可以依选项选择将年龄由小到大或由大到小排序(使用冒泡排序法)，并搭配姓名输出。

```
String[] name = new String[] {"陈一","林二","张三","李四","王五"} ;
int[] age = new int[] {56, 45, 51, 48, 35} ;
```

```
选择按年龄排序方式，请输入 1 或 2(1.递增 2.递减)：1
 排　序　后　：
王五 35 岁，林二 45 岁，李四 48 岁，张三 51 岁，陈一 56 岁，
```

```
选择按年龄排序方式，请输入 1 或 2(1.递增 2.递减)：2
 排　序　后　：
陈一 56 岁，张三 51 岁，李四 48 岁，林二 45 岁，王五 35 岁，
```

3. 创建一个长度为 10 的一维整型数组，可以供用户输入 10 个数据后，并由小到大排序输出。(使用 Arrays 类的 sort 方法())

```
请输入第 1 个整型:56
请输入第 2 个整型:45
请输入第 3 个整型:63
请输入第 4 个整型:78
请输入第 5 个整型:12
请输入第 6 个整型:2
请输入第 7 个整型:23
请输入第 8 个整型:78
请输入第 9 个整型:95
请输入第 10 个整型:41
排序前: 56, 45, 63, 78, 12, 2, 23, 78, 95, 41,
排序后: 2, 12, 23, 41, 45, 56, 63, 78, 78, 95,
```

4. 创建两个长度同为 6 的数组，一个数组内容为姓名，另一个数组内容为分数，用户输入分数后，可查询到此分数的所有人是谁。(使用顺序查找法)。

数据内容：陈一—56、林二—85、张三—71、李四—68、王五—35、何六—100。

```
请输入查询的分数：(输入-1 结束)60
没有 60 这个分数!
请输入查询的分数：(输入-1 结束)68
李四 68 分
请输入查询的分数：(输入-1 结束)-1
结束查询!
```

5. 使用 Math.random()方法产生 10 个 500 ~ 1000 的随机数，再利用 sort 方法排序，然后显示最小值和最大值。

```
排序前：
797  557  736  801  883  686  888  502  722  554
排序后：
502  554  557  686  722  736  797  801  883  888
最小值：502
最大值：888
```

6. 使用 Math.random()方法产生 100 个 1～10 的随机数，然后统计 1～10 出现的次数。

```
1：  10
2：  7
3：  14
4：  6
5：  14
6：  13
7：  11
8：  5
9：  12
10：8
```

7. 设计一个介绍台湾风景的程序，用户可选择 1 北部、2 中部、3 南部和 4 东部，输入后会显示各地区主要的风景区。用户选择风景区后，会显示该风景区的简介。用户如果输入 0 会跳回地区选择，用户再输入 0 就会结束程序。

北部：1 阳明山——台北后花园，2 九份——悲情城市有情天。

中部：1 高美湿地——赏鸟、看夕阳最佳景点，2 鹿港老街——穿越时空隧道，3 日月潭——湖光山色美景天成。

南部：1 台江四草——红树林绿色隧道，2 阿里山——云浪汹涌日出奇景，3 西子湾——寿山山麓海天一色，4 垦丁——南国风情海上活动丰富。

东部：1 太鲁阁——峡谷景观雄伟壮丽，2 秀姑峦溪——泛舟活动刺激体验，3 兰屿——奇岩异石潜水天堂。

```
** 请输入数字选择地区 **
1 北部  2 中部  3 南部  4 东部  0 结束   -> 2
** 请输入数字选择风景区 **
1 高美湿地  2 鹿港老街  3 日月潭  0 结束   -> 1
** 高美湿地风景区简介  **
赏鸟、看夕阳最佳景点
```

第 5 章

方　法

- ✧ 前言
- ✧ 方法
- ✧ 传值调用与引用调用
- ✧ 方法中的数组参数
- ✧ 方法重载
- ✧ 递归
- ✧ 认证实例练习

5.1 前言

在编写程序的过程中，常会遇到某个语句块需要在程序不同地方重复出现。如果每次都重写该语句块，编写出来的程序将会相当冗长，而且会增加维护上的困难。所以，程序语言大都会提供一些机制，例如 Java 程序语言可以通过调用“方法”来解决这个问题。在 Java 和 C#程序语言中称为“方法”(Method)，在 VB 和 C 程序语言则称为“函数”(Function)，Java 中使用的方法和 C 语言的函数都可重复调用，两者不同处在于，方法还可表示属于某个类的特有行为，而函数则没此特性。

5.2 方法

方法是类中相当重要的成员之一，到目前为止我们所介绍的都是简短的程序，只使用到 main()方法。编写较大的程序时，若只用 main()方法来编写，不但使得程序不具结构化，程序查找错误的困难度也会增加。你可以想象要在一个含有数百行甚至上千行程序代码的 main()方法内，从中找出错误的程序代码，实在是一件不容易的事。若程序发生逻辑上的错误，就更难查找出错误。Java 语言的解决方式就是将程序中重复的语句片段，或具有小功能的程序片段独立出来，自行定义成为“方法”，并给予方法特定的名称，以方便在程序中重复调用。程序中使用方法的好处是，方法在程序中只要编写一次，就可在程序中重复调用多次，使得程序具结构化，而且精简程序的长度有助于维护程序和查找错误。其他的程序需要用到该方法的功能时，也可调用该方法。

假设在图 5-1 中，程序中有两个整型数组 A 和 B，以及一个拥有排序功能的方法，其名称为 bubbleSort。当程序执行到 bubbleSort(A); 语句时(步骤①)，会将数组 A 传给 static void bubbleSort() {...}执行(步骤②)。当执行完这个方法后，会返回主程序(步骤③)继续执行接在 bubbleSort(A); 的下一行语句(步骤④)。然后执行到 bubbleSort(B); 语句时(步骤❶)，会将数组 B 传给 static void bubbleSort() {…}执行(步骤❷)。当执行完这个方法时，即会返回主程序(步骤❸)继续执行接在 bubbleSort(B); 的下一行语句(步骤❹)。bubbleSort()方法在程序执行过程中被重复执行了两次。

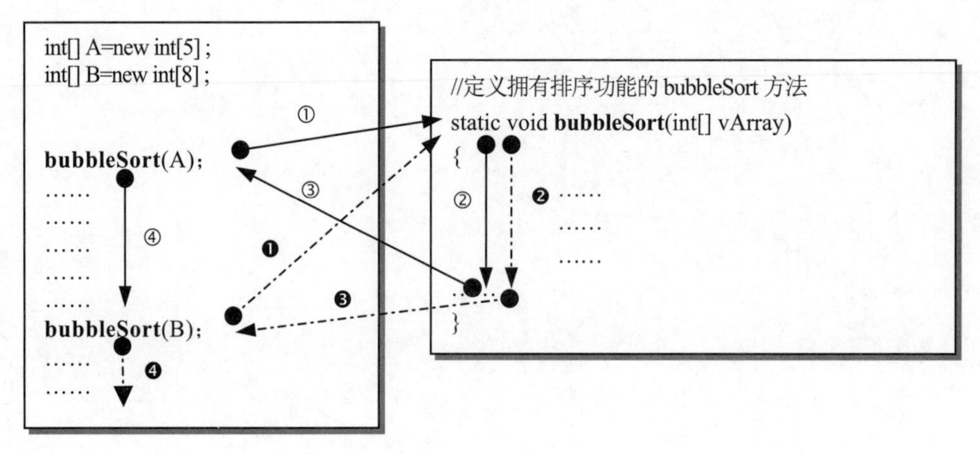

图5-1　方法的调用

5.2.1 如何定义方法

Java 是面向对象的程序语言，不允许方法以单独的形式存在，必须包含在某个对象之中，成为对象组成的一部分，表示该对象的特殊行为。方法在定义时是由方法头及方法体两部分所构成，其语法如下：

```
方法头 ──► [修饰符][static]<返回值类型><方法名称>([参数列表])[throws<异常名称>]
          {
方法体 ──►        ……
                 [语句块 ;]
                 [return 表达式 ; ]
                 ……
          }
```

说 明

(1) **修饰符**：在面向对象程序设计中，封装是对象重要的特性，通过这种机制可以让对象的信息隐藏。修饰符的功能就是用来控制该方法在程序中访问的权限。Java 提供 public、protected、private 与默认四种访问权限，不加访问修饰符时预设为默认的。本书第 7 章中会详细说明修饰符的访问权限。

(2) **static**：若使用 static 来声明方法，表示该方法为静态方法。调用静态方法时，不需再使用 new 来创建该类的对象就可以直接使用，例如 main()方法就是属于静态方法。

(3) **返回值类型**：方法的返回值可以是整型、字符型、字符串、对象等数据类型。若方法不返回任何数据，可以将返回值类型设为 void，例如 main()方法的返回值类型为 void。

(4) **方法名称**：方法名称的命名除了要符合标识符规定外，在 Java 中通常以小写字母命名，例如 add。如果是两个英语单词以上组合，则第二个英语单词起的首字母要大写，例如 bubbleSort。

(5) **参数列表**：参数列表又称为形参列表，个数可以为零个、一个或一个以上，每个参数之间必须以逗号来分隔，若省略参数列表表示调用此方法不传入任何值。参数可以是变量、常量、数组、对象，但不可以是表达式。若调用方法时所传递的参数是基本数据类型(如 char、int、byte 等)，则参数的传递方式属于值传递；若所传递的参数是引用数据类型(如对象类型的数据)，则参数的传递方式属于引用传递。

(6) **throws<异常名称>**：throws 语句用来声明方法可能会抛出哪些异常，并不是所有的方法都会用到。例如使用 Scanner 类的 nextInt()方法时，当用户输入不合法的字符时，会抛出 Exception 类型的异常。因此为了让程序能正常执行，可以在 main 方法后加上 throws Exception。有关异常处理的部分会在第 8 章中详细说明。

(7) **语句块**：即调用该方法时所要执行的语句块，其范围是由左、右大括号所包围。

(8) **return 表达式**：return 语句是有返回值时才会使用，“return 表达式;”中的表达式即执行方法后要返回的值，该表达式的数据类型应和方法的“返回值类型”一致。若方法声明为 void，表示没有返回值，这时 return 语句就可以不写。

下例的 Math 类中创建了 mul 和 div 方法，这两个方法都设为 void 表示没有返回值，而且没有使用访问修饰符，因此属于默认的访问权限等级。

简 例

文件名：\ex05\src\ex05\Math.java

```
01 package ex05;
02 class Math {
03   static void mul(int x, int y) {
04       System.out.print(x + " * " + y + " = " + (x * y));
05   }
06   void div(int x, int y) {
07       System.out.print(x + " / " + y + " = " + (x / y));
08   }
}
```

说 明

(1) 第3~5行：用static void mul(int x, int y)声明静态方法，其名称为mul，void表示无返回值。调用mul方法时，必须提供两个int类型的参数。因为mul()以static声明为静态方法，因此在调用这个方法时不需要创建Math类的对象，即可直接调用。

(2) 第6~8行：用void div(int x, int y)声明div方法，其名称为div，void表示无返回值。调用div方法时，必须提供两个int类型参数。因为div()方法属于math类中的成员，因此在调用这个方法时必须先使用new创建Math类的对象，才可以使用div()方法。

5.2.2 如何调用方法

在上一节学会了如何定义方法后，本节将介绍如何调用方法。

1. 调用静态方法

若类中的方法使用static声明成静态方法，可以不使用new创建该类的对象即可直接调用。以下两种写法都是调用方法的语句，其语法如下：

```
语法1：[类名称.]方法名称([参数列表])
语法2：变量 = [类名称.]方法名称([参数列表])
```

说 明

(1) 若调用的静态方法没返回值时，则使用语法1；若调用的静态方法有返回值，则使用语法2，会将方法的返回结果赋值给赋值号左边的变量。

(2) 若要调用的静态方法定义在别的类中，则调用时前面必须加上“类名称.”；若调用的静态方法定义在同一类中，则可以省略“类名称.”。

(3) 紧接在“调用语句”后面的参数列表称为“实参”，实参可以是常量、变量、表达式、数组、对象；而方法定义中的形参可以是变量、数组、对象，但不可以是常量或表达式。

(4) 方法调用时，实参和形参的数目以及对应的数据类型必须相一致，但是两者的参数名称可以不相同。

实操 文件名：\ex05\src\ex05\Static1.java

Static1 类包含静态方法 main()和静态方法 sub()，Static2 类中只包含静态方法 sub()。main()方法内的调用语句 sub(a − 5, 3)，调用 Static1 类内的 sub()方法；调用语句 sub(a + 3, 5)，调用 Static2 类内的 sub()方法，两个 sub()方法都将传入两个实参，并显示其差。

程序代码

文件名：\ex05\src\ex05\Static1.java

```
01 package ex05;
02 public class Static1 {
03   static void sub(int x, int y) { // 被调用方法主体
04        System.out.print("调用 Static1 类的 sub 方法-->");
05        System.out.println(x + " - " + y + " = " + (x - y));
06   }
07   public static void main(String[] args) {
08        int a = 25;
09        // 调用同一类的 sub 方法
10        sub(a - 5, 3); // 调用语句
11        // 调用不同类的 sub 方法
12        Static2.sub(a + 3, 5); // 调用语句
13   }
14}
15
16 public class Static2 {
17   static void sub(int x, int y) { // 被调用方法主体
18        System.out.print("调用 Static2 类的 sub 方法-->");
19        System.out.println(x + " - " + y + " = " + (x - y));
20   }
21 }
```

结果

```
调用 Static1 类的 sub 方法-->20 - 3 = 17
调用 Static2 类的 sub 方法-->28 - 5 = 23
```

说明

(1) 第 10 行：执行 sub(a−5, 3)语句时，会调用同一类(Static1)内第 3~6 行 sub()静态方法。将第一个实参(a−5)的结果(20)传递给第 3 行程序的形参 x；第二个实参 3 传递给第二个形参 y。接着执行第 4~5 行语句块内的语句，进行两数相减并显示结果。执行完毕后，跳回 sub(a−5, 3); 的下一行语句继续往下执行。

(2) 第 12 行：执行 Static2.sub(a+3, 5)语句时，会调用不同类 Static2 当中的 sub()静态方法(第 17~20 行)。此方法的功能和 Static1 类中的 sub()方法相同，当这个方法执行完成即会跳回 Static2.sub(a+3, 5); 的下一行语句继续往下执行。

(3) 由上可知，要调用同一类内的静态方法，只要直接写该方法名称与参数列表即可，第 10 行语句即调用属于 Static1 类的 sub()静态方法。若调用不同类中的静态方法，则必须写“类名称.方法名称”，第 12 行语句即是调用不属于 Static1 类，而是属于 Static2 类的 sub 静态方法。

在Java中的每一个类都会使用一个class文件，本例Static1.java中创建Static1与Static2两个类，编译后会产生Static1和Static2两个.class文件，如图5-2所示。因此执行时，Static1.class和Static2.class文件必须在相同路径下才能正常执行。

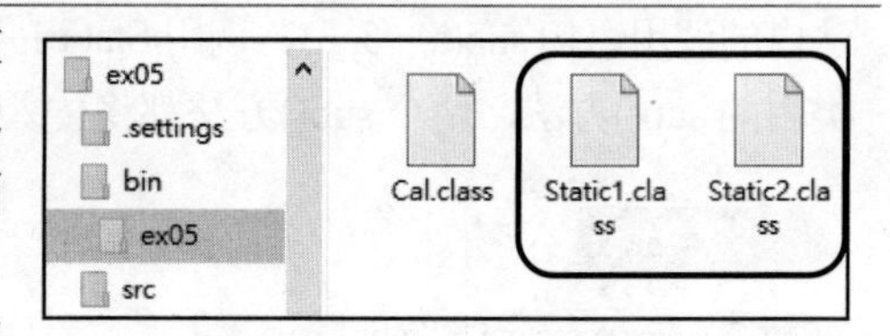

图5-2　同路径下的两个.class文件

2. 调用对象的方法

如果要调用类中没有用 static 声明的静态方法，就必须先使用 new 创建该类的对象，此时该对象会拥有该类所有的方法成员与数据成员，然后可以使用“对象.方法名称(参数列表)”方式调用该方法。类是创建对象的模板，所以使用类所创建的每个对象都会拥有该类的方法成员或数据成员。关于类与对象以及面向对象技术，请参阅第 6 章。

下例是在 MyClass.java 中，在 MyClass 和 MyCal 类中分别定义一个名称为 sub 的非静态方法，调用这两个类的 sub()方法时会将所传递的参数进行两数相加，并显示两数相加的结果。

简例

文件名：\ex05\src\ex05\MyClass.java

```
01 package ex05;
02 public class MyClass {
03   void sub(int x, int y) {
04           System.out.print(" 调用 MyClass 类的 sub 方法-->");
05           System.out.println(x + " - " + y + " = " + (x - y));
06       }
07
08   public static void main(String[] args) {
09       int a = 25 ;
10       MyClass c1 = new MyClass();  //创建属于 MyClass 类的对象 c1
11       c1.sub(a - 5, 3) ;           //调用对象 c1 的 sub 方法
12       MyCal c2 = new MyCal() ;     //创建属于 MyCal 类的对象 c2
13       c2.sub(a + 3, 5) ;           //调用对象 c2 的 sub 方法
14   }
15 }
16
17 class MyCal{
18   void sub(int x, int y) {
19       System.out.print(" 调用 MyCal  类的 sub 方法-->");
20       System.out.println(x + " - " + y + " = " + (x - y));
21   }
22 }
```

结 果

```
调用 MyClass 类的 sub 方法-->20 - 3 = 17
调用 MyCal   类的 sub 方法-->28 - 5 = 23
```

说 明

(1) 因为 MyClass 类和 MyCal 类内的 sub()方法并不是静态方法，所以调用时必须先使用 new 创建该类的对象才可以调用 sub()方法。

(2) 第 10 行：先创建属于 MyClass 类的对象 c1，此时 c1 对象会拥有 MyClass 类中所有的方法成员和数据成员。

(3) 第 11 行：使用 new 创建 MyClass 类的 c1 对象后，就可以使用 MyClass 类中的方法或数据成员，也就是说 c1 对象会有自己的 sub()方法。所以，使用 c1.sub(a－5, 3)语句，调用 c1 的 sub()方法。

(4) 第12~13行：使用new先创建属于MyCal类的对象c2，然后再调用c2的sub()方法。

实操 文件名：\ex05\src\ex05\Method1.java

设计名称为 factorial 的静态方法，此 factorial 方法拥有计算阶乘及显示计算结果的功能，不需要把结果返回。阶乘计算公式为阶乘＝n×(n−1)×(n−2)×…×1。请调用 factorial 静态方法，求 6! 和 9!的结果。

结 果

```
6! = 720
9! = 362880
```

程序代码

文件名：\ex05\src\ex05\Method1.java

```
01 package ex05;
02 public class Method1 {
03   public static void main(String[] args) {
04       factorial(6);
05       factorial(9);
06   }
07 
08   static void factorial(int x) {
09       int i = x, j = 1;
10       while(i > 0)
11           j *= i--;
12       System.out.println(x + "! = " + j);
13   }
14 }
```

说明

(1) 第 8~13 行：创建名称为 factorial 的静态方法，这个方法拥有计算阶乘的功能，并会将结果显示。

(2) 第 4~5 行：调用 factorial 静态方法，参数分别为 6 和 9。

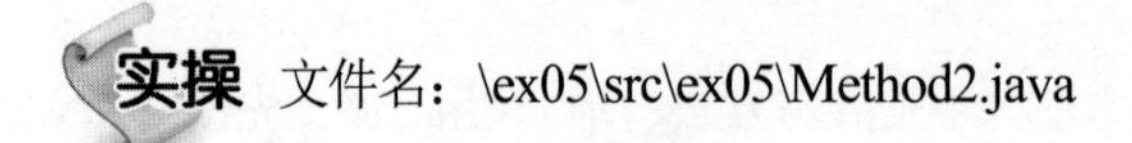

实操 文件名：\ex05\src\ex05\Method2.java

设计名称为factorial的静态方法，factorial方法可传入参数n，并返回n! 。请调用factorial(6)和factorial(9)方法，并显示其结果。

程序代码

文件名：\ex05\src\ex05\Method2.java

```
01 package ex05;
02 public class Method2 {
03   public static void main(String[] args) {
04        int n1 = 6, n2 = 9;
05        int fac1, fac2;
06        fac1 = factorial(n1);
07        System.out.println(n1 + "! = " + fac1);
08        fac2 = factorial(n2);
09        System.out.println(n2 + "! = " + fac2);
10   }
11
12   static int factorial(int x) {
13        int i = x, fac = 1;
14        while(i > 0)
15            fac *= i--;
16        return fac;
17   }
18 }
```

结果 同上例

说明

(1) 第 12~17 行：创建名称为 factorial()的静态方法，此方法拥有计算阶乘的功能，并将计算后的结果以 return 返回(第 16 行)，其返回的数据类型为整型。

(2) 第 6、8 行：分别以参数 6 和 9 调用 factorial()方法，并将结果返回给指定的 fac1 与 fac2 整型变量。

(3) 第7、9行：分别显示fac1与fac2等factorial()方法计算后的返回值。

5.3 传值调用与引用调用

Java中有关方法的参数传递方式有传值调用(Call By Value)和引用调用(Call By Reference)两种主要机制，本节将介绍这两种参数传递机制的使用方式。

5.3.1 传值调用

方法中的形参如果声明为基本数据类型，如char、byte、short、int、long、float、double、boolean八种类型变量，就表示该方法的参数传递方式是传值调用。基本数据类型的变量是存放在Stack栈中，方法若采用传值调用，则调用语句的实参与被调用方法的形参分别占用不同内存。因此，使用传值调用可以防止变量被方法更改。

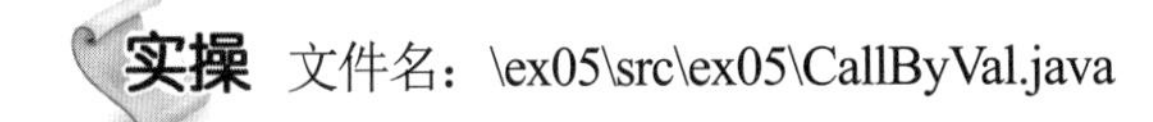

实操 文件名：\ex05\src\ex05\CallByVal.java

本例用来验证传值调用，观察传值调用时实参与形参两者调用前后的变化情况。

结果

```
传值调用前    a = 10    b = 15
传值调用中    x = 15    y = 10
传值调用后    a = 10    b = 15
```

程序代码

文件名：\ex05\src\ex05\CallByVal.java

```
01 package ex05;
02 public class CallByVal {
03   public static void main(String[] args) {
04        int a = 10, b = 15;
05        System.out.println(" 传值调用前\t a = " + a + "\t b = " + b );
06        byVal(a, b);
07        System.out.println(" 传值调用后\t a = " + a + "\t b = " + b );
08   }
09   static void byVal(int x, int y) {
10        int t; //以变量t作为暂存区，将参数互换
11        t = x;
12        x = y;
13        y = t;
14        System.out.println(" 传值调用中\t x = " + x + "\t y = " + y );
15   }
16 }
```

说 明

(1) 第5行：显示传值调用前的变量值：a = 10、b = 15。

(2) 第 6 行：调用 byVal()方法时，将实参 a 及 b 以传值方式传递给 x 和 y，并执行第 9~15 行程序，如图 5-3 所示。

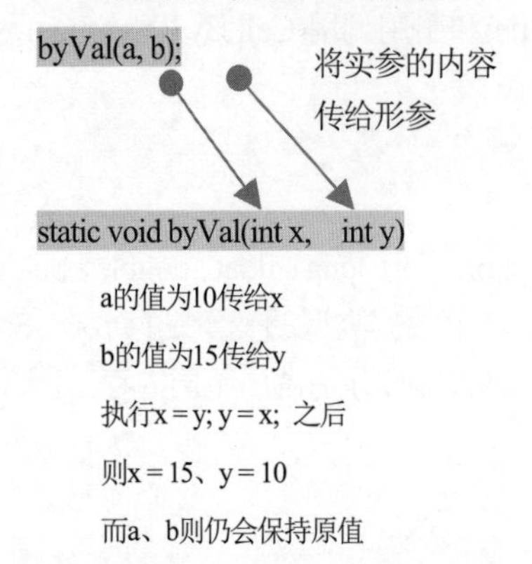

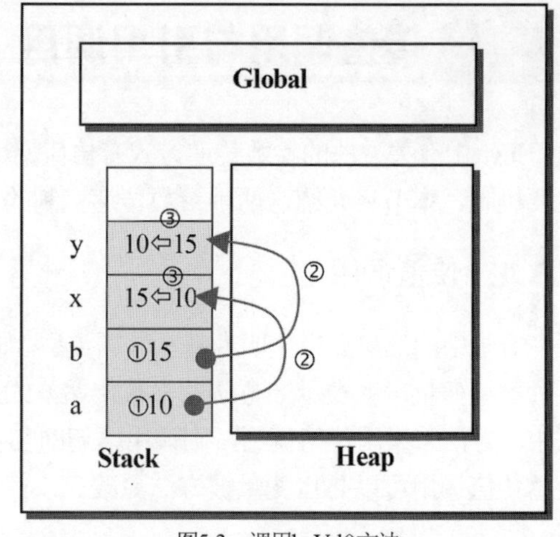

图5-3　调用byVal()方法

(3) 第 9~15 行：创建名称为 byVal()的静态方法，这个方法中 x、y 形参声明为整型，表示传递机制为传值调用。因此调用 byVal()方法时，实参会将参数的值传递给 byVal()方法的形参，而实参与形参会分别占用不同的内存地址，所以若形参互相对调其内容并不会影响实参，输出方法调用中的结果 x = 15、y = 10。

(4) 第 7 行：显示传值调用后的结果，因为占用不同内存，所以 a 仍为 10、b 为 15。

5.3.2 引用调用

方法中的形参若声明为引用数据类型，如数组、对象等，表示此方法的参数传递方式是引用调用。所谓“引用调用”，就是调用语句的实参与被调用方法的形参两者占用同一内存地址，也就是说在做参数传递时，调用语句中的实参是将自己本身的内存地址传给被调用方法的形参。因此，引用调用的好处是被调用方法可以通过该参数直接将值返回给调用语句。

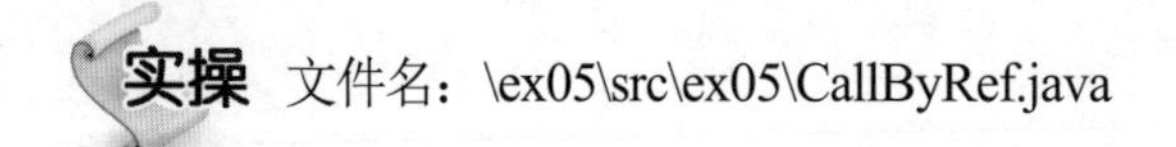

实操 文件名：\ex05\src\ex05\CallByRef.java

此范例使用对象当参数传递，用来测试方法的引用调用，观察引用调用时实参与形参前后的变化情形。

结果

```
引用调用前    a = 10    b = 15
引用调用后    a = 15    b = 10
```

程序代码

文件名：\ex05\src\ex05\CallByRef.java

```
01 package ex05;
02
03 class Obj {
04   int a, b;
```

```
05   Obj() {
06        a = 10;
07        b = 15;
08   }
09 }
10
11 public class CallByRef {
12   public static void main(String[] args) {
13        Obj obj = new Obj();
14        System.out.println(" 引用调用前\t a = " + obj.a + "\tb = " + obj.b);
15        byRef(obj);
16        System.out.println(" 引用调用后\t a = " + obj.a + "\tb = " + obj.b);
17   }
18
19   static void byRef(Obj p) {
20        int t;
21        t = p.a;
22        p.a = p.b;
23        p.b = t;
24   }
25 }
```

说明

(1) 第3~9行：定义Obj类，这个类包含a、b两个数据成员，以及第5~8行为Obj类的构造方法。当new Obj对象时，会执行该构造方法来初始化对象。关于类与对象之间的关系第6章会详细说明。

(2) 第13行：使用Obj类创建对象obj。创建obj对象时，会先执行第5~8行的构造方法，将obj对象的a初始化为10、b初始化为15。执行此行程序后，在Stack中分配一个空间用来放置obj对象的地址，在堆Heap中分配一个空间放置obj对象，如图5-4所示。

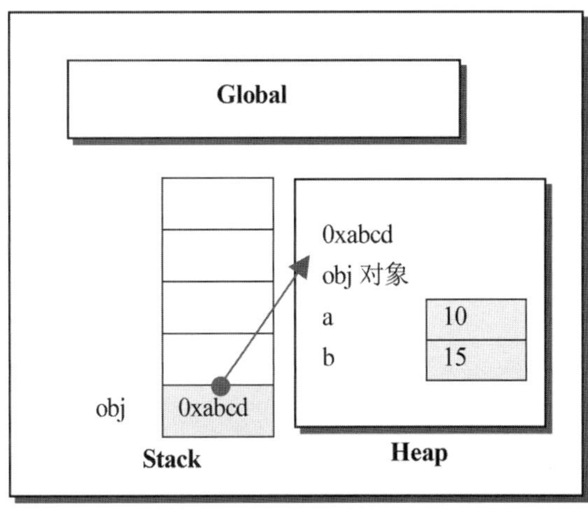

图5-4　对象空间的分配

(3) 第 14 行：输出传值调用前的结果：obj.a = 10、obj.b = 15。

(4) 第 19~24 行：创建名称为 byRef()的静态方法，这个方法中声明形参 p 为 Obj 类型，表示为引用调用。

(5) 第 15 行：调用 byRef()方法，将实参的内存地址传递给形参，若形参有更改，其内容时会影响实参。此时方法调用的结果 p.a = 15、p.b = 10，如图 5-5 所。

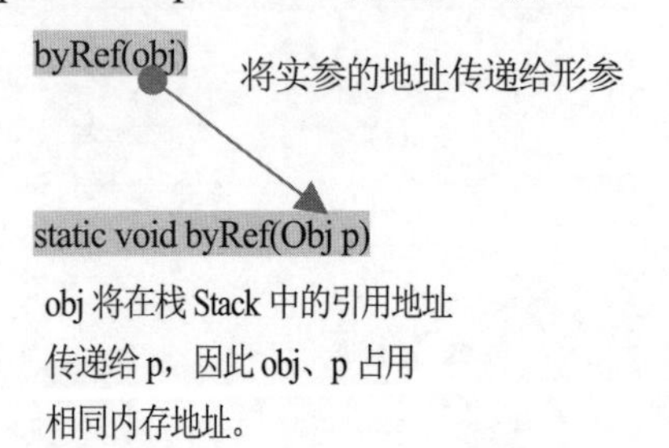

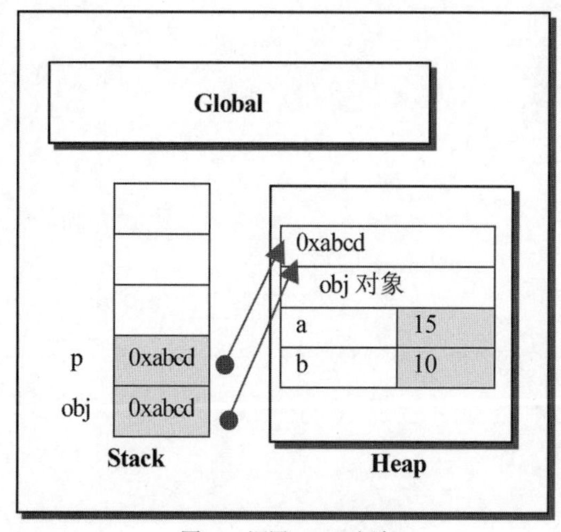

图5-5 调用byRef()方法

(6) 第 16 行：输出引用调用后的结果：obj.a = 15、obj.b = 10。

5.4 方法中的数组参数

5.4.1 以数组作为参数

若要将整个数组当作参数传递给方法，只要在被调用方法的形参或数据类型后加上[ ]一对括号，即表示传来的参数必须是数组类型。以数组作为参数属于引用调用，所以方法对数组的执行结果会影响原调用语句的数组。调用方法时实参只需写数组名，后面不能加上[ ]括号。写法如下：

```
int[] myArray = new int[] {10, 20, 56, 70, 30};
callArray(myArray) ;        // 调用方法时，实参所传递的数组名不需加上[]
// 方法内的数据类型后加上[ ]，表示所传递参数数据为数组类型
static void callArray(int[] vArray){
    ......
}
// 上述写法也可改成在方法内的形参后加上[ ]
static void callArray(int vArray[]){
    ......
}
```

实操 文件名：\ex05\src\ex05\Array1.java

试编写一个 encode()方法，可以将字符数组元素值加 1，完成数据加密的方法。编写一个 decode()方法，可以将字符数组元素值减 1，来完成数据解密的方法。程序先显示原始字符数组值，然后

显示加密后数组元素值，最后显示解密后的数组元素值。

结果

```
原始字符串 -> Java
加密后字符串 -> Kbwb
解密后字符串 -> Java
```

程序代码

文件名：\ex05\src\ex05\Array1.java

```
01 package ex05;
02 public class Array1 {
03   public static void main(String[] args) {
04       char[] str = {'J', 'a', 'v', 'a'};
05       System.out.print("原始字符串 -> ");
06       System.out.println(str);
07       encode(str);
08       System.out.print("加密后字符串 -> ");
09       System.out.println(str);
10       decode(str);
11       System.out.print("解密后字符串 -> ");
12       System.out.println(str);
13   }
14
15   static void encode(char[] s) {
16       for(int i = 0; i < s.length; i ++)
17           s[i] += 1;
18   }
19
20   static void decode(char[] s) {
21       for(int i = 0; i < s.length; i ++)
22           s[i] -= 1;;
23   }
24 }
```

说明

(1) 第 7 行：调用 encode()静态方法，并将 str 数组传入，encode()方法会将数组内的每个元素值都+1，以完成加密的效果。

(2) 第 10 行：调用 decode()静态方法，并将加密后 str 数组传入，decode()方法会将数组内的每个元素值都-1，来解密成原来的字符串。

(3) 因为以数组当参数属于引用调用，所以经 encode()方法及 decode()方法运算后的数组元素值会影响原 str 数组值。将 str 数组的元素值显示时，就可以清楚观察到其中的变化。

5.4.2 获得命令行的数据

main 方法中的形参 args 属于字符串类型的数组，args 可用来获得由命令行输入的数据，我们在第 1 章曾介绍过。若连续输入数据，数据间必须使用一个空白，由命令行输入的第一个数据会放在 args[0]，第二个输入的数据会放在 args[1]，以此类推。

实操 文件名：\ex05\src\ex05\Score.java

在命令行输入 java Score 后，再输入“66　77　88”三个学生成绩，注意成绩之间要用一个空格符分开。程序执行时，会显示所输入的这三位学生的成绩。

程序代码

文件名：\ex05\src\ex05\Score.java

```
01 package ex05;
02 public class Score {
03   public static void main(String[] args) {
04        for (int i = 0; i < args.length; i++)
05             System.out.println(" 座号 " + (i + 1) + " 同学成绩: " + args[i]);
06   }
07}
```

说明

(1) 如图 5-6 所示，在“命令提示符”窗口下，先执行 cd C:\Java\ex05\bin 命令，切换路径到 Score.class 所在位置。然后再执行 java ex05.Score 66 77 88 命令(ex05 是该类所在的包名)来指定数据。输入的数据会放到 main 方法的 args 字符串数组参数中，所以 args[0] = 66, args[1] = 77, args[2] = 88。

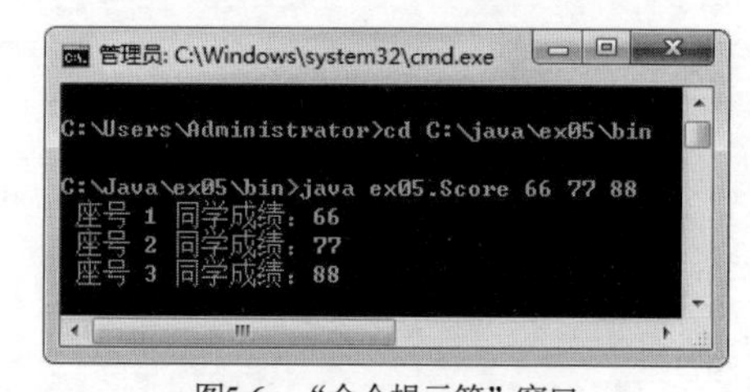

图5-6　“命令提示符”窗口

(2) 在 Eclipse 中执行【Run/Run Configurations…】命令，在(x)=Arguments 标签页中输入参数即可，如图 5-7 所示。

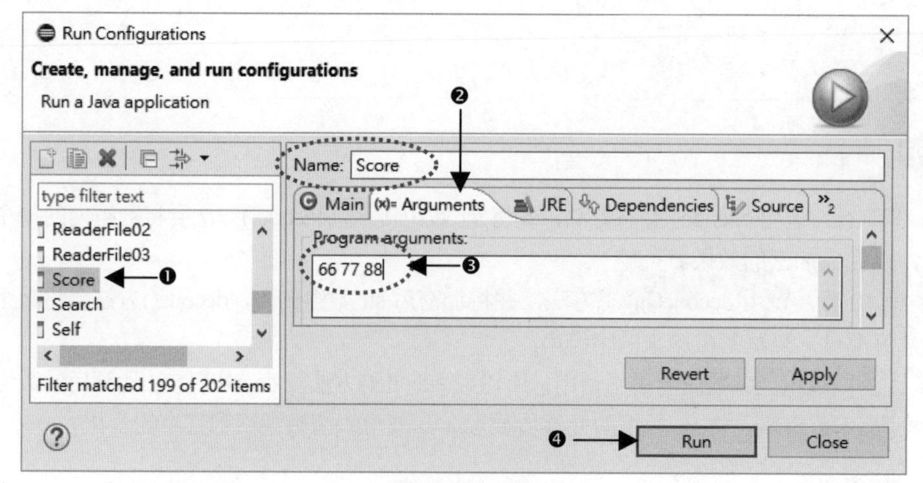

图5-7　输入参数

结 果

```
座号 1 同学成绩：66
座号 2 同学成绩：77
座号 3 同学成绩：88
```

(3) 第4~5行：使用for循环逐一显示数组args[]获得的命令行输入的数据。

5.5 方法重载

所谓“方法重载”(Method Overloading)，就是在同一个类中允许方法使用相同的名称，但是后面所接的参数列表必须在数据类型、个数或顺序上有所不同。

```
01  void methed(){}
02  int methed(){}                     //不能重载：虽然返回值不同但参数个数相同
03  void methed(int a){}               //成功重载：比第1行的方法多一个参数
04  void methed(int b){}               //不能重载：参数名称不同，但和第3行的类型和个数相同
05  void methed(String s){}            //成功重载：虽然和第3行参数个数相同但类型不同
06  void methed(int a ,String s){}     //成功重载：参数个数和类型都不同
07  void methed(String s,int a){}      //成功重载：和第6行参数个数和类型相同但顺序不同
```

下面简例中，在AddNum类中定义两个名称为add的静态方法，一个add()方法用来返回两个整型数相加的结果，另一个add()方法用来返回三个双精度数相加的结果。

程序代码

文件名：\ex05\src\ex05\AddNum.java

```
01 package ex05;
02 public class AddNum {
03   public static void main(String[] args) {
04        int total1, x=17, y=28;
05        double total2, i=3.8, j=22.7, k=15.1;
06        total1 = add(x, y);
07        total2 = add(i, j, k);
08        System.out.printf("%d%n",total1);
09        System.out.printf("%f%n",total2);
10   }
11   static int add(int a, int b) {
12        return a + b; // 返回两个整型数相加的结果
13   }
14   static double add(double a, double b, double c) {
15        return a + b + c; // 返回三个双精度数相加的结果
16   }
17 }
```

结 果

```
45
41.600000
```

说 明

(1) 本简例有两个 add()重载方法，因为参数的数据类型和个数都不同，所以可以成功重载。

(2) 第 6 行：执行 add(x, y)时，会调用参数的数据类型和个数相同的第 11 ~ 13 行的 add()方法，将两整型数的和返回给 total1。

(3) 第 7 行：执行 add(i, j, k)时，会调用参数的数据类型和个数相同的第 14 ~ 16 行的 add()方法，将三个双精度数的和返回给 total2。

上面简例中可返回两个数和三个数的和，但是相加的数可能是四个、五个……是否要编写多个 add()重载方法？Java 提供省略参数个数的语法来解决上述的问题，其语法为：

```
[修饰符] [static]<返回值类型> <method 名称> (<返回值类型> ... 变量)
```

语法中省略号“...”表示不定个数的参数，其实可变动参数个数的方法就是将参数组合成一个数组。下面简例可以计算不同个数整型数的和。

简 例

文件名：\ex05\src\ex05\AddNums.java

```
01 package ex05;
02 public class AddNums {
03   public static void main(String[] args) {
04        System.out.printf("%d%n", add());
05        System.out.printf("%d%n", add(2, 4));
06        System.out.printf("%d%n", add(1, 3, 5));
07        System.out.printf("%d%n", add(2, 4, 6, 8));
08   }
09   static int add(int... a) {
10        int sum = 0;
11        for (int i : a)
12             sum += i;
13        return sum; // 返回数组 a 元素相加的结果
14   }
15 }
```

结 果

```
0
6
9
20
```

说明

(1) 第4~7行：分别传入0个、2个、3个及4个参数。

(2) 第11~12行：用for...each循环来读取数组a的元素值，并加到sum中。

由上面简例中发现使用参数省略号非常简便，但是使用省略号只能用在最后一个参数上。

✓void add(int x, int… y){}	//符合省略号只能在最后一个参数的限制
×void add(int… x, int y){}	//省略号在第一个参数，所以错误
×void add(int… x, int… y){}	//省略号有两个，所以错误

当有多个重载方法执行时，会以参数个数和数据类型都相同的方法优先执行，有明确个数的方法也比使用省略号方法优先。

实操 文件名：\ex05\src\ex05\OverLoading.java

编写两个名称都为max的静态方法(方法重载)，第一个max()方法用来获得两个整型中的最大值，第二个max()方法用来获得double数组中的最大值。

结果

```
26 和 37 最大的数值为 37
数组元素 [2.1, 5.3, 7.2, 4.8] 中最大的数值为 7.2
```

程序代码

文件名：\ex05\src\ex05\OverLoading.java

```
01 package ex05;
02 public class OverLoading {
03   static int max(int x, int y) {
04        if (x > y)
05            return x;
06        else
07            return y;
08   }
09
10   static double max(double[] vArray) {
11        double n = vArray[0];
12        for (int i = 1; i < vArray.length - 1; i++) {
13            if (vArray[i] > n)
14                n = vArray[i];
15        }
16        return n;
17   }
18
19   public static void main(String[] args) {
20        int a = 26, b = 37;
```

```
21        System.out.println(a + " 和 " + b + "最大的数值为 " + max(a, b));
22        double f[] = new double[] { 2.1, 5.3, 7.2, 4.8 };
23        System.out.println("数组元素 [2.1, 5.3, 7.2, 4.8] 中最大的数值为" + max(f));
24    }
25 }
```

说明

(1) 第 3~8 行：max()方法可以返回两个整型中的最大值。

(2) 第 10~17 行：max()方法可以返回浮点型数组元素中的最大值。

5.6 递归

递归(Recursion)是指方法中有一条语句用来调用方法自己。使用递归时会不断地调用方法自己，此种方式会形成无穷循环。因此必须在有递归的方法中，设定条件来结束方法的执行，当满足条件时才结束调用方法自己，结束递归。递归常使用在具有规则性运算的程序设计，例如求最大公因子、排列、组合、阶层、费氏数列等。

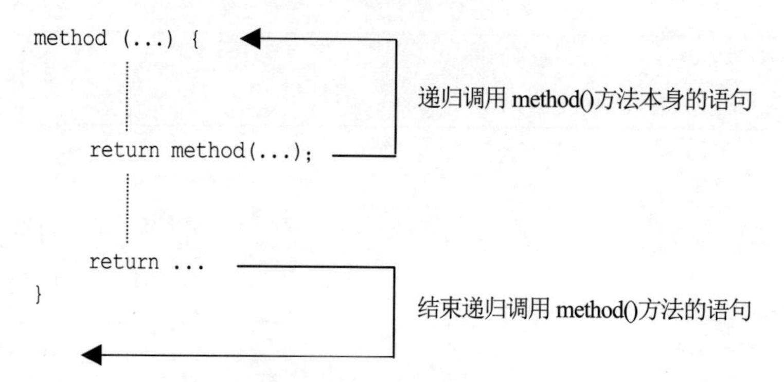

实操 文件名：\ex05\src\ex05\Recursion.java

利用递归算出某一个正整数的阶乘。正整数的阶乘是所有小于及等于该数的正整数的积，即 n! = 1×2×…×n。

结果

```
6! = 720
9! = 362880
```

程序代码

文件名：\ex05\src\ex05\Recursion.java

```
01 package ex05;
02 public class Recursion {
```

```
03   static int factorial (int n) {
04        if (n == 1)
05             return n;
06        else
07             return n * factorial(n - 1);
08   }
09
10   public static void main(String[] args) {
11        System.out.println("6! = " + factorial(6));
12        System.out.println("9! = " + factorial(9));
13   }
14 }
```

说明

(1) 第3~8行：创建名称为factorial()的静态方法，此方法可用来返回n的阶乘。

(2) 第4行：当传入值等于1时，结束递归调用并且返回计算结果。

(3) 第7行：当执行factorial(n−1)会递归调用factorial()方法，也就是传入值递减1同时调用自己，一直到值为1为止。

5.7 实例

实操 文件名：\ex05\src\ex05\QuickSort.java

编写一个使用递归的排序法——快速排序法。程序执行时会将散乱的整型以快速排序法将数字由小到大排序。

结果

```
未排序数组 -> 31 72 32 66 15 1 61 24 59 38 71 35 10 96 84 78 65 60 11 47
排序后数组 -> 1 10 11 15 24 31 32 35 38 47 59 60 61 65 66 71 72 78 84 96
```

程序代码

文件名：\ex05\src\ex05\QuickSort.java

```
01 package ex05;
02 public class QuickSort {
03   public static void main(String[] args) {
04        int[] arr = new int[]{ 31,72,32,66,15,1,61,24,59,38,71,35,10, 96,84,
78,65,60,11,47 };
05        System.out.print("未排序数组 -> ");
06        printArray( arr);
07        qSort(arr, 0, arr.length - 1);
```

```
08        System.out.print("\n 排序后数组 -> ");
09        printArray( arr);
10    }
11    static void printArray(int[] a){
12        for(int i = 0; i < a.length; i ++)
13            System.out.print(a[i] + " ");
14    }
15    static void qSort(int[] a, int m, int n) {
16        if (m >= n)
17            return;
18        int i = m, j = n, pivot = a[(m + n) / 2];
19        while (i <= j) {
20            while (a[i] < pivot) {
21                i ++;
22            }
23            while (a[j] > pivot) {
24                j --;
25            }
26            if (i < j) {
27                int t = a[i];
28                a[i] = a[j];
29                a[j] = t;
30                i ++;
31                j --;
32            }
33            else if (i == j) {
34                i ++;
35            }
36        }
37        qSort(a, m, j);
38        qSort(a, i, n);
39    }
40 }
```

说明

(1) 第 15 行：qSort()方法传入值为数组名 a、起始数组下标 m 及结束数组下标 n。

(2) 第 16 行：当起始下标 m 大于等于结束下标 n 时，结束递归。

(3) 第 18 行：以起始下标加上结束下标再除以 2，获得中间值并读取该数组元素，该元素值称为基准(pivot)，且将此数组一分为二。起始下标及结束下标分别指定给 i 和 j。接下来进行快速排序，其算法则如下：

① 假如数组[i]的元素值小于基准，则 i 向后移动；当大于等于基准时，则 i 值确定(第 20~22 行)。

② 假如数组[j]的元素值大于基准，则 j 向前移动；当小于等于基准时，则 j 值确定(第 23~25 行)。

③ 如果 i 小于 j，则将数组[i]、[j]的元素值互换，并将 i 向后移动，j 向前移动(第 26~32 行)。

若 i 等于 j，则 i 向后移动(第 33~35 行)。如此重复步骤①、②、③，直到 i 小于等于 j。

(4) 第 37 行：递归调用 qSort()排序前半段。

(5) 第 38 行：递归调用 qSort()排序后半段。

5.8 认证实例练习

题 目 (OCJP 认证模拟试题)

1. 第 5 行执行后显示结果是(   )。

① 5 ② 10 ③ 12 ④ 17 ⑤ 24

```
01  public class Test{
02    int x = 12;
03    public void method(int x) {
04       x += x;
05       System.out.println(x);
06    }
07  }
…
30  Test t = new Test();
31  t.method(5);
```

说 明

(1) 第 31 行：执行 t.method(5);语句时，会调用第 3~6 行的 method 方法，并将参数 5 传给 x。要特别注意的是，method 方法内的 x 是该方法的局部变量，所以第 2 行的 x(=12)不会影响到该局部变量。

(2) 第 3 行：因为 x = 5，所以 x += x;语句执行后 x = 10，因此答案为②。

题 目 (OCJP 认证模拟试题)

2. Java 程序代码如下：

```
01  class Test{
02    public String doit(int x, int y) {
03       return "a";
04    }
05
06    public String doit(int … nums) {
07       return "b";
08    }
09  }
…
30  Test t = new Test();
31  System.out.println(t.doit(2, 3));
```

执行结果是(   )。

① 第31行输出a ② 第31行输出b ③ 执行时抛出一个异常 ④ 第6行编译错误

(1) 第 2~4 行和第 6~8 行的两个 doit()方法是方法重载，两个方法都合法。

(2) 调用 t.doit(2,3)重载方法时，以参数完全相同的方法优先，所以会执行第 2~4 行的 doit()方法输出 a 字符，所以答案是①。

(3) 第 6~8 行的 doit()是省略参数的方法，虽然也可能被执行，但仍以不省略且参数完全相同的方法优先。

题目 (MTA 认证模拟试题)

3. 试评估下列程序代码(行数仅供参考)。

```
01 public static void main(String[] args) {
02    int anum = 55;
03    for (int cnt = 0; cnt < 10; cnt++) {
04      add(anum);
05    }
06    System.out.println(anum);
07 }
08
09 public static void add(int anum) {
10    anum++;
11 }
```

请根据上方信息，回答以下问题。

(1) 关于第 4 行的 anum 值叙述正确的是(　　)。

① anum的值为55　　② anum的值为56

(1) 关于第 10 行的 anum 值叙述正确的是(　　)。

① anum的值为55　　② anum的值为56

(3) 关于 cnt 值叙述正确的是(　　)。

① cnt的值为10　　② cnt的值为11　　③ cnt的变量不在范围内

答案依次为①②③。

问题(1)：add 方法是传值调用，所以方法中对自变量的运算不会影响自变量本身，anum 值仍为 55，因此答案是①。

问题(2)：传入值是 55，执行第 10 行后为 56，因此答案是②。

问题(3)：变量 cnt 的有效范围在第 3~5 行，因此答案是③。

题目 (MTA 认证模拟试题)

4. 试写一个 Java 方法，必须符合以下条件：

(1) 接收一个 double 数组。

(2) 返回数组中最大的数值。

填入下列选项完成以下程序代码，空白处应依次填入(　　)。

A. double[] maxArray　　B. double() maxArray

C. double max=maxArray[0];　　D. double max=maxArray[1];

E. maxArray.length-1;　　F .maxArray.length;

G. max<maxArray[i]　　H. max<=maxArray[i]

I. max=maxArray[i];　　J. max==maxArray[i];

```
public double findMax(___I___) {
  _______II_______.
for (int i=1; i<___III___ i++) {
  if(___IV___)
      _______V_______.
  }
  return max;
}
```

① A，C，F，G，I　　② B，D，F，H，I

③ A，C，E，H，I　　④ B，C，E，G，I

说明

答案是①。说明如下：

```
public double findMax (double[] maxArray) {   //传入一个 double 数组
double max=maxArray[0];            //假设数组第一个元素是最大值
for (int i=1; i< maxArray.length; i++) {      //循环执行至数组最后一个元素
  if( max < maxArray[i] )                     //如果数组内容值大于 max
        max = maxArray[i];                    //以数组内容值取代 max
  }
  return max;
}
```

题目 (MTA 认证模拟试题)

5. 填入下列选项完成一个能够计算算数公式的 Java 方法，这个方法接收名为 number 的 int 值，取平方值，且返回负值结果。空白处应依次填入(　　)。

-1　　2　　number　　+　　-　　*　　^

```
public static int negativeSquare(int number) {
   return ___I___ (___II___ ___III___ ___IV___);
}
```

① -，number，*，number　　② -，number，^，2

③ -1，2，*，number　　④ -1，number，^，2

说明

答案是①。完整的表达式如下：

```
public static int negativeSquare(int number) {
    return - ( number * number );
}
```

5.9 习题

一、选择题

1. 若要定义静态方法，必须使用下列(　　)来声明。

   ① class　　② public　　③ static　　④ throws

2. 下列不属于使用方法优点的是(　　)。

   ① 使程序具结构化　　② 使程序容易查找错误

   ③ 可缩短程序代码　　④ 加快程序执行速度

3. 使用相同名称来定义多个方法称为(　　)。

   ① 重载　　② 覆盖　　③ 递归　　④ 静态方法

4. 当一个方法再调用方法本身称为(　　)。

   ① 重载　　② 覆盖　　③ 递归　　④ 静态方法

5. 如果定义方法时没有使用修饰符，表示该方法的访问权限等级是(　　)。

   ① 默认的　　② private　　③ protected　　④ public

6. 程序执行时被调用方法中的参数称为(　　)。

   ① 形参　　② 实参　　③ 引用参数　　④ 静态参数

7. 下列语句中错误的是(　　)。

   ① 使用省略号的方法可以不传入参数

   ② 静态方法可以不用创建对象就可以直接使用

   ③ 传值调用的实参和形参占相同内存

   ④ 方法中的形参若为对象表示参数传递方式为引用调用

8. 下列语句中错误的是(　　)。

   ① 方法定义为int表示返回值为整型　　② 方法以void声明时可以用return来返回值

   ③ 方法定义为void表示没有返回值　　④ 使用return来返回方法的返回值

9. Java程序代码如下：

```
01 public class Pass{
02   static public void main(String [] args) {
03       int x = 5;
04       Pass p = new Pass();
05       p.doStuff(x);
06       System.out.print(" main x =  " + x );
07   }
08
09    void doStuff(int x) {
10       System.out.print(" doStuff x =  " + x++);
11    }
12 }
```

执行结果是(　　)。

① 编译错误　　② 执行时抛出一个错误

③ doStuff x =6 main x =6　　④ doStuff x = 5 main x = 5

⑤ doStuff x = 5 main x = 6　　⑥ doStuff x = 6 main x = 5

10. Java程序代码如下：

```
01 public class Test{
02    static public void main(String [] args) {
03          go("Hi",1);
04          go("Hi", "World", 2);
05      }
06    static void go(String … y, int x) {
07       System.out.print(y[y.length-1] + " " );
08    }
09 }
```

执行结果是(　　)。

① Hi Hi　　② Hi World　　③ World World

④ 编译错误　　⑤ 执行时抛出异常

二、程序设计

1. 试设计如下所示的四星彩开奖系统，程序执行时会显示 0~9 重复随机数号码。

```
本期四星彩开奖号码如下:
9  7  1  8
```

2. 试使用静态递归方法算出费氏数列。费氏数列值第 1 项及第 2 项都为 1，第 3 项之后的公式为 $f_n = f_{n-1} + f_{n-2}$。用户输入一个正整型 X，计算出费氏数列的第 X 项并输出。

```
计算费氏数列的第 X 项，请输入 X= 12 ↵
费氏数列的第 12 项= 144
```

3. 使用非静态递归方法算出最大公因子，执行时会显示最大公因子。

```
计算最大公因子，请输入第一个数 = 21 ↵
计算最大公因子，请输入第二个数 = 90 ↵
21、90 的最大公因子 = 3
```

4. 由命令行输入多位学生的分数，每个分数要使用一个空白来分隔。当执行程序后，会显示每一位学生的分数及多位学生的总分。

```
第 1 位同学的分数:  50
第 2 位同学的分数:  88
第 3 位同学的分数:  100
第 4 位同学的分数:  99
第 5 位同学的分数:  62
总分:  399
```

第 6 章

对象与类

- ✧ 面向对象程序设计概述
- ✧ 类与对象的关系
- ✧ 方法成员重载
- ✧ 构造方法
- ✧ 静态成员
- ✧ this 引用自身类
- ✧ 认证实例练习

6.1 面向对象程序设计概述

学习程序设计最主要的目的就是用来解决问题。传统的程序设计的思维是将数据和处理数据的方法分开，由程序获得数据经处理后再返回处理的结果，数据是处于被动的，软件规模越大，数据和处理数据的方法之间相依的复杂度也就越高。这就是为什么传统的程序设计在开发初期的速度快，但越往后的阶段程序设计往往会因修改、需求变更、维护等问题显得捉襟见肘。这会导致程序的可重用性降低，且随着软件规模的日益膨胀，以结构化技术分析的程序设计方法已无法应付目前日趋复杂的软件需求。

专家便提出用“面向对象”程序设计(Object Oriented Programming，简称 OOP)的新思维来解决此问题，它是将数据和处理的方法一起封装在对象内。当软件规模变大时，由于具有数据抽象化以及封装的特性，数据和处理数据的方法之间的相依关系局限在对象范围内。这就是为什么使用面向对象程序设计来开发程序，越往后阶段的开发速度会比结构化程序设计快的原因。

所以，面向对象程序设计是以较人性化的观点为思考模式，可应用到各种领域，它为计算机信息业带来了革命性的突破。程序设计的世界和人类真实世界一样，都有各种对象。因此，利用对象来编写程序是面向对象程序设计最初的观念。目前，面向对象程序设计已成为业界程序设计的主流。

1. 什么是对象

生活中所有东西都可以叫做“对象”(Object)，比如：人、狗、车子、大海、太阳、山、计算机等都可说是对象，甚至肉眼看不见的更细小的物体，比如：细菌、原子、分子等也是对象。若要能明确识别不同的对象，则需要由对象的属性(Attributes)和行为(Behaviors)这两个性质来描述不同对象的特征。

“属性”是客观且明显的特征。例如：Peter 是一个人，很明显 Peter 是一个对象，而 Peter 的姓名、性别、年龄、身高、体重等就是 Peter 的属性。若给予这些属性一个值，则更能清楚地表现出 Peter 的特征，比如：Peter 的性别是男、年龄是 20 岁、身高 170 公分等。“行为”就是这个对象“会做什么事”，或者说“有什么功能”。不同的对象可能有相同行为，也可能有不同行为。比如：属于鸟的对象，其移动行为是“在空中飞”；而属于鱼的对象，其移动行为是“在水中游”，然而它们有个共同行为就是“吃东西”。

2. 什么是类

“类”(Class)是对象的模板，用这个模板可以制作出很多对象。类是用来定义该类的数据成员(属性)和方法成员(行为)的，因此类可以用来描述对象的统称。例如：人这个类有身高、体重等属性，也有吃饭、走路的行为，利用人类这个模板所制作出来的对象有：小明、小华等都有属于自己的身高、体重等属性，以及吃饭、走路等行为。因此，我们可以说小明与小华都属于“人”这个类，但要注意小明与小华是不同对象，因为他们的属性值不尽相同；即使他们两人是难以分辨的双胞胎，也是不同的对象，因为他们的行为模式会有所差异。

6.2 类与对象的关系

面向对象程序设计是利用类来描述对象的构造方式，是一个抽象的概念，而对象是按照类的描述所构造出来的一个实体(Instance)。因此在创建对象之前，要先定义类。以汽车为例：它具有油箱最重载油量(gas)与平均耗油量(tbo)两个属性，以及估算一次填满油时可以行驶最长距离(max_dist)的方法(或称函数)，若把最重载油量、平均耗油量这两个属性和估算行驶最长距离的方法封装起来，则成为一个汽车类。利用这个“汽车类”(假设类名称为 Ccar)可以创建出最重载油量、平均耗油量不同的 car1 与 car2 汽车对象，而这两个不同的汽车对象一次填满油时，分别可以行驶的最长距离也是不相同的。

6.2.1 如何定义类

Java 属于面向对象程序设计语言，一个 Java 程序至少由一个或一个以上的类构成。类是由“数据成员”(属性、字段)和“方法成员”(方法、函数)封装而成的，而一个类至少含有其中一种成员。在 Java 中使用保留字 class 来定义类，用以告诉编译程序已定义一个新的数据类型。其语法如下：

```
修饰符 class 类名称 {
    [成员修饰符]  数据类型  数据成员名称 1;                  //数据成员
        ⋮
    [成员修饰符] 返回值类型  方法成员名称 1(参数列表) {      //方法成员
        ⋮
    }
  ⋮
}
```

说明

(1) 类名称：建议以大写英文字母为前缀。

(2) 成员访问修饰符有 private(私有成员)、public(公有成员)、protected(保护成员)及默认的(default，即不声明)四种。本章只介绍 private(私有成员)，该修饰符只供自身类内部成员访问，外界无法直接访问。而 public(公有成员)不受任何限制，可供外界直接访问。后面章节介绍包时，再说明这四种修饰符的用法。

(3) 类访问修饰符有 public 与默认的(不声明)两种，声明为 public 的类可在不同包使用。“包”类似于文件夹，对类做划分。public 类的访问没有限制；若类为默认的，则该类只能在所定义的相同包下使用。(有关包的介绍，请参阅第 7 章。)

(4) 一个 *.java 程序文件可以定义多个类，但一个程序文件只能声明一个 public 的类，且 public 的类名称必须和程序文件名相同。

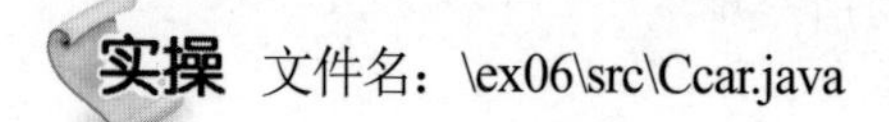

实操 文件名：\ex06\src\Ccar.java

定义一个 Ccar 汽车类，所声明的数据成员有最重载油量 gas、平均耗油量 tbo，所声明的方法成员有估算加满油可行驶的最长距离 maxDist()及一般加油可行驶的距离 dist()。

▶ **解题技巧**

Step 1 新建 Java 项目 ex06。

Step 2 新建 Class 文件。

由于 Ccar 类不是执行类，故新建 Class 文件时，在图 6-1 所示界面中，不勾选 ☐ public static void main(String[] args) 。

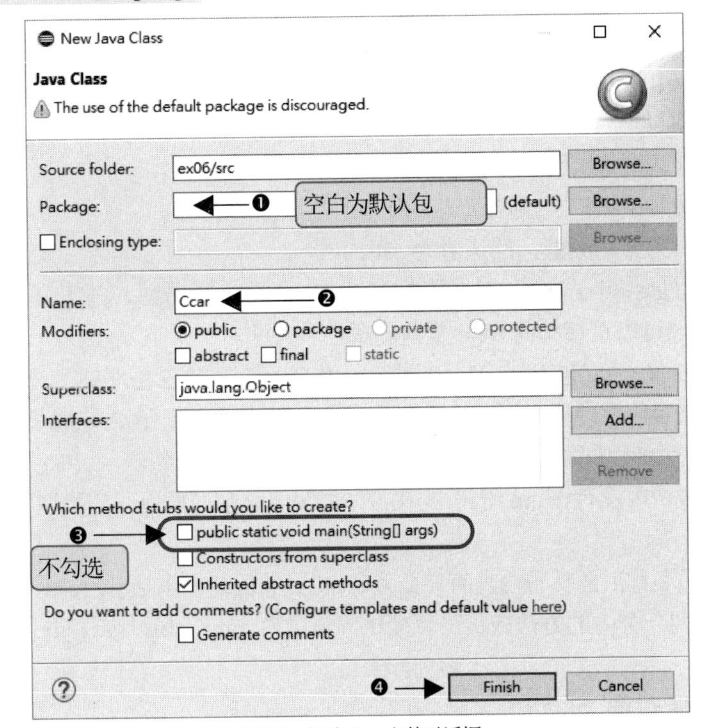

图6-1 新建Class文件对话框

Step 3 编写程序代码：

文件名：\ex06\src\Ccar.java

```
01 public class Ccar {                          //定义汽车类
02    public double gas, tbo;                   //声明最重载油量和平均耗油量
03    public double max_dist = 0;               //声明加满油可行驶最长距离
04
05    public void maxDist() {                   //计算可行驶最长距离
06       max_dist = gas * tbo;
07    }
08
09    public double dist(double oil) {          //一般加油可行驶距离
10       return oil * tbo;
11    }
12 }
```

说明

(1) 本例定义类名称为 Ccar 的汽车类。这个类将在下一个小节的实例中用来创建 car1、car2 对象。目前该类因为没有主方法 main()而不能独立执行。

(2) 第 2~3 行：声明 Ccar 类的“数据成员”，类内的数据成员被称为“字段”或“属性”，数据成员也叫“成员变量”，与定义在方法内的一般变量有所区别。数据成员变量声明方式如下：

```
成员访问修饰符    数据类型    数据成员名称 = 初值 ；
```

在定义数据成员的数据类型时，可同时预设初值，也可省略初值。若数据成员未设定初值，系统会根据数据成员的数据类型给予默认值：

① 若数据成员为数值类型，默认值为 0。

② 若数据成员为字符串类型，默认值为 "" (空字符串)。

③ 若数据成员为布尔类型，默认值为 false。

声明 Ccar 类的 gas、tbo、max_dist 属性及 maxDist()与 dist()方法，都使用 public 访问修饰符，因此外界(即其他类)可以直接访问 Ccar 类内的属性和方法。

(3) 第 5~7、9~11 行：定义 maxDist()与 dist()为 Ccar 类的方法成员。

① 若在方法成员内有使用 return 语句来返回值(如第 10 行)，则在方法成员名称前面要声明返回值的数据类型，两者数据类型要一致，如第 9 行的 double。

② 若在方法成员内没有 return 语句，则在方法成员名称前面的返回值类型要使用 void 声明(如第 5 行)。

③ 若方法成员名称后面括号内没有参数列表，仍必须保留有小括号( )，如第 5 行的 maxDist()。

(4) 第 6 行：同一类内的方法成员可直接访问该类内 max_dist、gas、tbo 等数据成员。

6.2.2 如何创建对象

由于 int 是 Java 的基本数据类型，可以直接通过 int num;语句来声明整型的变量 num。我们在上节已使用 class 定义好 Ccar 类(可将 Ccar 视为一种自定义的数据类型)，通过该类名称 Ccar 可以声明属于该类的对象 car1 和 car2，其写法为 Ccar car1, car2 ;。

以6.2.1节中的Ccar汽车类而言，在主程序的main()方法中，可创建出最重载油量(gas)为40升、平均耗油量(tbo)为每升13.6千米的car1汽车对象，也可创建出最重载油量(gas)为60升、平均耗油量(tbo)为每升9.5千米的car2汽车对象。汽车对象car1、car2虽由同一类Ccar创建，却是不一样的对象，因为它们两个的最重载油量属性值与平均耗油量属性值不同。对象各自拥有自己的数据成员和方法成员。图6-2即是本例的内存分配情形。

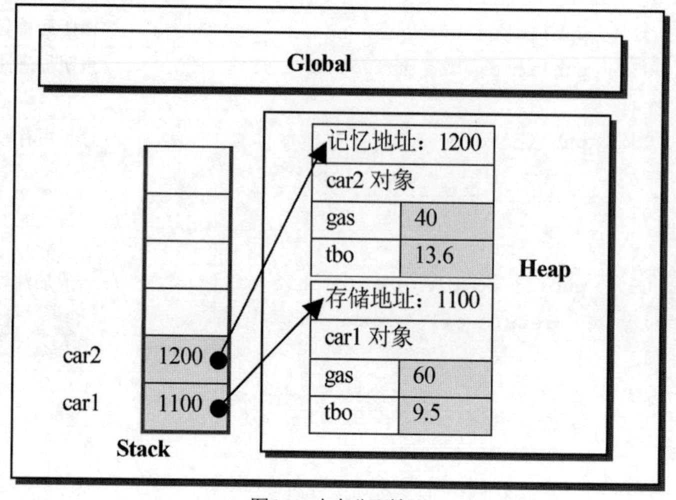

图6-2　内存分配情形

1. 如何声明与创建对象

Java 声明和创建对象的方式有下面两种。

方式 1 先声明，再创建对象。

(1) 声明某个对象属于某个类，其语法如下：

```
类名称  对象名称;
```

(2) 使用 new 创建对象，其语法如下：

```
对象名称 = new 类名称();
```

【例 6-1】由 Ccar 类创建出 car1 对象。

```
Ccar car1;                //声明 car1 对象属于 Ccar 类
car1 = new Ccar();        //创建出 car1 对象
```

方式 2 声明对象的同时并创建出对象，其语法如下：

```
类名称 对象名称 = new 类名称();
```

【例 6-2】由 Ccar 类创建 car2 对象，声明并创建出属于 Ccar 类的 car2 对象。

```
Ccar car2 = new Ccar();
```

2. 如何访问public的数据成员

当 car1、car2 对象被创建后，由于 gas、tbo、max_dist 属性及 maxDist()、dist()方法的访问修饰符都为 public，只要在对象名称与属性名称之间使用点运算符(.)连接就可以。

(1) 将 car1 对象的 gas 载油量属性的初值设为 40。

```
car1.gas = 40 ;
```

(2) 读取 car1 对象的 gas 载油量属性值，再赋值给一个双精度变量 oil。

```
double oil = car1.gas ;
```

该属性(数据成员)在所属的类中必须用 public 声明成公有成员，才能允许通过对象名直接访问该成员；若使用 private 声明的私有成员，则在类外部无法直接访问该类内的数据成员。

3. 如何访问 public的方法成员

在方法名称前加上对象名称并用点运算符(.)隔开。

(1) 调用car1对象的公有方法maxDist()，用来处理car1对象的数据。

```
car1.maxDist();
```

即调用car1对象的maxDist()方法，计算car1汽车最长可行驶距离max_dist。

(2) 将参数 20 代入 car1 对象的公有方法 dist(double oil)内，计算出 car1 汽车加油 20 公升可行驶距离后，再将计算结果赋值给赋值号左边的 distance 变量：

```
double distance = car1.dist(20);
```

上述所调用的 dist()方法内有一个 return oil * tbo; 语句，将计算结果返回。如果方法没有返回值，使用时可直接调用，不需要再赋值给一个变量。方法成员同属性(指数据成员)一样，在定义类(Ccar)时必须用 public 声明成公有方法成员，才能供其他类的语句调用。

实操 文件名：\ex06\src\BuildObject.java

定义一个 Ccar 汽车类，所声明的数据成员有最重载油量 gas、平均耗油量 tbo，所声明的方法成员有估算加满油约可行驶的最长距离 maxDist()及一般加油可行驶的距离 dist()。

结 果

```
car1 汽车信息：
最大载油量：40.0 L
平均耗油量：13.6 km/L
加满油可行驶 544.0 km
加油 20L 可行驶 272.0 km
```

▶ **解题技巧**

Step 1 新建 Class 文件。

由于 Ccar 类为执行类，故新建 Class 文件时，在图 6-3 所示界面中，要勾选 ☑public static void main(String[] args) 。

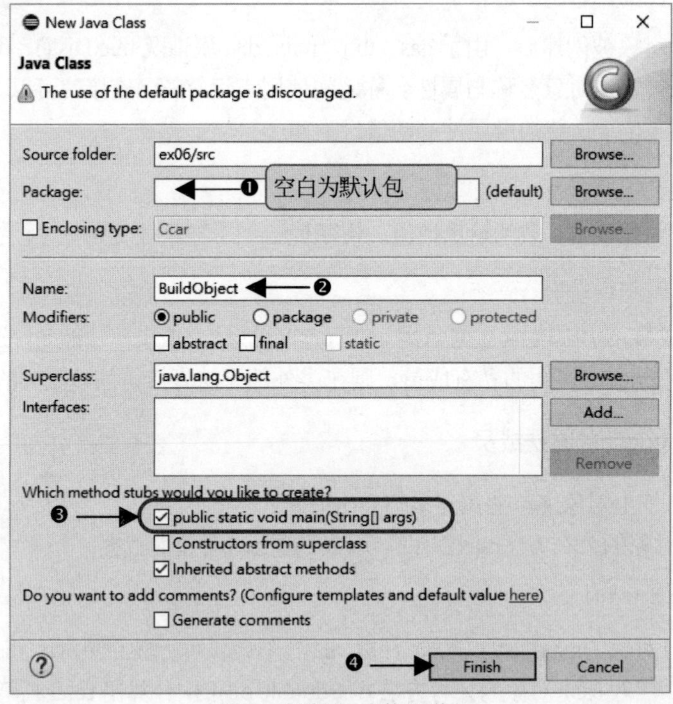

图6-3 新建Class文件对话框

Step 2 编写程序代码：

文件名：\ex06\src\BuildObject.java

```
01 public class BuildObject {                              //主类
02   public static void main(String[] args) {              //主程序
```

```
03      Ccar car1;                              //声明 car1 对象
04      car1 = new Ccar();                      //创建 car1 对象
05      car1.gas = 40;                          //设定 car1 对象的属性值
06      car1.tbo = 13.6;
07      car1.maxDist();                         //调用 car1 对象的方法
08      double distance = car1.dist(20);        //调用 car1 对象的方法,并获得返回值
09      System.out.println("car1 汽车信息：");
10      System.out.println("最大载油量：" + car1.gas + " L");
11      System.out.println("平均耗油量：" + car1.tbo + " km/L");
12      System.out.println("加满油可行驶 " + car1.max_dist + " km");
13      System.out.println("加油 20L 可行驶 " + distance + " km");
14
15      Ccar car2 = new Ccar();                 //声明并创建 car2 对象
16      car2.gas = 60;                          //设定 car2 对象的属性值
17      car2.tbo = 9.5;
18    }
19 }
```

说明

(1) BuildObject 为 Java 程序的主类，而第 2 行的 main()方法为程序开始执行的地方。

(2) 本程序 BuildObject.java 因有声明及创建属于 Ccar 类的对象，而 Ccar 类已在上一个范例的 Ccar.java 程序内定义好，故本程序在编译时会一并编译 Ccar.java 程序。若 Ccar.java 程序不存在，则编译时会产生错误。

(3) 第 3~4 行：声明创建第一个汽车对象 car1。

(4) 第 5~6 行：设定 car1 对象的属性值。

(5) 第 7 行：调用 car1 对象的 car1.maxDist()方法，计算出加满油可行驶的最长距离。

(6) 第 8 行：以传入参数的方式调用 car1 对象的 car1.dist(20)方法，将返回值赋值给变量 distance。

(7) 第15~17行：声明并创建第二个汽车对象car2，再设定car2对象的属性值。

6.2.3 如何封装成员数据

“封装”(Encapsulation)就是将类内的数据成员或方法成员保护(隐藏)起来，对外只显示所提供的功能接口，外界无须知道对象内部如何运行，只要知道如何使用所提供的功能接口即可，以避免数据受到外界不当访问。

使用访问修饰符来定义类内部成员的访问限制，其目的保护类内部的成员，免于受到外部程序的不当访问。类内部成员的访问限制有下列情况：

(1) 当数据成员或方法成员只允许供自身类内的程序语句访问时，这类成员在定义时要使用 private (私有)访问修饰符。

(2) 当数据成员或方法成员只允许供自身类或继承自身类的子类访问时，这类成员在定义时要使用 protected (保护)访问修饰符。

(3) 当数据成员或方法成员允许供任何类的程序语句访问时，这类成员在定义时要使用 public

(公共)访问修饰符。

以前面的汽车类 Ccar 为例，Ccar 类的两个数据成员 gas(最大载油量)、tbo(平均耗量)的访问修饰符是用 public 声明的，其内容可以被类外部任何程序语句访问。其实一部车的 gas(最大载油量)、tbo(平均耗量)是只读的数据，不应该由类外部的程序语句来任意访问。

由上可知，开发具有面向对象程序的应用程序，若要防止数据成员被其他类程序语句访问而产生不可预期的结果，必须在定义类时将数据成员的访问修饰符设为 private，只允许类内的成员访问。类内方法成员也应使用访问修饰符 private 把方法成员声明成私有成员，则外部程序便无法直接访问。

实操 文件名：\ex06\src\encapsulate\Encapsulate.java

修改前面实例 BuildObject.java，使用封装的概念将 gas、tbo、max_dist 属性及 maxDist()方法都设为 private 私有成员，外界无法直接访问。新建 setValue()和 getDist()两个方法成员，都设为 public。外界可通过 setValue()方法间接改变类内的数据，通过 getDist()方法间接来读取类内的数据。

结 果

```
car1 加满油可行驶  544.0 km
car2 加满油可行驶  570.0 km
```

▶ 解题技巧

由于前面范例已经在项目 ex06 创建过 Ccar 类，若本范例又新建 Ccar 类，则两个名称相同的类在同一文件夹(src)会形成冲突而导致项目无法编译。因此，本范例使用包来解决类名称冲突的问题。关于包的功能说明在后面章节会有详细介绍，包的创建步骤如下：

Step 1 执行菜单的【File / New / Package】命令，开启 New Java Package 窗口， 然后按照图 6-4 所示的数字顺序操作，新建名称为 encapsulate 的包。

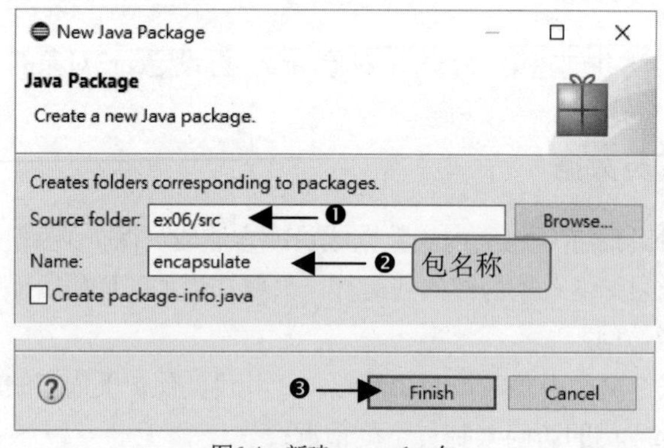

图6-4 新建encapsulate包

Step 2 执行菜单的【File / New / Class】命令，开启 New Java Class 窗口，在 encapsulate 包内新建名称为 Encapsulate 的类，如图 6-5 所示。

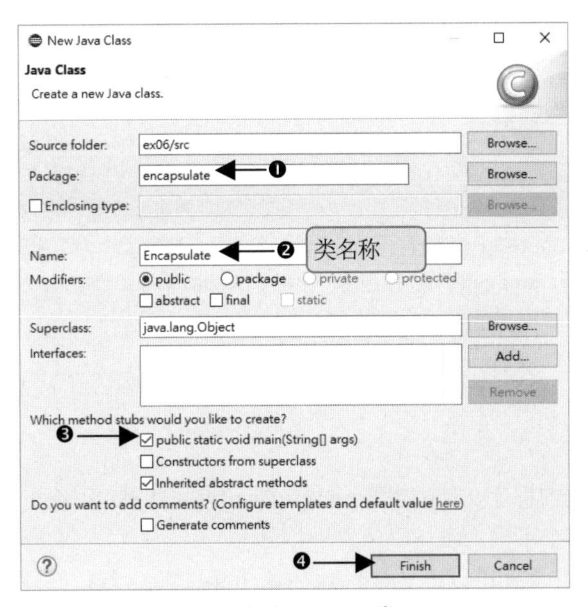

图6-5 新建Encapsulate类

Step 3 所创建的 Encapsulate.java 文件的开头会声明 package encapsulate;语句，表示该程序文件下的所有类必须放在 encapsulate 文件夹内。然后继续编写如下程序代码：

文件名：\ex06\src\encapsulate\Encapsulate.java

```
01 package encapsulate;                              //声明程序文件的类置于 encapsulate 包内
02
03 class Ccar {                                      //定义汽车类
04    private double gas, tbo;                       //声明最重载油量和平均耗油量
05    private double max_dist;                       //声明加满油可行驶最长距离
06
07    private void maxDist() {                       //计算可行驶最长距离
08       max_dist = gas * tbo;
09    }
10
11    public void setValue(double g, double t) {     //传入数据
12       gas = g;
13       tbo = t;
14       maxDist();
15    }
16
17    public double getDist() {                      //传出数据
18       return max_dist;
19    }
20 }
21
22 public class Encapsulate {                        //主类
23    public static void main(String[] args) {       //主程序
24       Ccar car1;                                  //声明 car1 对象
```

```
25      car1 = new Ccar();                          //创建 car1 对象
26      double g1 = 40, t1 = 13.6;
27      car1.setValue(g1, t1);                      //设定 car1 对象的属性值
28      double distance1 = car1.getDist();          //获得 car1 对象的方法返回值
29      System.out.println("car1 加满油可行驶 " + distance1 + " km");
30      Ccar car2 = new Ccar();                     //声明并创建 car2 对象
31       car2.setValue(60, 9.5);                    //设定 car1 对象的属性值
32      System.out.println("car2 加满油可行驶 " + car2.getDist() + " km");
33    }
34 }
```

说明

(1) 第 1 行：声明当前程序文件的类在 encapsulate 包(文件夹)下。主类名与包名称可以不一样，同一包下还可以创建多个不同的类。

(2) 一个 *.java 程序文件可以定义多个类(如第 3 行与第 22 行)，但只能声明一个 public 的类，且 public 的类名称必须和程序文件名相同(第 22 行)。

(3) 第 3~20 行：定义 Ccar 类。

(4) 第 22~34 行：为含有 main()方法的主类 Encapsulate。主类 Encapsulate 与 Ccar 类的程序代码可放在同一个文件内(Encapsulate.java)，其类摆放的前后顺序不影响整个程序的编译与执行。

(5) 第 4、5、7~9 行：在 Ccar 类中用修饰符 private 将 gas、tbo、max_dist 数据成员及 maxDist()方法成员声明为私有成员，在 Ccar 类以外的程序语句无法直接对用 private 声明的成员进行数据的访问或方法的调用。

(6) 第 11~15 行：Ccar 类的外部语句，虽无法对 private 声明的成员直接进行访问或调用，但可以采用间接的方式，即另外定义一个用修饰符 public 声明的公有方法 setValue()，再由类外部语句以传递参数的方式间接访问类内部的私有成员，以进行类内部的数据处理。如：在第 12、13 行由类外部传入的参数 g、t 给类内部的 gas 与 tbo 数据成员赋值，并在第 14 行调用 maxDist()方法成员，进行第 7~9 行类内部的数据处理，计算出 max_dist 的值。

(7) 第 17~19 行：max_dist 数据成员的值无法直接传出到类外部，因此再定义一个用修饰符 public 声明的 getDist()方法成员，在第 18 行以间接的方式传出 max_dist 的值。

(8) 第 27、31 行：在主程序 main()方法内，分别调用 Ccar 类对象 car1、car2 的公有方法 setValue()，并通过参数传入方式间接指派对象 car1、car2 的 gas 与 tbo 数据成员的值，以及处理对象内部的数据。

(9) 第 28、29、32 行：主程序调用 getDist()方法成员，分别获得对象 car1、car2 的 max_dist 数据内容并显示出来。

(10) 后面范例文件若放置在包下，其操作步骤将省略。

6.3 方法成员重载

方法重载在第 5 章已经介绍过，现在介绍类内方法成员的重载。重载是指同一个类内有两个以上相同名称的方法。但是因为各个方法所要传入的参数个数不同，或者参数的数据类型不同，

当程序调用了这类方法时，如何知道要使用哪个方法呢？Java 编译系统会自行寻找参数条件符合的方法成员。

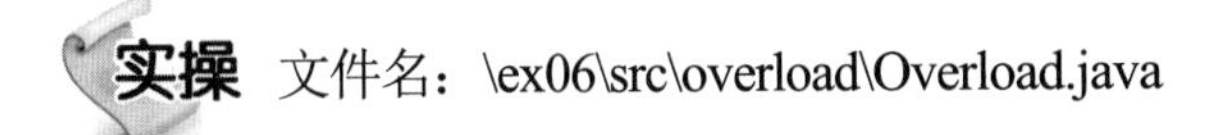

实操 文件名：\ex06\src\overload\Overload.java

创建一个 Cavg 类，定义重载的 getAvg()方法，可传出两个整数的平均值，也可以传出整型数组元素中所有整数的平均值，再由主程序传入参数获得结果。

结果

```
20 和 30 平均值为 25.0
{12,23,31,45,56}平均值为 33.4
```

程序代码

文件名：\ex06\src\overload\Overload.java

```
01 package overload;   //声明程序文件的类置于 overload 包内
02                     //若程序文件放在(default package)包下，此行语句不用写
03 class Cavg {
04    public double getAvg(int num1, int num2) {
05       return (num1+num2)/2;
06    }
07
08    public double getAvg(int[] vArray) {
09       int n = vArray[0];
10       for(int i=1; i<vArray.length; i++){
11          n += vArray[i];
12       }
13       double avg = (double)n/vArray.length;
14       return avg;
15    }
16 }
17
18 public class Overload {                              //主类
19   public static void main(String[] args) {          //主程序
20     Cavg num = new Cavg();
21     int n1 = 20, n2 = 30;
22      System.out.println(n1 + " 和 " + n2 + "平均值为 " + num.getAvg(n1, n2));
23     int[] ary = {12,23,31,45,56};
24     System.out.println("{12,23,31,45,56}平均值为 " + num.getAvg(ary));
25   }
26 }
```

说明

(1) 第 21~22 行：调用 num 对象的 getAvg(20, 30)方法并传入两个整数，因此会执行第 4~6 行

获得两个整数的平均值。

(2) 第 23~24 行：调用 num 对象的 getAvg(ary)方法并传入一个整型数组，因此会执行第 8~15 行获得整型数组中所有整数的平均值。

6.4 构造方法

在 6.3 节中，对象中数据成员的初值是通过调用 setXxx()方法传递参数的方式来设定。如果创建对象时想同时传递参数进行数据成员的初始化，那么就要使用类的构造方法(Constructor)。语法格式如下：

```
类名称 对象名称 = new 构造方法名称(参数列表);
```

(1) 构造方法名称必须和所属的类名称相同，对象在用 new 创建的同时便自动执行此类的构造方法。

(2) 构造方法必须写在定义类内。若类内未定义构造方法，系统自动提供一个不带参数、方法体为空的“默认的构造方法”。当类用 new 创建对象时，便自动执行这个默认的构造方法。例如：

```
Ccar car1 = new Ccar();
```

Ccar是类名称，也是构造方法名称，而Ccar()为默认的构造方法。

(3) 构造方法没有返回类型，即不能用 void 与 return。

(4) 构造方法也可以重载，其做法和成员方法重载一样，是使用参数列表的个数不同或者参数列表的数据类型不同来加以区分。

实操 文件名：\ex06\src\constructor\Constructor.java

在 Ccar 类内定义三个构造方法，利用构造方法重载传入不同数目的参数，分别来初始化 gas 和 tbo 数据成员。

结果

```
new Ccar() 加满油可行驶 600.0 km
new Ccar(40.5) 加满油可行驶 486.0 km
new Ccar(64.5, 9.2) 加满油可行驶 593.4 km
```

程序代码

文件名：\ex06\src\constructor\Constructor.java

```
01 package constructor;
02
03 class Ccar {
04   private double gas = 50;                    //初始化 gas(最重载油量)数据成员默认值
05   private double tbo = 12;                    //初始化 tbo(平均耗油量)数据成员默认值
```

```
06   private double max_dist;                      //声明加满油可行驶最长距离
07   private void setGas(double g) {
08     if(g>30 && g<80) gas = g;
09   }
10   private void setTbo(double t) {
11     if(t>4 && t<20) tbo = t;
12   }
13
14   private void maxDist() {                      //计算可行驶最长距离
15     max_dist = gas * tbo;
16   }
17
18   public Ccar() {                               //Ccar 类的构式,没有传入参数
19     maxDist();
20   }
21   public Ccar(double g) {                       //Ccar 类的构式,传入一个参数
22     setGas(g);                                  //调用 setGas()方法,初始化 gas 数据成员
23     maxDist();
24   }
25   public Ccar(double g, double t) {             //Ccar 类的构式,传入两个参数
26     setGas(g);                                  //调用 setGas()方法,初始化 gas 数据成员
27     setTbo(t);                                  //调用 setGas()方法,初始化 gas 数据成员
28     maxDist();
29   }
30
31   public double getDist() {                     //传出数据
32     return max_dist;
33   }
34 }
35
36 public class Constructor {                      //主类
37   public static void main(String[] args) {      //主程序
38     Ccar car1 = new Ccar();                     //使用没有参数的构造方法
39     System.out.println("new Ccar() 加满油可行驶 " + car1.getDist() + " km");
40     Ccar car2 = new Ccar(40.5);                 //使用一个参数的构造方法
41     System.out.println("new Ccar(40.5) 加满油可行驶 " + car2.getDist() + " km");
42     Ccar car3 = new Ccar(64.5, 9.2);            //使用两个参数的构造方法
43     System.out.println("new Ccar(64.5,9.2) 加满油可行驶 " + car3.getDist() + " km");
44   }
45 }
```

说明

(1) 第 3~34 行：定义一个名称为 Ccar 的类，这个类有 setGas()、setTbo()与 maxDist()、三个构造方法及 getDist()方法。

(2) 第 4~5 行：将 gas(最重载油量)初始化为 50、tbo(平均耗油量)初始化为 12。

(3) 第 7~9、10~12 行：两个分法分别用来设定 gas、tbo 的值。若设定值在合理范围内，则取代 gas、tbo 的预设初始值。

(4) 第 18~20 行：为默认的构造方法，使用时不必传入参数。

(5) 第 21~24 行：为重载的构造方法，使用时必须传入一个参数，所传入的参数使用 setGas()方法来设定 gas 的值。

(6) 第 25~29 行：为重载的构造方法，用户必须传入两个参数，所传入的参数通过 setGas()、setTbo()方法来设定 gas 和 tbo 的值。

(7) 第 31~33 行：getDist()方法可以返回加满油可行驶的最长距离。

(8) 第 38 行：创建 car1 对象，会使用第 18~20 行的默认的构造方法。

(9) 第 40 行：创建 car2 对象，会使用第 21~24 行的构造方法。

(10) 第 42 行：创建 car3 对象，会使用第 25~29 行的构造方法。

若类中没有编写一个构造方法，Java 系统会自动提供一个默认构造方法，而且在类内不显示出来。但是如果类内编写有构造方法，却又想要一个默认的构造方法，必须自行编写这个默认的构造方法。

6.5 静态成员

在类中声明数据成员或方法成员时，若在修饰词后面加上 static 便成为“静态成员”或称“类成员”。通常，我们如果要使用类的公有成员，必须先创建该类的对象，然后再用“对象名称.成员名称”调用这个成员。但是，在使用类的静态成员时，可以直接通过类名来调用员，即“类名称.成员名称”。当一个成员不论是数据成员还是方法成员，只使用 public static 声明，它就允许在所属类创建对象之前被使用。

由于 static 的这项特性，main()方法的前面一定都会加 static。因为 main()是程序执行的起点，所以在任何对象产生之前，main()方法就必须要执行，所以它的前面一定要加上 static。不论用相同的类产生几个对象，这些对象都会共享静态成员，也就是说静态成员可以被相同类的所有对象共享。而 static 静态成员在内存中永远只会存储一份，不像其他成员会随着对象而产生。简言之，一般数据成员为对象的数据成员，一般方法成员为对象的方法成员。而静态数据成员为类的变量，静态方法为类方法。

实操 文件名：\ex06\src\staticMember\StaticMember.java

使用 car_num 静态数据成员统计 Ccar 类产生的对象数量，使用 getObjectNum()静态方法显示 Ccar 类产生第几个对象，再使用 showValue()一般方法显示该对象的最重载油量及平均耗油量。

结果

```
第 1 部车,最重载油量 50.0,平均耗油量 12.0
第 2 部车,最重载油量 40.5,平均耗油量 12.0
第 3 部车,最重载油量 64.5,平均耗油量 9.2
```

程序代码

文件名：\ex06\src\staticMember\StaticMember.java

```
01 package staticMember;
02
03 class Ccar {                                    //定义汽车类
04     private static int car_num;                 //声明car_num为私有静态数据成员
05     private double gas = 50;
06     private double tbo = 12;
07
08     private void setGas(double g) {
09        if(g>30 && g<80) gas = g;
10     }
11     private void setTbo(double t) {
12        if(t>4 && t<20) tbo = t;
13     }
14
15     public Ccar() {
16        car_num++;
17     }
18     public Ccar(double g) {
19        setGas(g);
20        car_num++;
21     }
22     public Ccar(double g, double t) {
23        setGas(g);
24        setTbo(t);
25        car_num++;
26     }
27
28     public static void getObjectNum() {        //公共静态方法成员
29        System.out.print("第 " + car_num + "部车,");
30     }
31
32     public void showValue() {                           //公共一般方法成员
33        System.out.println("最重载油量 " + gas + ",平均耗油量 " + tbo);
34     }
35 }
36
37 public class StaticMember {                             //主类
38     public static void main(String[] args) {           //主程序
39        Ccar car1 = new Ccar();
40        Ccar.getObjectNum();
41        car1.showValue();
42        Ccar car2 = new Ccar(40.5);
43        car2.getObjectNum();
```

```
44        car2.showValue();
45        Ccar car3 = new Ccar(64.5,9.2);
46        car1.getObjectNum();
47        car3.showValue();
48    }
49 }
```

说明

(1) 第 4 行：使用 private 和 static 声明 car_num 为整型的私有静态成员，表示使用 Ccar 类所创建的对象个数。car_num 只能在 Ccar 类使用。

(2) 第 15~26 行：为 Ccar 类的三个构造方法，三个构造方法内都有 car_num++，表示当使用构造方法创建对象时，car_num 对象个数会累加 1。

(3) 第 28~30 行：定义 getObjectNum 公共静态方法，用来显示目前使用 Ccar 类产生第几个对象，调用这个方法时可以不必事先创建对象即可调用(如第 40 行)。但在 public static 公共静态方法内被使用的数据成员(如 car_num)或被调用的方法成员，必须是 static 声明的静态数据成员(如第 4 行)。

(4) 第 40 行：使用 Ccar 类直接调用公共静态成员，即使用 Ccar.getObjectNum();调用。

(5) 第 43、46 行：使用 car2 或 car1 对象调用公共静态成员，其结果与使用 Ccar.getObjectNum();调用相同。这两行语句建议改由 Ccar.getObjectNum(); 调用。

(6) 用 public static 声明的是公共静态成员，用 private static 声明的是私有静态成员。若要在类外部直接使用静态成员，该成员要声明为公共静态成员。

6.6 this 引用自身类

当类中使用自己的数据成员或方法成员时，为了能够清楚知道这个成员是否属于类中的成员，需利用 this 保留字解决名称重复的问题。

实操 文件名：\ex06\src\thisDemo\ThisDemo.java

当传入的参数名称与类的数据成员名称相同时，数据成员利用 this 保留字来区别这两个名称，解决名称重复的问题。

结果

```
传入的 age 变成 22
this age = 20
```

程序代码

文件名：\ex06\src\thisDemo\ThisDemo.java

```
01 package ThisDemo;
02
```

```
03 class Cperson {
04   private int age;
05   public void ShowAge(int age) {
06     this.age = age;
07     age = age + 2;
08     System.out.println("传入的 age 变成 " + age);
09     System.out.println("this age = " + this.age);
10   }
11 }
12
13 public class ThisDemo {
14   public static void main(String[] args) {
15     Cperson Joe = new Cperson();
16     Joe.ShowAge(20);
17   }
18 }
```

说明

(1) 第 4 行的数据成员 age 与第 5 行传入的参数 age 名称相同，此时必须用 this 这个保留字来区分两者的不同。

(2) 第 6 行：this.age 为类的数据成员，age 为传入的参数。

(3) 第7行：传入的参数age独自再运算，以区分与this.age的不同。

(4) 第 8~9 行：分别显示 age 与 this.age 目前的值，以示两者的不同。

6.7 认证实例练习

题目

1. 下面的 Java 程序执行到第 23 行语句后，第 5 行的显示结果是(　　)。

① 5　　② 10　　③ 12　　④ 17　　⑤ 24

```
01  class Test {
02      int x = 12;
03      public void method(int x) {
04          x += x;
05          System.out.println(x);
06      }
07  }
          :
          :
22    Test t = new Test();
23    t.method(5);
```

说明

(1) 第 4 行的表达式 x += x，其实就是 x = x + x。赋值号左边的 x 是 method()方法内的局部变量，赋值号右边的 x 为参数值，而由第 23 行传入 x 参数值为 5。x = 5 + 5，故第 5 行的显示结果为 10，所以答案为②。

(2) 若是指向 Test 类的数据成员 x，该 x 为字段变量。若要与局部变量区分，要用 this 来指向，即为 this.x，而默认值 this.x = 12。

题 目

2. 下面的 Java 程序有关程序语句用法正确的两项是(　　)。

① Test.beta()　　② Test.alpha()

③ 从beta()方法中调用alpha()方法　　④ 从alpha()方法中调用beta()方法

```
01 class Test {
02     static void alpha() { /* more code here */ }
03     void beta() { /* more code here */ }
04 }
```

说 明

(1) 选项①错误，beta()是对象方法，不能直接使用Test.beta()调用。

(2) 选项②正确，alpha()是静态方法(类方法)，可直接使用 Test.alpha()调用。

(3) 选项③正确，在非 static 方法中可直接调用 static 或非 static 的成员。

(4) 选项④错误，在 static 的方法中仅能调用 static 成员。

题 目

3. 定义 Test 类的构造方法，下列选项正确的两项是(　　)。

① public void Test(){}　　② public Test(){}

③ private Test(){}　　④ public static Test()

⑤ final Test(){}

说 明

构造方法没有返回类型，不能用 void 与 return，修饰符不可以是 static、final、abstract，所以正确答案为②、③。

题 目

4. 下列语句正确的是(　　)。

① 编译失败，类A有错误　　② 第28行显示结果为3

③ 第28行显示结果为1　　④ 执行到第25行，出现错误

⑤ 编译失败，因为第28行错误

```
01 public class A {
02     private int counter = 0;
03     public static int getInstanceCount() {
04         return counter;
05     }
```

```
06      public A() {
07          counter++;
08      }
09  }
⋮
25    A a1 = new A();
26    A a2 = new A();
27    A a3 = new A();
28    System.out.println(A.getInstanceCount());
```

说明

A 类的 getInstanceCount()为静态方法，不能直接访问非 static 的成员变量，故第 4 行的 return counter;会造成编译错误。正确答案为①。

题目 (MTA 认证模拟试题)

5. 假设你在面试 Java 程序开发员的工作，面试官让你根据下面的程序代码回答问题。

```
01 public class ScopeTester
02 {
03     int x = 5;
04     static int y = 5;
05
06     public void test()
07     {
08         int x = 10;
09         int y = 10;
10
11         System.out.println("x = " + x);
12         System.out.println("this.x = " + this.x);
13         System.out.println("y = " + y);
14         System.out.println("ScopeTester.y = " + ScopeTester.y);
15     }
16 }
```

回答以下问题：

第 11 行的输出为：______________。

第 12 行的输出为：______________。

第 13 行的输出为：______________。

第 14 行的输出为：______________。

说明

(1) 第 11 行的输出为：x = 10。
(2) 第 12 行的输出为：this.x = 5。
(3) 第 13 行的输出为：y = 10。
(4) 第 14 行的输出为：ScopeTester.y = 5。
(5) 程序请参考 \ex06\src\test06_5\ScopeTester.java。

题目 (MTA 认证模拟试题)

6. 试计算下面的 Java 程序。

```
01 public class JavaProgram1 {
02     int x = 25;
03
04     public static void main(String[] args) {
05         JavaProgram1 app = new JavaProgram1();
06        { int x = 5; }
07        { int x = 10; }
08         int x = 100;
09         System.out.println(x);
10         System.out.println(app.x);
11     }
12
13     public JavaProgram1() {
14         int x = 1;
15         System.out.println(x);
16     }
17 }
```

按顺序显示的三个数值为(　　)。

① 1, 5 , 25　　② 1, 10, 5　　③ 100, 25, 1　　④ 1, 100, 25

(1) 第 6 行与第 7 行的变量 x 的有效范围皆局限在{ }内，只有第 8 行的变量 x 的有效范围在 main()方法内。

(2) 执行到第 5 行时，会调用构造函数执行第 13~16 行，故会先显示数值 1。

(3) 执行到第 9 行时，其变量 x 的值会是 100。

(4) 执行到第 10 行时，其 app.x 的值会是有效范围最大的 x=25(第 2 行)。

(5) 故正确答案为④。程序请参考\ex06\src\test06_6\JavaProgram1.java。

题目 (MTA 认证模拟试题)

7. 假设你正在写一个能够在比赛中改变选手分数的方法。试评估下面的程序代码。

```
01 public class Score {
02     static int extra = 500;
03     public static int changeScore(int score, Boolean bonus, int extra)
 {
04         if (bonus == true) {
05             score += extra;
06         }
07         return score;
08     }
09
10     public static void main(String[] args) {
11         Boolean bonus = true;
```

```
12        int score = 10;
13        int newScore = changeScore(score, bonus, 100);
14        System.out.println(score);
15        System.out.println(newScore);
16    }
17 }
```

下列叙述正确的请填“是”，反之填“否”。

① 第 7 行的 score 值为 110。 ( )

② 第 4 行的 bonus 值为 true。 ( )

③ 第 5 行的 extra 值为 500。 ( )

④ 第 14 行的 score 值为 110。 ( )

说明

正确答案：①是；②是；③否，应为 100；④否，应为 10。程序请参考 \ex06\src\test06_7\Score.java。

题目 (MTA 认证模拟试题)

8. 假设你正在一个开发电子商务应用程序的团队里工作，其中一位成员建立了数据库连接，即名为 DB 的类，这个类包含一个名为 query 的方法。完成以下代码，可实例化 DB 类，并调用 query 方法。

```
DB db = ______I______ ;
______II______ ;
```

说明

正确答案：Ⅰ处填 new DB()，Ⅱ处填 db.query。

题目 (MTA 认证模拟试题)

9. 假设你正在撰写以下 Java 程序。

```
01 class Pickle {
02    boolean isPreserved = false;
03    private boolean isCreated = false;
04
05    void preserve() {
06        isPreserved = true;
07    }
08
09    public static void main(String[] args) {
10        Pickle pickle = new pickle();
11        isCreated = true;
12        pickle.preserve;
13    }
14 }
```

在你试着编译此程序时，出现了错误信息。你必须确保此程序能成功地编译，请正确修订下列三行的程序代码。

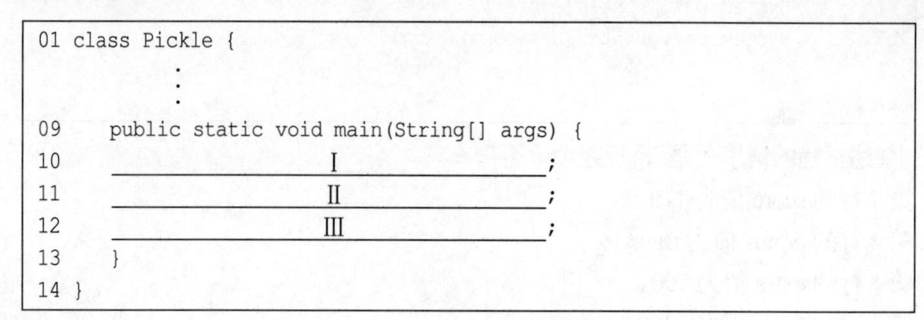

```
01 class Pickle {
          :
          :
09     public static void main(String[] args) {
10     ______________I______________;
11     ______________II_____________;
12     ______________III____________;
13     }
14 }
```

说明

(1) 正确答案：Ⅰ处填 Pickle pickle = new Pickle()，
Ⅱ处填 pickle.isCreated = true，
Ⅲ处填 pickle.preserve()。

(2) 程序请参考 \ex06\src\test06_9\Pickle.java。

6.8 习题

一、选择题

1. 有关对象与类的区别，下列语句错误的是(　　)。
   ① 如果汽车是一种类，则王先生正在开的老爷车是一个对象
   ② 公园里的野狗都是对象
   ③ 双胞胎兄弟是相同对象
   ④ 松树是类，五叶松与二叶松是对象
2. 有关人的属性与行为的描述，下列错误的是(　　)。
   ① 身高是属性
   ② 会头痛是行为
   ③ 人的姓名是对象名称，不是属性
   ④ 碰到人便能认识是谁，是根据这个人的属性与众不同
3. 当类在声明数据成员时，省略了修饰符，则Java会预设(　　)访问权限。
   ① 默认的　　② private　　③ public　　④ protected
4. 如果不考虑内存的问题，一个Java程序可以存在(　　)类。
   ① 1个　　② 2个　　③ 最多10个　　④ 没有限制
5. 一个*.java档最多可以定义(　　)public类。
   ① 1个　　② 2个　　③ 3个　　④ 无限多个

6. 类中有一个求两个数值几何平均数的方法成员，程序语句如下：

```
double average(int n1, int n2) {
    return Math.sqrt(n1 * n2);
}
```

则下列正确的调用方式是(　　)。

① average(2.5, 3.4)　② average(20, 10)　③ average(3, 0.5)　④ average(-1.2, 0)

7. 关于构造方法的说明，下列错误的有(　　)。(多选)

① 构造方法与类同名

② 构造方法可以重载

③ 构造方法必须赋值返回值

④ 当对象产生时，数据成员可由构造子初始化

8. 下列不是类A的构造方法重载的是(　　)。

① A(){…}　② void A(){…}　③ A(int a){…}　④ A(double a){…}

9. 下列语句错误的是(　　)。

① 一个*.java程序只能产生一个*.class文件

② 将类中的成员声明成private，即表示该成员不能被外部所访问

③ 默认的构造方法是public的访问权限

④ 要定义静态成员可以使用static保留字。

10. 若要设定静态成员，必须使用(　　)保留字。

① default　② static　③ final　④ abstract

11. Java会按照输入的参数不同而区别所调用的方法是(　　)。

① 方法重载　② 方法重载　③ 方法覆盖　④ 静态方法

12. 声明包要使用下列(　　)保留字。

① public　② private　③ package　④ import

13. 要加载(导入)包，可使用下列(　　)保留字。

① include　② import　③ using　④ package

二、程序设计

1. 请依据下列描述，试编写程序代码：

先定义一个圆形类，类名称为 Circle。类内有一个私有数据成员 radius(半径)、两个方法成员 getPerimeter()(传出圆周长)及 GetArea()(传出圆面积)。接着创建一个圆形对象，对象名称为 cir，并指定该对象的半径值为 10 厘米。最后调用对象方法，显示出该对象的半径值、圆周长及圆面积。(注：圆周率为 3.14)

2. 请依据下列步骤，试编写程序代码：

① 定义一个Average类，内有三个私有数据成员num1、num2、avg。

② 创建一个Average类的对象cal。

③ 将cal对象的num1、num2字段的值分别设为15、12。

④ 调用cal对象的方法来输出num1、num2、avg的值。

3. 创建一个 Cmath 类，以方法重载方式创建两个 getMax()方法成员：一个用来获得两个数字中较大整数；另一个用来获得数组中最大的整数。

4. 使用 static 声明 num 来统计 Cstudent 类共产生多少个对象，然后再使用 getNum()静态方法来显示 Cstudent 类共产生多少个对象。

执行结果：

```
Peter 体重=65，身高=165
>> 目前使用 Cstudent 类产生了 1 个对象
David 体重=58，身高=170
>> 目前使用 Cstudent 类产生了 2 个对象
```

5. 在 Cstudent 类内定义三个构造方法，利用构造方法重载传入不同数目的参数，分别来初始化 weight 和 height 数据成员。

执行结果：

```
Peter 的数据 >>> 使用 Cstudent()构造方法
  身高是: 150，体重是: 40
David 的数据 >>> 使用 Cstudent(300)构造方法
  身高是: 150，体重是: 40
Mary 的数据 >>> 使用 Cstudent(180,78)构造方法
  身高是: 180，体重是: 78
```

6. 定义球形类，创建球形对象。再赋值对象的半径 r，获得球形的体积($\frac{4}{3}\pi r^3$)与表面积($4\pi r^2$)。

7. 创建类 MakeRnd，定义方法成员 GetRnd()，能在连续整数中取出几个不重复的随机整数。例如：要从 11~20 之间取出 5 个不重复整数。主程序如下：

```
public static void main(String[] args) {
    MakeRnd rnd = new MakeRnd();
    int r_num = 5, min = 10, max = 20;
    int[] data = rnd.GetRnd(r_num, min, max);

    for(int i = 1; i <= r_num; i++)
      System.out.println("第" + i + "个随机数：" + data[i-1]);
  }
```

执行结果：

```
第 1 个随机数：12
第 2 个随机数：16
第 3 个随机数：20
第 4 个随机数：17
第 5 个随机数：13
```

第 7 章

继承、接口与多态

- ✧ 继承
- ✧ 抽象类与抽象方法
- ✧ 接口
- ✧ 多态
- ✧ 包
- ✧ 认证实例练习

7.1 继承

我们先利用现实生活的例子来说明继承的观念，图 7-1 中最顶层的脚踏车是单车的祖先，然后第二层是它的下一代(子代)，分别有登山车、公路车和助力车，子代的单车是继承顶层的脚踏车而来的。不管是登山车还是公路车或是助力车，它们都有着最基本的脚踏车的性质，比如说有把手、车轮、刹车、踏板等。但是子代和父代相比，子代除了具有脚踏车的基本特征之外，也许还会多一些新零件，比如登山车有避震器、较宽的车轮，而公路车有变速器、较窄的车轮，助力车则是有两个把手和两个踏板。因此，子代除拥有(继承)父代的功能外，还具有父代所没有的功能。

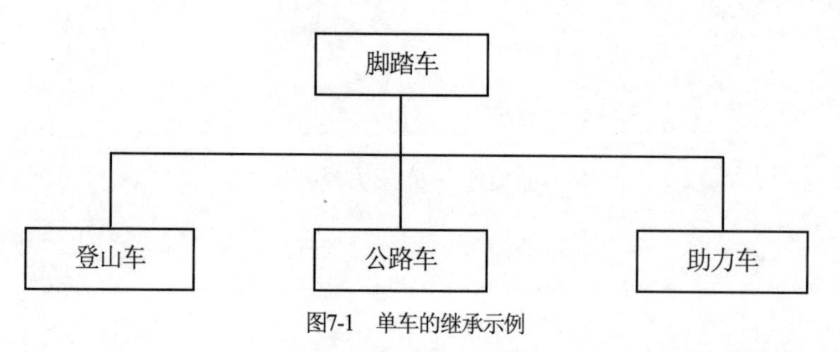

图7-1　单车的继承示例

面向对象程序设计可将一个类的成员授予另一个类来实现继承，我们将被继承的类称为父类，而继承别人的类称为子类。子类除了继承父类所定义的数据成员和方法成员外，还可以再新建数据成员和方法成员，使得子类能够提供更多的功能。继承除了促使子类优于父类之外，其程序代码还可以重复使用。比如说，开发一个系统时，该系统拥有功能 A。日后要开发另一个系统，该系统拥有功能 A 和功能 B，这时候可以利用继承方式直接继承上一层功能 A，省去编写实现其功能的程序代码，再创建某些部分的程序就可达到 B 功能，可大大缩短开发系统的时间。

7.1.1 继承的实现

在 Java 中要实现继承，就要用到保留字 extends，其语法如下：

```
class  子类名称  extends 父类名称 {

      (语句块)
}
```

继承有下列几点要注意：

(1) 一个父类可以衍生出多个子类，但一个子类只能继承一个父类。子类可以将父类已定义的成员当成基础成员，进而扩充其他功能。

(2) 子类可以继承父类中用 public 修饰符所修饰的成员，而该 public 成员可在同一包内或不同包内通过创建类的对象来调用(参阅第 7.5 节)。

(3) 子类可以继承父类中用 protected 修饰符所修饰的成员，而该 protected 成员可在同一包内通过创建类的对象来调用，但在不同包内不能使用(参阅第 7.5 节)。

(4) 子类不能继承父类用 private 修饰符所修饰的成员，在子类中可定义和父类中 private 成员相同名字的成员，两者被视为不同成员，彼此互不影响。

实操 文件名：\ex07\src\extendDemo\ExtendDemo.java

CMath 类有一个 getMax()方法，比较两个传入参数值并显示最大值。SonCMath 类继承了 CMath 类，除具有 CMath 类的 getMax()方法外，另外定义了一个能产生阶乘的 getFactorial()方法。

结果

```
10 与 20 的最大数为 20
5! = 1*2*3*4*5 = 120
```

程序代码

文件名：\ex07\src\extendDemo\ExtendDemo.java

```
01 package extendDemo;
02
03 class CMath {
04    public void getMax(int a, int b) {
05       int bigNum;
06       if (a > b)
07          bigNum = a;
08       else
09          bigNum = b;
10       System.out.println(a + " 与 " + b + " 的最大数为 " + bigNum);
11    }
12 }
13
14 class SonCMath extends CMath {          // SonCMath 继承 CMath 类
15    public void getFactorial(int a) {
16       int ans = 1, i;
17       System.out.print(a + "! = ");
18       for (i = 1; i < a; i++) {
19          System.out.print(i + "*");
20          ans *= i;
21       }
22       ans *= a;
23       System.out.println(a + " = " + ans);
24    }
25 }
26
27 public class ExtendDemo {
28    public static void main(String[] args) {
29       SonCMath math1 = new SonCMath();
30       math1.getMax(10, 20);      // 调用子类继承父类的方法
```

```
31        System.out.println();
32        math1.getFactorial(5);     // 调用子类自己的方法
33    }
34 }
```

说明

(1) 第 14~25 行：创建一个名称为 SonCMath 的类，它继承自类 CMath。因此它除拥有 CMath 类所定义的所有成员外，还增加一个 getFactorial()方法。

(2) 第 27~34 行：为 ExtendDemo.java 程序主类。

(3) 第 29 行：利用 SonCMath 类产生一个名为 math1 的对象。

(4) 第 30 行：调用 getMax()方法，此方法是由父类 CMath 继承过来的。

(5) 第 32 行：调用 getFactorial()方法，此方法是在子类 SonCMath 自己定义的。本语句调用该方法时所传入的参数是 5，故输出 5 的阶乘。

要注意第 14 行，类 SonCMath 用 extends 来继承类 CMath，因此类 CMath 所有的成员会由类 SonCMath 继承接收，而且增加一个可列出阶乘计算式的 getFactorial()方法成员。为了验证，本程序先用子类 SonCMath 产生一个对象 math1，然后在第 30 行使用这个对象去调用父类 CMath 的方法 getMax()。虽然子类 SonCMath 内没有 getMax()方法，但是仍能执行这项功能。

7.1.2 多重继承

上例介绍的是父类和子类的关系，而继承是可以多重进行的，即可以父传子，然后子传孙，以此类推。只要是有继承关系的类，自然就能继承上层(上一代)的所有成员，也就是孙子也拥有父亲的数据成员和方法成员，即使是曾孙、玄孙也都具有前面各代类的成员。多重继承的语法如下：

```
class CMath {                                  //定义 CMath 类
  ⋮
 }
 class SonCMath extends CMath {                //定义 SonCMath 继承 CMath 类
  ⋮
 }
 class GrandSonCMath extends SonCMath {        // 定义GrandSonCMath继承SonCMath类
  ⋮
 }
```

实操 文件名：\ex07\src\moreExtendDemo\MoreExtendDemo.java

改变上一实例，希望为 SonCMath 类再往下延伸出 GrandSonCMath 子类，而且这个子类另外定义了能产生费氏数列的 getFabonacci()方法。(费氏数列就是：0、1、1、2、3、5、8、13、21、34、55、89、144、233、377……)

结果

```
10 与 20 的最大数为 20
5! = 1*2*3*4*5 = 120
费氏数列：0, 1, 1, 2, 3, 5, 8, 13, 21, 34, 55
```

程序代码

文件名：\ex07\src\moreExtendDemo\MoreExtendDemo.java

```
01 package moreExtendDemo;
02 
03 class CMath {
04   public void getMax(int a, int b) {
05     int bigNum;
06     if (a > b)
07       bigNum = a;
08     else
09        bigNum = b;
10     System.out.println(a + " 与 " + b + " 的最大数为 " + bigNum);
11   }
12 }
13 
14 class SonCMath extends CMath {           // SonCMath 继承 CMath 类
15   public void getFactorial(int a) {
16     int ans = 1, i;
17     System.out.print(a + "! = ");
18     for (i = 1; i < a; i++) {
19       System.out.print(i + "*");
20       ans *= i;
21     }
22     ans *= a;
23     System.out.println(a + " = " + ans);
24   }
25 }
26 
27 class GrandSonCMath extends SonCMath {  //GrandSonCMath 继承 SonCMath 类
28   public void getFabonacci(int a) {
29     int firstNum = 0, secondNum = 1;
30      System.out.print("费氏数列: ") ;
31      System.out.print(firstNum + ", " +secondNum);
32      int ans;
33      for(int i=2; i<=a; i++) {
34          ans = firstNum + secondNum;
35          System.out.print(", " +ans);
36          firstNum = secondNum;
37          secondNum = ans;
```

```
38         }
39     }
40 }
41
42 public class MoreExtendDemo {
43     public static void main(String[] args) {
44         GrandSonCMath math2 = new GrandSonCMath();
45         math2.getMax(10,20);          //调用继承自祖父类的方法
46         math2.getFactorial(5);        //调用继承自祖父类的方法
47         math2.getFabonacci(10);       //调用自己的方法
48     }
49 }
```

说明

(1) 第27~40行：创建一个名称为GrandSonCMath的新类，它继承于SonCMath类，所以是SonCMath的子类，而SonCMath又继承于CMath，所以GrandSonCMath不但有SonCMath的成员，也有CMath的成员，而且还多了一个getFabonacci()方法用来计算阶乘。

(2) 第42~49行：是程序主类，其名称为MoreExtendDemo。

(3) 第44行：创建math2对象，math2对象属于GrandSonCMath类。因为继承关系，math2对象可以使用祖父类的getMax()方法(第45行)，也可以使用父类的getFactorial()方法(第46行)，更可以使用自身类的getFabonacci()方法(第47行)。

7.1.3 方法覆盖

覆盖(Override)是指如果子类和父类有相同的方法时(即名称一样，参数的个数一样，参数的数据类型也一样，但方法的内容不相同)，此时创建的子类对象使用到这个方法时，程序会选择调用子类的方法来执行，也就是说子类的方法覆盖了从父类继承过来的同名的方法。

实操 文件名：\ex07\src\overrideDemo\OverrideDemo.java

若父类CMath中有getMax()方法，子类SonCMath内也有getMax()方法。父类的getMax()方法可显示两个整数中的最大数，但无法判断两个整数是否相等；子类的getMax()可显示两个整数中的最大数或两数是否相等。那么，子类的getMax()方法会覆盖父类的getMax()方法。

结果

```
20 和 20 的最大数为 20   ←—— 调用 CMath 父类的 getMax()方法
20 和 20 一样大   ←—— 调用 SonCMath 子类的 getMax()方法
```

程序代码

文件名：\ex07\src\overrideDemo\OverrideDemo.java

```
01 package overrideDemo;
```

```
02
03 class CMath {
04     public void getMax(int a, int b) {
05         int bigNum;
06         if (a>b) bigNum = a;
07         else bigNum = b;
08         System.out.println(a + " 和 " + b + " 的最大数为 " + bigNum);
09     }
10 }
11
12 class SonCMath extends CMath {
13     public void getMax(int a, int b) {
14         if(a>b)
15           System.out.println(a + " 和 " + b + " 的最大数为 " + a);
16         else if(a<b)
17           System.out.println(a + " 和 " + b + " 的最大数为 " + b);
18         else
19           System.out.println(a + " 和 " + b + " 一样大");
20     }
21 }
22
23 public class OverrideDemo {
24     public static void main(String[] args) {
25        CMath math3 = new CMath();
26        math3.getMax(20, 20);          //调用 CMath 父类的 getMax()方法
27        SonCMath math4 = new SonCMath();
28        math4.getMax(20, 20);          //调用 SonCMath 子类的 getMath()方法
29     }
30 }
```

说明

第 13~20 行：是子类 SonCMath 中的 getMax()方法，和 CMath 父类中第 4~9 行的 getMax()方法名称相同且传入的参数也一样。

因为继承的关系，父类的数据成员和方法成员在子类中都会有。但是如果子类也有相同名称的方法成员的话，那会变成什么情况呢？Java 会优先选择使用子类的方法成员。另外还要注意，如果子类有个方法和父类的方法正好有相同名字，但是参数的个数不同，或是参数的类型不同，那又会变成是什么情况呢？这个现象就可视为方法重载，只是重载的方法分别在父、子类中。

7.1.4 默认构造方法的执行顺序

如果利用子类产生一个对象，则子类的父类以及父类的上一层类的默认构造方法(无参数构造方法)都会执行。执行默认构造方法的先后次序是由最上层类默认构造方法先执行，依次往下层执行，直至该层的默认构造方法为止。

简例 测试默认构造方法的执行顺序。

文件名：\ex07\src\constructorExtend\ConstructorExtend.java

```
01 package constructorExtend;
02
03 class CMath {
04    protected int a = 1;
05    CMath() {
06       System.out.println("a = " + a);
07    }
08 }
09
10 class SonCMath extends CMath {
11    protected int b = 2;
12    SonCMath() {
13       System.out.println("a + b = " + (a + b));
14    }
15 }
16
17 class GrandSonCMath extends SonCMath {
18    protected int c = 4;
19    GrandSonCMath() {
20       System.out.println("a + b + c = " + (a + b + c));
21    }
22 }
23
24 public class ConstructorExtend {
25    public static void main(String[] args) {
26       new GrandSonCMath();   // 采用匿名对象的方式来创建对象
27    }
28 }
```

结果

```
a = 1          ◀—— 执行 CMath 的构造方法
a + b = 3      ◀—— 执行 SonCMath 的构造方法
a + b + c = 7  ◀—— 执行 GrandSonCMath 的构造方法
```

说明

(1) 第 26 行：此行的创建方法没有指定对象的名字，即用“匿名对象”的方式来创建对象。

(2) 第 26 行语句一经执行，会启动类 GrandSonCMath 中的构造方法，应该先输出 a + b + c = 7。但是，结果并非如此，因为程序的流程是以父类构造方法的衍生顺序来执行的，一直往下直到自身类的构造方法。

7.1.5 使用 super

super 通常有两种用途，一是在子类构造方法中调用父类的构造方法，二是在子类中通过 super 来调用父类的成员。语法如下：

```
super([参数列表]);              //调用父类的构造方法
super.数据成员;                 //访问父类的数据成员
super.方法成员([参数列表]);     //调用父类的方法成员
```

简例 测试 super 的使用情形。

文件名：\ex07\src\superDemo\SuperDemo.java

```
01 package superDemo;
02
03 class CScore {
04   private int chia, math;
05
06   CScore() {
07      chia = 0; math = 0;
08   }
09
10   CScore(int chia, int math) {
11      this.chia = chia;
12      this.math = math;
13   }
14
15   public void showScore() {
16      System.out.print("语文：" + this.chia + "\t 数学：" + this.math);
17   }
18 }
19
20 class SonCScore extends CScore {
21   private int eng;
22   SonCScore() {
23      super();        //调用 CScore 父类的 CScore()构造方法
24      eng = 0;
25   }
26
27   SonCScore(int chia, int math, int eng) {
28      //调用 CScore 父类的 CScore(int chia, int math)构造方法
29      super(chia, math);
30      this.eng = eng;
31   }
32
33  public void showScore() {
34     super.showScore();   //调用父类的 showScore 方法
35     System.out.print("\t 英语：" + this.eng);
```

```
36   }
37 }
38
39 public class SuperDemo {
40
41   public static void main(String[] args) {
42     CScore Peter = new CScore(50, 70);
43     Peter.showScore();
44     System.out.println("\n");
45     SonCScore Tom = new SonCScore(65, 84, 99);
46     Tom.showScore();
47   }
48 }
```

结果

```
语文：50      数学：70
语文：65      数学：84      英语：99
```

说明

(1) 第 23 行：调用第 6~8 行 CScore 父类的 CScore()构造方法，然后再将第 24 行的 eng 设为 0。

(2) 第 27 行：调用第 10~13 行 CScore 父类的 CScore(int chia, int math)构造方法。

(3) 第 34 行：调用父类 CScore 的 showScore()方法。

(4) 第 33~36 行：调用 SonCcore 子类的 showScore()方法时，先执行第 34 行调用 CScore 父类的 showScore()方法，显示语文和数学分数；再执行第 35 行显示英语成绩。

7.1.6 使用 final

final 保留字可让数据成员以常量表示。当使用 final 来声明一个常量时，切记要同时给予这个常量初值(常量的值不能被变更)。final 如果出现在方法成员前，表示这个方法不可以被子类覆盖。换言之，如果父类的某个方法成员前面加上了 final 保留字，则子类又有相同名称的方法成员的话，编译时就会出现错误。如果在 class 之前加上 final 时，则表示该类不能有子类。

简例　测试 final 的使用情形。

文件名：\ex07\src\finalDemo1\FinalDemo1.java

```
01 package finalDemo1;
02
03 final class Cdog {    //无法被继承
04   int weight ;
05 }
06
07 /* 因为 Cdog 类为 final，所以 Ccat 无法继承 Cdog
08 class Ccat extends Cdog { }
09 */
```

```
10
11 class Ccar {
12     //private final int speed;   //此写法错误,必须指定初值
13     private final int speed = 120 ;
14     public final void showBigSpeed(String s) {
15         System.out.println(s + " 最大速度是 " + speed + " 千米! ");
16     }
17 }
18
19 class PiliCcar extends Ccar {
20     /* 父类的 showBigSpeed 方法为 final, 所以子类无法覆盖
21     public void showBigSpeed(String s) {
22         System.out.println(s + " 最大速度是 " + speed + " 千米! ");
23     }
24     */
25 }
26
27 public class FinalDemo1 {
28     public static void main(String[] args) {
29         Ccar car1 = new Ccar();
30         car1.showBigSpeed("car1");
31         PiliCcar car2 = new PiliCcar();
32         car2.showBigSpeed("car2");
33     }
34 }
```

结果

```
car1 最大速度是 120 千米!
car2 最大速度是 120 千米!
```

说明

(1) 第 3 行：Cdog 类之前加上 final 保留字，表示 Cdog 类无法被继承，因此 Ccat 类无法继承 Cdog 类。

(2) 第 12~13 行：将数据成员 speed 设成 final，因此必须指定初值。如果不指定初值，则会出现错误。

(3) 第 14~16 行：Ccar 类的 showBigSpeed()方法成员声明成 final，表示该类不能被子类覆盖(第 20~24 行)。

(4) 第 30、32 行：Ccar 和 PiliCcar 类的 car1 和 car2 对象都是调用 Ccar 父类的 showBigSpeed()方法。

覆盖的定义是指子类中如果和父类中有相同名称和数据类型的方法，而且传入的参数也相同，那么通过子类创建的对象在调用这个方法时，会执行子类的方法而不会执行父类的方法。但是如果在父类的方法前使用了保留字 final，则子类就不可以使用覆盖的功能。不过如果子类定义了一

个相同名称的方法，但是传入的参数不同，或者是方法的返回类型不同，那仍执行子类的方法。因为这种情形是重载，而不是覆盖。

简 例 修改前面一个实例，将不能覆盖的语句改成重载。

文件名：\ex07\src\finalDemo2\FinalDemo2.java

```
01 package finalDemo2;
02
03 class Ccar {
04    private final int speed = 120 ;
05    public final void showBigSpeed(String s)  {
06      System.out.println(s + " 最大速度是 " + speed + " 千米! ");
07    }
08 }
09
10 class PiliCcar extends Ccar {
11    public void showBigSpeed(String s, int n) {
12       System.out.println(s + " 加强后最大速度是 " + n + " 千米! ");
13    }
14 }
15
16 public class FinalDemo2 {
17    public static void main(String[] args) {
18       Ccar car1 = new Ccar();
19       car1.showBigSpeed("car1");              //调用 Ccar 父类的 showBigShow()
20       PiliCcar car2 = new PiliCcar();
21       car2.showBigSpeed("car2");              //调用 Ccar 父类的 showBigShow()
22       car2.showBigSpeed("car2", 180);         //调用 PiliCcar 子类的 showBigShow()
23    }
24 }
```

结 果

```
car1 最大速度是 120 千米!
car2 最大速度是 120 千米!
car2 加强后最大速度是 180 千米!
```

7.1.7 static 成员的限制

使用 static 修饰的成员称为静态成员，使用时受到如下限制：

(1) static 方法成员只可以使用 static 数据成员和调用 static 方法成员。

(2) 父类中如果有 static 方法成员，则其子类中不可以有同名的 static 方法成员，也就是不可以有方法覆盖的情形发生。

简 例 测试 static 方法成员的使用情形。

文件名：\ex07\src\staticDemo\StaticDemo.java

```
01 package staticDemo;
02
03 class A {
04    public static int a = 10;
05    public static int b;
06
07    public static void show() {
08        b = 20;
09        System.out.println("b 的值是: " + b);
10    }
11 }
12
13 class B extends A {
14    /* 父类的 show 方法为 static，所以子类无法覆盖
15    public void show() {
16       System.out.println("这是子类的方法");
17    }
18    */
19 }
20
21 public class StaticDemo {
22    public static void main(String[] args) {
23        System.out.println("类 A 中 a 的值是: " + A.a);
24       System.out.println("现在要直接调用类 A 中的方法成员 show()");
25       A.show();
26    }
27 }
```

结 果

```
类 A 中 a 的值是: 10
现在要直接调用类 A 中的方法成员 show()
b 的值是: 20
```

说 明

(1) 第 3~11 行：创建名称是 A 的类，这个类里面有两个 static 数据成员，分别为 a 和 b，而且还有一个 static 方法成员。

(2) 第 14~18 行的程序代码被批注，因为这个方法的名字和父类的方法一样。但是因为父类 A 中的 show()方法已经用 static 声明过，所以子类中不可以有同样名称的方法成员出现。如果将第 14~18 行批注取消的话，在编译时期就会出现错误信息。

(3) 第 23、25 行：不论是调用静态数据成员还是方法成员，都不必通过任何对象，而是直接用“类名.静态成员”就可以使用。

7.2 抽象类与抽象方法

“抽象类”是一种无法具体化的类。假设有一家汽车公司，老板提出开发新型车的构想，但是没有交代具体细节，把任务交给研发部门去实现。这时候，研发部门收到的信息是一个没有具体化的抽象概念，不同的研发部门会因此开发出许多不同的车款。这种观念若应用在程序设计上，则老板交办下来的构想就是一种“抽象类”。抽象类是有模板作用的父类，定义时在 class 前面要加上保留字 abstract。在抽象类(老板构想)内有“抽象方法”成员，但该方法没有实现，其实现的代码交给子类(研发部门)来定义。因此，抽象类不能使用 new 创建对象，只能被继承。抽象类在用 class 定义前，要先加上 abstract 关键字，语法如下：

```
abstract class 类名称 {
      数据成员;
      普通的方法成员(……) {                                    //一般方法
            ………(方法成员内的语句块)
      }
      修饰符 abstract 返回值类型 抽象方法名称([参数列表]);      //抽象方法
}
```

定义抽象类，有下列几点注意事项：

(1) 抽象类内的方法成员可以有普通的方法成员，但最主要的是可以有“抽象方法”成员。

(2) 一般方法成员内有语句块，而抽象方法成员没有方法体，只有一行声明语句，并用分号(;)做结尾。

(3) 抽象方法必须用 abstract 关键字声明，其修饰符不能为 private，因子类继承时需要有权限。

(4) 抽象类被子类继承后，其抽象方法必须在子类中重写。即子类必须重写该抽象方法，且方法内要有实现语句块，这叫做抽象方法的具体化。

(5) 抽象类无法创建对象，其构造方法和一般方法成员若要由子类来调用，则须使用 super 语句来调用。

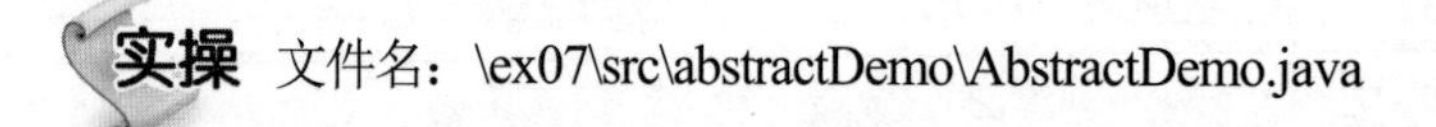

实操 文件名：\ex07\src\abstractDemo\AbstractDemo.java

创建一个 Cscore(成绩抽象)类，有两个数据成员：chia 成绩、math 成绩，定义一个用来计算平均分数的抽象方法 avgScore()。再分别创建 SimpleAvg(一般平均分数)类及 WeightAvg(加权平均分数)类来继承 Cscore 类。在主程序中传入 chia、math 成绩可显示一般平均分数，或传入 chia、math 成绩与科目加权可显示加权平均分数。

结果

```
姓名    语文    数学    平均分数
苏伟启   92     73     82.5
-------------------------------------------
姓名    语文    数学    加权平均
苏伟启   92     73     80.6
```

文件名：\ex07\src\abstractDemo\AbstractDemo.java

```
01 package abstractDemo;
02
03 abstract class Cscore {                          //抽象类
04   protected int chia, math;                      //语文成绩,数学成绩
05
06   public abstract double avgScore();             //抽象方法
07
08   protected Cscore(int chia, int math) {
09     this.chia = chia;
10     this.math = math;
11   }
12 }
13
14 class SimpleAvg extends Cscore {                 //继承 Cscore 抽象类,必须要实现抽象方法
15   SimpleAvg(int chia, int math) {
16     super(chia, math);
17   }
18
19   public double avgScore() {                     //实现 avgScore()抽象方法
20     return (float) (chia + math) / 2;
21   }
22 }
23
24 class WeightAvg extends Cscore {                 //继承 Cscore 抽象类,必须要实现抽象方法
25   private int w1, w2;
26
27   WeightAvg(int chia, int math, int w1, int w2) {
28     super(chia, math);
29     this.w1 = w1;
30     this.w2 = w2;
31   }
32
33   public double avgScore() {                     //实现 avgScore()抽象方法
34     return (float) (chia * w1 + math * w2) / (w1 + w2);
35   }
36 }
37
38 public class AbstractDemo {
39   public static void main(String[] args) {
40     String name = "苏伟启";
41     int chia = 92, math = 73;                    //分数
42     SimpleAvg avg1 = new SimpleAvg(chia, math);
43     System.out.println("姓名\t 语文\t 数学\t 平均分数");
44     System.out.printf("%s\t%d\t%d\t%2.1f%n", name, chia, math, avg1.avgScore());
```

```
45    System.out.println("-----------------------------------");
46    int wt1 = 2, wt2 = 3;                              //加权
47    WeightAvg avg2 = new WeightAvg(chia, math, wt1, wt2);
48    System.out.println("姓名\t 语文\t 数学\t 加权平均");
49    System.out.printf("%s\t%d\t%d\t%2.1f%n", name, chia, math, avg2.avgScore());
50    //Cscore avg3 = new Cscore(chia, math); //错误,抽象类无法实例化
51  }
52 }
```

说 明

(1) 第 3~12 行：是 Cscore 抽象类，在第 6 行声明 avgScore()抽象方法，此抽象方法没有方法体。不能用抽象类创建对象(第 50 行)，其构造方法(第 8~11 行)须由子类的语句使用 super 来调用(第 16、28 行)。

(2) 第 14~22 行：SimpleAvg 类继承 Cscore 抽象类，因此必须实现 Cscore 抽象类内的 avgScore()抽象方法。

(3) 第 15~17 行：抽象类的构造方法的调用，在子类的构造方法中第一行语句使用“super(参数列表)”来执行。

注：若抽象类中包含一般方法成员，需在子类的方法成员中使用“super.抽象类的一般方法名称(参数列表)”语句来执行。

(4) 第 24~36 行：WeightAvg 类继承 Cscore 抽象类，也必须实现抽象类内的 avgScore()抽象方法。

(5) 第 40~45 行语句的程序流程：第 40~42 行→第 14~16 行(SimpleAvg 类的构造方法)→第 8~11 行(Cscore 抽象类的构造方法)→第 17 行→第 43、44 行→第 19~21 行(SimpleAvg 类的 avgScore 方法)→第 45 行。

(6) 第 46~50 行语句的程序流程：第 46、47 行→第 24~28 行(WeightAvg 类的构造方法)→第 8~11 行(Cscore 抽象类的构造方法)→第 29~31 行(WeightAvg 类的构造方法)→第 48、49 行→第 33~35 行(WeightAvg 类的 avgScore 方法)→第 50 行。

7.3 接口

大家现在对继承已有一定的认识，但是一个子类为何只能继承一个父类呢？难道不能同时继承多个父类？为了实现这种多重继承的机制，可以通过接口来完成。接口只提供方法的定义，而不实现该方法，所以接口的使用特性和抽象类很相似。使用接口的类必须实现接口的方法，使不同类的对象可以利用相同的接口进行沟通。比如图 7-2 中的 Dog 和 Bird 类继承自 Animal 类，Bus 和和 Airplane 类继承自 Transport 类。

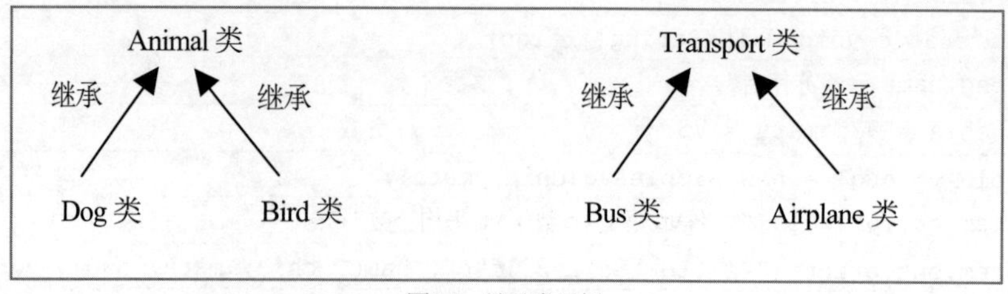

图7-2　继承类示例

Bird 类和 Airplane 类都具有 canFly()方法，但 Dog 类和 Bus 类却没有，所以不适合将 canFly()这个方法分别定义在 Animal 类和 Transport 类中。在 Java 中可以定义一个名称为 Ifly 的接口，在此接口内声明 canFly()方法，而让 Bird 类和 Airplane 类分别实现它。

7.3.1 接口和类的不同

接口和抽象类十分相似，但还有一些不同之处，大致上来说有下列 4 点。

(1) 数据成员与方法成员不同。抽象类中一定要包含一个或一个以上的抽象方法，同时允许在抽象类内定义普通的方法(有完整的语句块)。但是接口里面不能包含普通的方法。接口内声明的方法在编译时会变成 public 及 abstract 的类型，因此类实现接口方法时必须将实现的方法声明为 public 的类型。而接口内所定义的数据成员在编译时会变成 public 及 final 的类型，因此接口中的数据成员为常量类型。

(2) 实现和继承不同。Java 语言规定，子类只能继承一个父类，但是同时可以实现多个接口。

(3) 层次关系不同。在类的继承层次中，处于不同层次的类可以实现同一个接口。不管两个类是什么关系(基础、父、子等)，都可以实现同一个接口。

(4) 效率不同。接口属于执行阶段的动态查询，效率比较低，如果程序大量使用接口，将会造成较差的执行效率，所以必须谨慎使用。

7.3.2 接口的定义

在定义接口的时候，必须使用保留字 interface，但是要注意，只能声明方法成员，方法体为空，而数据成员必须给予初值，语法如下：

```
interface  接口名称 {
    [成员访问修饰符]  类型  属性名称 = 值;
      [成员访问修饰符]  返回类型  方法名称 (参数) ;    //仅声明方法，内无程序代码
}
```

比如：定义 Imove 接口，内有接口常量 ENGINE_NUM 和方法成员 addSpeed。

```
interface IMove {                              //IMove 接口
   public int ENGINE_NUM = 1;                  //接口常量
   public void addSpeed(int s);                //方法的声明，无程序代码
}
```

当接口定义好之后，其他类可以通过使用 implements 保留字来实现它。语法如下：

```
class  类名称  implements   接口名称 1, 接口名称 2, … {
      语句块
}
```

比如：PiliCar 类实现 IMove 接口，实现了 addSpeed()方法 (即编写方法内的程序代码)。语法如下：

```
class PiliCar implements IMove {          //PiliCar 类实现 IMove 接口
   private int speed;
```

```
    public void addSpeed(int s) {          //实现 IMove 接口的 addSpeed 方法内程序代码
        语句块
    }
}
```

因为一个类可以同时实现多个接口，所以可以用逗号来分隔接口名称。如果一个类实现了接口，就一定要实现接口内方法。如果这个接口继承别的接口，那连同所有有关系的接口内的方法也都要实现。

实操 文件名：\ex07\src\interfaceDemo1\InterfaceDemo1.java

定义一个 IMove 接口，该接口中有 ENGINE_NUM 接口常量，其值为 1；并声明 addSpeed() 方法。PiliCar 及 BMXCar 类实现了 IMove 接口。

结 果

```
所有车子有 1 个引擎!
霹雳车目前速度：0
霹雳车  加速后：150
霹雳车目前速度：150
霹雳车  加速后：270
霹雳车有 1 个引擎!

BMX 目前速度：0
BMX  加速后：150
BMX 目前速度：150
BMX 最大速度 200 无法再加速了
BMX 有 1 个引擎!
```

程序代码

文件名：\ex07\src\interfaceDemo1\InterfaceDemo1.java

```
01 package interfaceDemo1;
02
03 interface IMove {                          //IMove 接口
04    public int ENGINE_NUM = 1;              //接口常量
05    public void addSpeed(int s);            //只声明接口的方法，无程序代码
06 }
07
08 class PiliCar implements IMove {           //PiliCar 类实现 IMove 接口
09    private int speed;
10    public void addSpeed(int s) {           //实现 IMove 接口的 addSpeed 方法内程序代码
11        System.out.println("霹雳车目前速度：" + speed);
```

```
12          speed += s ;
13          System.out.println("霹雳车 加速后: " + speed);
14      }
15  }
16
17  class BMXCar implements IMove {           //BMXCar 类实现 IMove 接口
18      private int speed;
19      public void addSpeed(int s) {         //实现 IMove 接口的 addSpeed 方法内程序代码
20          System.out.println("BMX 目前速度: " + speed);
21          speed += s ;
22          if(speed <= 200)
23              System.out.println("BMX  加速后: " + speed);
24          else
25              System.out.println("BMX 最大速度 200 无法再加速了");
26      }
27  }
28
29  public class InterfaceDemo1 {
30      public static void main(String[] args) {
31          System.out.println("所有车子有 " + IMove.ENGINE_NUM + " 个引擎! \n");
32          PiliCar car1 = new PiliCar();
33          car1.addSpeed(150);
34          car1.addSpeed(120);
35          System.out.println("霹雳车有 " + IMove.ENGINE_NUM + " 个引擎! \n");
36          BMXCar car2 = new BMXCar();
37          car2.addSpeed(150);
38          car2.addSpeed(120);
39          System.out.println("BMX 有 " + IMove.ENGINE_NUM + " 个引擎! \n");
40      }
41  }
```

说明

(1) 第 3~6 行：定义 IMove 接口，其中有接口常量 ENGINE_NUM 初值为 1，还有 addSpeed(int s)接口方法，该方法没有方法体。

(2) 第 8~15, 17~27 行：PiliCar 和 BMXCar 类都实现 IMove 接口，所以要实现 IMove 接口的 addSpeed 方法，但是方法中的代码不同。

(3) 第 31、35、39 行：因为接口内所定义的数据成员为常量类型，所以调用时采用 IMove.ENGINE_NUM 这种方式。

7.3.3 接口继承

Java 接口也提供像类一样的继承机制，和类继承一样使用保留字 extends，所以接口也可以有父接口、子接口的关系存在。实现接口的类必须负责完成该接口及较上层接口的实现。比如 IAnimal

接口继承了 IMove 和 IFly 接口，语法如下：

```
interface IAnimal extends IMove, Ifly;
```

文件名：\ex07\src\interfaceDemo2\InterfaceDemo2.java

本例声明 IMove、IFly、IAnimal 三个接口。IMove 接口声明了 showSpeed()方法；IFly 接口声明了 showFly()方法；IAnimal 接口继承了 IMove 和 IFly 接口，IAnimal 接口同时也声明了 showAttack()方法。CAirPlane 类实现了 IMove 和 IFly 接口，而 CSiteYaMan 类实现了 IAnimal 接口。

结果

```
飞机每一次加速，会增加 20 千米!
飞机的最快移动方式，就是飞行!

赛亚人每一次加速，会增加 30 千米!
赛亚人飞的速度比光速还快!
赛亚人攻击会使用龟派气功!
```

程序代码

文件名：\ex07\src\interfaceDemo2\InterfaceDemo2.java

```
01 package InterfaceDemo_2;
02
03 interface IMove {
04    public void showSpeed();
05 }
06
07 interface IFly {
08    public void showFly();
09 }
10
11 interface IAnimal extends IMove, IFly {  //IAnimal 接口继承 IMove 和 IFly 接口
12    public void showAttack() ;
13 }
14
15 class CAirPlane implements IMove, IFly {   //实现 IMove 和 IFly 接口
16    public void showSpeed() {
17       System.out.println("飞机每一次加速，会增加 20 千米! ");
18    }
19    public void showFly() {
20       System.out.println("飞机的最快移动方式，就是飞行! ");
21    }
22 }
```

```
23
24 class CSiteYaMan implements IAnimal {      //实现 IAnimal 接口
25     public void showSpeed() {
26         System.out.println("赛亚人每一次加速，会增加 30 千米！");
27     }
28     public void showFly() {
29         System.out.println("赛亚人飞的速度比光速还快！");
30     }
31     public void showAttack() {
32         System.out.println("赛亚人攻击会使用龟派气功！");
33     }
34 }
35
36 public class InterfaceDemo2 {
37     public static void main(String[] args) {
38         CAirPlane air1 = new CAirPlane();      //创建 CAirPlane 类的 air1 对象
39         air1.showSpeed();                      //调用 CAirPlane 类的 showSpeed()方法
40         air1.showFly();                        //调用 CAirPlane 类的 showFly()方法
41         System.out.println();
42         CSiteYaMan man1 = new CSiteYaMan();    //创建 CSiteYaMan 类的 man1 对象
43         man1.showSpeed();                      //调用 CSiteYaMan 类的 showSpeed()方法
44         man1.showFly();                        //调用 CSiteYaMan 类的 showFly()方法
45         man1.showAttack();                     //调用 CSiteYaMan 类的 showAttack()方法
46     }
47 }
```

说明

(1) 第 11~13 行：IAnimal 接口继承 IMove 和 IFly 接口，因此 IAnimal 接口等于声明了 showSpeed()、showFly()、showAttack()方法。

(2) 第 15~22 行：CAirPlane 类实现 IMove 和 IFly 接口，所以必须完成 IMove 接口的 showSpeed()方法和 IFly 接口的 showFly()方法。

(3) 第 24~34 行：CSiteYaMan 类实现 IAnimal 接口，因为 IAnimal 接口继承 IMove 和 IFly 接口，所以除了完成 IAnimal 接口的 showAttack()方法外，还需要完成 IMove 和 IFly 父接口的 showSpeed()和 showFly()方法。

(4) 由此例可看到接口之间如何达到继承的目的，做法和类的继承很相似。但要注意，一旦某个类实现子接口后，一定要将接口中所有方法实现，即使是子接口的父接口内的方法成员也都要实现。

7.4 多态

多态(Polymorphism)是不同对象执行相同的方法，却可以得到不同的结果。因此，程序在执行时会根据不同的对象自行选择适当的方法来执行。例如：不同形状的面积计算公式不同。如三角形的面积为(底 × 高) / 2；矩形的面积为长 × 宽。在 Java 中如果要完成多态，可以使用抽象方法和接口的方式来实现。

7.4.1 以抽象类实现多态

实操 文件名：\ex07\src\polymorphismDemo1\PolymorphismDemo1.java

设计用抽象类实现多态，完成下列描述的程序：

三角形、矩形都要用两个参数来计算面积。先创建一个 Share 抽象类，包含求面积的抽象方法 area(X,Y)，再分别定义 Triangle 三角形、Rectangle 矩形两个类来实现 area()方法，然后在主程序中实现多态，分别传入两个参数值，再取出三角形、矩形各形状的面积值。

结果

```
请选择形状：(1.三角形  2.矩形  0.离开) ?  1 ↵
请输入 高 ?  15 ↵
请输入 底 ?  10 ↵
三角形：  高 = 15.0，底 = 10.0，面积为 75.0
请选择形状：(1.三角形  2.矩形  0.离开) ?  2 ↵
请输入 高 ?  15 ↵
请输入 宽 ?  10 ↵
矩形：  高 = 15.0，宽 = 10.0，面积为 150.0
请选择形状：(1.三角形  2.矩形  0.离开) ?
```

程序代码

文件名：\ex07\src\polymorphismDemo1\PolymorphismDemo1.java

```
01 package polymorphismDemo1;
02
03 import java.util.Scanner;
04
05 abstract class Share {                                  // 抽象类
06   abstract double area(double X, double Y);             // 抽象方法
07 }
08
09 class Triangle extends Share {                          //Triangle 类继承 Share 抽象类
10   public double area(double H, double B) {
11     return (H * B) / 2;
12   }
13 }
14
15 class Rectangle extends Share {                         //Rectangle 类继承 Share 抽象类
```

```
16   public double area(double H, double W) {
17     return H * W;
18   }
19 }
20
21 public class PolymorphismDemo1 {
22   public static void main(String[] args) {
23     double high, base;
24     Share sha;                                  //声明 Share 类的对象 sha
25     Triangle tri = new Triangle();              //创建 Triangle 类的对象 tri
26     Rectangle rec = new Rectangle();            //创建 Rectangle 类的对象 rec
27
28     Scanner scn = new Scanner(System.in);       //创建 scn 对象接收输入数据
29     while (true) {
30       System.out.print("请选择形状：(1.三角形   2.矩形    0.离开) ？ ");
31       int item = scn.nextInt();
32       if (item == 1) {
33         System.out.print("请输入 高 ？ ");
34         high = scn.nextDouble();
35         System.out.print("请输入 底 ？ ");
36         base = scn.nextDouble();
37         System.out.print("三角形： 高 = " + high + ", 底 = " + base);
38         sha = tri;                              //将 tri 对象赋给 sha 对象
39       } else if (item == 2) {
40         System.out.print("请输入 高 ？ ");
41         high = scn.nextDouble();
42         System.out.print("请输入 宽 ？ ");
43         base = scn.nextDouble();
44         System.out.print("矩形： 高 = " + high + ", 宽 = " + base);
45         sha = rec;                              //将 rec 对象赋给 sha 对象
46       } else {
47         scn.close();
48         break;
49       }
50       //执行 Share 类的 area()方法
51       System.out.println(", 面积为 " + sha.area(high, base));
52     }
53   }
54 }
```

说明

(1) 第 24 行：声明 Share 类的对象 sha，此时会在内存的 Stack 产生 sha 对象，其值为 null，表示没有指向任何对象，如图 7-3 所示。

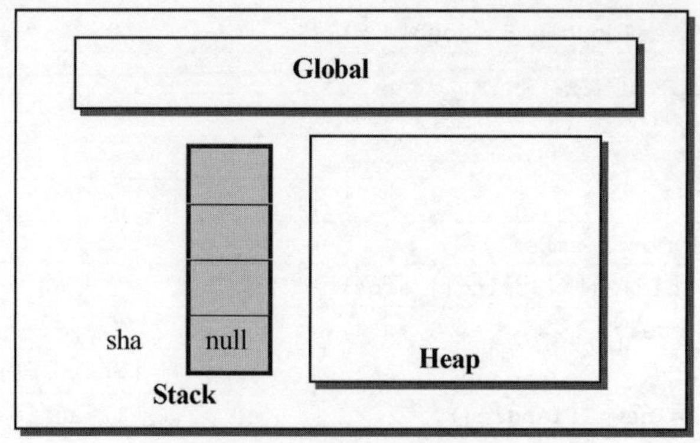

图7-3　声明Share类的对象sha

(2) 第 25~26 行：分别创建 Triangle 类的对象 tri、Rectangle 类的对象 rec。此时，Stack 区的 tri 对象会指向 Heap 区 Triangle 类的 tri 对象; Stack 区的 rec 对象会指向 Heap 区 Rectangle 类的 rec 对象。内存分配如图 7-4 所示。

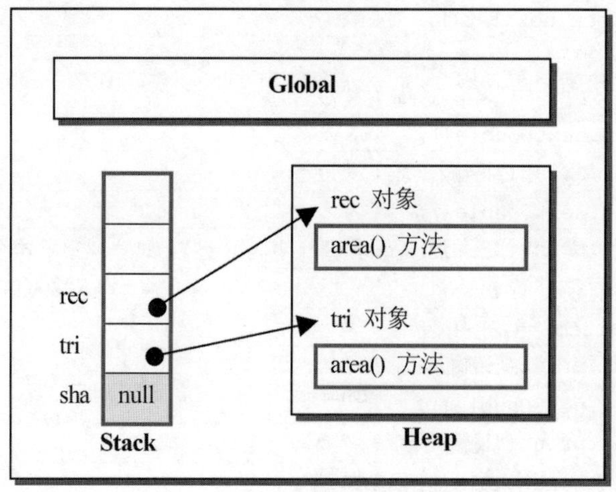

图7-4　内存分配图1

(3) 第 38 行：将 tri 对象赋值给 sha 对象，也就说是把 tri 对象的地址赋值给 sha 对象。此时通过 sha 对象可以执行 tri 对象的 area()方法。此时内存分配如图 7-5 所示。

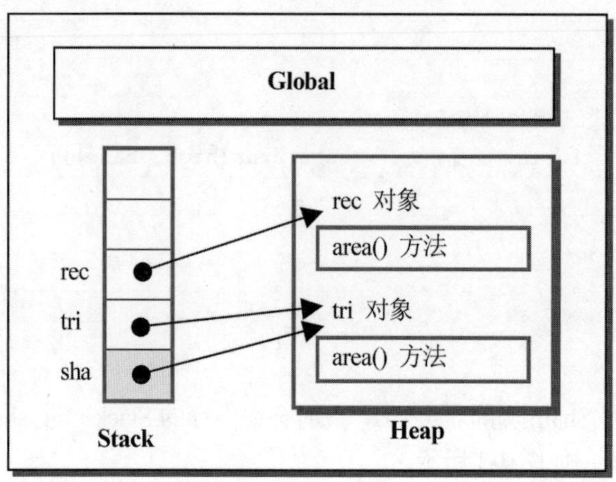

图7-5　内存分配图2

(4) 第45行：将 rec 对象赋值给 sha 对象，也就说是把 rec 对象的地址赋值给 sha 对象，此时通过 sha 对象可以执行 rec 对象的 area()方法。此时内存分配如图 7-6 所示。

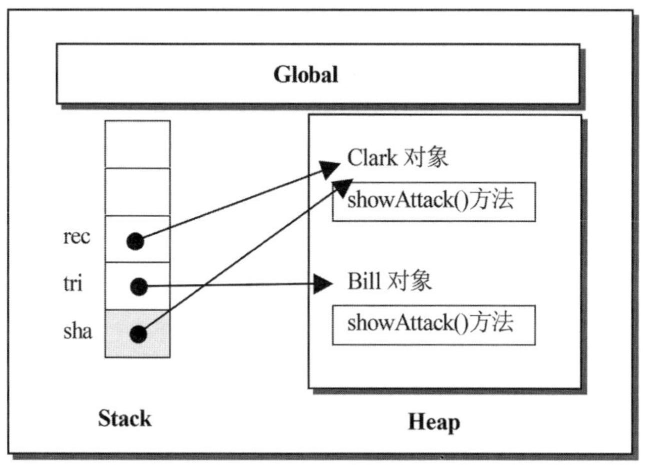

图7-6　内存分配图3

(5) 第51行：通过 sha 对象来执行 tri 或 rec 对象的 arca()方法，因此执行 sha.area(high, base)时会分别调用 Triangle 类的 area(H, B)方法或 Rectangle 类的 area(H, W)方法。

父类的对象可以引用子类的对象，当父类的对象引用到子类的对象后，即通过父类的对象来访问子类与父类同时拥有的数据成员，通过这种技巧可以完成多态，使程序在执行时会根据不同的对象自行选择适当的对象方法来执行。

7.4.2 以接口实现多态

当某个子类已经继承了一个父类时，该子类无法通过再继承一个抽象类来完成多态，因此，必须使用接口来完成多态，通过接口来完成多态的写法和抽象类大同小异。

实操 文件名：\ex07\src\polymorphismDemo2\PolymorphismDemo2.java

设计用接口实现多态，完成下列程序：

圆形需要一个参数(半径)，而梯形需要三个参数来计算面积。本例先定义一个 Share 接口，包含求面积的方法 area()，再分别定义 Circle 三角形、Tapezoid 梯形两个类来实现 area()方法，然后在主程序中进行多态，分别传入一个参数值取出圆形面积，或传入三个参数值取出梯形面积。

结果

```
请选择形状：(1.圆形　 2.梯形　 0.离开) ？ 1 ↵
请输入 半径 ？ 5 ↵
圆形： 半径 =5.0，面积为 78.5 ↵
请选择形状：(1.圆形　 2.梯形　 0.离开) ？ 2 ↵
请输入 上底 ？ 10 ↵
请输入 下底 ？ 15 ↵
```

```
请输入 高 ？ 7 ↵
梯形：上底 =10.0，下底 =15.0，高 =7.0，面积为 87.5 ↵
请选择形状：(1.圆形    2.梯形     0.离开) ？
```

程序代码

文件名：\ex07\src\polymorphismDemo2\PolymorphismDemo2.java

```
01 package polymorphismDemo2;
02
03 import java.util.Scanner;
04
05 interface Share {                          //定义 Share 接口
06   double area();                           //声明求面积 area()方法
07 }
08
09 class Circle implements Share {            //Circle 类实现 Share 接口
10   private double radius;                   //半径
11
12   public Circle(double r) {
13     this.radius = r;
14   }
15
16   public double area() {
17     return 3.14 * radius * radius;
18   }
19 }
20
21 class Tapezoid implements Share {          //Tapezoid 类实现 Share 接口
22   private double uBase, dBase, high;       //上底,下底,高
23
24   public Tapezoid(double u, double d, double h) {
25     this.uBase = u;
26     this.dBase = d;
27     this.high = h;
28   }
29
30   public double area() {
31     return (uBase + dBase) * high / 2;
32   }
33 }
34
35 public class PolymorphismDemo2 {
36   public static void main(String[] args) {
37     double radius, uBase, dBase, high;
38     Share sha;                                     //声明 Share 类的对象 sha
39     Circle cir;                                    //声明 Circle 类的对象 cir
```

```
40     //Tapezoid tap;                        //声明 Tapezoid 类的对象 tap
41     Scanner scn = new Scanner(System.in);   //创建 scn 对象接收输入数据
42     while (true) {
43       System.out.print("请选择形状：(1.圆形   2.梯形    0.离开) ？ ");
44       int item = scn.nextInt();
45       if (item == 1) {
46         System.out.print("请输入 半径 ？ ");
47         radius = scn.nextDouble();
48         cir = new Circle(radius);
49         sha = cir;
50         System.out.print("圆形： 半径  = " + radius);
51       } else if (item == 2) {
52         System.out.print("请输入 上底 ？ ");
53         uBase = scn.nextDouble();
54         System.out.print("请输入 下底 ？ ");
55         dBase = scn.nextDouble();
56         System.out.print("请输入 高 ？ ");
57         high = scn.nextDouble();
58         sha = new Tapezoid(uBase, dBase, high);
59         System.out.print("梯形：上底 = " + uBase + ", 下底 = " + dBase + ", 高 = " + high);
60       } else {
61         scn.close();
62         break;
63       }
64       //实现 Share 接口的 area()方法
65       System.out.println(", 面积为 " + sha.area());
66     }
67   }
68 }
```

说明

(1) 第5~7行：创建Share接口，声明了area()方法。

(2) 第9、21行：Circle和Tapezoid类都实现了Share接口，因此Circle和Tapezoid类都必须实现Share接口的area()方法。

(3) 第38行：声明属于 Share接口类型的对象sha。

(4) 第39行：声明Circle类的cir对象。

(5) 第40行：声明Tapezoid类的tap对象，但本行语句在本范例用不到。

(6) 第48行：创建Circle类的cir对象，并执行带一个参数的Circle类构造方法。

(7) 第49行：将cir对象赋值给sha对象，即把cir对象的地址赋值给sha对象，此时通过sha对象可以执行cir对象的area()方法。

(8) 第48行与第49行的语句可以合并，合并语句如下：

```
sha = new Circle(radius);
```

(9) 第 58 行：以匿名对象方式执行带三个参数的 Tapezoid 类构造方法，再将该匿名对象赋值给 sha 对象，此时通过 sha 对象可以执行 Tapezoid 类匿名对象的 area()方法。因此第 40 行语句用不到。

(10) 第 65 行：通过 sha 对象来执行 cir 对象或 Tapezoid 类匿名对象的 area()方法。

本例使用接口的引用对象来操作类对象的方法，通过这种技巧可完成多态，使程序执行会根据不同的对象自行选择适当对象的方法来执行。

7.5 包

Java 为了使程序设计师可以有效且方便地管理类，提供了一项十分重要的机制，那就是包。OOP 适合用来开发大型程序，因此类能够实现 OOP 的封装原则。但是若类过多到难以掌控甚至发生名称相冲突时，将是一个棘手的问题，这时可以使用包来解决。

7.5.1 包的功能

包除了解决名字冲突问题外，还可以有效地将类分门别类，也就是说将同一类型的类集中管理。比如一套系统有三大部分，包括网络、数据库、程序接口的呈现。此时如果有很多类，那就可以将所有的类分别安置在三个不同的包中。

包是以层次方式来管理的，因此整体架构十分清楚。比如说您要买一部车，当您准确地告诉业务员想要哪个牌子、哪种类型的车时，比如说："福特轿车"(因为车种包含轿车、卡车、小货车等)，这样业务员就可以为您介绍这部车。将上述例子转成程序设计的观念，则车是个包，而福特是车内的子包，以此类推。而轿车是子包中包含的类，以 Java 语法来表示这个类和包的关系就是："车.福特.轿车"。在编写程序时，用点符号来创建包之间的连接关系。接下来介绍如何编写使用包的程序，并且学会如何管理这些包及所包含的类。

7.5.2 包的定义

在 Java 中要定义包，必须使用保留字 package，而且要写在程序代码的第一行。这样，所有在这个包内的类都算是这个包所拥有的。定义一个包的语法如下：

```
package 包名称;
```

举个例子，如果在某个程序的第一行输入 package firstpackage，那么就是创建了一个名称为 firstpackage 的包，而这包内所有的类都属于 firstpackage 包。上面是最简单的定义方式，因为 Java 对于包可以层次式实现，因此当我们开发一套相当大的程序时，为了能够分门别类地管理，就要层次式的定义，定义的格式如下：

```
package 包名称 1.包名称 2…;
```

比如说现在为 A.java 及 B.java 定义了个包。A.java 属于 firstpackage 包底下的 small 包，B.java 属于 firstpackage 包底下的 big 包，其写法如下：

```
package firstpackage.small;    //A.java 定义为 firstpackage.small 包
package firstpackage.big;          //B.java 定义为 firstpackage.big 包
```

如果有个名称为 firstpackage 的包，那么必须有一个名称为 firstpackage 的文件夹，然后属于 firstpackage 的类中各自的*.class 文件都必须放在 firstpackage 文件夹里面，也就是说一个包里可以有很多个类。图 7-7 说明了包与类之间的关系。

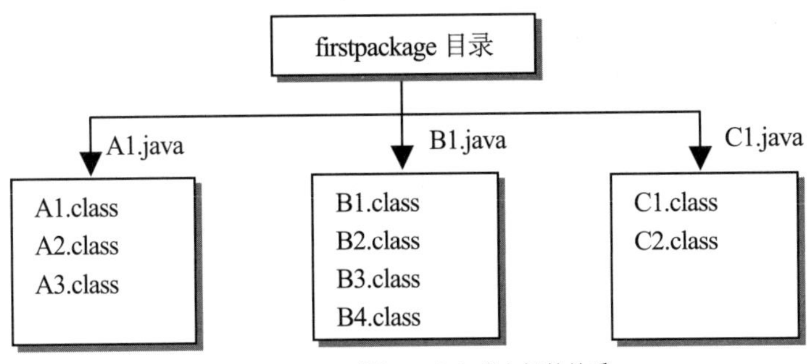

图7-7　包与类之间的关系

7.5.3　类与类中成员权限的设定

类的访问修饰符只有 public 和默认的(default)，若类声明为 public 则表示该类可以在不同包内访问；若类为默认的(default)表示该类只能在同一包内访问。在 Java 中可以使用 public、private、protected、默认的访问修饰符来控制类成员的访问权限，其访问权限如表 7-1 所示。

表7-1　类成员的访问权限

成员	访问范围			
	同一个类	同一个包	不同包的子类	不同包非子类
private	√			
默认的	√	√		
protected	√	√	√	
public	√	√	√	√

下面对类中成员的访问权限简要说明。

- public成员：任何包中的类都可以不受限制的存取这个类的成员。
- private成员：只能在同一个类内使用该成员。
- protected成员：除了类内可以使用之外，同一个包中的类以及其他包中的子类也可以使用。
- 默认的成员：具有包访问性，在同一个包中的所有类都可以使用。

7.5.4　引用包

在包内定义类之后，如何引用某个包内的类呢？在 Java 中可使用保留字 import 引用指定包内的类，其语法如下：

```
import 包名称1.包名称2.…类名称(*);
```

利用 import 保留字可以导入想要用的包中的类，程序中可以多次使用 import 导入多个包中的类。

实操 文件名：\ex07\src\otherPackage\Other.java

本例有两个包，otherPackage 包内有 Other 类，selfPackage 包内有 Another 类与 Self 主程序类。在 Other 类与 Another 类中都定义了 show_a、show_b、show_c、show_d 四个方法，这四个方法的访问权限依次为默认、public、protected、private。

在 Self 主程序类的 main()方法中，进行如下设计：

① 创建 selfPackage 包中的 Another 类对象，调用该对象的 show_a、show_b、show_c、show_d 四个方法。

验证：selfPackage 包中只有 private 成员不可以直接使用。

② 创建包 otherPackage 中的 Other 类对象，调用该对象的 show_a、show_b、show_c、show_d 四个方法。

验证：otherPackage 中只有 public 访问权限可直接使用。

结果

```
这是 selfPackage,修饰符:无(默认)
这是 selfPackage,修饰符:public
这是 selfPackage,修饰符:protected

这是 otherPackage,修饰符:public
```

▶ **解题技巧**

Step 1 执行菜单中的【File/New/Package】命令，新建 otherPackage 包。

Step 2 执行菜单中的【File/New/Class】命令，在 otherPackage 包内新建 Other 类。

Step 3 程序 Other.java 的开头声明 package otherPackage;语句，接着编写如下程序代码：

文件名：\ex07\src\otherPackage\Other.java

```
01 package otherPackage;
02
03 public class Other {
04   void show_a() {            //默认访问权限
05     System.out.println("这是 otherPackage,修饰符:无(默认)");
06   }
07   public void show_b() {      //公用访问权限
08     System.out.println("这是 otherPackage,修饰符:public");
09   }
10   protected void show_c() {   //保护访问权限
11     System.out.println("这是 otherPackage,修饰符:protected");
12   }
13   private void show_d() {     //私有访问权限
14     System.out.println("这是 otherPackage,修饰符:private");
15   }
16 }
```

说明

(1) 第1行：使用package来定义Other.java内的类是属于otherPackage包的。

(2) 如果不同包的类要互相使用的话，一定要在class保留字的前面再加上public。需要注意：在同一个包内，不可以同时存在两个public的类，如果包内有一个public类，则其文件名必须用这个类的名称来命名。

Step 4 执行菜单中的【File/New/Package】命令，新建selfPackage包。

Step 5 执行菜单中的【File/New/Class】命令，在selfPackage包内新建Another类，并编写如下程序代码：

文件名：\ex07\src\selfPackage\Another.java

```
01 package selfPackage;
02
03 public class Another {
04     void show_a() {            //默认访问权限
05         System.out.println("这是 selfPackage,修饰符:无(默认)");
06     }
07     public void show_b() {     //公用访问权限
08         System.out.println("这是 selfPackage,修饰符:public");
09     }
10     protected void show_c() { //保护访问权限
11         System.out.println("这是 selfPackage,修饰符:protected");
12     }
13     private void show_d() {    //私有访问权限
14         System.out.println("这是 selfPackage,修饰符:private");
15     }
16 }
```

说明

(1) 第1行：使用package来定义selfPackage包。

(2) 主类Self.java程序代码与Another.java放在相同包内，而上一个程序Other.java与主类Self.java属于不同包。

(3) Another类与Other类所定义的四个方法相同，其用意将会在下一个程序(主类程序)中验证public、protected、private、默认等访问修饰符在相同包与不同包之间的权限。

Step 6 执行菜单中的【File/New/Class】命令，在selfPackage包内再新建Self主类，并编写如下程序代码：

文件名：\ex07\src\selfPackage\Self.java

```
01 package selfPackage;
02 import otherPackage.Other;
03
04 public class Self {
05     public static void main(String[] args) {
```

```
06        Another obj_a = new Another();
07        obj_a.show_a();
08        obj_a.show_b();
09        obj_a.show_c();
10        //obj_a.show_d();          //这是不可以用的
11
12        System.out.println();
13        Other obj_o = new Other();
14       //obj_o.show_a();           //这是不可以用的
15       obj_o.show_b();
16       //obj_o.show_c();           //这是不可以用的
17       //obj_o.show_d();           //这是不可以用的
18    }
19 }
```

说 明

(1) 第 1 行：使用 package 来定义 selfPackage 包。

(2) 第 2 行: 表示要导入 otherPackage 包内的 Other 类。若要导入 otherPackage 包内的所有类，则本语句可改为

```
import otherPackage.* ;
```

(3) 第 6 行：创建 selfPackage 中 Another 类的对象 obj_a，之后再使用该对象的四个方法。结果发现在 elfPackage 中：默认(第 7 行)、public(第 8 行)、protected(第 9 行)所声明的方法可以调用使用，只有 private(第 10 行)所声明的方法不可以使用。

(4) 第 13 行: 创建 otherPackage 包中 Another 类的对象 obj_o，之后再使用该对象的四个方法。结果 selfPackage 中只有用 public(第 15 行)所声明的方法可以调用，其余的都不能调用使用。

7.6 认证实例练习

题 目 (OCJP 认证模拟试题)

1. 下面 Java 程序执行后的结果是(   )。

① Value is: 8　　② 编译失败　　③ Value is: 12　　④ Value is: -12　　⑤ 没输出

```
01 class SimpleCalc {
02     public int value;
03     public void calculate() { value += 7; }
04 }
05
06 public class MultiCalc extends SimpleCalc {
07     public void calculate() { value -= 3; }
08     public void calculate( int multiplier ) {
09         calculate();
10         super.calculate();
```

```
11          value *= multiplier;
12      }
13      public static void  main(String[] args) {
14          MultiCalc calculator = new MultiCalc();
15          calculator.calculate(2);
16          System.out.println("Value is: " + calculator.value);
17      }
18  }
```

说明

(1) 第 14 行：value=0

(2) 第 15 行 ⇨ 第 8 行：value=0, multiplier=2

(3) 第 9 行 ⇨ 第 7 行：value=value-3=0−3=−3

(4) 第 10 行 ⇨ 第 3 行：value = value+7 = −3+7 = 4

(5) 第 11 行：value = value*multiplier =4 × 2 = 8

(6) 第 16 行显示 Value is: 8。所以答案为 ①。

题目 (OCJP 认证模拟试题)

2. 下面 Java 程序执行后的结果是(　　)。

① 1　　② 3　　③ 123　　④ 321　　⑤ 没有数据输出

```
01  class Test1 {
02      public Test1() { System.out.print(1); }
03  }
04
05  class Test2 extends Test1 {
06      public Test2() { System.out.print(2); }
07  }
08
09  class Test3 extends Test2 {
10      public Test3() { System.out.print(3); }
11  }
12
13  public class Numbers {
14      public static void  main(String[] args) { new Test3(); }
15  }
```

说明

(1) Test3 继承了 Test2，Test2 又继承了 Test1。

(2) 第 14 行是用“匿名对象”的方式来创建对象。

(3) new Test3();语句调用 Test3()构造方法，但调用 Test3()构造方法之前会先调用 Test2()构造方法，且调用 Test2()构造方法之前会先调用 Test1()构造方法。故显示数据的顺序为 1, 2, 3。所以正确答案为③。

题目 (OCJP 认证模拟试题)

3. Java 程序代码如下：

```
public abstract class Shape {
      private int x;
      private int y;
      public abstract void draw();
      public void setAnchor(int x, int y) {
         this.x = x ;
         this.y = y;
      }
}
```

下列正确使用了 Shape 类的两项是(　　)。

```
①  public class Circle implements Shape {
   private int radius;
}
```

```
②  public abstract class Circle extends Shape {
   private int radius;
}
```

```
③  public class Circle extends Shape {
   private int radius;
   public void draw();
}
```

```
④  public abstract class Circle implements Shape {
   private int radius;
   public void draw();
}
```

```
⑤  public class Circle extends Shape {
   private int radius;
   public void draw() { /* CODE HERE */ }
}
```

```
⑥  public abstract class Circle implements Shape {
   private int radius;
   public void draw() { /* CODE HERE */ }
}
```

说明

(1) 继承 abstract class 要使用 extends，不能使用 implements。

(2) 若 Circle 类的方法中有覆盖到 draw()方法，必须要有实现的程序区块，所以正确答案为②、⑤。

题目 (OCJP 认证模拟试题)

4. 下面 Java 程序执行后的结果是(　　)。

① 13　　② 134　　③ 1234　　④ 2134　　⑤ 4321

```
01 class X {
02     X() { System.out.print(1); }
03     X(int x) {
04         this();
05         System.out.print(2);
06     }
07 }
08 public class Y extends X {
09     Y() {
10         super(6);
11         System.out.print(3);
12     }
13     Y(int y) {
14         this();
15         System.out.println(4);
16     }
17     public static void main(String[] a) { new Y(5); }
18 }
```

说明

执行顺序及结果如下：

第17行的new Y(5); ⇨ 第13行 ⇨ 第14行的this(); ⇨ 第9行 ⇨ 第10行的super(6); ⇨ 第3行 ⇨ 第4行的this(); ⇨ 第2行，显示1 ⇨ 第5行，显示2 ⇨ 第11行，显示3 ⇨ 第15行，显示4。

所以显示结果为1234，故答案为③。

题目 (MTA认证模拟试题)

5. 以下为类定义的程序代码：

```
public class Box {
    protected short minBoxWidth;
    protected short maxBoxWidth;
}
```

minBoxWidth及maxBoxWidth 数据成员皆只能被Box类存取。

请审查下画线的内容，如果认为无误请选择“①”，如果认为有误，请选择使其正确的选项。下列选项叙述正确的是(　　)。

① 无须做任何改变

② 只能被相同套件的类，以及继承Box的类存取

③ 只能被没有继承Box的类存取

④ 能够被所有类存取

说明

protected成员可以借由类之间的继承关系让子类使用，但是不可以由不同包的类所产生的对象使用。故答案为②。

题目 (MTA 认证模拟试题)

6. 有一个名为 InsurancePolicy 的 Java 类。试定义一个名为 RATE 的常数数据，此数据成员必须在没有实例化 InsurancePolicy 类的情况下被任何类存取。填入下列选项完成以下程序代码，空白处应依次填入(　　)。

final　finally　private　protected　public　static　super　void

```
public class InsurancePolicy {
    ____I____ ____II____ ____III____ double RATE=0.0642;
}
```

① public，static，final　　　② super，final，final

③ protected，final，finally　　　④ private，static，finally

答案是① 。完整的语句如下：

```
public class InsurancePolicy {
    public static final double RATE=0.0642;
}
```

题目 (MTA 认证模拟试题)

7. 以下为类定义的程序代码：

```
class Logger {
    public void logError(String message) {
    }
}
```

logError 方法能够被与 Logger 类相同包的所有类程序代码所调用。

请审查下画线的内容，如果认为无误请选择“④”，如果认为有误，请选择使其正确的选项。下列选项叙述正确的是(　　)。

① 只能被 Logger 类所调用

② 只能被 Logger 类所调用以及承袭与其相同包的类所调用

③ 能够被所有包的所有类所调用

④ 无须做任何改变

public 成员除了可以借由类之间的继承关系而直接让子类使用，也可以经由其他自身包或不同包的类产生的对象使用。故答案为③。

题目 (MTA 认证模拟试题)

8. 下方为一段代码：

```
01 public class Customer
02 {
```

```
03    private int id = 3;
04    public static void main(String[] args)
05   {
06       Customer customer = new Customer();
07       id = 5;
08       showId();
09   }
10
11   protected void showId()
12   {
13       System.out.println(id);
14   }
15 }
```

此程序代码不能编译。下列叙述正确的请填“是”，反之填“否”。

① 将变量 id 的存取修饰词更改为 public。（ ）

② 将 showId 方法的存取修饰词更改为 public。（ ）

③ 在第 7、8 行 id 和 showId()前加前置词 customer。（ ）

说明

答案：①否，②否，③是。程序请参考\ex07\src\test07_8\Customer.java。

题目 (MTA 认证模拟试题)

9. 你在冒险工程(Adventure Works)担任 Java 开发人员，你的同事建立了以下程序：

```
01 public class Rectangle {
02    private int width;
03    private int length;
04
05    Rectangle(int width, int length) {
06       this.width = width;
07       this.length = length;
08    }
09
10     public int area() {
11        return this.width * this.length;
12     }
13
14     public int getWidth() {
15        return width;
16     }
17
18     public int getLength() {
19       return length;
20    }
21 }
```

试写一段程序代码来测试 Rectangle 类。填入下列选项完成以下程序代码，空白处应依次填入( )。

A. new rect=Rectangle(20,40);　　B. Rectangle rect=new(20,40);
C. Rectangle rect=new Rectangle(20,40);　　D. areaNum=area.rect();
E. areaNum=rect.area();　　F. areaNum= Rectangle.area();
G. Rectangle.getWidth(),Rectangle.getLength()
H. rect.Width(),rect.Length ()　　I. rect.getWidth(),rect.getLength()

```
int areaNum;
__________I__________
__________II__________
System.out.printf("Width=%d Length=%d\n", __________III__________ );
System.out.printf("Area is correct %b\n", areaNum==800);
```

① C, E, I　　② B, F, H　　③ A, D, G　　④ C, F, G

说 明

答案：①。程序代码请参考 \ex07\src\test07_9\Test07_9.java。

7.7 习题

一、选择题

1. 父类的成员让子类继承，但不是公开成员，则该成员用(　　)保留字声明。
   ① public　　② protected　　③ private　　④ static
2. 子类会覆盖掉父类的方法是(　　)。
   ① 方法重载　　② 方法覆盖　　③ 静态方法　　④ 抽象方法
3. 若某个一类不再让其他类继承，可在class之前加上(　　)保留字。
   ① private　　② public　　③ final　　④ abstract
4. 有关Java类的默认构造方法的说明错误的是(　　)。
   ① 默认构造方法在Java类中都存在　　② 默认构造方法是public的访问权限
   ③ 默认构造方法没有返回值　　④ 默认构造方法没有参数
5. 下列有关继承表述有误的是(　　)。
   ① 被继承的类称为父类　　② 一个父类可以同时给两个子类继承
   ③ 一个子类可以同时继承两个父类　　④ 接口也有继承机制
6. 要设定抽象类与抽象方法，必须使用(　　)保留字。
   ① default　　② public　　③ final　　④ abstract
7. 关于抽象类，下列正确的是(　　)。
   ① 定义抽象类，必须在class之前加上private
   ② 定义抽象类，必须在class之前加上abstract
   ③ 要使用抽象类时，必须使用new来创建对象
   ④ 继承抽象类的子类，也一并继承抽象类所定义的抽象方法

8. 下列有关“抽象类”表述错误的是(　　)。
   ① 最少要有一个抽象方法　　② 抽象类不能使用new来创建对象
   ③ 抽象类可被继承，也可以创建对象　　④ 抽象类可以实现多态
9. 下列有关“抽象方法”表述错误的是(　　)。
   ① 抽象方法必须用abstract关键字定义
   ② 抽象方法可用private定义
   ③ 要使抽象方法具体化，子类必须覆盖父类的抽象方法
   ④ 抽象方法内并没有实现的语句
10. 要定义接口，必须使用(　　)保留字。
   ① public　　② class　　③ package　　④ interface
11. 下列关于接口的定义表述正确的是(　　)。
   ① 接口不可以继承多个接口
   ② 接口可以继承多个接口
   ③ 类实现接口后，不一定要实现该接口的所有方法
   ④ 接口块中的数据成员可以不用设定初值
12. 下列有关“接口”表述错误的是(　　)。
   ① 接口要用interface定义
   ② 接口的数据成员一定有设定值
   ③ 接口的方法，可以为抽象方法，也可以为一般方法
   ④ 接口使用保留字extends，而有父接口、子接口的关系存在
13. 下列有关“接口”的实现表述错误的是(　　)。
   ① 一个类却可实现(implement)很多个接口
   ② 父、子类可同时实现一个接口
   ③ 一个类若同时实现多个接口，须用冒号“:”来分开接口名称
   ④ 接口可以实现多态
14. 下列表述正确的是(　　)。
   ① 类中必须编写构造方法
   ② 若要创建一个共享的数据成员，可将该数据成员定义成static数据成员
   ③ 使用接口时必须使用new来创建接口的实体
   ④ 抽象类可以使用new来创建对象
15. 下列表述错误的是(　　)。
   ① 定义抽象类可以使用new保留字　　② 接口可以多重继承
   ③ Java的类无法多重继承　　④ 一个类可以一次实现多个接口
16. 父类对象分别指向不同子类的对象，分别调用不同子类的方法成员，以达到相同的目的，这称为(　　)。
   ① 多态　　② 接口　　③ 抽象类　　④ 继承

二、程序设计

1. 使用接口实现完成下列描述的程序：

创建一个大学和研究所学期成绩及格通过的IPass接口，含有两个接口常量，分别是大学及格

分数 60、研究所及格分数 70。另外，定义一个方法成员pass()用来判断是否及格。再分别创建大学Collage与研究所Graduate的类来实现IPass接口。在主程序中，先让用户输入分数，再输出是否及格。执行结果如下：

```
输入学期分数： 68 ↵
大学成绩：及格
研究所成绩：不及格
```

2. 设计用抽象类实现多态，完成下列描述的程序：

定义一个播放器抽象类 Player，内含一个抽象方法 Show()。再使用多态设计，判断输入的光盘是 CD 或 DVD，自动选择播放音乐 CD 或影片 DVD。给用户操作的方式是：输入 CD 或 cd 时，在屏幕显示“现在播放的是 CD 音乐”；输入 DVD 或 dvd 时，在屏幕显示“现在播放的是 DVD 影片”。执行结果如下：

```
请输入 CD 或 DVD ？ cd ↵
现在播放的是 CD 音乐
```

或

```
请输入 CD 或 DVD ？ DVD ↵
现在播放的是 DVD 影片
```

3. 在 CPerson 抽象类中声明 showAttack()抽象方法。CSpider 和 CSuperMan 类分别继承了 CPerson 抽象类并实现 showAttack()方法。在主类中声明 CPerson 类的 pflag 对象，并通过 pflag 对象来执行 CSpider 类的 showAttack()方法；以及通过 pflag 对象执行 CSuperMan 类的 showAttack()方法。执行结果如下：

```
蜘蛛人的攻击力：60
攻击方式会发射蜘蛛网！

超人的攻击力：100
攻击方式使用拳头！
```

4. 接上题，改以接口来完成多态。

5. UStoNT 与 JPtoNT 两类彼此共享一个 Exchange 接口的 Convert()方法，让用户来选择美元或日币。假设美元的汇率为 29.1002、日币的汇率为 0.2749，根据所选择的外币来兑换台币。执行结果如下：

```
选择外币？(1.美元    2.日币    0.离开)： 1 ↵
输入要兑换的美元：10000 ↵
美元 10000 元，可兑换台币 291002 元
选择外币？(1.美元    2.日币    0.离开)： 2 ↵
输入要兑换的日币：20000 ↵
日币 20000 元，可兑换台币 5498 元
选择外币？(1.美元    2.日币    0.离开)： 0 ↵
```

6. 设计用抽象类实现多态，完成下列描述的程序：

有一张地图可用大小不一的三角形、矩形、圆形拼凑出来，请用多态配合参数传递来计算地图中大小不同形状的面积累积。执行结果如下：

```
请选择要累计的形状：(1.圆形  2.三角形  3.矩形  0.离开) ？ 1 ↵
  输入圆形半径 ？ 10 ↵
  本形状面积为310.0，目前累计面积为310.0 ↵
请选择要累计的形状：(1.圆形  2.三角形  3.矩形  0.离开) ？ 2 ↵
  输入三角形高度 ？ 12 ↵
  输入三角形底长 ？ 10 ↵
  本形状面积为60.0，目前累计面积为374.0 ↵
请选择要累计的形状：(1.圆形  2.三角形  3.矩形  0.离开) ？ 3 ↵
  输入矩形长度 ？ 20 ↵
  输入矩形宽度 ？ 15 ↵
  本形状面积为300.0，目前累计面积为674.0 ↵
请选择要累计的形状：(1.圆形  2.三角形  3.矩形  0.离开) ？
```

7. 设计类继承，完成下列描述的程序：

① 一天的工资总额当中有工作时薪，必要时还会有奖金。

② 先声明一个父类BascPay，有两个protected数据成员hours(小时)、时薪(rate)；有一个setValue()方法，用来指定hours与rate值；有一个hourPay()方法，根据hours、rate传出一天的工作薪资。

③ 再声明一个子类Amount，有一个private数据成员bonus(奖金)，默认值为0；有一个setBonus()方法，用来指定bonus值；有一个totPay()方法，需用super语句来实现父类的hourPay()方法获得一天的工作薪资后，再加上bonus，得出日薪总额。

④ 有两个人：Peter与Tom。Peter工作4小时，时薪150元，没有奖金；Tom工作8小时，时薪120元，有奖金200元。

⑤ 在主程序中，创建两个子类的对象，分别显示这两个对象领取的日薪总额。

执行结果如下：

```
Peter 日薪总额：600 元
Tom 日薪总额：1160 元
```

第 8 章

异 常 处 理

- ✧ 异常
- ✧ 异常处理
- ✧ Java 常用的异常类
- ✧ 手动抛出异常
- ✧ 自定义异常类
- ✧ 认证实例练习

8.1 异常

异常(Exception)是一种不正常的情况，该错误不是发生在程序编译阶段而是发生在程序执行时。在编译阶段会发生的错误一般是语法错误，而发生在执行时的错误称为异常。在程序执行时发生的不正常情况常见的有下列几种：

(1) 程序执行所要打开的文件不存在。

(2) 所加载的文件找不到或者格式不对。

(3) 访问数组时，超出数组元素的索引范围。

(4) 数学运算时，除数为零。

像这些不正常的情况最好是在编写程序时就尽量避免，如果真的发生了，我们需要有适当的方法来处理。如果异常情况没有事先预防或没有做适当的处理，程序可能会中止或者产生不正确的结果，造成越来越多的不正常情况。如下简例：

简 例 Java 的异常情况。

文件名：\ex08\src\nonException\NonException.java

```
01 package nonException;
02
03 public class NonException {
04    public static void main(String[] args) {
05       int[] myarray = new int[10];
06       myarray[10] = 250;    //数组下标超出范围，此行会产生异常
07       System.out.println("程序正确执行完毕");
08    }
09 }
```

结 果

```
Exception in thread "main" java.lang.ArrayIndexOutOfBoundsException: 10
at NonException.main(NonException.java:6)
```

说 明

(1) 本程序编译时没有问题，但执行过程出现错误。

(2) 第 5 行：创建 myarray 数组，数组下标范围为 myarray[0]~myarray[9]。

(3) 第 6 行：将 250 赋值给 myarray[10]，而 myarray[10]的索引值 10 已超出数组范围 myarray[0]~myarray[9]。因此，程序执行到本行(第 6 行)时会立即中断，并在屏幕上显示发生何种错误的信息。所以，第 7 行便不会被执行。

8.2 异常处理

在 Java 中我们可以使用处理异常的方式来解决程序执行时所发生的错误，并在可能发

生错误的语句块预先使用 try 语句来检查，再用 catch 语句来捕获异常内容。必要时，还可加入 finally 语句来补充说明或关闭资源。

8.2.1 try... catch...

当异常发生时，为了让产生异常的程序不中断，而且能够继续往下执行，并将造成错误的异常拦截下来，创建错误处理程序进行补救，在 Java 中使用 try… catch…语句来解决异常处理，其语法如下：

```
try {
    ⋮
    //检查是否发生异常的语句块  ──┐
                                 │
}                                │ 异常情况发生时
catch (异常类 变量名称) {        │
    ⋮                            │
    //异常发生时执行的语句块  ◄──┘

}
```

由 try 语句所包围的语句块内容，是可能会发生异常情况的语句块，如检查除数是否为零(除数不可为 0)，或检查数组元素索引是否超过范围等异常情况。catch 语句的小括号内是异常类，这个异常类与 try 语句内语句块所要检查的异常类型相同。当 try 语句块内发生了异常情况时，接下来查找有没有这种类型的 catch 块，若找到则执行该语句块内的代码。用前一个简例为例：我们将所发生的异常情况改用 try…catch... 的方式，来处理超出数组下标越界所产生的 ArrayIndexOutOfBounds Exception 异常，如图 8-1 所示。

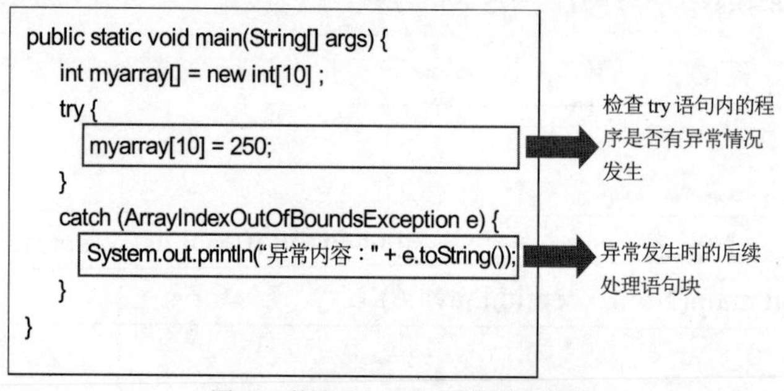

图8-1 使用try…catch...语句处理异常

简 例 修改上一范例，让程序不会因异常所发生的错误而中止执行。

文件名：\ex08\src\exceptionDemo\ExceptionDemo.java

```
01 package exceptionDemo;
02
03 public class ExceptionDemo {
04   public static void main(String[] args) {
05     int[] myarray = new int[10];
06     try {
07       myarray[10] = 250;
08     }
```

```
09      catch(ArrayIndexOutOfBoundsException e) {
10        System.out.println("异常内容：" + e.toString());
11        System.out.println("也就是：超出数组下标范围");
12      }
13      System.out.println("程序最后一行执行完毕");
14    }
15 }
```

结果

```
异常内容：java.lang.ArrayIndexOutOfBoundsException: 10
也就是：超出数组下标范围
程序最后一行执行完毕
```

说明

(1) 第6~8行：本程序编译与执行过程都没有出现错误，因此通过try语句捕获可能会产生异常的程序代码。

(2) 第9~12行：当try语句捕获到产生的异常时，由catch语句寻找符合的异常类。如在第9行使用ArrayIndexOutOfBoundsException类来捕获数组超出范围的异常错误。

(3) 第10行：用异常类的toString()方法返回异常内容。

设计Java程序时，可事先在可能会发生错误的程序语句预先作检查的动作，所使用的机制就是异常。所以本范例程序即使发生错误情况，不会立即停止程序执行，会一直执行到程序结束为止。

简例 使用ArithmeticException类来捕获算术运算所发生的异常。

文件名：\ex08\src\arithmeticExceptionDemo\ArithmeticExceptionDemo.java

```
01 package arithmeticExceptionDemo;
02
03 public class ArithmeticExceptionDemo {
04   public static void main(String[] args) {
05     int a=3, b=0, c;
06     try {
07       c = a / b;  //a除以b赋值给c，但b为0，所以会发生除数为0的异常
08       System.out.println( a + "除" + b + " 等于" + c);
09     }
10     catch(ArithmeticException e) {
11       System.out.println("异常内容：" + e.toString());
12       System.out.println("也就是：数学运算错误，如除数为0");
13     }
14     System.out.println("程序最后一行执行完毕");
15   }
16 }
```

```
异常内容：java.lang.ArithmeticException: / by zero
也就是：数学运算错误，如除数为 0
程序最后一行执行完毕
```

说明

第 10 行：本例的 try...catch... 语句中使用 ArithmeticException 类来捕获算术运算所发生的异常，例如：某一个数值除以 0。

8.2.2 多个 catch 语句

在某些情况下，一段程序代码会发生两个以上的异常，也就是在 try 语句块中所要检验的程序语句可能发生的异常情况不止一种。要处理这种情况同样是使用 try…catch…语句，我们可使用两个或多个 catch 语句来检查不同类型的异常情况，即一个 try 配合多个 catch 语句块的情况。当其中一个异常发生时，符合异常情况的 catch 语句就会执行，而其他的 catch 语句就会被跳过，继续执行 try…catch…语句块后面的程序代码。

简例 使用多个 catch 语句。

文件名：\ex08\src\multiException1\MultiException1.java

```
01 package multiException1;
02
03 public class MultiException1 {
04   public static void main(String[] args) {
05      int[] myarray = new int[10];
06      try {
07         int test = 120 / 5;
08         myarray[5] = 120;
09         int n = Integer.parseInt("你好吗");  //字符串无法转换成整型
10      }
11      catch (ArrayIndexOutOfBoundsException e) {
12         System.out.println("异常内容: " + e.toString());
13         System.out.println("也就是: 超出数组下标范围的异常发生");
14      }
15      catch(ArithmeticException e) {
16         System.out.println("异常内容: " + e.toString());
17         System.out.println("也就是: 数学运算错误，如除数为 0!");
18      }
19      catch(Exception e) {
20         System.out.println("异常内容: " + e.toString());
21         System.out.println("异常发生!");
22      }
23      System.out.println("程序正确执行完毕!!");
```

```
24    }
25 }
```

结果

```
异常内容：java.lang.NumberFormatException: For input string: "你好吗"
异常发生!
程序正确执行完毕!!
```

说明

(1) 本范例中有三个 catch 语句，也就是检查三种异常情况。

① 第 11 行：catch 使用 ArrayIndexOutOfBoundsException 类来捕获超过数组下标范围的异常。

② 第 15 行：catch 使用 ArithmeticException 类来捕获算术运算(除数为 0)的异常。

③ 第 19 行：若不符合上述两种异常，则可使用 Exception 来捕获其他类型的异常。

(2) 第 6~10 行：在 try 语句块中，检查有没有异常的情况发生。当发生异常时，会跳到符合异常类型的 catch 语句块去执行，而其他 catch 语句块不会执行。

(3) 第 9 行：字符串 "你好吗" 无法转换成整型，因此我们在第 19 行使用 Exception 来捕获异常。

(4) 第 19 行：Java 中的异常类都继承自 Exception 类，因此可利用它来捕获不确定的异常。

因为在 Java 中的异常都是由 Exception 类继承而来的，因此使用 catch(Exception e){…}也可以捕获到数组下标超出范围、算术运算等所有的异常情况。但要注意的是：若要使用 catch(Exception e){…}来捕获异常，一定要放在 try 的最后一个 catch 的语句块，否则程序编译时会发生程序无法编译的情况。

简例 多 catch 语句中，先使用 Exception 类捕获异常，产生错误的情况。

文件名：\ex08\src\multiException2\MultiException2.java

```
01 package multiException2;
02
03 public class MultiException2 {
04   public static void main(String[] args) {
05      int[] myarray = new int[10];
06      try {
07         int test = 120 / 5;
08         myarray[5] = 120;
09         int n = Integer.parseInt("你好吗");   //字符串无法转换成整型
10      }
11      catch(Exception e) {                      //此 catch 必须要写在最后一个 catch 才行
12         System.out.println("异常内容：" + e.toString());
13         System.out.println("异常发生!");
14      }
15      catch(ArrayIndexOutOfBoundsException e) {
16         System.out.println("异常内容：" + e.toString());
17         System.out.println("为：超出数组下标范围的异常发生");
```

```
18      }
19      catch(ArithmeticException e) {
20         System.out.println("异常内容：" + e.toString());
21         System.out.println("为：数学运算错误，如除数为0!");
22      }
23      System.out.println("\n程序正确执行完毕!!");
24   }
25 }
```

结果

```
Exception in thread "main" java.lang.Error: Unresolved compilation problems:
Unreachable catch block for ArrayIndexOutOfBoundsException. It is already handled by the catch block for Exception
Unreachable catch block for ArithmeticException. It is already handled by the catch block for Exception

at MultiException2.main(MultiException2.java:15)
```

8.2.3 try... catch... finally...

经过上述说明，我们已经了解到try…catch...语句的使用方法。异常处理有时也会加上finally语句块，它在try…catch…语句块完成之后执行，不管是否有异常发生，finally语句块都会被执行。finally是可选项，并不是每个try…catch…都一定要有finally语句块，根据程序需要而定。try…catch…finally…一起使用的语法结构如下：

```
try {
    //检查是否发生异常的语句块
}
catch(异常的类 变量名称) {
    //异常发生时执行的语句块
}
finally {
    //绝对会执行的语句块
}
```

无论异常是否发生，都会执行到finally语句块内的程序代码。

简例　使用try…catch…finally…语句。

文件名：\ex08\src\finallyDemo\FinallyDemo.java

```
01 package finallyDemo;
02
03 public class finallyDemo {
04   public static void main(String[] args) {
05      int[] myarray = new int[10];
06      try {
```

```
07          myarray[20] = 120;
08        }
09        catch (ArrayIndexOutOfBoundsException e) {
10          System.out.println("异常内容：" + e.toString());
11          System.out.println("也就是：超出数组下标范围");
12        }
13        finally {     //finally 语句块一定会执行
14          System.out.println("执行 finally 语句块完成");
15        }
16        System.out.println("程序正确执行完毕!!");
17    }
18 }
```

结果

```
异常内容：java.lang.ArrayIndexOutOfBoundsException: 20
也就是：超出数组下标范围
执行 finally 语句块完成
程序正确执行完毕!!
```

说明

第13~15行：加入了finally语句块，这个语句块的内容不论catch中的异常是否发生，都一定会被执行。finally语句块可依实际需求而出现，所以并非每个try…catch…都必须有finally语句块。

8.2.4 方法的异常处理

前面介绍的异常发生情况都是在 main()方法内，如果异常发生在所调用的方法中时会如何处理？若在所调用的方法内找不到可以相对应的 catch 块的话，系统会自动到它的上一层方法中去寻找符合的 catch 块。下面举一个实际的程序范例来说明。

简例　调用方法中时发生异常的处理方式。

文件名：\ex08\src\exceptionMethod\ExceptionMethod.java

```
01 package exceptionMethod;
02
03 public class ExceptionMethod {
04   static int[] data = new int[10];
05   public static void init() {
06     data[10] = 250;
07   }
08
09   public static void main(String[] args) {
10     try {
11       init();
12     }
```

```
13      catch (ArrayIndexOutOfBoundsException e) {
14         System.out.println("异常内容：" + e.toString());
15         System.out.println("也就是：超出数组下标范围");
16      }
17   }
18 }
```

结果

```
异常内容：java.lang.ArrayIndexOutOfBoundsException: 10
也就是：超出数组下标范围
```

说明

(1) 第 11 行：在 try 语句块中调用 init()静态方法。

(2) 第 5~7 行：当调用 init()静态方法时会执行本语句块。执行第 6 行时将 250 赋值给 data[10]，但却因超出数组的范围而发生异常。

(3) init()方法中发生了 ArrayIndexOutOfBoundsException 异常，而且在 init()方法并没有处理该异常的 catch 语句块，因此会自动到调用 init()方法所在的 main()方法，找到符合的 catch 语句块，如图 8-2 所示。

```
public static void init() {
  ..............................
}
public static void main(String[] args) {
  try {
     init();
  }
  catch (异常的类  变量名称) {
     ........................
  }
}
```

发生异常

图8-2　发生异常的处理

8.3 Java 常用的异常类

所有的异常类都是系统类 Throwable 的子类。Throwable 是异常类中的最上层，由它派生出 Error 类和 Exception 类。本书不对 Error 类展开介绍，本章主要讨论 Exception 类。从 Exception 类又可以再派生出 RuntimeException 类，RuntimeException 类属于执行时期时所发生的异常，例如前面范例的 ArrayIndexOutOfBoundsException 是发生的数组超出下标的异常情况，属于 RuntimeException 这个类所派生出来的子类，表 8-1 是 Java 中常用的异常类。

表8-1 Java中常用的异常类

异常类	功能
ArithmeticException	算术运算错误，例如除数除以0
ArrayIndexOutOfBoundsException	数组下标超出范围
ArrayStoreException	数组类型与赋值给数组的数据类型不兼容
ClassCastException	无效的转换
IllegalArgumentException	调用方法时的参数不符合规定
IllegalStateException	应用程序与环境的状态错误
IllegalThreadStateException	要求的操作与目前的thread状态不兼容
NegativeArraySizeException	创建数组的大小是负数
NumberFormatException	无效的字符串转换成数字格式
StringIndexOutOfBounds	字符串的索引超出范围
NoSuchElementException	集合中已无元素但仍读取

实操 文件名：\ex08\src\UserException\UserException.java

用户由键盘输入两个整型数值作除法运算，在输入数值的过程，使用 try... catch... 语句来检测可能会因输入数据格式不符所引发的异常。

结果

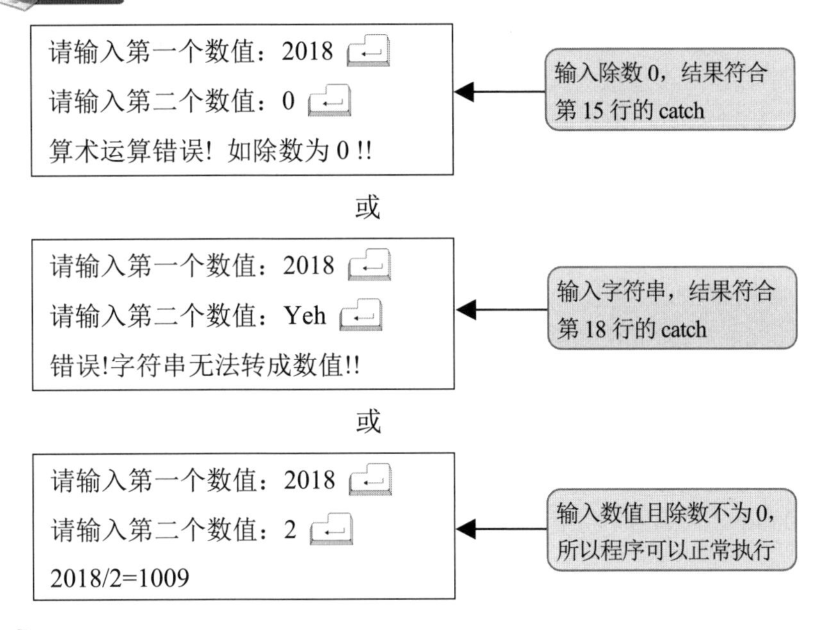

程序代码

文件名：\ex08\src\userException\UserException.java

```
01 package userException;
02 import java.util.Scanner;
03
```

```
04 public class UserException {
05   public static void main(String[] args) {
06     Scanner scn = new Scanner(System.in);
07     int a, b;
08     try {
09       System.out.print("请输入第一个数值：");
10       a = Integer.parseInt(scn.nextLine());
11       System.out.print("请输入第二个数值：");
12       b = Integer.parseInt(scn.nextLine());
13       System.out.println(a + "/" + b + "=" + a/b);
14     }
15     catch(ArithmeticException e) {  //检查异常是否为算术运算的错误
16       System.out.println("算术运算错误！如除数为0!!");
17     }
18     catch(NumberFormatException e) { //检查异常是否为字符串转成数值的错误
19       System.out.println("错误!字符串无法转成数值!!");
20     }
21   }
22 }
```

8.4 手动抛出异常

上节范例所介绍的异常类，如 ArrayIndexOutOfBoundsException、ArithmeticException、NumberFormatException 等都是 Java 虚拟机执行时产生的。当程序在运行时发生此类异常，默认情况下异常会被 JVM 拦截并抛出。有时可能因为传进来的参数错误，或是其他特殊不可预测的错误情况，导致程序无法继续下去，此时需要使用手动抛出异常的方法。本节所介绍手动抛出异常的方式有两种。

(1) 在程序代码的语句中，使用throw抛出异常。

(2) 在定义方法时，使用throws声明该方法可以抛出的异常。

8.4.1 使用 throw

所有的异常类型都是系统类 Throwable 的子类，而使用 throw 可以抛出一个异常对象，这个对象必须是 Throwable 类的对象或是 Throwable 子类的对象。当使用 throw 抛出异常后，由 catch 捕获所符合的异常，在 throw 之后的语句将不会执行。

简 例 使用 throw 语句抛出异常。

文件名：\ex08\src\throwDemo\ThrowDemo.java

```
01 package throwDemo;
02
03 public class ThrowDemo {
04   static void math_div(int n1, int n2) {
05     try {
```

```
06      if (n2 == 0)
07        throw new ArithmeticException("除数为零");      //手动抛出异常对象
08      int div = n1 / n2 ;
09      System.out.println(n1 + "/" + n2 + " = " + div);
10    }
11    catch(ArithmeticException e) {                      //捕获抛出的异常
12      System.out.println("异常内容: " + e.getMessage());
13    }
14  }
15
16  public static void main (String[] args) {
17    int num1, num2;
18    num1 = 6; num2 = 3;
19    System.out.println("被除数 = " + num1 + ", 除数 = " + num2);
20    math_div(num1, num2);
21    num1 = 6; num2 = 0;
22    System.out.println("\n被除数 = " + num1 + ", 除数 = " + num2);
23    math_div(num1, num2);
24  }
25 }
```

结果

```
被除数 =6，除数 =3
6/3 = 2

被除数 =6，除数 =0
异常内容：除数为零
```

说明

(1) 第 7 行：创建手动抛出的 ArithmeticException 异常对象，并赋值提示信息。

(2) 第 11~13 行：捕获手动抛出的异常。

(3) 第 12 行：e.getMessage()方法显示 new 创建异常对象时赋值的参数值。若是使用 e.toString()方法，显示的信息除参数值外还会有异常类的名称。

8.4.2 使用 throws

我们可以使用 throws 语句来声明某个方法有可能发生的异常。若方法可能产生的异常类型不止一种时，将可能产生的异常类型都写到 throws 语句中，每个异常类型之间使用逗号隔开。

在下面范例中，声明 showData()方法会发生 IOExceptio 异常，因此在该方法内必须使用 try… catch... 来捕获此异常，最后还必须在 catch 块内使用 throw 语句抛出 IOException 类型的异常对象。

```
//声明 showData()方法会发生 IOException 异常
void showData() throws IOException {
```

```
    try {
        //语句块
    }
    catch(IOException e) {
        throw new IOException();                //抛出 IOException 异常对象
    }
}
```

简 例 使用 throws 语句声明抛出异常的方法。

文件名：\ex08\src\throwsDemo\ThrowsDemo.java

```
01 package throwsDemo;
02
03 public class ThrowsDemo {
04   public static void main(String[] args) {
05     try {
06       showSalary("王小明", 35000);
07       showSalary("李小华", 50000);
08     }
09     catch(IllegalArgumentException e) {  //捕获手动抛出的异常
10       System.out.println("异常内容：" + e.getMessage());
11     }
12   }
13
14   static void showSalary(String name, int money) throws IllegalArgumentException {
15     System.out.println("员工：" + name);
16     if(money>=20000 && money<=40000)
17       System.out.printf("\t 底薪：%d\t 奖金：%.1f %n", money, (int)money * 0.08);
18     else
19       throw new IllegalArgumentException("调用方法参数错误");  //手动抛出异常
20   }
21 }
```

结 果

```
员工：王小明
    底薪：35000   奖金：2800.0
员工：李小华
异常内容：调用方法参数错误
```

说 明

(1) 第 14 行：声明 showSalary()静态方法会发生 IllegalArgumentException 异常，属于调用方法时参数不合法的异常。

(2) 第 14~20 行：showSalary()静态方法会接收一个字符串和一个整型的参数。调用 showSalary()方法时，若所传入的整型介于 20000~40000，则会执行第 17 行显示员工的底薪、奖金信息；若所传入的整型不介于 20000~40000，则会执行第 19 行使用 throw 抛出一个 IllegalArgumentException 类型的异常对象。

(3) 第 7 行：调用 showSalary("李小华",50000)静态方法，此时会执行第 14~20 行，在第 16 行判断 50000 不介于 20000~40000，因此会执行第 19 行使用 throw 抛出一个 IllegalArgumentException 类型的异常对象，然后返回 main()方法执行第 9 行 catch 语句，并显示第 10 行相关信息。

8.5 自定义异常类

Java 类库中所提供的异常类是在程序设计中较容易出现的异常，能处理大部分的异常问题，但在处理某些特殊的异常情况时，这些异常类无法满足我们的需求。因此，Java 允许创建自定义的异常类，用来处理应用程序中的特殊情况。自定义异常类的做法很简单，只要将自定义的异常类继承 Exception 类或者 Exception 类派生出来的子类即可。所有的异常类(包括 Exception)都是系统类 Throwable 继承而来的，Exception 类并没有定义属于自己的方法，因此当继承 Exception 类后，可以覆盖 Throwable 类的方法成员并定义自己所需要的异常信息。

表 8-2 为 Throwable 常用的方法成员。

表8-2　Throwable常用的方法成员

方法	功能
String getLocalizedMessage	获得异常的局部说明信息
String getMessage()	获得异常信息
String toString()	获得包含异常语句的字符串
Throwable getCause()	获得造成目前异常的异常对象
Throwable fillInStackTrace()	获得完整堆栈追踪的异常对象
void printStackTrace()	显示堆栈追踪

Java 自定义异常类后，然后在程序语句中可以使用 throw 抛出自定义异常类的异常对象，语法结构如下：

```
class  自定义异常类  extends  异常类 {
  ⋮
          //程序语句块
  ⋮
}
  ⋮

throw  自定义异常类对象;
  ⋮
```

自定义异常类必须继承系统类库中的异常类(如 Exception)，或者是派生出来的异常类(如 NumberFormatException)。

实操 文件名：\ex08\src\selfException\SelfException.java

自定义一个异常类，防止设置员工的薪水超过 100000。使用自己定义的 MyException 异常类，当输入的薪水金额超过 100000 时，MyException 异常就会被触发。

结果

```
员工：Peter
薪水：50000

员工：Mary
发生 MyException 异常了
设置薪水请小心!!
薪水设置不可以 100000 以上
员工 Mary 的薪水设置错误
```

程序代码

文件名：\ex08\src\selfException\SelfException.java

```
01 package selfException;
02
03 class MyException extends Exception {          // MyException 继承 Exception
04   private String name;
05
06   MyException(String name) {
07     this.name = name;
08   }
09
10   public String toString() {                   //覆盖 Throwable 类的 toString()方法
11     return "发生 MyException 异常了";
12   }
13
14   public String getMessage() {                 //覆盖 Throwable 类的 getMessage()方法
15     return "设置薪水请小心!!";
16   }
17   public String getLocalizedMessage(){         //覆盖 getLocalizedMessage()方法
18     return "薪水设置不可以 100000 以上";
19   }
20
21   public void showData() {                     //showMessage()方法是自定义的方法
22     System.out.println("员工" + name + "的薪水设置错误");
23   }
24 }
25
```

```
26 class Employee {
27   private int money;
28   private String name;
29
30   Employee(String name) {
31     this.name = name;
32     System.out.println("员工: " + name);
33   }
34
35   void setMoney(int money) throws MyException {
36     if (money < 100000)
37       this.money = money;
38     else
39       throw new MyException(name);            //抛出 MyException 自定义异常类的对象
40   }
41
42   void showData() {
43     System.out.println("薪水: " + money + "\n");
44   }
45 }
46
47 public class SelfException {
48   public static void main(String[] args) {
49     try {
50       Employee e1 = new Employee("Peter");
51       e1.setMoney(50000);
52       e1.showData();
53       Employee e2 = new Employee("Mary");
54       e2.setMoney(100000);
55       e2.showData();                          //此行不会执行
56     } catch (MyException e) {                 //捕获自定义的 MyException 类异常
57       System.out.println(e.toString());
58       System.out.println(e.getMessage());
59       System.out.println(e.getLocalizedMessage());
60       e.showData();
61     }
62   }
63 }
```

说明

(1) 第 3~24 行：定义 MyException 类，该类继承自 Exception 类，成为 Exception 类的子类。MyException 类覆盖 Throwable 类的 toString()方法、getMessage()方法和 getLocalizedMessage()方法，将自定义的 showMessage()方法放在最后。

(2) 第 26~45 行：定义 Employee 类，该类有 setMoney()方法用来判断设置薪水是否在 100000

以上，若是则 MyException 自定义异常类的对象就会抛出。showData()方法用来显示薪水金额。

(3) 第 54 行：调用 setMoney()方法，因为设置为 100000，所以发生 MyException 异常。

(4) 第 39 行：创建 MyException 异常类对象，并将异常对象抛出，返回调用该方法的 main()方法，寻找第 57~60 行对应的 catch 作输出。

(5) 第 57 行：调用 MyException 类的 toString()方法。

(6) 第 58 行：调用 MyException 类的 getMessage()方法。

(7) 第 59 行：调用 MyException 类的 getLocalizedMessage()方法。

(8) 第 60 行：调用第 42~44 行自定义的 showMessage()方法。

8.6 认证实例练习

题目 (OCJP 认证模拟试题)

1. 下面 Java 程序执行后的结果是(　　)。

① 0.0　　② 编译失败

③ 执行时，在parse()方法中有一个Parse Exception异常对象被抛出

④ 执行时，在parse()方法中有一个NumberFormatException异常对象被抛出

```
01 public class Exam {
02     public static void parse(String str) {
03         try {
04             float f = Float.parseFloat(str);
05         }
06         catch(NumberFormatException e) {
07             f = 0;
08         }
09         finally {
10             System.out.println(f);
11         }
12     }
13
14     public static void main (String[] args) {
15         parse("invalid");
16     }
17 }
```

说明

第 4 行的 f 是 try{}的局部变量，try{}结束后，f 局部变量在内存中的存储单元随之被释放。因此，第 7 行与第 10 行无法访问 f，故会造成编译错误，所以正确答案为②。

题目 (OCJP 认证模拟试题)

2. 下面 Java 程序执行后的结果是(　　)。

① 132　　② Exception　　③ 编译失败　　④ NullPointerException

```
01  public static void main (String[] args) {
02      try {
03          int[] num = null;
04          num[0] = 132;
05          System.out.println(num[0]);
06      }
07      catch(Exception ex) {
08          System.out.println("Exception");
09      }
10  }
```

说明

(1) 该程序没有语法错误，编译会通过。但在执行时第 4 行会发生 java.lang. NullPointer Exception 的异常错误，因在第 3 行已设定 num 数组为 null。

(2) 异常被第 7 行的 catch 捕获，故输出 Exception，所以答案为②。

题目 (OCJP 认证模拟试题)

3. 下面 Java 程序执行后的结果是(　　)。

① test end　② 编译失败　③ test runtime end　④ test exception end

⑤ 执行时，在main()方法中有一个Throwable异常类对象被抛出

```
01  public class Exam {
02      static void test() throws RuntimeException {
03          try {
04              System.out.print("test ");
05              throw new RuntimeException();
06          }
07          catch(Exception ex) {
08              System.out.print("exception ");
09          }
10      }
11
12      public static void main (String[] args) {
13          try {
14              test();
15          }
16          catch(RuntimeException ex) {
17              System.out.print("runtime ");
18          }
19          System.out.print("end ");
20      }
21  }
```

说明

(1) 程序中的执行流程如下：

第 14 行调用 test()方法 ⇨ 第 4 行输出 test ⇨ 第 5 行抛出异常 ⇨ 第 7 行捕获到异常 ⇨ 第 8 行

输出 exception ⇨ 第 19 行输出 end。故输出 test exception end，所以答案为④。

(2) 第 7 行的 catch(Exception ex)会捕获到第 5 行所抛出的异常，因第 5 行的 RuntimeException 是第 7 行 Exception 的子类。第 5 行所抛出的异常已在第 7 行被捕获，不会再执行第 16~18 行的捕获，故跳至第 19 行继续执行。

题 目 (OCJP 认证模拟试题)

4. 下面 Java 程序执行后的结果是(　　)。

① null　② finally　③ null finally　④ 编译失败　⑤ finally exception

```
01  public class Exam {
02      static void test() {
03          try {
04              String x = null;
05              System.out.print(x.toString() + " ");
06          }
07          finally {
08              System.out.print("finally ");
09          }
10      }
11
12      public static void main (String[] args) {
13          try {
14              test();
15          }
16          catch(Exception ex) {
17              System.out.print("exception ");
18          }
19      }
20  }
```

说 明

(1) 程序中的执行流程如下：

第 14 行调用 test()方法 ⇨ 第 3~6 行发生异常 ⇨ 第 8 行输出 finally ⇨ 第 16 行捕获到异常 ⇨ 第 17 行输出 exception。故输出 finally exception，所以答案为⑤。

(2) 第 4 行 x 已经设定为 null，第 5 行调用 x.toString()时，会抛出 java.lang.Null PointerException 的异常(NullPointerException 为 Exception 的子类)，执行完 finally 语句块之后，被第 16 行的 catch 捕获。

题 目 (MTA 认证模拟试题)

5. 试评估下方程序代码段输出(行数仅供参考)。

```
01 try
02 {
03     int x = 1 / 0;
04     System.out.println("try");
05 }
```

```
06 catch (ArithmeticException ex)
07 {
08    System.out.println("catch ArithmeticException");
09 }
10 catch (Exception ex)
11 {
12    System.out.println("catch Exception");
13 }
14 finally
15 {
16    System.out.println("finally");
17 }
```

下方输出有显示请填“是”，反之填“否”。

① catch ArithmeticException （　　）

② catch Exception （　　）

③ finally （　　）

④ try （　　）

说明

(1) 答案：①是，②否，③是，④否。程序请参考\ex08\src\test08_5\Test08_5.java。

(2) 第3行的分母数值为零，会发生异常情形。该异常会被第6~9行的catch捕捉到而执行。第14~17行是一定会执行的语句。

题目 (MTA认证模拟试题)

6. 试开发一个能够读写文件的应用程序。此程序必须符合以下条件：

(1) 如果因为文件处理错误而出现异常状况，此异常状况的细节必须显示出来。

(2) 如果有任何其他异常状况出现，则显示出堆栈数据。

试写一段程序代码来测试Rectangle类。填入下列选项完成以下程序代码，空白处应依次填入(　　)。

A. IllegalArgumentException　　B. IOException　　C. RuntimeException

D. getMessage　　E. InitCause　　F. printStackTrace　　G. Error

H. Exception　　I. getStackTrace

```
try
{
      /* add logic */
}
catch ( ____I____ e1) {
    System.out.println(e1.____II____ ());
}
catch ( ____III____ e2) {
    System.out.println(e2.____IV____ ());
}
```

① B, F, H, F　　② A, F, G, D　　③ C, F, A, E　　④ B, F, H, I

答案是①。

8.7 习题

一、选择题

1. 在编译阶段会发生的错误一般会是(　　)。
   ① 文件错误　② 语法错误　③ 异常　④ 逻辑错误
2. 异常处理的错误是(　　)。
   ① 文件错误　② 语法错误　③ 运行时错误　④ 逻辑错误
3. 处理异常时，(　　)语句块用来检查程序是否要抛出异常。
   ① try　② catch　③ finally　④ throw
4. Java使用(　　)语句块捕获异常。
   ① try　② catch　③ finally　④ throw
5. 下列处理异常不会用到的语句是(　　)。
   ① try　② catch　③ finally　④ case
6. 在try…catch…finally…语句中，使用finally的好处是(　　)。
   ① 使程序停止　② 使程序继续执行
   ③ 使程序执行更有效率　④ 释放内存
7. 使用try语句，至少要(　　)个catch语句配合。
   ① 0　② 1　③ 2　④ 3
8. 使用try语句，要(　　)个finally语句配合。
   ① 0或1　② 2　③ 3　④ 4
9. 当算术运算错误时，会产生的异常是(　　)。
   ① ArithmeticException　② ArrayIndexOutBoundsException
   ③ArrayStoreException　④ ClassCastException
10. 当数组超出索引范围时，会产生的异常是(　　)。
    ① ArithmeticException　② ArrayIndexOutBoundsException
    ③ ArrayStoreException　④ ClassCastException
11. 下面可以捕获大部分异常的类是(　　)。
    ① ArithmeticException　② Error
    ③ Exception　④ ClassCastException
12. 当创建数组大小是负数时，会产生异常(　　)。
    ① NegativeArraySizeException　② ArrayIndexOutBoundsException
    ③ ArrayStoreException　④ StringIndexOutOfBounds
13. 所有的异常类都是(　　)系统类的子类。
    ① Button　② Throwable　③ ArrayList　④ Stack

14. Java的异常处理语法，下列表述正确的是(　　)。

① try块后至少有一个catch块　　② finally块不可以省略

③ catch块可以省略　　④ finally块可以放在try块前面

15. 要抛出异常，可以使用保留字(　　)。

① try　　② catch　　③ throw　　④ throws。

16. 处理异常时，finally语句块被执行的情况是(　　)。

① 有异常发生时执行；没有异常发生不会执行

② 不管有没有异常发生，都会执行

③ finally语句块不可以省略

④ 程序中断前才会执行

17. 下列有关异常处理表述错误的是(　　)。

① 当程序在编译阶段发生的不正常情况，称之为异常

② 当程序在执行时发生的不正常情况，称之为异常

③ 若程序没有设计异常处理，当异常发生时，程序执行会中断

④ 异常须使用try语句，而且至少要有一个catch语句配合

18. 下列有关手动抛出异常表述错误的是(　　)。

① 当程序在执行时发生异常，默认情况下异常会被 JVM拦截抛出

② 在定义方法时，使用throws声明可以抛出的异常

③ 在程序代码的语句中，使用throw抛出异常

④ 用throws声明抛出异常的方法内，仍然需要try…catch…处理异常

19. 下列有关自定义异常类表述错误的是(　　)。

① 当系统提供的异常类无法满足需求时，Java允许创建自定义的异常类

② 自定义异常类只需继承Exception类或派生出来的类

③ 自定义异常类后，不需要使用throws抛出异常类的对象

④ 自定义异常类后，要有catch来捕获该异常类的对象

二、程序设计

1. 使用异常处理，输入两个整型 n1、n2，计算两数相除。若 n1、n2 输入时为非整型或除数为 0，则要求重新输入。执行结果如下：

```
输入被除数： we
输入错误
输入被除数： 24
输入除数：  0
异常内容：除数为零
输入除数：  5
相除结果：4.8
```

2. 自定一个 BankException 异常类，当设置银行开户时，若输入的金额为负数时，即产生异常。执行结果如下：

```
设置 Jack 的账户!
账户编号： A0001
客户姓名： Jack
账户余额： 40000

设置 Lung 的账户!
账号设置错误!
```

3. 接上题，将自定义的异常类覆盖 Throwable 类的 toString()、getMessage()方法。执行结果如下：

```
设置 Jack 的账户!
账户编号： A0001
客户姓名： Jack
账户余额： 40000

设置 Lung 的账户!
发生 BankException 类的异常!
账户余额不可以数负数!
设置账号请小心，发生异常了!
```

4. 使用 throws 声明方法会发生 ArithmeticException 异常，然后由 throw 来抛出 ArithmeticException 异常的对象。执行结果如下：

```
10 除 3 等于 3.0

11 除 -1 等于 -11.0

5 除 0 等于
算术错误，发生异常了!!
```

集合与泛型

- ✧ 集合对象
- ✧ Collection<E>接口
- ✧ Set<E>接口与 HashSet<E>类
- ✧ SortedSet<E>接口与 TreeSet<E>类
- ✧ List<E>接口与实现类
- ✧ Map<K,V>接口与 HashMap<K,V>类
- ✧ SortedMap<K, V>接口与 TreeMap 类
- ✧ Collections 集合工具类
- ✧ 集合的迭代器
- ✧ 认证实例练习

9.1 集合对象

集合对象(Collection)和数组有点类似，数组是将类型相同的数据收集在一起，而集合对象是收集一组相关的数据，这里的数据也称为“元素”，再以特定的集合类(如 Hashtable、TreeSet、ArrayList、LinkedList、HashMap、TreeMap)来处理或访问这些数据。

9.1.1 Collections Framework 架构

Java 在 java.util.* 包中提供了集合接口和集合类。不同的集合类会产生不同类型的集合对象，因此集合对象有很多种，有些集合中的元素可以重复出现，有些可以自动排序，有些需要键和值相对应。为了使这些集合类有一致性，Java 提供了一套架构称为 Java Collections Framework，其组成包含集合接口与实现集合接口的类。

1. 集合接口

集合相关的接口有 Collection、Set、SortedSet、List、Map、SortedMap，分成两个体系，如图 9-1 所示。

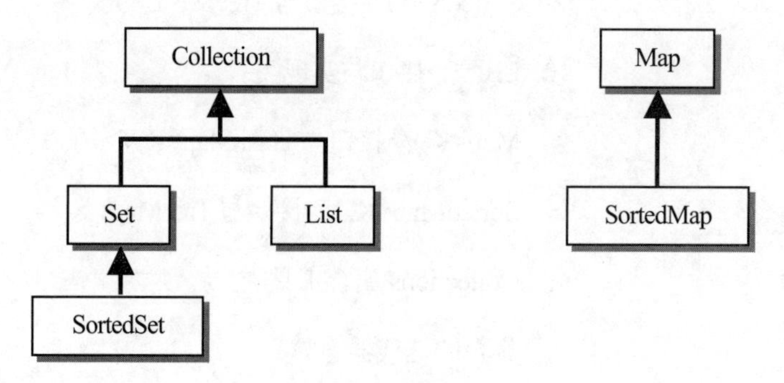

图9-1 集合接口体系

【注意】▲表示继承，较下层的接口继承较上层的接口。

2. 实现集合接口的类

接口只是定义抽象方法，没有实现内容，因此各集合接口都有对应的实现类。这些集合类可以使用 new 来创建集合对象。集合接口与对应的实现类，如表 9-1 所示。

表9-1 集合接口与对应的实现类

集合接口	实现类
Set	HashSet
SortedSet	TreeSet
List	ArrayList、LinkedList
Map	HashMap
SortedMap	TreeMap

9.1.2 集合对象的特点

元素间会因关系不同而存放在不同的集合内。实现不同集合接口的类所创建的集合对象有不同的特点，具体如下。

(1) 排序性。集合中元素自动由小到大升序排列。具有这种特点的“接口/类”为 SortedSet 接口/TreeSet 类、SortedMap 接口/TreeMap 类。

(2) 循序性。集合中元素的排列方式，是依照某一顺序摆放，如依照元素加入集合的次序、依照索引值(index)、依照存放顺序。具有这种特点的“接口/类”为 List 接口/ArrayList 类、List 接口/LinkedList 类。

(3) 唯一性。集合中元素不允许重复出现。具有这种特点的“接口/类”为 Set 接口/HashSet 类、SortedSet 接口/TreeSet 类。

(4) 键值对应。集合中元素有两个字段，一个是关键值，另一个是关键值对应的数据。关键值必须唯一，每一个关键值只能对应到一个元素数据。具有这种特点的“接口/类”为 Map 接口/HashMap 类、SortedMap 接口/TreeMap 类。

9.1.3 泛型类型与集合对象

集合对象中的元素可以存放不同类型的数据，当取出元素数据时必须先知道集合对象中各元素的数据类型，再转换成适用的类型。这样操作很不方便，执行时也容易出错。若使用具有样版性质的“泛型类型”(Generic Type)来存放集合对象的数据，则可省去元素转换数据类型的麻烦，并可避免执行时出错。在创建集合对象时，以泛型类型标明元素要存放的数据类型。语法如下：

```
集合实现类名称<E> 集合对象名称 = new 集合实现类名称<E>();
```

例如：由实现 Set 接口的集合类 HashSet 创建的集合对象 hset，若要存放 Integer 类型的数据，其创建集合对象时的程序代码有下列两种方式：

```
① HashSet<Integer> hset = new HashSet<>();
② Set<Integer> hset = new HashSet<>();
```

再如：由实现 SortedSet 接口的集合类 TreeSet 创建的集合对象 tset，若要存放 String 类型的数据，其创建集合对象时的程序代码有下列两种方式：

```
① TreeSet<String> tset = new TreeSet<>();
② SortedSet<String> tset = new TreeSet<>();
```

但是，若想要创建的集合对象没有指定存放的数据类型时，可使用 var 来声明，此时集合对象所存放的数据类型为 Object，其创建集合对象时的程序代码如下：

```
var hset = new HashSet<>();
var tset = new TreeSet<>();
```

9.2 Collection<E>接口

Collection<E>接口是最顶层接口，它没有直接实现的集合类，但可以由子接口 Set<E>、

List<E>或 SortedSet<E>的实现类间接来创建集合对象，该对象只能实现 Collection<E>接口的方法。例如：类 HashSet 实现了 Set 接口，若要创建集合对象 hset，其声明和创建语法如下。

```
HashSet<Integer> hset = new HashSet<>();
```

因 Collection<E>接口为 Set<E>接口的父接口，若要由 Set 接口的类 HashSet 来实现也可以，上列的程序代码可改成如下：

```
Collection<Integer> hset = new HashSet<>();
```

在 Java 中，Collection 接口用 Collection<E>表示，<E>为泛型类型。Collection 接口常用的方法如下。

(1) boolean isEmpty()。如果集合对象是空的，即没有任何元素，则返回 true。

(2) boolean add(E e)。将参数中的对象 e 添加到集合中。要注意的是，如果集合对象是 Set<E>接口类型的集合对象，则其元素数据是不能重复的。若添加成功，则返回 true；若添加失败，则返回 false。

(3) boolean addAll(Collection<? Extends E> c)。参数 Collection<? extends E> c 表示的是 Collection c 中的元素只能是 E 及其子类的对象。该方法的功能是将参数中的集合对象 c 所有元素都添加，若添加成功，则返回 true。

(4) int size()。返回集合对象的元素个数。

(5) boolean contains(Object o)。如果集合对象中包含 o 这个元素，则返回 true。

(6) boolean containsAll(Collection<?> c)。如果集合对象中包含指定 Collection<E>集合对象 c 的所有元素，则返回 true。

(7) boolean remove(Object o)。若集合对象中存在指定 o 的元素，则将其移除。如果移除成功，则返回 true。

(8) boolean removeAll(Collection<?> c)。移除存在集合对象中指定 Collection<E>集合对象 c 的所有元素。如果全部元素移除成功，则返回 true。

(9) boolean retainAll(Collection<?> c)。在集合对象中仅保留所指定 Collection<E>集合对象 c 的元素，其余都移除。若执行成功，则返回 true。

(10) void clear()。移除集合对象中的所有元素。

(11) boolean equals(Object o)。比较指定的对象 o 与本集合对象的相等性。如果指定的对象 o 也是一个集合对象，且与本集合对象的大小相同，并且所有成员都包含其中，则返回 true。

9.3 Set<E>接口与 HashSet<E>类

最顶层的 Collection<E>接口没有直接实现的集合类，而用 Set<E>接口来继承 Collection<E>接口的方法成员，实现 Set<E>接口的集合对象中不能有重复的元素。在 Java 中，Set 接口用 Set<E>表示，<E>为泛型类型。Set 接口常用的方法都继承自 Collection<E>接口，这里不再重叙。HashSet<E>类是实现 Set<E>接口的类，创建 HashSet 对象，其元素内容不允许重复，但会因不能自动排序而没有顺序性。HashSet<E>类与 Set<E>接口的方法相同。这些仅列出 HashSet<E>类常用的构造方法。

(1) HashSet()。创建一个空的 HashSet 集合对象，默认元素个数为 16 个。

(2) HashSet(Collection<? extends E> c)。创建一个含指定Collection<E>接口对象c的HashSet集合对象。

(3) HashSet(int i)。创建一个空的 HashSet 对象，参数 i 指定集合元素的个数。

假设创建的集合对象名为hset，可以使用 hset.add()方法来添加数据，或使用 hset.remove()方法来移除数据，这种集合对象是“动态集合”。Set 接口可创建“静态集合”，该集合创建时决定了元素的内容及元素个数。其语法示例如下：

```
var number = Set.of(23, -76, 54, 89, 34, 0, -55, -27, 61);
```

或

```
var word = Set.of("We", "very", "love", "Java");
```

Set 接口创建的静态集合的元素的数据类型为 Object，而且元素内容不能重复。

我们先用一个简例来观察如何将常量数据、Set 静态集合或数组的元素数据、变量数据存放到实现 Set<E>接口的 hset 集合对象中，并显示出集合内所有元素。

简例

文件名：\ex09\src\setDemo\SetDemo.java

```
01 package setDemo;
02 import java.util.*;
03 public class SetDemo {
04   public static void main(String[] args) {
05      var hset = new HashSet<>();
06      hset.add("白虎");                              //将字符串常量数据存入集合对象中
07      var chiaAnimal = Set.of("青龙", "白虎", "朱雀", "玄武");  //字符串集合
08      //String[] chiaAnimal = {"青龙", "白虎", "朱雀", "玄武"};  //字符串数组
09      for (String p : chiaAnimal)                    //将字符串集合元素数据存入集合对象中
10         hset.add(p);
11      String myAni = "饕餮";
12      hset.add(myAni);                               //将字符串变量数据存入集合对象中
13      System.out.println("中国神兽：" + hset);         //显示集合中的所有元素内容
14   }
15 }
```

结果

```
中国神兽：[朱雀, 青龙, 饕餮, 玄武, 白虎]
```

说明

(1) 第 2 行：使用集合接口或类，需加载 java.util.* 包。

(2) 第 5 行：使用 var 声明创建 hset 为类 HashSet 的集合对象。本行语句可改写为：

```
HashSet<String> hset = new HashSet<>();
```

或改写为:

```
Set<String> hset = new HashSet<>();
```

(3) 第 6 行:将字符串常量数据存入 hset 集合对象中。

(4) 第7行:创建chiaAnimal字符串集合,含有四个字符串。

(5) 第 8 行:创建 chiaAnimal 字符串数组,本例选择使用 chiaAnimal 字符串集合,故该行语句不使用。

(6) 第 9~10 行:将字符串集合(或数组)元素数据存入 hset 集合对象中。

(7) 第 11~12 行:将字符串变量数据存入 hset 集合对象中。

(8) 第 13 行:直接输出 hset 集合对象,此时可以显示集合中的所有元素内容。在 HashSet 类的集合对象内的数据没有循序性,其集合对象内的元素并不依照存放顺序来排列。

(9) HashSet 类的集合对象内的数据不能重复,若是重复加入的数据则不被取用,如第 6、7 行的“白虎”。

实操 文件名:\ex09\src\hashSetDemo\HashSetDemo.java

请依据下列描述,试编写出程序代码:

① 输入四个不重复的英语字符串,用HashSet泛型类集合对象存放。每个字符串输入完毕,要判断是否有重复输入,并显示重复的字符串。

② 输入完毕,输出集合对象中所有元素的数据。

③ 寻找一个指定的元素数据,并显示寻找结果。

④ 删除一个指定的元素数据,并显示删除结果。

⑤ 输出目前集合对象中元素的个数。

结果

```
输入四个不重复的英语字符串...
  第 1 个字符串? We ↵
  第 2 个字符串? are ↵
  第 3 个字符串? are ↵
  are 字符串重复输入!
  第 3 个字符串 ?good ↵
  第 4 个字符串 ? students ↵
四个字符串分别为:
  [are, students, good, We]
输入要找寻的英语字符串? We ↵
  We 字符串存在集合对象中
输入要删除的英语字符串? is ↵
  is 字符串不在集合对象中
目前集合对象的元素个数为: 4
```

或

```
输入四个不重复的英语字符串....
  第 1 个字符串? abc ↵
  第 2 个字符串? aaa ↵
  第 3 个字符串? bbb ↵
  第 4 个字符串? jkl ↵
四个字符串分别为:
  [aaa, abc, ddd, jkl]
输入要找寻的英语字符串? ykk ↵
  ykk 字符串不在集合对象中
输入要删除的英语字符串? aaa ↵
  aaa 字符串已删除
目前集合对象的元素个数为: 3
```

程序代码

文件名:\ex09\src\hashSetDemo\HashSetDemo.java

```
01 package hashSetDemo;
```

```
02 import java.util.*;
03
04 public class HashSetDemo {
05   public static void main(String[] args) {
06     var hset = new HashSet<>();
07     int order = 1;
08     String st;
09     Scanner keyin = new Scanner(System.in);
10     System.out.println("输入四个不重复的英语字符串....");
11     while (order <= 4) {
12       System.out.print("  第 " + order + " 个字符串？ ");
13       st = keyin.nextLine();
14       if (hset.add(st))
15         order++;
16       else
17         System.out.println("  " + st + "字符串重复输入！");
18     }
19     System.out.println("四个字符串分别为：");
20     System.out.println(hset);
21       System.out.print("输入要找寻的英语字符串？ ");
22       String findSt1 = keyin.nextLine();
23       if (hset.contains(findSt1))
24       System.out.println("  " + findSt1 + "字符串存在集合对象中");
25     else
26       System.out.println("  " + findSt1 + "字符串不在集合对象中");
27
28     System.out.print("输入要删除的英语字符串？ ");
29     String findSt2 = keyin.nextLine();
30     if (hset.remove(findSt2))
31       System.out.println("  " + findSt2 + "字符串已删除");
32     else
33       System.out.println("  " + findSt2 + "字符串不在集合对象中");
34
35     System.out.println("目前集合对象的元素个数为：" + hset.size());
36     keyin.close();
37   }
38 }
```

说明

(1) 第 6 行：本行语句可改写为

```
HashSet<String> hset = new HashSet<>();
```

(2) 第 11~18 行：用循环来输入四个字符串。使用 add()方法，若顺利增加字符串，则 order 累加 1。如果有重复输入，则显示“××字符串重复输入！”信息。

(3) 第 23 行：使用 contains()方法检查 hset 集合对象中是否存在输入字符串。

(4) 第 30 行：使用 remove()方法从 hset 集合对象中移除指定的字符串。

(6) 第35行：使用size()方法显示hset集合对象的元素个数。

9.4 SortedSet<E>接口与 TreeSet<E>类

Set<E>接口继承最顶层的 Collection <E>接口，规定了实现 Set<E>接口的集合对象的元素数据不能重复，但数据没有排序。Set<E>接口又被 SortedSet <E>接口继承，Java 系统用 TreeSet 类实现了 SortedSet<E>接口，所创建的集合对象中的元素数据不但不会重复，还会自动进行排序(根据元素内容的 ASCII 码由小到大的排列)。SortedSet<E>接口常用的方法与 TreeSet<E>类常用的构造方法。

一、TreeSet<E>类

TreeSet<E>类常用的构造方法如下。

(1) TreeSet()。创建一个空的 TreeSet 集合对象，该集合对象根据其元素的自然顺序由小到大进行排序。

(2) TreeSet(Collection<? extends E> c)。创建一个含参数 Collection<E>接口对象 c 的 TreeSet 集合对象。

(3) TreeSet(SortedSet<? extends E> s)。创建一个含参数 SortedSet<E>接口对象 s 的 TreeSet 集合对象。

二、SortedSet<E>接口

由于 SortedSet<E>接口继承了 Set<E>接口，同时也继承了 Set<E>接口的方法成员。这里只列出 SortedSet<E>接口新增加的且常用的方法成员。

(1) E first()。返回集合对象第一个元素的数据。

(2) E last()。返回集合对象最后一个元素的数据。

(3) SortedSet<E>headSet(E toElement)。返回集合对象中值小于 toElement 的所有元素数据。

(4) SortedSet<E>tailSet(E fromElement)。返回集合对象中值大于等于 fromElement 的所有元素数据。

(5) SortedSet<E>subSet(E fromElement, E toElement)。返回集合对象中值大于等于 fromElement，且小于 toElement 的元素数据。

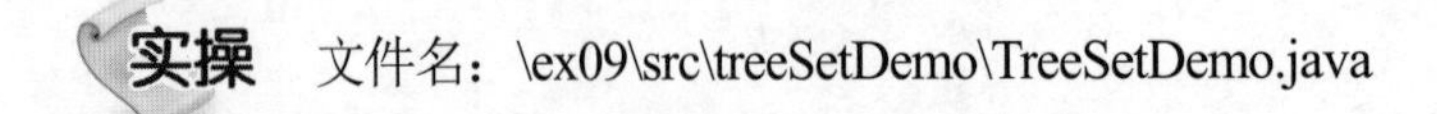

实操 文件名：\ex09\src\treeSetDemo\TreeSetDemo.java

请依据下列描述，试编写出程序代码：

① 请依次将下面的整数，以TreeSet泛型类型存放于集合对象中：
23, 45, 9, -6, 18, 93, 100, 76, 54, 66, 89, 34, 0, -55, -27, 61

② 输出集合对象中所有元素的数据。

③ 输出第一个元素的内容。

④ 输出最后一个元素的内容。

⑤ 输入一个指定数值，输出大于等于该指定数值的元素内容。

结果

```
对象内元素的内容：
  [-55, -27, -6, 0, 9, 18, 23, 34, 45, 54, 61, 66, 76, 89, 93, 100]
第一个元素内容为：-55
最后一个元素内容：100
请输入一个整数？ 120 ↵
  范围错误！
请输入一个整数？ we ↵
  请输入数值！
请输入一个整数？ 50 ↵
  元素内容大于等于 50 者：[54, 61, 66, 76, 89, 93, 100]
```

程序代码

文件名：\ex09\src\treeSetDemo\TreeSetDemo.java

```
01 package treeSetDemo;
02 import java.util.*;
03
04 public class TreeSetDemo {
05   public static void main(String[] args) {
06     var tset = new TreeSet<>();
07     int[] number = { 23, 45, 9, -6, 18, 93, 100, 76, 54, 66, 89, 34, 0, -55, -27, 61 };
08     for (int n : number)
09       tset.add(n);
10       System.out.println("对象内元素的内容：");
11       System.out.println("  " + tset);
12       System.out.println("第一个元素内容为：" + tset.first());
13       System.out.println("最后一个元素内容：" + tset.last());
14
15       Scanner keyin = new Scanner(System.in);
16       int num = 0;
17       while (true) {
18       System.out.print("请输入一个整数？ ");
19       try {
20         num = Integer.parseInt(keyin.nextLine());
21       } catch (NumberFormatException ex) {
22         System.out.println("  请输入数值！");
23         continue;
24       }
25           if (num >= (int) tset.first() && num <= (int) tset.last())
```

```
26        break;
27            else
28        System.out.println("  范围错误！");
29    }
30        System.out.print("  元素内容大于等于" + num + "者：");
31    System.out.println(tset.tailSet(num));
32    keyin.close();
33  }
34 }
```

说明

(1) 第 6 行：声明一个 TreeSet<E>类对象 tset。本行语句可改写为

```
TreeSet<Integer> hset = new HashSet<>();
```

(2) 第 7~9 行：将 number 整型集合元素的内容逐一存放入 tset 集合对象。

(3) 第 11 行：存放入 TreeSet<E>类 tset 集合对象的数据会自动排序，故本行语句显示的是排序后的结果。

(4) 第 25 行：判断输入值是否介于 tset 对象第一个元素值与最后一个元素值之间。由于放在 tset 集合对象的元素数据类型是 Object，要先转换成 int 类型才能和 num 做大小比较。

(5) 第31行：用set.tailSet(num)语句列出在tset内对象大于等于num的数据。

9.5 List<E>接口与实现类

List<E>接口能创建串(序)列的集合对象，每一个元素都有一个索引位置来存放，用户可以根据元素所在的索引位置来访问或查找元素数据。List<E>接口与 Set<E>接口都是继承了 Collection<E>接口，Set<E>接口强调集合对象中的元素不能重复，而本节要介绍的 List<E>接口的集合对象的元素是可以重复的。

List<E>接口与 SortedSet<E>接口所创建的集合对象不同。SortedSet<E>接口是创建排序性的集合对象，其数据的顺序是根据元素的大小由小到大排列。而 List<E>接口是创建循序性的集合对象，其数据的顺序是根据元素的索引值位置一个接着一个排列，索引值依次为 0、1、2、3……

1. List<E>接口

常用的方法如下(若同样的方法在 Set<E>接口出现过且使用方法相同，此处将不再赘述)。

(1) boolean add(E e)。将参数中的对象e添加为元素数据，添加至列表的尾部。

(2) void add(int index, E element)。在列表的指定索引位置插入指定元素。

(3) boolean addAll(Collection<? extends E> c)。将参数中的 Collection<E>集合对象 c 所有元素，添加至列表的尾部。

(4) boolean addAll(int index, Collection<? extends E> c)。将指定 collection 中的所有元素都插入到列表中的指定位置。

(5) E get(int index)。返回列表中指定索引位置的元素。

(6) int indexOf(Object o)。返回列表中第一次出现指定元素的索引值，若列表不包含该元素返回-1。

(7) int lastindexOf(Object o)。返回列表中最后出现指定元素的索引值，若列表不包含此元素返回-1。

(8) E remove(int index)。移除列表中指定索引位置的元素。

(9) E set(int index, E element)。用参数指定元素替换列表中指定索引位置的元素。

(10) ListE subList(int fromIndex, int toIndex)。返回列表索引值 fromIndex(包括)到索引值 toIndex(不包括)之间的集合。

2. ArrayList<E>类

ArrayList<E>数组列表类实现 List<E>列表接口，其创建的集合对象的元素存放的方式和数组相似，用索引值依次将元素加入到列表中。但不同于数组的是，它不用提前声明元素的数量，它是一个可自行重设大小的动态集合。ArrayList <E>类的构造方法如下。

(1) ArrayList()。创建一个空的ArrayList集合对象，默认元素个数为10个。

(2) ArrayList(Collection<? extends E> c)。创建一个含指定 Collection<E>接口对象 c 的 ArrayList 集合对象。

(3) ArrayList(int i)。创建一个空的ArrayList对象，参数i来指定元素的个数。

ArrayList<E>除了拥有实现 List<E>接口的方法成员外，增加的方法成员如下。

(1) void ensureCapacity(int minCapacity)。增加此 ArrayList 集合对象的容量，以确保它至少能够容纳参数所指定的元素数。

(2) void trimToSize()。将此 ArrayList 集合对象的容量调整为列表目前的大小。

List 接口也可创建“静态集合”，该集合创建时就决定了元素的内容及元素个数。其语法示例如下：

```
var number = List.of(23, -76, 54, -74, 23, 0, -27, 61);
```

或

```
var word = Set.of("We", "love", "very", "love", "Java");
```

List 接口创建的静态集合的元素的数据类型为 Object，元素内容可以重复。

实操 文件名：\ex09\src\arrayListDemo\ArrayListDemo.java

规划东部旅游夜宿天数及地点。

结果

```
~东部旅游夜宿规划~
初期规划夜宿地点：[宜兰, 花莲, 天祥, 花莲, 台东]
初期规划夜宿天数：5
修订后夜宿地点：[宜兰, 花莲, 天祥, 花莲, 池上, 台东, 知本]
```

```
夜宿天祥在第几天：3
删除花莲第一个夜宿...

确定夜宿天数：6
~确定夜宿表列~
第 1 天夜宿地点：宜兰
第 2 天夜宿地点：天祥
第 3 天夜宿地点：花莲
第 4 天夜宿地点：池上
第 5 天夜宿地点：台东
第 6 天夜宿地点：知本
```

程序代码

文件名：\ex09\src\ArrayListDemo.java

```
01 import java.util.*;
02 public class ArrayListDemo {
03  public static void main(String[] args) {
04    System.out.println("~东部旅游夜宿规划~");
05    var night = new ArrayList<>();
06    var place = List.of("宜兰", "花莲", "天祥", "花莲", "台东");
07    for (String p : place)
08      night.add(p);
09    System.out.println("初期规划夜宿地点：" + night);
10      System.out.println("初期规划夜宿天数：" + night.size());
11    night.add("知本");
12    night.add(4, "池上");
13    System.out.println("修订后夜宿地点：" + night);
14    System.out.println("夜宿天祥在第几天："+(night.indexOf("天祥")+1));
15    System.out.println("删除花莲第一个夜宿...");
16    night.remove(night.indexOf("花莲"));
17
18    System.out.println("\n确定夜宿天数：" + night.size());
19      System.out.println("~确定夜宿表列~");
20    for (int i = 0; i < night.size(); i++)
21     System.out.println("第 " + (i+1) + " 天夜宿地点：" + night.get(i));
22    }
23 }
```

说 明

(1) 第 5 行：创建 ArrayList<E>类对象 night，来存放规划东部旅游夜宿地点。本行语句可改写为

```
ArrayList<String> night = new ArrayList<>();
```

(2) 第 6~8 行：将 place 集合元素数据全部存放入集合对象 night。

(3) 第 11 行：用 add()方法增加一个元素数据“知本”到列表结尾处。

(4) 第 12 行：在索引值为 4 的位置插入一个元素“池上”。

(5) 第 16 行：用 remove()方法删除“花莲”第一次出现的元素。

(6) 第 21 行：用 night.get(i)语句获得列表中指定索引位置的元素。

3. LinkedList<E>类

LinkedList<E>链表类也用来实现List<E>接口，其创建的集合对象存放的方式是一种链表，它的每个元素可能散布在内存不同的角落。为能访问或查找元素数据，将每个元素视为一个节点，每个节点都有两个字段，一个是数据域，另一个是链接域。数据域存放元素数据，链接域则存放指针，即存放下一个节点的内存地址。若某一节点的指针指向null，表示该节点为集合的结尾，如图 9-2 所示。

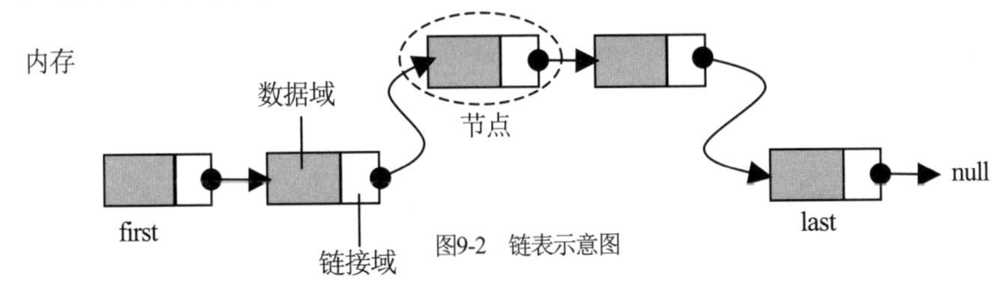

图9-2　链表示意图

图 9-2 的链表节点都有指向下一个节点地址的指针，以集合的观念来看，每一个节点就是一个元素，数据域存放着元素的值，链接域存放着下一个元素的指针值。链表的第一个元素称为 first，若节点指针栏为 null 即表示是链表的最后一个元素，称为 last。LinkedList<E>类所提供的方法成员，专门处理列表的第一个与最后一个元素。所谓处理，就是取出元素值、插入元素、移除元素。处理完后元素的指针值便会自动重新排序。

LinkedList<E>链表类的构造方法如下。

(1) LinkedList()。创建一个新的 LinkedList 集合对象。

(2) LinkedList(Collection<? extends E> c)。创建一个含指定 Collection<E>集合对象 c 的 LinkedList 集合对象。

LinkedList<E>类实现 List<E>接口，List<E>的方法成员都可在 LinkedList<E>类中使用。在此仅列出 LinkedList<E>类新增的方法成员。

(1) void addFirst(E e)。将指定元素插入此链表的开头，其指针值重新排序。

(2) void addLast(E e)。将指定元素添加至链表的尾端。

(3) E removeFirst()。移除并返回此链表中的第一个元素。

(4) E removeLast()。移除并返回此链表中的最后一个元素。

(5) E getFirst()。返回此链表中的第一个元素。

(6) E getLast()。返回此链表中的最后一个元素。

4. 队列与堆栈

基于 LinkedList<E>类的特点，所创建出来的集合对象很适合实现两种数据结构：队列(Queue)与堆栈(Stack)。

队列是一种“先进先出”(FIFO)的数据结构，如图 9-3 所示。

✪最先进入圆筒，所以✪最先离开圆筒。

图9-3　队列示意图

若将已创建的集合对象 night 复制给链表 queue，再用队列(FIFO)方式取出元素，其方式如下：

```
//将集合对象 night 复制给 queue 链表
var queue = new LinkedList<>(night);
//或 LinkedList<String> queue = new LinkedList<>(night);
//用队列(FIFO)方式取出元素
for(int j=queue.size()-1; j>=0; j--)
{
  queue.getFirst();      //获得链表第一个元素
  queue.removeFirst();   //移除列表第一个元素，指针重排
}
```

堆栈是一种“后进先出”(LIFO)的数据结构，如图 9-4 所示。

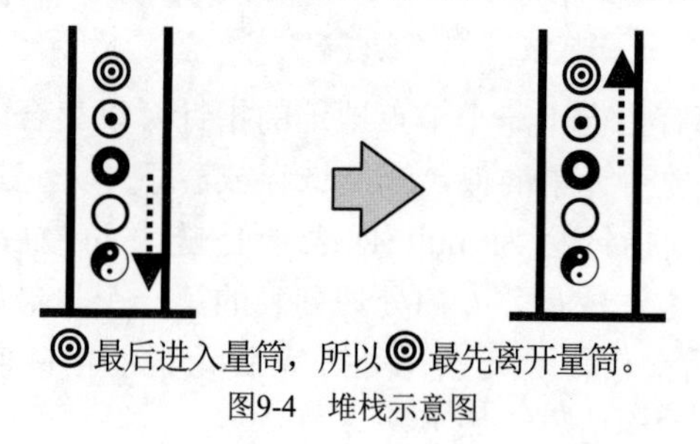

◎最后进入量筒，所以◎最先离开量筒。

图9-4　堆栈示意图

若将已创建的集合对象 night 复制给链表 stack，再用堆栈(LIFO)方式取出元素，其方式如下：

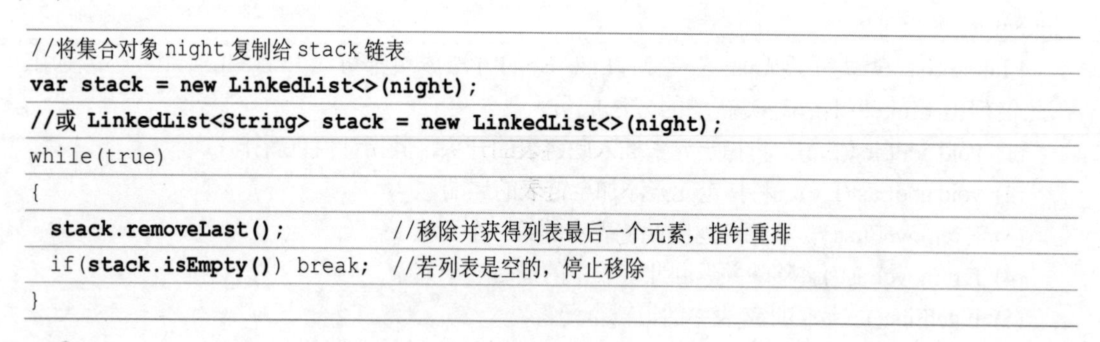

```
//将集合对象 night 复制给 stack 链表
var stack = new LinkedList<>(night);
//或 LinkedList<String> stack = new LinkedList<>(night);
while(true)
{
  stack.removeLast();               //移除并获得列表最后一个元素，指针重排
  if(stack.isEmpty()) break;  //若列表是空的，停止移除
}
```

实操 文件名：\ex09\src\linkedListDemo\LinkedListDemo.java

先创建 night 集合对象，再复制给 queue 链表，用队列方式取出元素；再用 night 集合对象复制给 stack 链表，用堆栈方式取出元素。

结果

```
列表元素前后顺序
第 1 个：苹果
第 2 个：水梨
第 3 个：香蕉
第 4 个：奇异果
第 5 个：番石榴
取出方式(队列)：先进先出
苹果  水梨  香蕉  奇异果  番石榴
取出方式(堆栈)：后进先出
番石榴  奇异果  香蕉  水梨  苹果
```

程序代码

文件名：\ex09\src\linkedListDemo\LinkedListDemo.java

```
01 import java.util.*;
02 public class LinkedListDemo{
03   public static void main(String[] args) {
04     var place = List.of("苹果", "水梨", "香蕉", "奇异果", "番石榴");
05     var night = new ArrayList<>();
06     for(String p : place)
07        night.add(p);
08     System.out.println("列表元素前后顺序");
09     for(int i=0; i<night.size(); i++)
10       System.out.println("第 " + (i+1) + " 个: " + night.get(i));
11
12     var queue = new LinkedList<>(night);
13     System.out.println("\n 取出方式(队列): 先进先出");
14     for(int j=queue.size()-1; j>=0; j--){
15       System.out.print(queue.getFirst() + "  ");
16       queue.removeFirst();
17     }
18     System.out.println();
19
20     var stack = new LinkedList<>(night);
21     System.out.println("\n 取出方式(堆栈): 后进先出");
22     while(true)
23     {
24       System.out.print(stack.removeLast() + "  ");
25       if(stack.isEmpty()) break;
26     }
27   }
28 }
```

(1) 第 5 行：创建 ArrayList<E>类对象 night，用来存放链表的元素集合。

(2) 第 12~17 行：用队列的方式取出链表的元素。其中第 16 行的 queue.removeFirst();语句除具有移除功能外，还具有获得功能。故第 15~16 行可简化为

```
System.out.print(removeFirst() + "  ");
```

(3) 第 20~26 行：用堆栈的方式取出链表的元素。使用 while 循环处理，不需要提前知道集合内有多少个元素。

9.6 Map<K, V>接口与 HashMap<K, V>类

Map<K, V>并没有继承 Collection<E>接口，它自成一个独立架构的集合接口。实现 Map<K, V>接口的集合对象，采取“键值对应”的方式。利用指定的关键值存放数据，每一个键值只能存放一个对应值，键值是唯一的，不能重复，不同的关键值能有相同的对应值。

1. Map<K, V>接口

由于 Map<K, V>对象的关键值是唯一且不能重复的，这和 Set<E>接口类型的集合有相同的性质，因此 Map<K, V>对象可以通过 Set<K> keySet()方法转换为 Set<E>对象。而 Map<K, V>对象内不同关键值的对应值有可能会重复，这可以通过 Collection<V> values()方法转换为 Collection<E>对象。Map<K, V>接口常用的方法如下。

(1) boolean containsKey(Object key)。如果集合对象内包含指定关键值key，则返回true。

(2) boolean containsValue(Object value)。如果集合对象内包含指定元素对应值 value，则返回 true。

(3) void clear()。清除集合对象内的所有元素。

(4) boolean isEmpty()。如果集合对象内没有元素，则返回 true。

(5) V put (K key, V value)。将一组关键值 key 与对应值 value 添加至集合对象中，若键值 key 已存在，则该关键值 key 所存放的旧数据会被新的对应值 value 覆盖。

(6) void putAll (Map<? extends K, ? extends V> m)。将指定的 Map<K, V>接口的集合对象，复制到目前的 Map 集合对象内。

(7) V get (Object key)。返回集合对象中指定关键值 key 的对应值。

(8) V remove(Object key)。移除集合对象中指定的关键值 key。若移除成功，则返回该关键值 key 的对应值，否则返回 null。

(9) int size()。返回集合对象的元素个数。

(10) Set<K> keySet()。将所有关键值返回，并转换成实现 Set<E>接口的集合对象。

(11) Collection<V> values()。将所有对应值返回，并转换成实现 Collection<E>接口的集合对象。

2. HashMap<K, V>类

HashMap<K, V>对象会根据关键值的哈希程序代码，整理出关键值与对应值组配对的集合。每个关键值都必须是唯一的，组成没有顺序性及排序性的集合。关键值与对应值内容都可以为 null。HashMap<K, V>类的构造方法如下。

(1) HashMap()。创建一个空的 HashMap 集合对象，默认元素个数为 16 个。

(2) HashMap (Map<? extends K, ? extends V> m)。创建一个含指定 Map<K, V>接口对象 m 的 HashMap 集合对象。

(3) HashMap(int i)。创建一个空的HashMap对象，并经由参数i来指定元素的个数。

实操 文件名：\ex09\src\hashMapDemo\HashMapDemo.java

HashMap 类对象的基本使用，其中元素配对表示的意义如下：关键值(key)为姓名，对应值(value)为职业。

结 果

```
集合内容：{周六图=教师, 何九山=教师, 张三谷=牧师, 李四斐=警察}
hmap 集合的元素个数：4

加入"何九山" ....
"何九山" 已存在，重复加入时职业栏数据会被覆盖
"何九山" 的职业更改为：军人
加入"曹五操" ....
移除"周六图" ....

集合内容：
何九山=军人
张三谷=牧师
李四斐=警察
曹五操=律师
```

程序代码

文件名：\ex09\src\hashMapDemo\HashMapDemo.java

```
01 package hashMapDemo;
02 import java.util.*;
03
04 public class HashMapDemo {
05   public static void main(String[] args) {
06     var hmap = new HashMap<>();
07     hmap.put("张三谷", "牧师");
08     var post = Map.of("何九山", "教师", "李四斐", "警察", "周六图", "教师");
```

```
09      hmap.putAll(post);
10      System.out.println("集合内容：" + hmap);
11      System.out.println("hmap 集合的元素个数：" + hmap.size());
12
13      System.out.println("\n 加入\"何九山\" ....");
14      if (hmap.containsKey("何九山"))
15        System.out.println("\"何九山\" 已存在，重复加入时职业栏数据会被覆盖");
16      hmap.put("何九山", "军人");
17      System.out.println("\"何九山\" 的职业更改为：" + hmap.get("何九山"));
18      System.out.println("加入\"曹五操\" ....");
19      String name = "曹五操";
20      if (hmap.containsKey(name))
21        System.out.println("\"" + name + "\" 已存在，不接受更改");
22      else
23        hmap.put(name, "律师");
24      System.out.println("移除\"周六图\" ....");
25      hmap.remove("周六图");
26
27      System.out.println("\n 集合内容：");
28      for (Map.Entry e : hmap.entrySet()) {
29        System.out.println(e.getKey() + "=" + e.getValue());
30      }
31    }
32  }
```

说明

(1) 第 6~7 行：声明一个 HashMap 类的集合对象 hmap，并添加一个元素(关键值、对应值)。第 6 行声明语句可改写为

```
HashMap<String, String> hmap = new HashMap<>();
```

(2) 第 8 行：创建一个 Map 接口的静态集合对象 post，并指定三组<K,V>元素数据。注意：元素的关键值不能重复。

(3) 第 9 行：将 post 集合对象的全部数据复制到 hmap 集合对象。此时 hmap 集合对象内若有元素数据，则复制的数据会追加进来。

(4) 第 10~11 行：显示 hmap 集合对象的所有元素内容及元素个数。

(5) 第 13~17 行：尝试将重复的关键值“何九山”和对应值的元素加入 Hashmap 对象中。因关键值重复，故对应值会被新的值覆盖。

(6) 第 19~23 行：尝试加入一组关键值和对应值的配对数据，若集合中已存在该关键值(姓名)，则不能加入；否则加入此配对数据。

(7) 第25行：移除关键值为“周六图”的元素数据。

(8) 第 28~30 行：逐一显示 hmap 集合对象内的数据。此处使用 entrySet()方法将 hmap 集合中的映像关系取出，存放到 Set 集合中，而每一个元素 e 都是 Map.Entry 类型的对象，可以使用 getKey()及 getValue()。其实 Entry 也是一个接口，它是 Map 接口中的一个内部接口。

9.7 SortedMap<K, V>接口与 TreeMap 类

SortedMap<K,V>接口继承了 Map<K,V>接口，而 TreeMap<K,V>类用来实现 SortedMap<K,V>接口。用 TreeMap<K, V>类创建出来的集合对象，也是一个关键值与对应值组配对的集合。但不同于 HashMap<K, V>类集合的是，TreeMap<K, V>集合对象是有顺序性的集合，其元素会依关键值由小到大自动排序。

1. TreeMap<K, V>类

TreeMap<K, V>类常用的构造方法如下。

(1) TreeMap()。创建一个空的TreeMap集合对象，其元素会依键值由小到大自动排序。

(2) TreeMap (Map<? extends K, ? extends V> m)。创建一个含指定 Map<K, V>接口对象 m 的 TreeMap 集合对象。

(3) TreeMap (SortedMap<K, ? extends V> m)。创建一个含指定 SortedMap<K, V>接口对象 m 的 TreeMap 集合对象。

2. SortedMap<K, V>接口

由于 SortedMap<K,V>接口继承了 Map<K, V>接口，故同时也继承了 Map<K,V>接口的方法成员。这里只列出 SortedMap<K, V>接口新增的且常用的方法成员。

(1) K firstKey()。返回集合对象第一个元素的关键值，即最小的关键值。

(2) K lastKey()。返回集合对象最后一个元素的关键值，即最大的关键值。

(3) SortedMap<K, V> headMap(K toKey)。返回集合对象中关键值小于 toKey 的所有元素数据。

(4) SortedMap<K, V> tailMap(K fromKey)。返回集合对象中关键值大于等于 fromKey 的所有元素数据。

(5) SortedMap<K, V> subMap(K fromKey, K toKey)。返回集合对象中关键值大于等于 fromKey 且小于 toKey 的所有元素数据。

实操 文件名：\ex09\src\treeMapDemo\TreeMapDemo.java

创建 5 组邮政编码和地名的配对集合，再进行 SortedMap<K, V>接口方法的基本应用。

结果

```
集合内容：{260=宜兰, 500=彰化, 600=嘉义, 900=屏东, 970=花莲}
集合的元素个数：5
集合的第一个邮政编码：260
集合的第一个地名：宜兰
集合的最后一个邮政编码：970
集合的最后一个地名：花莲
邮政编码大于等于 600 的元素集合：{600=嘉义, 900=屏东, 970=花莲}
```

程序代码

文件名：\ex09\src\treeMapDemo\TreeMapDemo.java

```
01 import java.util.*;
02 public class TreeMapDemo{
03   public static void main(String[] args)
04   {
05     var tmap = new TreeMap<>();
06     tmap.put(260, "宜兰");
07     tmap.put(970, "花莲");
08     tmap.put(500, "彰化");
09     tmap.put(900, "屏东");
10     tmap.put(600, "嘉义");
11     System.out.println("集合内容：" + tmap);
12     System.out.println("集合的元素个数：" + tmap.size());
13     int key = (int) tmap.firstKey();
14     System.out.println("集合的第一个邮政编码：" + key);
15     System.out.println("集合的第一个地名：" + tmap.get(key));
16     System.out.println("集合的最后一个邮政编码：" + tmap.lastKey());
17     System.out.println("集合的最后一个地名：" + tmap.get(tmap.lastKey()));
18     System.out.println("邮政编码大于等于" + 600 + "的元素集合：" + tmap.tailMap(600));
19   }
20 }
```

说明

(1) 第 5 行：声明一个 TreeMap 类的集合对象 tmap。声明语句可改写为

```
TreeMap<Integer, String> tmap = new TreeMap<>();
```

(2) 第 6~10 行：将关键值和对应值的配对数据加入 HashMap 对象元素中。要注意的是，元素加入的顺序不等于在集合中的排列顺序。

(3) 第 13~15 行：调用 tmap.firstKey()方法获得集合中第一个关键值，并赋值给整型变量 key。显示存放在 key 中的关键值即邮政编码，再调用 tmap.get(key)方法来显示地名。

(4) 第 18 行：调用 tmap.tailMap(600)方法获得 tmap 部分集合。

9.8 Collections 集合工具类

Collections 不是接口也不是集合，它是 Collection 接口的工具类。因为 Collections 类中的方法都是使用 static 关键字定义的静态方法，不需要事先创建对象便可直接使用。

集合对象可以使用 Collections 工具类提供的静态方法来处理集合内的数据，如排序、反转元素排列顺序、取最大值等。Collections 集合工具类所提供的常用的静态方法如下。

(1) static void sort(List<T> list)。对集合对象 list 的元素内容做自然排序，即根据元素内容的 ASCII 码由小到大的递增排列。

(2) static void reverse(List<T> list)。对集合对象 list 的元素内容做反转顺序排列。

(3) static void copy(List<T> dest, List<T> src)。将所有元素从一个集合列表复制到另一个集合列表。

(4) static void fill(List<T> list, Object obj)。使用指定的数据替换集合列表中的所有元素。

(5) static Object max(Collection coll)。根据元素的自然顺序，传出集合对象的最大元素。

(6) static Object min(Collection coll)。根据元素的自然顺序，传出集合对象的最小元素。

(7) static void swap(List<T> list, int i, int j)。将集合对象中指定位置的元素交换。

实操 文件名：\ex09\src\collectionsDemo\CollectionsDemo.java

创建 ArrayList 类的集合对象 alist，观察使用 Collections 工具类的 sort()与 reverse()静态方法使用情况。

结 果

```
显示 alist 集合对象初始元素...
[EEE, CCC, BBB, DDD, AAA]
排序后的元素...
[AAA, BBB, CCC, DDD, EEE]
反转排列的元素...
[EEE, DDD, CCC, BBB, AAA]
```

程序代码

文件名：\ex09\src\collectionsDemo\CollectionsDemo.java

```
01 import java.util.*;
02 public class CollectionsDemo
03 {
04  public static void main(String[] args)
05  {
06    ArrayList<String> alist = new ArrayList<>();
07    var data = List.of("EEE", "CCC", "BBB", "DDD", "AAA");
08    for(String p : data)
09        alist.add(p);
10    System.out.println("显示 alist 集合对象初始元素...");
11    System.out.println(alist);
12
13    Collections.sort(alist);
14    System.out.println("\n 排序后的元素...");
15    System.out.println(alist);
16
17    Collections.reverse(alist);
18    System.out.println("\n 反转排列的元素...");
19    System.out.println(alist);
20  }
21 }
```

9.9 集合的迭代器

Java 为集合对象提供两个迭代器：Iterator<E>和 ListIterator<E>。集合的迭代器是一种接口，它的功能是用来遍历集合对象中的元素。遍历就是指读取集合对象中的元素，也能删除元素。

9.9.1 Iterator<E>接口

只要能实现如图 9-5 所示 Collection 系列接口的集合对象都可实现 Iterator<E>接口，利用这个接口的 iterator()方法即可获得实现 Iterator<E>接口的对象。也就是说，实现 Iterator<E>接口的对象除了可以读取 Set、List、SortedSet 接口的集合对象的元素数据，还可删除指定的元素。

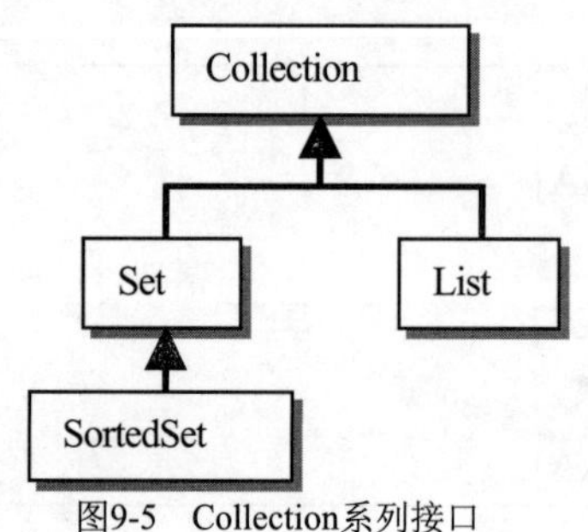

图9-5　Collection系列接口

例如：tset 属于 TreeSet<Integer>的集合对象，利用 iterator()方法获得属于 Iterator<E>接口的对象 itera，其程序语句如下：

```
Iterator<Integer> itera = tset.iterator();
```

说明

(1) itera 为实现 Iterator<E>接口的对象，tset 为 TreeSet<E>类的集合对象。而 TreeSet<E>类是实现 SortedSet<E>接口的类。

(2) Iterator<E>的泛型类型为 Integer，须与集合对象 tset 的泛型类型相同。

(3) iterator()是 SortedSet<E>接口的方法成员，tset 是实现 SortedSet<E>接口的集合对象，故 tset.iterator()可获得实现 Iterator<Integer>接口的对象 itera。

(4) 用本语句创建集合对象 tset 的迭代器对象 itera 后，接下来就可以调用 Iterator<E>接口的方法成员来读取或删除 tset 集合对象内的元素。

Iterator<E>接口的常用方法成员如下。

(1) boolean hasNext()。如果集合还有 Iterator 指向的下一个元素，则返回 true；若没有，则返回 false。

(2) E next()。返回 Iterator 指向的下一个元素。

(3) void remove()。删除目前 Iterator 所指向的元素。

实操 文件名：\ex09\src\iteratorDemo\IteratorDemo.java

先创建一个拥有 1~40 整数的 TreeSet<E>类集合对象，再经由 Iterator 一一读取集合的元素，若非质数，则删除该元素，使集合内所有元素最后只剩下质数。(质数就是只能被 1 及本身整除的整数，没有其他因子。)

结 果

```
将 1~40 的整数存入 tset 集合对象中...
开始时，tset 集合对象内元素个数为：40
非质数移除中...
非质数移除完毕
最后，tset 集合对象内元素个数为：12
1~40 的质数有：[2, 3, 5, 7, 11, 13, 17, 19, 23, 29, 31, 37]
```

程序代码

文件名：\ex09\src\iteratorDemo\IteratorDemo.java

```
01 import java.util.*;
02 public class IteratorDemo{
03   public static void main(String[] args)
04   {
05     //创建 tset 集合对象
06     TreeSet<Integer> tset = new TreeSet<>();
07     System.out.println("将 1~40 的整数存入 tset 集合对象中...");
08     for(int i=1; i<=40; i++)
09         tset.add(i);
10     System.out.println("开始时，tset 集合对象内元素个数为：" + tset.size());
11     //创建迭代器对象 itera
12     Iterator<Integer> itera = tset.iterator();
13     System.out.println("\n 非质数移除中...");
14     itera.next();
15     itera.remove();                    //1 不是质数,先移除
16     while(itera.hasNext())
17     {
18       int num = itera.next();
19       for(int j=2; j<num; j++)
20       {
21         if(num % j == 0)
22         {
23           itera.remove();             //因有其他因子,故非质数
24           break;
25         }
26       }
```

```
27      }
28      System.out.println("非质数移除完毕");
29      System.out.println("最后，tset 集合对象内元素个数为：" + tset.size());
30      System.out.println("1~40 的质数有：" + tset);
31    }
32 }
```

说 明

(1) 第 6~10 行：先创建一个拥有 1~40 整数的 TreeSet<E>类集合对象 tset，并显示集合内的元素个数，一开始是 40 个。

(2) 第 12 行：创建迭代器对象 itera。

(3) 第 14~15 行：itera 第一个遍历的元素数据为 1，1 不是质数，先移除。

(4) 第 16~27 行：itera 依次遍历 tset 集合对象内所有的整型数据，若遇到除了本身和 1 以外还有其他因子者，则视为非质数，将其移除。

(5) 第 29~30 行：显示集合内剩余的质数个数，并显示所有质数。

9.9.2 ListIterator<E>接口

ListIterator<E>接口继承了 Iterator<E>接口。前面介绍过的 Iterator<E>接口对象的遍历方式是单向的，而本节的 ListIterator<E>接口对象遍历集合对象的方式是双向的。Iterator<E>接口对象只能读取与删除集合对象的指定元素，而 ListIterator<E>接口的功能有读取、删除、增加、修改。若想遍历 ArrayList<String>的集合对象 alist，可以利用 listIterator()方法获得 ListIterator<E>接口类型的对象 litera。其程序语句如下：

```
ListIterator<String> litera = alist.listIterator();
```

(1) litera 为实现 LiatIterator<E>接口的对象，alist 为 ArrayList<E>类的集合对象。而 ArrayList<E>类则是实现 List<E>接口的类。

(2) 本语句创建集合对象 alist 的迭代器对象 litera，接下来就可以调用 ListIterator<E>接口的方法成员来读取、删除、新建、修改 alist 集合对象的元素。

ListIterator<E>接口的方法成员如下。

(1) boolean hasNext()。如果集合还有 ListIterator 指向的下一个元素，则返回 true。

(2) boolean Previous()。如果集合还有 ListIterator 指向的前一个元素，则返回 true。

(3) E next()。返回 ListIterator 指向的下一个元素。

(4) E previous()。返回 ListIterator 指向的前一个元素。

(5) int nextIndex()。返回 ListIterator 指向的下一个元素的索引值。

(6) int previousIndex()。返回 ListIterator 指向的前一个元素的索引值。

(7) void add(Object o)。在 ListIterator 指向的下一个元素前加入 o 元素数据。

(8) void set(Object o)。将 ListIterator 指向的元素数据置换为 o 元素数据。

(9) void remove()。删除目前 ListIterator 所指向的元素。

实操 文件名：\ex09\src\listIteratorDemo\ListIteratorDemo.java

先创建 ArrayList 类的集合对象 alist，用实现 ListIterator<E>接口的对象 litera 正向与反向遍历 alist 集合对象，完成修改、增加 alist 集合对象的元素。

结果

```
创建 alist 集合对象...
显示 alist 集合对象初始元素...
[宜兰, 花莲, 天祥, 台东, 知本]
修改 alist 集合对象元素...
反向遍历 alist 集合对象元素...
知本   台东   瑞穗   花莲   宜兰
增加 alist 集合对象元素...
显示 alist 集合对象最终元素
[宜兰, 花莲, 瑞穗, 池上, 台东, 知本]
```

程序代码

文件名：\ex09\src\listIteratorDemo\ListIteratorDemo.java

```
01 import java.util.*;
02 public class ListIteratorDemo{
03  public static void main(String[] args)
04  {
05    System.out.println("创建 alist 集合对象...");
06    ArrayList<String> alist = new ArrayList<>();
07    String[] place = {"宜兰", "花莲", "天祥", "台东", "知本"};
08    for(String p : place)
09       alist.add(p);
10    System.out.println("显示 alist 集合对象初始元素...");
11    System.out.println(alist);
12
13    ListIterator<String> litera = alist.listIterator();
14    System.out.println("\n 修改 alist 集合对象元素...");
15    while(litera.hasNext())
16    {
17       litera.next();
18       if (litera.nextIndex()==3)
19          litera.set("瑞穗");
20    }
21
22    System.out.println("\n 反向遍历 alist 集合对象元素...");
23    while(litera.hasPrevious())
24      System.out.print(litera.previous() + "  ");
```

```
25      System.out.println();
26
27      System.out.println("\n增加 alist 集合对象元素...");
28      litera = alist.listIterator(3);
29      litera.add("池上");
30
31      System.out.println("\n显示 alist 集合对象最终元素");
32      System.out.println(alist);
33    }
34  }
```

说明

(1) 第6~11行：声明一个泛型类型为 String 的 ArrayList<E>类对象 alist，用来存放东部地名。alist 集合的初始对象内含有5个元素，依次是[宜兰, 花莲, 天祥, 台东, 知本]。

(2) 第13~20行：litera 正向遍历 alist 集合对象时，每执行到第17行的语句 litera.next();一次，其指向的索引值即会向下增加1位。当索引值为3时，修改该位置元素的内容，即将“天祥”改为“瑞穗”。

(3) 第22~25行：因目前 litera 迭代器指向 alist 集合对象的最后一个元素，故使用 litera.hasPrevious()与 litera.previous()方法，可反向遍历 alist 集合对象。

(4) 第28~29行：在指定索引值的位置为3时，增加元素数据“池上”。

(5) 第32行：显示 alist 集合对象经修改与增加后的最终元素内容，依次是 [宜兰, 花莲, 瑞穗, 池上, 台东, 知本]。

9.10 认证实例练习

题目

1. 下面程序执行后的结果为(　　)。

① 编译失败　② aAaAaAaAAaaAaA　③ AAaaAaAaAaaAaA
④ AaAAAaaaAaAaAa　⑤ aAaAaAaAaAAAaa

```
01  import java.util.*;
02  public class LetterASort
03  {
04      public static void main(String[] args)
05      {
06          ArrayList<String>  strings = new ArrayList<String>();
07          strings.add("aAaA");
08          strings.add("AaA");
09          strings.add("aAa");
10          strings.add("AAaa");
11          Collections.sort(strings);
12          for (String s : strings) { System.out.print(s + ""); }
13      }
14  }
```

说明

(1) 第 11 行中 Collections.sort(strings); 会对 strings 集合对象的元素内容做自然排序，即根据元素内容的 ASCII 码由小到大的排列。

(2) 由于 A 的 ASCII 码为 65，而 a 的 ASCII 码为 97。故 AAaa < AaA < aAa < aAaA，所以正确答案为③。

题目

2. 若执行结果为[9, 18]，则第 6 行的程序代码语句为(　　)。

① Set<Integer> set = new TreeSet<>();

② Set<Integer> set = new HashSet<>();

③ Set<Integer> set = new SortedSet<>();

④ List<Integer> set = new SortedSet<>();

⑤ Set<Integer> set = new LinkedList<>();

```
01  import java.util.*;
02  public class Example
03  {
04      public static void main(String[] args)
05      {
06          // insert code here
07          set.add(18);
08          set.add(9);
09          System.out.println(set);
10      }
11  }
```

说明

(1) SortedSet 接口支持自然排序，而实现 SortedSet 接口的类为 TreeSet，且 Set 接口为 SortedSet 接口的父接口，故正确答案为①。

(2) 选项③错误，因SortedSet是接口，不能直接创建对象。

题目

3. 下面程序执行后的结果为(　　)。

①2 1 0　　②2 1 1　　③3 2 1　　④3 2 2　　⑤ 编译失败

```
01  import java.util.*;
02  public class Mapit {
03      public static void main(String[] args) {
04          Set<Integer> set = new HashSet<>();
05          int i1 = 45, i2 = 46;
06          set.add(i1);
07          set.add(i1);
08          set.add(i2);
09          System.out.print(set.size() + " ");
10          set.remove(i1);
```

```
11          System.out.print(set.size() + " ");
12          i2 = 47;
13          set.remove(i2);
14          System.out.print(set.size() + " ");
15      }
16  }
```

说明

(1) HashSet 集合对象的元素不能重复，故第 9 行的集合为[45, 46]，故输出 2。

(2) 第 10 行移除 i1 变量值，而 i1 = 45，故内容为 45 的元素被移除，因此第 11 行输出 1。

(3) 第 13 行移除 i2 变量值，而 i2 = 47，而内容没有为 47 的元素，因此没有元素被移除，故第 14 行输出 1。所以正确答案为②。

题目

4. 下面程序执行后的结果为(　　)。

① [1, 2, 3, 5]　　② [2, 1, 3, 5]　　③ [2, 5, 3, 1]

④ [1, 3, 5, 2]　　⑤ 编译失败

```
01  import java.util.*;
02  public class SortOf {
03      public static void main(String[] args) {
04          ArrayList<Integer> a = new ArrayList<>();
05          a.add(1);  a.add(5);  a.add(3);
06          Collections.sort(a);
07          a.add(2);
08          Collections.reverse(a);
09          System.out.println(a);
10      }
11  }
```

说明

(1) ArrayList 集合对象有顺序性，第 5 行执行完集合内容为[1, 5, 3]。第 6 行排序后，集合内容为[1, 3, 5]。

(2) 第 7 行加入 2 到集合结尾，集合内容为[1, 3, 5, 2]。经第 8 行集合反转，集合内容会为[2, 5, 3, 1]。故正确答案为③。

题目 (MTA 认证模拟试题)

5. 假设你正在建立一个 Java 课程，来实现以 ArrayList 为主的 Integer 堆栈。请执行下列两个方法：

(1) 利用推送(push)方法，将 Integer 加入 ArrayList 刚开始的时候。

(2) 利用弹出(pop)方法，将 Intefer 从 ArrayList 的刚开始移除，并返回已移除的 Integer。填入下列选项完成以下程序代码，空白处应依次填入(　　)。

A. 0;　　　　B. stack.size()－1;

C. stack.size();
D. stack.get(index);
E. stack.remove(index);
F. stack.removeRange(index, index+1);
G. stack.add(index, item);
H. stack.set(index, item);

```
public static Integer pop(ArrayList<Integer> stack) {
    int index= ________I________
    return ________II________
}
public static void push(ArrayList<Integer> stack, Integer item) {
    int index= ________III________
    ________IV________
}
```

① C, E, C, G　　② A, F, B, F　　③ B, E, A, H　　④ C, D, C, H

说 明

(1) 答案是①。

(2) 弹出是将放在对象(stack)入的元素内容一一取出，取出时由对象的最上层(最后放入的元素)开始取出，故取出元素的索引值会是 stack.size()。取出该元素内容后会用 stack.remove(stack.size()); 语句移除，故 I 的答案是 stack.size();，II 的答案是 stack.remove(index);。

(3) 推送是将元素内容(item)一一放入对象内，而后放入的会堆栈在前放入的上方，所以目前正要放入的元素索引值会是 stack.size()。而元素内容用 stack.add(stack.size(), item); 语句写入。故III的答案是 stack.size();，IV的答案是 stack.add(index, item);。

9.11 习题

一、选择题

1. 下列不属于集合对象特点的是(　　)。
   ① 排序性　　② 循序性　　③ 唯一性　　④ 可塑性
2. 在下列的集合接口中，(　　)是集合类接口架构最上层的根接口。
   ① Set　　② SortedSet　　③ List　　④ Collection
3. 在下列的集合接口中，(　　)可实现集合对象的存放元素不会重复，会自动进行由小到大的排序。
   ① Set　　② SortedSet　　③ List　　④ Collection
4. 在下列的集合接口中，(　　)可实现集合对象的存放元素可重复出现。
   ① Set　　② SortedSet　　③ List　　④ Collection
5. 下列(　　)可实现类创建的集合对象，元素会因内容变动而自动排序。
   ① TreeSet　　② HashSet　　③ ArrayList　　④ LinkedList

6. 下列(　　)可实现类创建的集合对象，其元素存放的方式和数组相似，用索引值依次将元素加入表列中且允许元素存放重复的数据。

① TreeSet　　② HashSet　　③ ArrayList　　④ HashMap

7. 下列(　　)可实现类创建的集合对象，其元素存放的方式是键值对应，而且元素会依关键值由小到大自动排序。

① TreeSet　　② TreeMap　　③ HashSet　　④ HashMap

8. 下列(　　)可实现类创建的集合对象，其元素存放的方式是一种链表，元素可能散布在内存不同的角落。

① TreeSet　　② TreeMap　　③ HashSet　　④ HashMap

9. 下列(　　)接口是Java 为集合对象所提供的迭代器。

① List　　② SortedSet　　③ ListIterator　　④ Map

10. 所谓“堆栈”的数据结构是(　　)。

① 后进先出　　② 先进先出　　③ 后进后出　　④ 先出后进

11. 人们搭乘电扶梯的过程是(　　)。

① 后进先出　　② 先进先出　　③ 先进后出　　④ 先出后进

二、程序设计

1. 用自定义的一组号码签注大乐透彩券，输入号码时，只能从 1~49 的整数中输入 6 个不重复的号码。其中，程序要具有排除输入错误的功能，包括输入非整型值的文字、输入号码超出范围、输入重复号码。执行结果如下：

```
请从 1~49 的整数中，输入 6 个不重复的号码....
第 1 个号码 ?23 ↵
第 2 个号码 ?44 ↵
第 3 个号码 ?57 ↵
号码范围错误！
第 3 个号码 ?we ↵
请输入数值！
第 3 个号码 ?41 ↵
第 4 个号码 ?6 ↵
第 5 个号码 ?44 ↵
号码重复输入！
第 5 个号码 ?9 ↵
第 6 个号码 ?18 ↵

6 个号码分别为：
[18, 6, 23, 9, 41, 44]
```

2. 计算机从 1~100 的整数中，随机取出 10 个不重复的号码，并依次存放入 TreeSet 类所创建的集合对象中。最后用 TreeSet 类常用的方法来验证集合对象中所含的元素，以及显示介于 30~70 的元素。执行结果如下：

```
计算机从 1~100 的整数中，随机数取出 10 个不重复的号码....
第 1 个号码：17
第 2 个号码：79
第 3 个号码：46
第 4 个号码：5
第 5 个号码：26
第 6 个号码：70
第 7 个号码：88
第 8 个号码：100
第 9 个号码：93
第 10 个号码：32
对象内元素个数为：10
对象内元素的内容：[5, 17, 26, 32, 46, 70, 79, 88, 93, 100]
第一个元素内容为：5
最后一个元素内容：100
内容介于 30~70 者：[32, 46, 70]
```

3. 依据下列描述，试编写出程序代码：

① 计算机从15~55的整数中随机取出5个不重复的号码，并依次存入TreeSet类所创建的集合对象tset中。

② 将tset集合对象的元素全部加入ArrayList类集合对象中alist。

③ 输出目前alist集合对象中的元素内容。

④ 将15,30,55加入alist对象适当索引位置(须考虑元素内容大小顺序)。

⑤ 输出目前alist集合对象中的元素内容。

⑥ 将索引值为4的元素内容改为9999。

⑦ 输出目前alist集合对象中的元素内容。

执行结果如下：

```
数据建置中......
计算机从 15~55 的整数中，随机数取出 5 个不重复的号码....
alist 目前元素内容：[20, 22, 37, 48, 49]

插入 15,30,55 三个元素...
alist 目前元素内容：[15, 20, 22, 30, 37, 48, 49, 55]

将索引值为 4 的元素内容改为 9999。
alist 目前元素内容：[15, 20, 22, 30, 9999, 48, 49, 55]
```

4. 依据下列描述，试编写出程序代码：

依次输入 5 个英文姓名，如 Tom、John 等。每输入一个姓名，便加入 LinkedList()类集合对象(链表)的开头处。输入完毕，分别用队列与堆栈的方式输出元素内容。

5. 依据下列描述，试编写出程序代码：

① 计算机从1~100的整数中随机取出5个不重复的号码，依次存入TreeSet类所创建的集合对象tset中。

② 输出目前tset集合对象中的元素内容。

③ 利用tset集合对象的遍历方法iterator()，输出所有元素的平均值。

执行结果如下：

```
数据处理中......
计算机从 1~100 的整数中，随机数取出 5 个不重复的号码....
tset 目前元素内容：[5, 15, 41, 79, 96]
所有元素的平均值：47.2
```

6. 使用 HashMap 类集合对象，元素内容以 1~12 为关键值，12 个月份英文单词为对应值。设计一个 1~12 月英文单词的查询功能。执行结果如下：

```
请输入 1~12？ Jan
请输入数值！
请输入 1~12？ 15
范围错误！
请输入 1~12？ 10

第 10 月的英文单词为 October
```

第10章

多 线 程

- ✧ 线程简介
- ✧ 线程的生命周期
- ✧ 如何创建线程
- ✧ Thread 类常用的方法
- ✧ 线程的同步
- ✧ 线程的等待和唤醒
- ✧ 认证实例练习

10.1 线程简介

操作系统是用来管理计算机硬件与软件资源的系统软件，是计算机系统的核心。操作系统的主要功能是用来对一个即将要执行的程序进行内存的管理与分配、使用系统资源的优先次序、输入输出的控制以及文件管理等基本工作。

我们将操作系统正在执行的程序称为进程，系统按照需求分配资源给进程使用。多任务操作系统是允许两个以上的进程同时执行，其原理是由于 CPU 处理速度快，可将 CPU 时间分割成许多时间片，CPU 在某个时间片执行某个进程，然后下一个时间片跳至另一个进程去执行，由于切换速度很快，使得每个进程像是同时在进行。

多线程又称为轻量级进程，一个线程是进程中的一个执行流程，一个进程中允许同时包括多个线程，即允许同一时间有两个以上线程一起执行，使得一个程序像是同时处理多个事务。比如在 IE 浏览器下，可以在下载文件的同时，播放影片或浏览网页。

若计算机只有一个 CPU，程序中虽可以处理多个线程，但是在同一时刻只能有一个线程处于执行状态，其他线程则处于等待状态，下次执行的线程根据线程的优先级来决定，如图 10-1 所示。

图10-1 执行线程示意图

以前的程序在一个进程中只能处理一件事情。由于一个进程可以包含多个线程，可以将一个进程分解为独立的子任务，分时间片来执行以达到并发执行的效果。若运用得当，多线程可以大幅提升效能，但是若分配不当，也可能比单个线程更没有效率。

Java 程序开始执行 main 方法时，就有一个线程开始执行，此线程称为程序的主线程。在 Java 语言中允许同时有多个程序的动作一起执行，除了主线程之外，每个动作也都是一个线程。

未使用多线程的程序如图 10-2(a)所示，表示程序从开始执行到结束都只有一条主线程。使用多线程的程序则如图 10-2(b)所示，表示有四个线程在等待执行。

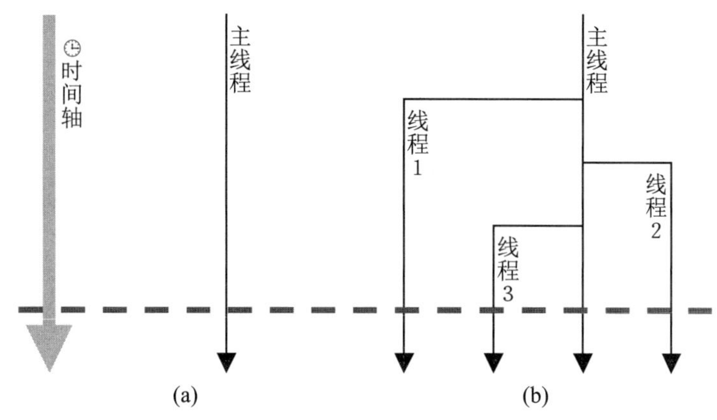

图10-2　不同线程的执行情况

10.2 线程的生命周期

在 Java 中，线程其实就是 Thread 对象。我们通过图 10-3 介绍线程的生命周期，即从线程的创建到线程的消灭的过程。

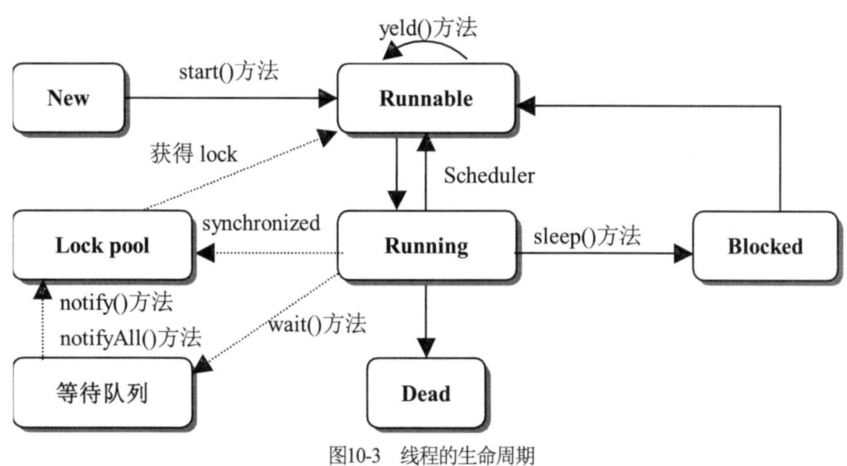

图10-3　线程的生命周期

- **New**(新建状态)：当一个Thread类或子类的对象被声明并创建时，它就处于新建状态，被初始化并具备了内存空间和一些相关资源。
- **Runnable**(就绪状态)：处于新建状态的线程被启动start()后进入线程队列等待CPU时间片，处于就绪状态；一旦轮到享用CPU资源时，脱离创建它的主线程而独立开始自己的生命周期。线程若执行yield()方法，将让出执行权，重回到就绪队列中等候调度。
- **Running**(运行状态)：就绪状态的线程被调度并获得处理器资源时便进入运行状态，每一个Thread类或子类都有一个run()方法，处于运行状态的线程将自动调用本对象的run()方法。在run()方法中定义了这一类线程的操作和功能。
- **Blocked**(阻塞状态)：处于运行状态(正在执行)的线程在某些特殊情况下被人为挂起或需要执行I/O操作时，将让出CPU并暂时中断自己的执行，进入阻塞状态。当引起阻塞的原因被消除时，线程才可进入就绪状态，重新进入线程队列等待CPU时间片。

- **等待队列**(等待池)：处于Running状态下的Thread对象若调用wait()方法会让出使用权，然后到等待队列(等待池)进入waiting状态。wait()方法继承自Object对象，并非来自Thread对象。使用notify()、notifyAll()等方法可以唤醒在等待队列等待的线程，移动到Lock pool等候。
- **Lock pool**(锁定池)：当线程进入同步(synchronized)程序块时，会进入Lock pool(锁定池)竞争lock(对象锁)，只有获得lock的线程才会回到Runnable状态等待排班器排入执行。
- **Dead**(死亡状态)：该状态有两种情况。一种是正常运行的线程完成了它的全部工作，即执行完了run()方法的最后一条语句并退出；另一种情况是线程被提前强制性终止，比如通过执行stop()方法或destroy()终止线程。

10.3 如何创建线程

创建线程的方式有两种：一是利用继承自 Thread 类的子类，直接产生线程；另一种方式是自定义一个实现 Runnable 接口的类，间接产生线程。如果要直接使用 Thread 类所定义的方法，就使用第一种方式创建线程；否则应使用实现 Runnable 接口的类来创建线程。

10.3.1 继承 Thread 类来创建线程

使用继承的方式来创建线程，必须声明一个继承 Thread 类的子类，而且子类中还要重写 Thread 类的 run()方法。run()方法是线程的执行起点，因此线程要处理的任务都要写在 run()方法中。当调用 Thread 类的 start()方法来启动线程之后，就会执行该线程的 run()方法。

1. 直接创建Thread类线程对象

创建 Thread 类的对象 obT，并重写 Thread 类的 run()方法，再使用 obT.start()来启动线程，此时会自动执行 obT 对象中的 run()方法。

```
 ⋮
public static void main(String[] args) {
    Thread obT = new Thread() {   // 创建 Thread 类的 obT 对象
         ⋮
        public void run() {       // 重写 Thread 类的 run 方法()
         ⋮                        // 线程要执行的程序代码
        }
    };
    obT.start();                  // 启动线程
     ⋮
}
```

Java 8 开始支持 Lambda 表示式，可以使用匿名的方式来创建 Thread 类，语法上比较简洁。上面的程序若以 Lambda 表示式(关于 Lambda 可参阅第 16 章)，可以改为：

```
⋮
public static void main(String[] args) {
     Thread obT = new Thread(() ->{  //以 Lambda 创建 Thread 类的 obT 对象
       ⋮               // 线程要执行的程序代码
     });
     obT.start();      // 启动线程
       ⋮
}
```

下面范例模拟两个人进行长达 40 千米的跑步比赛，因为线程可以并发执行，程序执行流程由调度程序决定，可完成同步且随机的效果。范例中创建两个线程对象 manA 和 manB，每个线程对象表示一位跑者；对象 manA 以均匀的速度每次跑 2 千米，对象 manB 虽然每次跑 4 千米，但是有 50%的机会因太疲劳而只跑 1 千米；当跑步超过 40 千米时就结束线程。

简例

文件名：\ex10\src\running\Running.java

```
01 package running;
02 public class Running {
03   public static void main(String[] args) {
04       Thread manA = new Thread() {
05           public void run() {
06               for(int a = 0; a <= 40; a += 2) {
07                   System.out.println("跑者 A 共跑了 " + a + " 千米");
08               }
09               System.out.println("跑者 A 抵达终点!");
10           }
11       };
12       Thread manB = new Thread() {
13           public void run() {
14               for(int b = 0; b <= 40; b += 4) {
15                   if(Math.random() > 0.5) {
16                       System.out.println("跑者 B 减速中 ");
17                       b -= 3;     //使跑者 B 减速
18                   }
19                   System.out.println("跑者 B 共跑了 " + b + " 千米");
20               }
21               System.out.println("跑者 B 抵达终点!");
22           }
23       };
24       manA.start();
25       manB.start();
26   }
27 }
```

结 果

```
……...
跑者 B 共跑了 29 千米
跑者 B 共跑了 32 千米
跑者 B 减速中
跑者 A 共跑了 35 千米
跑者 B 共跑了 33 千米
跑者 A 共跑了 38 千米
跑者 A 抵达终点!
跑者 B 共跑了 37 千米
跑者 B 抵达终点!
```

说 明

(1) 第 4~11 行：创建 Thread 类对象 manA 表示跑者 A，并重写 Thread 类的 run()方法(第 5~10 行)，将线程的处理程序写在 run 方法内。

(2) 第 5~10 行：在 run()方法中模拟跑者 A，跑者 A 以稳定的速度每次跑 2 千米，当到达 40 千米就结束。

(3) 第 12~23 行：创建 Thread 类对象 manB 表示跑者 B，并重写 Thread 类的 run()方法(第 13~22 行)。

(4) 第 13~22 行：在 run()方法中模拟跑者 B，跑者 B 原则每次跑 4 千米，但如果随机数值大于 0.5，就只前进 1 千米，当到达 40 千米就结束。

(5) 第24~25行：使用start()方法分别启动manA和manB两个线程对象。

(6) 因为调度程序随机分配线程，所以执行的结果可能会不同。

(7) 创建 Thread 类对象 manA 和 manB，可以改用 Lambda 表示式，详细程序代码请看 \ex10\src\running2\Running2.java。

```
Thread manA = new Thread(() -> {
    for(int a = 2; a <= 40; a +=2) {
        System.out.println("跑者 A 共跑了 " + a + " 千米");
    }
    System.out.println("跑者 A 抵达终点!");
});
```

2. 自定义继承Thread类的线程类

除了直接创建 Thread 类线程对象外，也可以用声明继承 Thread 类方式自定义线程类。例如声明自定义 MyThread 子类继承自 Thread 父类，并在 MyThread 子类中重写 Thread 父类中的 run()方法。在 MainClass 类中的 main()方法中创建 MyThread 类的对象 obT，再使用 obT.start() 来启动线程，此时会自动执行 MyThread 的 run()方法。程序代码如下：

```
class MyThread extends Thread{          //继承 Thread 类
public void run(){                      //重写 Thread 类的 run 方法
         ⋮                               //线程要执行的程序代码
    }
}
class MainClass{
public static void main(String[] args) {
  MyThread obT = new MyThread();         //创建 MyThread 类的 obT 对象
  obT.start();                           //启动线程
}
}
```

下面范例中创建两个 ThreadB 类的线程对象 obT1 和 obT2，ThreadB 类继承自 Thread 类。线程对象在构造时会传入字符数组和间隔时间。线程会以指定的间隔时间显示字符，直到字符输出完毕。

简例

文件名：\ex10\src\talk1\Talk1.java

```
01 package talk1;
02 class ThreadB extends Thread {            //ThreadB 继承自 Thread 类
03   String str;
04   int m;
05   ThreadB(String a, int s) {              //ThreadB 类的构造方法
06        str = a;                           //设 str 等于指定的字符串
07        m=s;                               //设 m 等于指定的间隔时间
08   }
09   public void run() {                     //重写 Thread 类的 run 方法
10        try {
11            for(int i = 0; i < str.length(); i++) {
12                System.out.print(str.charAt(i));
13                sleep(m);                  //暂停线程
14            }
15        } catch (InterruptedException e) {
16            System.out.println("产生异常.....!");
17        }
18   }
19 }
20 public class Talk1 {
21   public static void main(String[] args) {
22        String str1="HELLO,WORLD";
23        String str2="javase10";
24        ThreadB obT1 = new ThreadB(str1, 200);    //创建 obT1 线程传入值 str1 和 200
25        ThreadB obT2 = new ThreadB(str2, 500);    //创建 obT2 线程传入值 str2 和 500
26        obT1.start();                             //启动 obT1 线程
27        obT2.start();                             //启动 obT2 线程
28   }
29 }
```

```
HjELaLOv,WOaRLsDe10
```

(1) 第2~19行：ThreadB类继承自Thread类，并重写Thread类的run()方法(第9~18行)，将线程的处理程序写在run方法内。

(2) 第11~14行：使用for循环由字符串的第一个字符开始逐一显示，并执行sleep()方法暂停指定时间。

(3) 第13行：sleep()为Thread类的方法，其功能用来让线程移到阻塞队列等待，当暂停的时间结束时，线程重新回到就绪状态等待调度。另外，因为sleep()方法会抛出InnterruptedException异常，因此sleep()方法必须写在try…catch内来捕获异常。

(4) 第24~25行：创建名称为obT1和obT2线程。

(5) 第26~27行：使用start()方法启动obT1和obT2线程，调用线程的start()方法后执行线程的run()方法。

(6) 要注意的是，因为调度程序(Scheduler)会随机分配线程，所以执行的结果会每次不同。

(7) obT1和obT2线程各自拥有独立的变量等资源，所以不会相互干扰。

还有另一种方式可以自动启动线程，就是将 start()方法放在自定义线程类的构造方法中，前面的写法可改写为下面的形式：

文件名：\ex10\src\talk2\Talk2.java

```
    …
class ThreadB extends Thread {    //ThreadB 继承自 Thread 类
    …
    ThreadB(String a, int s) {    //ThreadB 类的构造方法
        …
        start();                  //调用构造方法时，直接启动线程
    }
}
public class Talk2 {
    public static void main(String[] args) {
        …
        ThreadB obT1 = new ThreadB(str1, 200);  //创建 obT1 线程传入值 str1 和 200
        ThreadB obT2 = new ThreadB(str2, 500);  //创建 obT2 线程传入值 str2 和 500
    }
}
```

10.3.2 实现Runnable接口来创建线程

上一小节介绍的是采用继承Thread父类方式来创建线程，该方式程序编写较为简单。但如果这个子类同时又要继承其他的类时，便会出现问题，因为Java规定每个类只能有一个父类(单一继承)，不允许多重继承。为了解决这个问题，Java提供另一种方式就是实现Runnable接口。在实现Runnable接口时，还是必须要实现run()方法。使用Runnable接口所创建的新类，只是一个

准线程，还必须由准线程的对象来构造 Thread 类的对象用以启动线程，其方式如下：

```
class MyThread implements Runnable {          //实现 Runnable 接口
    public void run(){                        //实现 Runnable 接口的 run()方法
            ⋮                                 //线程所执行的处理
        }
}

class MainClass {
public static void main(String[] args){
        //MyThread 类的 obR 对象，MyThread 实现 Runnable 接口
        MyThread obR = new MyThread();                //创建 MyThread 类的 obR 对象
        Thread obT = new Thread(obR);                 //利用准线程对象obT创建Thread对象
        //Thread obT = new Thread(new MyThread());    //上面两行可以合并成一行
        obT.start();                                  //启动线程
            ⋮
    }
}
```

下面范例使用实现 Runnable 接口的方式来创建两个线程，线程中执行输出 1 到指定整型。

简 例

文件名：\ex10\src\runnable_thread1\RunnableThread1.java

```
01 package runnable_thread1;
02 class MyThread2 implements Runnable {
03   int m;                        // m 为执行的次数
04   MyThread2(int a) {            // MyThread 类的构造方法
05       m = a;
06   }
07
08   public void run() {           // 重写 run 方法
09       for (int i = 1; i <= m; i++) {
10           System.out.println(Thread.currentThread().getName() + " = " + i);
11       }
12   }
13 }
14
15 public class RunnableThread1 {
16   public static void main(String[] args) {
17       //创建 Runnable 对象 obR1，并传入参数 20
18       MyThread2 obR1 = new MyThread2(20);
19       //创建 Runnable 对象 obR2，并传入参数 25
20       MyThread2 obR2 = new MyThread2(25);
21       //创建 Thread 对象 obT1，并传入 obR1 和线程名称
22       Thread obT1 = new Thread(obR1, "线程 1");
23       //创建 Thread 对象 obT2，并传入 obR2 和线程名称
```

```
24          Thread obT2 = new Thread(obR2, "线程 2");
25          obT1.start(); // 启动 obT1 线程
26          obT2.start(); // 启动 obT2 线程
27    }
28 }
```

结 果

```
线程 1 = 1
线程 1 = 2
线程 2 = 1
……
线程 1 = 20
线程 2 = 15
……
线程 2 = 25
```

说 明

(1) 第 2~13 行：MyThread2 类实现 Runnable 接口，因此必须实现 run()方法(8~12 行)，run()方法为线程执行的主体。

(2) 第 10 行：使用 Thread 的 currentThread()方法，可以获得目前执行的线程。使用 getName()方法，可以获得线程的名称。

(3) 第 18、20 行：通过 MyThread2 类创建准线程 obR1 和 obR2，并分别传入参数 20、25 来指定循环的执行次数。

(4) 第 22、24 行：通过 Thread 类与准线程 obR1 和 obR2 创建线程 obT1 和 obT2，并指定线程的名称。

(5) 第 25~26 行：调用 start()方法启动线程，此时会执行 MyThread2 类的 run()方法。

(6) 程序执行结果每次都不同。

10.4 Thread 类常用的方法

不管创建的线程是使用第一种继承 Thread 类，还是第二种实现 Runnable 接口的方式，都必须创建 Thread 类的对象，以及使用 Thread 类的方法。本节将说明有关于 Thread 类的构造方法和常用的方法。

10.4.1 Thread 类的构造方法

Thread 类提供的构造方法如下。

(1) public Thread()。创建一个空的 Thread 对象，启动线程时执行 Thread 的 run()方法。

(2) public Thread(String name)。参数 name 用来设定线程对象的名称。其语法如下：

```
Thread t1 = new Thread("线程1");
```

(3) public Thread(Runnable target)。参数 target 是 Runnable 接口类型的对象，此种方式可以将实现 Runnable 接口的类对象放在 Thread 对象中，启动线程时会执行 target 对象的 run()方法。在前面实现 Runnable 接口的范例中，MyThread 类是实现 Runnable 接口的类，obR 是 MyThread 类的对象，此种方式的构造方法的语法如下：

```
Thread t1 = new Thread(obR1) ;
```

(4) public Thread(Runnable target, String name)。与第 3 种构造方法相似，不同之处是增加了参数 name 可以用来设定线程的名称。其语法如下：

```
Thread t1 = new Thread(obT1, "线程 1")
```

10.4.2 Thread 类常用的方法

Thread 类常用的方法说明如下。

(1) public final void **setName**(String threadName)。设定线程的名称，若没有命名，系统默认为 Thread-0、Thread-1……。例如设定 obT1 线程的名称为"线程 1"，其语法如下：

```
obT1.setName("线程 1");
```

(2) public final String **getName**()。获得线程的名称。例如输出 obT1 线程的名称，语法如下：

```
System.out.println(obT1.getName());
```

(3) public static Thread **currentThread**()。获得目前线程的引用变量值。例如输出目前执行的线程名称，语法如下：

```
System.out.println(Thread.currentThread().getName());
```

(4) public static final boolean **isAlive**()。isAlive()方法用来确认线程是否还存活。若线程还存在，isAlive()会返回 true；否则为 false。例如若 obT1 线程还存活就显示该线程名称，语法如下：

```
if (obT1.isAlive())
System.out.println(obT1.getName());
```

(5) public final void **setPriority**()。调用 setPriority()方法可以设定线程的优先权，设定值为 1~10，数值越大优先权越高。为了方便使用，Thread 类定义了以下优先权常量可供使用。

① Thread.MIN_PRIORITY：数值为1，最低优先权。

② Thread.NORM_PRIORITY：数值为5，默认优先权。

③ Thread.MAX_PRIORITY：数值为10，最高优先权。

(6) public final int **getPriority**()。在就绪状态的线程可能会有很多个，但哪个线程会先被执行呢？JVM 会根据线程的优先级来决定下一个要执行 Thread 对象。使用 getPriority()方法可以获得 Thread 对象的优先权。

(7) public static void **sleep**(long time) throw InterruptedException。Thread 类中的 sleep()方法可以使线程暂停一段时间，time 是以毫秒为单位，例如 1000 就是 1000 毫秒。调用 sleep()方法时，线程会暂时停止一段时间，同时此线程有可能抛出 InterruptedException 异常，所以使用 sleep()方法

时，须搭配 try...catch 一起使用。语法如下：

```
try {
        Thread.sleep(5000);    //线程会暂停 5 秒
}
catch (InterruptedException e) {
⋮
}
```

(8) public final void **join()** throws InterruptedException。调用 join()方法的线程执行完毕后，才会继续执行 join()方法后的代码。使用 join()方法时会抛出 Interrupted Exception 异常，因此须搭配 try...catch 一起使用。语法如下：

```
try{
    Thread.join();
}
catch (InterruptedException e) {
⋮
}
```

下面这个范例介绍了 Thread 类常用的方法。

简 例

文件名：\ex10\src\thread_method\ThreadMethod.java

```
01 package thread_method;
02
03 class MyThread3 extends Thread {  //继承 Thread 类
04   MyThread3() {
05   start();  //启动线程
06   }
07
08   public void run() {
09    try {
10      for (int i = 1; i <= 5; i++) {
11        System.out.println(getName()+ "线程: " + " 执行第 " + i + "次");
12        sleep(500);  //线程暂停 0.5 秒
13      }
14    } catch (InterruptedException e) {
15      e.printStackTrace();
16    }
17  }
18 }
19
20 class ThreadMethod {
21   public static void main(String[] args) {
22      MyThread3 obT1 = new MyThread3();
23      obT1.setName("T1");  //设定线程名称为 T1
24      System.out.println("目前的线程为: " + Thread.currentThread().getName());
25      System.out.println("线程 T1 是否活着: " + obT1.isAlive());
```

```
26        try {
27            obT1.join();  //等待所调用的 obT1 线程执行完毕
28        } catch (InterruptedException e) {
29            e.printStackTrace();
30        }
31        System.out.println("线程 T1 是否活着: " + obT1.isAlive());
32    }
33 }
```

结果

```
目前的线程为：main
T1 线程：  执行第 1 次
线程 T1 是否活着：true
T1 线程：  执行第 2 次
T1 线程：  执行第 3 次
T1 线程：  执行第 4 次
T1 线程：  执行第 5 次
线程 T1 是否活着：false
```

说明

(1) 第 4~6 行：在 MyThread3 类的构造方法中，用 start()方法启动线程。

(2) 第 8~17 行：在 run()方法中使用 Thread 类中的 sleep()方法，所以必须搭配 try…catch 一起使用。

(3) 第 11 行：使用 getName()方法来获得线程对象的名称。

(4) 第 23 行：用 setName()方法设定线程名称为 T1。

(5) 第 24 行：用 Thread.currentThread().getName()方法来获得目前执行的线程名称。因为目前的线程为 main，所以输出 main。使用 currentThread()方法，可以获得目前执行的线程。

(6) 第 25、31 行：调用 isAlive()方法判断 obT1 线程是否还存活，线程执行中会返回 true，执行结束则返回 false。

(7) 第 26~30 行：使用 join()方法调用 obT1 线程时，主线程会等待到 obT1 线程执行完毕后，才会执行接在 join()方法后的第 31 行语句。使用 join()方法时，必须搭配 try…catch 一起使用。

(8) 如果省略第 26~30 行的 join()方法，则会执行完主线程后才执行 obT1 线程，执行结果为：

```
目前的线程为：main
T1 线程：  执行第 1 次
线程 T1 是否活着：true
线程 T1 是否活着：true
T1 线程：  执行第 2 次
T1 线程：  执行第 3 次
T1 线程：  执行第 4 次
T1 线程：  执行第 5 次
```

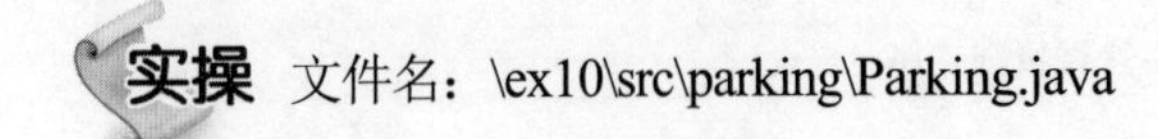

实操 文件名：\ex10\src\parking\Parking.java

创建两个线程：一个线程是老王在机械式停车场取车的过程；另一个线程是机械式停车场移出老王的车辆的过程，共需要等待 5 分钟。老王线程中间会调用停车场运作的线程，而且会等到执行完毕才会继续后面的程序。

结果

```
老王到停车场
爱车在停车塔内
机械式停车场开始运转
1 分钟...2 分钟...3 分钟...4 分钟...5 分钟...
您的爱车已经到达出口！
老王可以开车离开
```

程序代码

文件名：\ex10\src\parking\Parking.java

```
01 package parking;
02
03 class Drive implements Runnable {
04   public void run() {
05        System.out.println("老王到停车场");
06        System.out.println("爱车在停车塔内");
07        Thread machine = new Thread(new Power()); // 声明 machine 线程
08        machine.start();                          //启动 machine 线程，停车场开始运作
09        try{
10             machine.join();                      //让 machine 线程先执行
11        }
12        catch (InterruptedException e) {
13             System.out.println("老王放弃取车！");
14        }
15        System.out.println("老王可以开车离开");
16   }
17 }
18
19 class Power implements Runnable {
20   public void run() {
21        System.out.println("机械式停车场开始运转");
22        try {
23             for (int i = 1; i <= 5; i++) {
24                  Thread.sleep(100);
25                  System.out.print(i + " 分钟... ");
26             }
```

```
27            System.out.println();
28        } catch (InterruptedException e) {
29            System.out.println("停车场故障，无法出车！");
30        }
31        System.out.println("您的爱车已经到达出口！");
32    }
33 }
34
35 public class Parking {
36    public static void main(String[] args) {
37        Thread wang =new Thread(new Drive());      //声明 wang 线程
38        wang.start();                              //启动 wang 线程
39    }
40 }
```

(1) 本范例的目的是了解两个线程如何交互调用执行，并等候线程执行完毕。例如老王到停车场取车时，要调用机械式停车场运转的线程，而且要等到停车场将车辆送到出口才能开车。

(2) 第 3~17 行：为 Drive 类实现 Runnable 接口，并实现 run()方法。在 run()方法中，执行老王到停车场取车的流程。

(3) 第 9~14 行：用 join()方法让 machine 线程先执行，等该线程执行完毕再回来执行后续的程序。

(4) 第 19~33 行：为 Power 类实现 Runnable 接口，并实现 run()方法。在 run()方法中，模拟机械式停车场运转的过程。

(5) 第 35~40 行：在 main 主线程中，启动 wang 线程来执行老王取车的过程。

(6) 如果省略 9~14 行的 join()方法，执行结果会不合逻辑。

```
老王到停车场
爱车在停车塔内
老王可以开车离开                ⇦ 车辆尚未定位，不可能开车
机械式停车场开始运转
1 分钟... 2 分钟... 3 分钟... 4 分钟... 5 分钟...
您的爱车已经到达出口！
```

(7) 第 9~14 行的 join()方法如果改成 sleep()方法，看似可以完成程序要求，但是停车场运作的时间无法预先知道，所以不可行。

(8) 第 9~14 行如果改成 Thread.yield();方法，虽然会让出执行权但不会等待，所以不可行。

```
老王到停车场
爱车在停车塔内
机械式停车场开始运转
老王可以开车离开           ⇦ 车辆尚未定位，不可能开车
1 分钟... 2 分钟... 3 分钟... 4 分钟... 5 分钟...
您的爱车已经到达出口！
```

10.5 线程的同步

为什么线程需要同步呢？理论上来说，Thread 对象可以访问在 Java 程序中的任何一个对象，线程同步主要是为了避免在同一个时间点有多个线程同时访问同一个对象而造成数据错误。JVM 提供了一种机制，即在发生多个线程同时访问且同时修改同一个对象时，利用关键字 synchronized 来解决线程同步问题。

当线程进入有使用 synchronized 的程序块时，会先检查该块是否已经被锁定(Lock)，也就是是否有其他 Thread 对象已经先进入该块。如果没有其他的 Thread 对象占住该块，则目前的 Thread 对象就可以进入该程序块，并将程序块区锁定以避免其他 Thread 对象进入。但如果程序块已被其他的 Thread 对象锁定时，则 Thread 对象会进入中断(interrupt)的状态，继续等待被锁定程序块被释放。其示例图如图 10-4 所示。

图10-4　访问程序块示例图

当 Thread 对象离开 synchronized 程序块时，表示着该程序块已经被释放，JVM 会从处于中断状态下的众多 Thread 对象中挑选一个 Thread 对象继续执行。因为使用关键字 synchronize 声明后的程序块，一次只允许一个线程进入，所以可以解决数据出错的情况。

例如下面是仿真偷金块的程序，我们假设共有 20 000 000 个金块(数据必须要设大一点才看得出效果)，而且有三个小偷要来偷取这些金块，我们先来示范没有考虑线程同步时的情况。

简 例

文件名：\ex10\src\nonSynchronizedDemo\NonSynchronizedDemo.java

```
01 package nonsynchronizeddemo;
02
03 class GoldClass implements Runnable {    // 实现 Runnable 接口
04   int grabed; // 已偷到的金块数量
05   static int totalGold = 20000000;       // 金块总数
06   Thread t;
07
08   GoldClass(String name) {
09       grabed = 0;
10       t = new Thread(this, name);
11       t.start();                         // 启动线程
12   }
```

```
13
14    public void run() {                        // 实现 Runnable 接口的 run()方法
15        while (grabGold() == true) {           // 判断金块是否还有剩余
16            grabed++;                          // 偷到一块
17        }
18        System.out.println(t.getName() + " 总共偷得 " + grabed + " 个金块.");
19    }
20
21    private static boolean grabGold() {
22        if (totalGold > 0) {                   // 若金块还有剩余才能偷
23            totalGold--;                       // 偷一块金块
24            return true;
25        } else {
26            return false;
27        }
28    }
29 }
30
31 class NonSynchronizedDemo {
32    public static void main(String[] args) {
33        System.out.println("共有 " + GoldClass.totalGold + " 个金块!");
34        GoldClass tA = new GoldClass("张三");
35        GoldClass tB = new GoldClass("李四");
36        GoldClass tC = new GoldClass("王五");
37    }
38 }
```

结 果

```
共有 20000000 个金块!
张三 总共偷得 5922950 个金块.
李四 总共偷得 15607554 个金块.
王五 总共偷得 14228526 个金块.
```

说 明

(1) 第 15~17 行：run()方法的 while 循环，调用 grabGold()静态方法判断金块是否大于 0，若金块数大于 0，则执行第 16 行将 grabed 加 1，表示偷到一块金块。当金块数等于 0 时结束循环，然后输出偷到的金块的数量。

(2) 第 21~28 行：grabGold()静态方法用来判断金块是否大于 0(判断金块是否还有剩余)，若调用 grabGold()方法返回 true，表示还有金块；若返回 false，表示金块数为 0。

(3) 由上面执行结果发现三人所偷金块的总和为 35759030 个(并且每次执行的结果都会不同)，偷金块的总数比金块的总和 20000000 个多，为什么会出现这种结果？

由于上面程序没考虑到线程的同步，因此会造成三个小偷所偷金块的总和会比原本金块数量还多的错误。所以，我们必须将统计金块数量的第 21 行的 grabGold()静态方法加上 synchronized 将 grabGold()方法同步，锁定一次只允许一个线程来修改 totalGold 金块总数值，就可完全避免这种情况发生。修改后部分程序代码如下。

```
21  private synchronized static boolean grabGold() {
```

修改后执行结果如下，三个小偷所偷金块的总和等于原本金块数量。每次执行程序，三个小偷各自所偷金块的数量不会相同，但是总和都等于原本金块数量。完整程序代码范例参考 SynchronizedDemo.java。

结果

```
共有 20000000 个金块!
王五 总共偷得 6871916 个金块.
张三 总共偷得 6699861 个金块.
李四 总共偷得 6428223 个金块.
```

实操 文件名：\ex10\src\transaction\Transaction.java

利用多线程的方式，创建一个银行账号可以允许多人同时访问，而且能确保交易完成后所得到的账户余额是正确的。

结果

```
账户内余额 =5000
存款减少数 =-1000
交易中 .....
目前账户余额 =4000

账户内余额 =4000
存款增加数 =2000
交易中 .....
目前账户余额 =6000

账户内余额 =6000
存款减少数 =-9000
交易中 .....
账户余额不足!

最后账户余额：6000
```

程序代码

文件名： \ex10\src\transaction\Transaction.java

```
01 package transaction;
02
03 class ATM extends Thread {
04   Account account;                          // 声明 Account 对象
05   long money;                               // 声明长整型 money 记录存提款数额
06
07   public ATM(Account ac, long n) {          // 构造方法
08        this.account = ac;                   // 设定 account 属性值
09        this.money = n;                      // 设定 money 属性值
10   }
11
12   public void run() {
13        account.deposit(money);              // 调用 Account 类的 deposit 方法
14   }
15 }
16
17 class Account {
18   long balance;                             // balance 属性记录账户余额
19
20   public Account(long balance) {            // 构造方法
21        this.balance = balance;              // 设定 balance 属性值
22   }
23
24   public synchronized void deposit(long amount) {
25        long d_balance;
26        d_balance = this.balance;
27        System.out.println("账户内余额 = " + d_balance);           //显示余额
28        if (amount >= 0)
29            System.out.println("存款增加数 = " + amount);          //存款
30        else
31            System.out.println("存款减少数 = " + amount);          //提款
32        System.out.println("交易中 .....");
33        try {                                // 模拟获得账号余额所需的时间
34            Thread.sleep(3000);
35        } catch (InterruptedException e) {
36            e.printStackTrace();
37        }
38        d_balance += amount;                 // 计算出余额
39        if (d_balance >= 0) {                //若账户余额>=0
40            System.out.println("目前账户余额 = " + d_balance + "\n");
41            this.balance = d_balance;      // 设定 balance 属性值(账户余额)
42        } else {
43            System.out.println("账户余额不足！ \n");
```

```
44        }
45    }
46 }
47
48 public class Transaction {
49    public static void main(String[] args) {
50        Account account = new Account(5000); // 创建 account 对象并设账户余额为 5000
51        ATM A1 = new ATM(account, -1000);    // A1 线程提款 1000 元
52        ATM A2 = new ATM(account, 2000);     // A2 线程存款 2000 元
53        ATM A3 = new ATM(account, -9000);    // A3 线程提款 9000 元
54        A1.start();                          // A1 线程启动
55        A2.start();                          // A2 线程启动
56        A3.start();                          // A3 线程启动
57        try {
58            A1.join();                       // 等待 A1 线程执行完成
59            A2.join();                       // 等待 A2 线程执行完成
60            A3.join();                       // 等待 A3 线程执行完成
61        } catch (InterruptedException e) {
62            e.printStackTrace();
63        }
64        System.out.println("最后账户余额: " + account.balance);
65    }
66 }
```

说明

(1) 本范例的目的是设计一个银行账户，可以同时多人访问该账户数据。我们在设计多线程的程序时，如果没有考虑到线程同步的问题，就会造成数据错乱的情况。

(2) 程序中编写了三个类：Transaction 类、ATM 类与 Account 类。

① **Transaction 类**(第 48~66 行)：在 main()方法中执行与银行账户相关的交易事项，例如存款、提款交易，这些交易事项在完成交易后都会更新账户余额。本例中同时有三笔交易，所以创建三个线程。

② **ATM 线程类**(第 3~15 行)：模拟客户使用端，需有账户和存提款金额两个参数。在 run()方法中调用 Account 类的 deposit()方法来对账户作存提款。

③ **Account 类**(第 17~46 行)：模拟银行端的客户账户，其中属性 balance 用来记录账户余额，deposit()方法用来负责对账户作存提款交易时所应处理的动作。

(3) 第 50 行：创建 Account 对象 account，并设账户余额为 5000。此时会执行第 20~22 行的构造方法，设定 balance 属性值为 5000。

(4) 第 51~56 行：创建三个 ATM 线程 A1、A2 和 A3，对同一个账号同时作存提款的动作，第一笔交易是减少存款 1000，第二笔是增加存款 2000，第三笔交易是减少存款 9000。然后分别用 start()方法启动三个 ATM 线程。

(5) 第 57~63 行：利用 Thread 类所提供的 join()方法，逐一等待 A1、A2 和 A3 三个 ATM 线程(交易)都完成，才会继续后面的程序。

(6) 第 3~15 行：为 ATM 线程类，创建时会执行第 7~10 行的构造方法，将 Thread 对象进行初始化。以程序中第一笔交易 A1 为例，设定所要存款的账户为 account，以及存款金额 money = −1000(负值表示提款)。接着执行第 12~14 行 run()方法中的动作(存提款)，会调用 Account 类中的 deposit()方法，参数值 money = −1000。

(7) 第 24~45 行：为 Account 类的 deposit()方法，负责银行账户数据更新的处理，因为一次只允许处理一笔数据，所以声明时要使用关键字 synchronize 来同步化线程。

(8) 第 27~31 行：显示账户余额，以及存款或提款金额。

(9) 第 33~37 行：使用 sleep()方法来模拟交易的迟延时间。

(10) 第 38~44 行：会将账户余额增加或扣除存提款金额，若余额不足则不允许提款，最后更新账户余额。

(11) 第58~60行：当所有线程(交易)都完成后，会输出交易完成后的账户余额。

10.6 线程的等待和唤醒

Object 对象中提供 wait()、notify()和 notifyAll()方法，可以让线程间能够相互设定等待或是唤醒。

(1) **wait()**：让指定的线程进入等待队列成为等待状态。wait()方法必须写在 synchronized 程序块中，并使用 try…catch 捕获异常。另外，为避免其他线程执行 notify()方法或 notifyAll()方法时唤醒不能唤醒的线程，所以 wait()方法必须写在 while 等循环中，并配合满足循环的条件。

(2) **notify()**：唤醒一个在等待队列等待的线程，哪个线程被唤醒则由 JVM 决定。

(3) **notifyAll()**：唤醒所有在等待队列等待的线程，哪个线程会先执行仍是由 JVM 决定。

实操 文件名：\ex10\src\waitNotify\WaitNotify.java

利用多线程的方式，创建一个棒球打击练习机：机器会投掷棒球，打击者挥棒打球。投球机共会丢出五颗棒球，程序会依投、打、投、打顺序完成。

结果

```
投出第 1 颗棒球
第 1 次挥棒
投出第 2 颗棒球
第 2 次挥棒
投出第 3 颗棒球
第 3 次挥棒
投出第 4 颗棒球
第 4 次挥棒
投出第 5 颗棒球
第 5 次挥棒
```

程序代码

文件名：\ex10\src\waitNotify\WaitNotify.java

```
01 package waitNotify;
02
03 class Baseball {                                  //在 Baseball 类中设定棒球对象的属性和方法
04   private boolean isThrow = false;                //记录棒球是否投出，false=未丢出
05   public synchronized void pBall(int tNo) { //投棒球的方法
06       while (isThrow) {                           //当 isThrow 为 true 时不断执行
07            try {
08                wait();                            //投球机器进入等待状态
09            } catch (InterruptedException e) { }
10       }
11       System.out.println("投出第 " + tNo + " 颗棒球");
12       isThrow = true;                             //设棒球为丢出
13       notify();                                   //调用打击者挥棒打球
14   }
15    public synchronized void hBall(int aNo) { //挥棒打球的方法
16       while (!isThrow) {                          //当 isThrow 为 false 时不断执行
17            try {
18                wait();                            //打击者进入等待状态
19            } catch (InterruptedException e) {}
20       }
21       System.out.println("第 " + aNo + " 次挥棒");
22       isThrow = false;                            //设棒球为未丢出
23       notify();                                   // 调用投球机投球
24    }
25 }
26
27 class Pitching implements Runnable {              //Pitching 类实现 Runnable 接口
28   Baseball baseball;                              //创建 Baseball 类对象 baseball
29   Pitching(Baseball baseball) {                   //构造方法
30       this.baseball = baseball;
31   }
32   public void run() {                             //在 run()方法中执行投球 5 次
33       for (int i = 1; i <= 5; i++) {
34            baseball.pBall(i);
35       }
36   }
37 }
38
39 class Hit implements Runnable {                   //Hit 类实现 Runnable 接口
40   Baseball baseball;                              //创建 Baseball 类对象 baseball
41   AccessFrisbee(Baseball baseball) {              //构造方法
42       this. baseball = baseball
43   }
```

```
44   public void run() {                          //在 run()方法中执行打球 5 次
45       for (int i = 1; i <= 5; i++) {
46           baseball.hBall(i);
47       }
48   }
49 }
50
51 public class WaitNotify {
52   public static void main(String[] atgs) {
53       Baseball baseball = new Baseball();   //创建 Baseball 类对象 baseball
54       Thread machine = new Thread(new Pitching(baseball));
55       Thread hitter = new Thread(new Hit(baseball));
56       machine.start();                         //启动 machine 线程执行投球
57       hitter.start();                          //启动 hitter 线程执行打球
58   }
59 }
```

说明

(1) 本范例实现模拟投球机和打击者之间的互动，创建 WaitNotify(第 51~59 行)、Baseball(第 3~25 行)、Pitching(第 27~37 行)和 Hit(第 39~49 行)四个类。

(2) 第 51~59 行：为 WaitNotify 类，在 main 主线程中，启动 machine 和 hitter 线程来模拟自动发球机和打击者挥棒打球的动作。

(3) 第 53 行：创建 Baseball 类对象 baseball 来仿真棒球对象，作为 Pitching 和 Hit 线程参数。

(4) 第 54 行：创建 Thread 对象 machine 来仿真机器投球的动作，并传入 Pitching 线程参数为 baseball。

(5) 第 55 行：创建 Thread 对象 hitter 来仿真打击者挥棒的动作，并传入 Hit 线程参数为 baseball。

(6) 第 56~57 行：用 start()方法来启动 machine 和 hitter 两个线程。

(7) 第 3~25 行：在 baseball 类中设定棒球对象的属性和方法，以供其他类使用。pBall()和 hBall()方法分别定义投和打棒球所要执行的动作，因为投球和打球不能同时进行，所以两个方法声明时要加 synchronized 来同步化。

(8)第 4 行：声明一个 private 的 boolean 属性 isThrow，来记录棒球是否丢出(false 表未丢出、true 表丢出)，默认为未丢出。

(9) 第 5~14 行：pBall()方法是定义投掷棒球要执行的动作，因为投掷棒球后要等待打击者挥棒打球后才能再投掷，所以使用 wait()方法(第 8 行)让机器进入等待状态。wait()方法执行时会抛出异常，所以要用 try 来捕获(第 7~9 行)。另外，wait()方法必须在 while 循环中不断执行，直到 isThrow 等于 false 为止(第 6~10 行)。第 12 行设 isThrow 属性等于 true(丢出)，然后在第 13 行用 notify()方法唤醒另一个线程，调用打击者来挥棒打球。

(10) 第 15~24 行：hBall()方法是定义挥棒打球要执行的动作，因为挥完棒后要等待机器投下一球后才能再打球，所以使用 wait()方法(第 18 行)让打击者进入等待状态。第 22 行设 isThrow 属性为 false(未丢出)，然后在第 23 行用 notify()方法唤醒另一个线程，调用机器可以投球。

(11) 第 27~37 行：为 Pitching 类实现 Runnable 接口，作为投球的线程。因为要传入 baseball

棒球对象，所以要自行重写构造方法(第 29~31 行)。另外在 run()方法中，用 for 循环调用 baseball.pBall()方法五次，完成投五颗球的动作。

(12) 第 39~49 行：为 Hit 类实现 Runnable 接口，作为打球的线程。重写 run()方法，用 for 循环调用 baseball.hBall ()方法五次，完成挥棒五次的动作。

10.7 认证实例练习

题 目 (OCJP 认证模拟试题)

1. 下面 Java 程序执行后的结果是(　　)。

① 编译错误　② 执行时抛出异常　③ 输出Start End

④ 输出Start End 0123　⑤ 输出Start 0123End

```
01.  public class Test implements Runnable {
02.    public static void main(String[] args) throws Exception {
03.        Thread t = new Thread(new Test());
04.        t.start();
05.        System.out.print("Start ");
06.        t.join();
07.        System.out.print("End ");
08.    }
09.    public void run() {
10.        for(int x = 0; x < 4; x++) {
11.            System.out.print(x);
12.        }
13.    }
14.  }
```

说 明

(1) 第 1 行：Test 类实现 Runnable 接口。

(2) 第 3 行：在 main 主线程中创建线程 t。

(3) 第 4 行：启动线程 t。

(4) 第 5 行：继续主线程，所以输出 Start。

(5) 第 6 行：主线程暂停，先让线程 t 执行，所以输出 0123。

(6) 第 7 行：继续主线程的执行，输出 End。

所以，执行结果为输出 Start 0123End，因此答案为⑤。

题 目 (OCJP 认证模拟试题)

2. Java 程序代码如下，当 main()方法执行后结果是(　　)。

① 4　② 5　③ 8　④ 9　⑤ 编译错误　⑥ 执行时抛出异常

```
01.  public class Test extends Thread {
02.    private int x = 2;
03.    public static void main(String[] args) throws Exception {
```

```
04.      new Test().doIt();
05.    }
06.    public Test() {
07.      x = 5;
08.      start();
09.    }
10.    public void doIt() throws Exception {
11.      join();
12.      x = x - 1;
13.      System.out.println(x);
14.    }
15.     public void run() { x *= 2; }
16.  }
```

说明

(1) 在第 2 行将 x 设为 2。程序执行到第 4 行时，因为创建对象 Test，所以会执行第 6~9 行 Test 的构造方法。

(2) 在 Test 构造方法中设 x = 5，并且启动子线程。但是主线程仍然会先执行，所以程序来到第 10~14 行的 doIt()方法。

(3) 进入 doIt()方法会执行 join()方法(第 11 行)，然后让子线程的 run()方法先执行，所以 x = 10(即 5 *= 2)。

(4) 随后回到 doIt()方法继续未完的程序，所以 x = 9 (即 9=10−1)，因此答案是④。

题目 (OCJP 认证模拟试题)

3. Java 程序代码如下，当 main()方法执行后结果是(　　)。

① 编译错误　② 执行时抛出异常　③ 输出Running

④ 输出RunningRunning　⑤ 输出RunningRunningRunning

```
01. public class Test implements Runnable {
02.   public void run() {
03.     System.out.print("Running");
04.   }
05.   public static void main(String[] args)  {
06.     Thread t1 = new Thread(new Test());
07.     t1.run();
08.     t1.run();
09.     t1.start();
10.   }
11. }
```

说明

(1) 第 7~8 行以 main 主线程调用 run()方法两次，所以会输出 RunningRunning。

(2) 第 9 行启动 t1 线程会执行 run()方法，所以会输出 Running。最后程序执行结果是输出 RunningRunningRunning，所以答案是⑤。

10.8 习题

一、选择题

1. Java中，程序的主线程是(　　)。
   ① main()方法　　② run()方法　　③ Thread类　　④ Runnable接口
2. 创建线程可以使用下列两种方式：(　　)。
   ① 继承Object类　　② 继承Thread类
   ③ 实现Runnable接口 ④ 实现WindowsAdapter接口
3. (　　)方法是线程的主体。
   ① main()　　② run()　　③ setRun()　　④ sleep()
4. Thread类的(　　)方法可以启动线程。
   ① sleep()　　② start()　　③ stop()　　④ run()
5. 下面不是 Thread 类 obT 对象的创建方式的是(　　)。
   ① Thread obT = new Thread(){...};　　② Thread obT = new Thread()->{...};
   ③ MyThread obT = new MyThread();　　④ Thread obT = new Thread(new MyThread());
6. Thread类可以获得目前线程的引用变量值的是(　　)。
   ① currentThread()　　② isAlive()　　③ getPriority()　　④ getName()
7. 设定线程对象的名称可以使用的方法是(　　)。
   ① getName()　　② setName()　　③ join()　　④ sleep()
8. 程序块要设为线程同步化可以使用关键字(　　)。
   ① extends　　② implements　　③ synchronized　　④ thread
9. 在下列关于Java线程的叙述中正确的两项是(　　)。
   ① 创建线程的方式可以继承Runnable类和实现Thread接口
   ② 继承Thread类后，一定要重写run()方法
   ③ 调用对象中声明synchronized的方法可让该对象完成同步
   ④ 实现Runnable接口后，不一定要重写run()方法
   ⑤ 调用Thread类的join方法，并不会抛出异常
   ⑥ Java程序本身就有多线程的功能，不需要额外设定

二、程序设计

1. 创建三个线程，让 A 线程每 1 秒输出一次 A，B 线程每 2 秒输出一次 B，C 线程每 3 秒输出一次 C，这三个线程分别可以输出 10 次。使用继承 Thread 类的方式来创建多线程。

```
ACBABACABAACBAABACABCBBCBCBCCC
```

2. 接上题，改使用实现 Runnable 接口的方式来创建多线程。

```
ACBABACABAACBAABACABCBBCBCBCCC
```

3. 试使用多线程设计两人赛跑，每秒所跑的米数是 1~10 之间的随机数，10 秒后比赛结束并显示比赛结果。

```
一号选手跑 8 米 (1 秒)
二号选手跑 8 米 (1 秒)
二号选手跑 16 米 (2 秒)
一号选手跑 9 米 (2 秒)
一号选手跑 10 米 (3 秒)
二号选手跑 23 米 (3 秒)
一号选手跑 12 米 (4 秒)
二号选手跑 27 米 (4 秒)
二号选手跑 34 米 (5 秒)
一号选手跑 18 米 (5 秒)
二号选手跑 39 米 (6 秒)
一号选手跑 23 米 (6 秒)
一号选手跑 32 米 (7 秒)
二号选手跑 41 米 (7 秒)
二号选手跑 47 米 (8 秒)
一号选手跑 35 米 (8 秒)
二号选手跑 50 米 (9 秒)
一号选手跑 42 米 (9 秒)
二号选手跑 51 米 (10 秒)
一号选手跑 45 米 (10 秒)
二号选手获胜
```

4. 霍格华兹学校的教授可以同时对格兰芬多学院作加扣分，扣分后总分小于 0 则以 0 分计算。请使用多线程模拟四位老师同时加扣分，并显示结果。

```
格兰芬多学院目前总分:  0 分
格兰芬多加分:  5 分
分数纪录中 .....
格兰芬多学院分数计算后:  5 分

格兰芬多学院目前总分:  5 分
格兰芬多加分:  10 分
分数纪录中 .....
格兰芬多学院分数计算后:  15 分

格兰芬多学院目前总分:  15 分
格兰芬多扣分:  -8 分
分数纪录中 .....
```

```
格兰芬多学院分数计算后： 7 分

格兰芬多学院目前总分： 7 分
格兰芬多加分： 2 分
分数纪录中 .....
格兰芬多学院分数计算后： 9 分

-----------------------------------
格兰芬多学院最终分数： 9 分
```

5. 利用多线程模拟餐厅中主厨烹饪晚餐和服务生送餐的动作共十次，并将结果显示。

```
主厨煮好第 1 份晚餐
服务生送出第 1 份晚餐
主厨煮好第 2 份晚餐
服务生送出第 2 份晚餐
 ......
煮好第 9 份点餐
送出第 9 份点餐
主厨煮好第 10 份晚餐
服务生送出第 10 份晚餐
```

第11章

Swing图形用户界面

- ✧ Swing 简介
- ✧ JFrame 类
- ✧ 布局管理器
- ✧ 事件处理
- ✧ 事件源

11.1 Swing 简介

在 Java 未提供 Swing 包之前，要编写一个图形用户界面使用的是 AWT(Abstract Window Toolkit，抽象窗口工具集)。AWT 是 Java 平台中创建用户界面的工具包，用来提供图形和用户接口。AWT 的缺点是扩展性差且效率低。由于 AWT 是用 C 语言编写的，所以要在源程序中加上其他组件较为困难，如果要跨平台时必须重写程序，既费时又浪费资源，因此被称为 Heavyweight(重量级)组件。所幸的是在 1998 年 JDK1.2 版引入 Swing 包来解决上述问题。

Swing 包是 Java 继 AWT 之后所构造出的一套新的图形用户接口(GUI)。Swing 是用 Java 代码编写的，所以同 Java 本身一样可以跨平台运行。Swing 包不仅拥有 AWT 所有的功能，而且还对 AWT 的功能进行了大幅的扩充。由于 Swing 包是 Java 基础类(Java Foundation Classes，JFC)的主要部分，而且 JFC 也包含 AWT 部分，所以 Swing 和 AWT 彼此可以相互使用。Swing 包可轻易地改变它的外观和形状，因此被称为 Lightweight(轻量级)组件。Lightweight 组件的优点是可以在所有平台上采用统一的方式，缺点是执行速度较慢。

虽然 Java 中可使用 AWT 包，但是几乎每个 AWT 对象都有一个相对应的 Swing 接口可取代，所以本书只介绍 Swing。Swing 是 JFC 的核心，它除了可改进旧组件效率外，还创建了许多新组件，如内部窗口框架、进度条、树、表格和文本编辑器等，可以很轻易地创建美观的图形用户接口。Swing 组件还提供了更标准化的跨平台运作机制，只需写一次程序代码，任何环境都可执行。

由上可知，Swing 包提供了丰富的对象、更美观的图形接口，以及更高的执行效率，它的 API 设计被认为是最成功的 GUI API 之一。要想使用 Swing 组件，必须在程序最开头编写如下语句：

```
import javax.swing.*;
```

Swing 与系统的交互是通过最上层组件如 JFrame、JDialog、JWindow 或 JApplet 来完成。Swing 的组件非常多，较常用的组件将于本章和第 12 章中陆续介绍。

11.2 JFrame 类

编写 Java 的 Swing 应用程序，需使用一个最上层的容器类(如 JFrame、JDialog、JWindow 或 JApple)当作窗口界面，然后将 GUI 组件添加到容器中就可以显示。JFrame 是一个独立拥有标题栏的窗口组件，可以在窗口中添加一些组件。但是要在 JFrame 上面添加组件，首先必须创建一个 JPanel 容器对象，使用其提供的 add()方法将指定组件添加到 JPanel 里面，然后将 JPanel 添加到最上层容器 JFrame 内。以下是 JFrame 类常用的构造方法与常用方法。

1. 构造方法

(1) public JFrame()。此构造方法创建没有标题的 JFrame 窗口。

(2) public JFrame(String title)。此构造方法创建一个标题为 title 的 JFrame 窗口。

2. 常用的方法

除了上面介绍的方法之外，JFrame 类还可使用下列方法。

(1) public Container getContentPane()。获得 Container 容器组件。

(2) public void setDefaultCloseOperation(JFrame.EXTI_ON_CLOSE)。设定窗口默认的关闭操作，表示单击窗口的 ☒ 按钮后即可关闭窗口。

(3) public Component add(Component comp)。将 comp 组件添加到 JFrame 窗口内。

(4) public void dispose()。将 JFrame 关闭，并且释放所有资源。

(5) public Image getIconImage()。返回 JFrame 最小化时的图标。

(6) public String getTitle()。返回 JFrame 的标题。

(7) public void pack()。自动设定 JFrame 窗口最合适的大小。

(8) public void remove(Component comp)。将组件comp从JFrame上移除。

(9) public void setIconImage(Image image)。设定JFrame最小化时的图标。

(10) public void setLayout(LayoutManager mgr)。设定JFrame的布局管理器。

(11) public void setBounds (int x, int y, int width, int height)。设定 JFrame 窗口在屏幕的 x 与 y 坐标，其宽和高为 width 与 height。

(12) public void setVisible(boolean b)。设定 JFrame 窗口是否显示，true 表示显示，false 表示隐藏。

(13) public void setTitle(String title)。设定JFrame的标题。

实操 文件名：\ex11\src\jFrameDemo\JFrameDemo.java

创建 JFrame 窗口，其标题为“JFrame 窗口”，显示在屏幕上的 x 与 y 坐标位置为(100, 100)，大小为(450, 300)。

结 果

执行结果如图 11-1 所示。

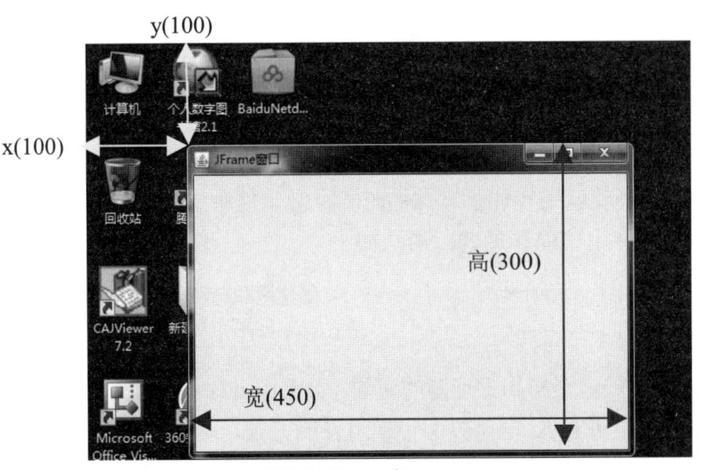

图11-1 JFrame窗口

程序代码

文件名：\ex11\src\jFrameDemo\JFrameDemo.java

```
01 package JFrameDemo;          // 本例的两个类放在 JFrameDemo 包中
02
03 import javax.swing.*;        // 导入 swing 包
04
05 class MyJFrame extends JFrame {
06   MyJFrame(){
07        setDefaultCloseOperation(JFrame.EXIT_ON_CLOSE);
08        setBounds(100, 100, 450, 300);
09        setTitle("JFrame 窗口");
10        setVisible(true);
11   }
12 }
13
14 public class JFrameDemo {
15   public static void main(String[] args) {
16        MyJFrame f = new MyJFrame();
17   }
18 }
```

说 明

(1) 第 5~12 行：定义 MyJFrame 类，继承 JFrame 窗口类。

(2) 第 6~11 行：在 MyJFrame 窗口的构造方法中，设定如下行为：单击窗口的 ☒ 按钮后即会关闭窗口，窗口位于屏幕上的 x,y 坐标位置为(100, 100)，窗口宽高设为(450, 300)，窗口标题为“JFrame 窗口”，显示 JFrame 窗口。

(3) 第 15~17 行：程序执行时使用 MyJFrame 类创建 f 对象，此时即执行第 5~12 行程序，显示 MyJFrame 构造方法所设定的窗口。

11.3 布局管理器

Java 在图形用户界面的设计上提供布局管理器，让程序设计师可以选择各种不同的布局方式来呈现对象的位置。当要使用布局管理器的时候，必须使用 setLayout()方法，语法 1 是使用布局管理器；语法 2 是不使用布局管理器，语法如下：

```
语法 1：setLayout(LayoutManager mgr)     //使用布局管理器
语法 2：setLayout(null)                  //不使用布局管理器
```

语法 1 中的 mgr 是一个布局管理器的对象，setLayout()方法用来设定想要使用哪一个布局管理器的对象，这将决定 JFrame 窗口界面呈现组件的方式。

11.3.1 绝对坐标界面布局

若 JFrame 窗口设定 setLayout(null)，表示不使用布局管理器，此时使用绝对坐标界面布局的方式，也叫做空布局。JFrame 窗口内的每个组件都是使用 setBounds()方法来决定组件的位置。setBounds()方法的语法如下：

```
对象.setBounds(int x, int y, int width, int height);
```

实操 文件名：\ex11\src\layoutDemo\LayoutDemo.java

创建 9 个按钮组件，其标题依次为“按钮组件 1”~“按钮组件 9”，宽与高分别为 96 和 23。

结果

执行结果如图 11-2 所示。

图11-2 9个按钮组件

程序代码

文件名：\ex11\src\layoutDemo\LayoutDemo.java

```
01 package LayoutDemo;                    //本例的两个类放在 LayoutDemo 包中
02
03 import javax.swing.*;                  //导入 swing 包
04
05 class MyJFrame extends JFrame {
06   private JPanel contentPane;
07   MyJFrame(){
08        setDefaultCloseOperation(JFrame.EXIT_ON_CLOSE);
09        setBounds(100, 100, 340, 160);
10        contentPane = new JPanel();
11
12        setContentPane(contentPane);
13        contentPane.setLayout(null);
14
15        JButton btn[] = new JButton[8];
16        for(int x = 0; x < btn.length; x ++) {
17             btn[x] = new JButton("按钮组件" + (x + 1));
18             btn[x].setBounds(10+x%3*104, 10+x/3*32, 96, 23);
19             contentPane.add(btn[x]);
20        }
```

```
21        JButton btn9 = new JButton("按钮组件 9");
22        btn9.setBounds(218, 74, 96, 23);
23        contentPane.add(btn9);
24
25        setVisible(true);
26    }
27 }
28
29 public class LayoutDemo {
30    public static void main(String[] args) {
31        MyJFrame f = new MyJFrame();
32    }
33 }
```

说明

(1) 第 6 行：声明 contentPane 为 JPanel 容器类的对象，用来当作 btn1~ btn9 按钮的容器。

(2) 第 10 行：创建 contentPane 为 JPanel 类对象。

(3) 第 12 行：设定 MyJFrame 窗口的容器为 contentPane。

(4) 第 13 行：设定 contentPane 对象不使用布局管理器。

(5) 第 15~20 行：创建按钮对象数组 btn[]，设定按钮标题为“按钮组件 X”、按钮宽高为 96 与 23。x 及 y 坐标是由(10, 10)开始，依次排列横轴间隔 104，纵轴间隔 32，然后将 btn[]按钮加入 contentPane 对象(JPanel)之中。

(6) 第 21~23 行：创建按钮对象 btn9，设定标题为“按钮组件 9”、宽高为 96 与 23、x 及 y 坐标为(218, 74)，然后将 btn9 按钮加入 contentPane 对象(JPanel)中。

(7) 第 31 行：设定 MyJFrame 窗口显示。

由这个范例可以知道，在没有使用布局管理器的情况下，每个组件的位置必须逐一设定。当组件的数量增多时，设定组件的位置将会显得很烦琐，且程序也会变的冗长；此时如果采用组件数组来编写，则可大幅节省程序代码，也易于维护。如果使用下面介绍的布局管理器，可轻易达到相同效果，也更有扩展性。本章介绍边框布局、流布局及网格布局。

11.3.2 边框布局

边框布局(BorderLayout)会将窗口分割为东、西、南、北和中五个方向的区块来放置组件。常用构造方法如下。

(1) public BorderLayout()。产生 BorderLayout。

(2) public BorderLayout(int hgap, int vgap)。希望改变 BorderLayour 默认组件间的垂直和水平间距，可利用此构造方法来完成。hgap 用来控制垂直间距，vgap 用来控制水平间距。比如：设定 JFrame 的布局管理器是 BorderLayout，组件间的水平间距是 30 像素，垂直间距是 40 像素，其语法如下：

```
setLayout(new BorderLayout(30, 40));
```

边框布局使用 add()方法来设定组件要放置在哪个位置，其写法如下：

```
add(Component comp, Object constraints);
```

add 方法要传入两个参数：一个是 comp，另一个是 constraints。comp 表示加入什么组件到容器中，而 constraints 则表示希望把组件放置在哪个位置，如表 11-1 所示。

表11-1　constraints值及其摆放位置

constraints值	摆放位置
BorderLayout.EAST	东
BorderLayout.SOUTH	南
BorderLayout.WEST	西
BorderLayout.NORTH	北
BorderLayout.CENTER	中

使用 btnNorth、btnEast、btnWest、btnCenter、btnSouth 按钮对象创建 5 个按钮，使用的布局为 BorderLayout。

结 果

执行结果如图 11-3 所示。

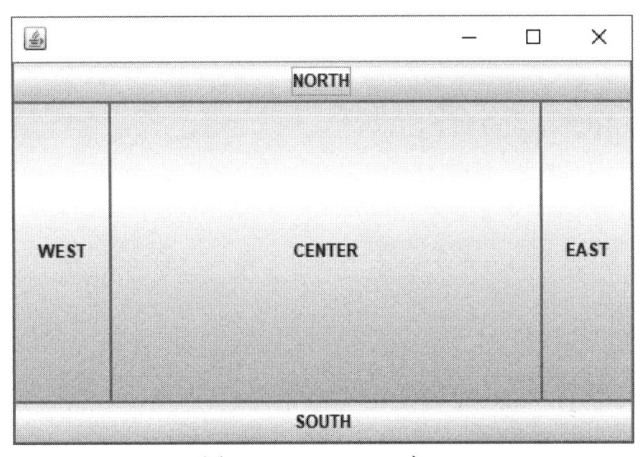

图11-3　BorderLayout窗口

程序代码

文件名：\ex11\src\borderLayoutDemo\BorderLayoutDemo.java

```
01 package BorderLayoutDemo; //本例的两个类放在 BorderLayoutDemo 包中
02
03 import java.awt.*;            //使用 BorderLayout 必须加载 awt 包
04 import javax.swing.*;         //导入 swing 包
05
06 class MyJFrame extends JFrame {
07   private JPanel contentPane;
```

```
08   MyJFrame(){
09        setDefaultCloseOperation(JFrame.EXIT_ON_CLOSE);
10        setBounds(100, 100, 450, 300);
11        contentPane = new JPanel();
12        contentPane.setLayout(new BorderLayout(0, 0));
13        setContentPane(contentPane);
14
15        JButton btnNorth = new JButton("NORTH");
16        contentPane.add(btnNorth, BorderLayout.NORTH);
17
18        JButton btnWest = new JButton("WEST");
19        contentPane.add(btnWest, BorderLayout.WEST);
20
21        JButton btnEast = new JButton("EAST");
22        contentPane.add(btnEast, BorderLayout.EAST);
23
24        JButton btnCenter = new JButton("CENTER");
25        contentPane.add(btnCenter,BorderLayout.CENTER);
26
27        JButton btnSouth = new JButton("SOUTH");
28        contentPane.add(btnSouth, BorderLayout.SOUTH);
29
30       setVisible(true);
31   }
32 }
33 public class BorderLayoutDemo {
34   public static void main(String[] args) {
35        MyJFrame f= new MyJFrame();
36   }
37 }
```

说明

(1) 第 12 行：设定 contentPane 对象使用边框布局。

(2) 第 15~16 行：创建按钮对象 btnNorth，并将该按钮放在 contentPane 容器中北方的位置。

(3) 第 18~28 行：分别创建按钮对象 btnEast、btnWest、btnCenter、btnSouth，并将 4 个按钮依次放在 contentPane 容器内东、西、中、南的位置。

(4) 如果将第 12 行语句

```
contentPane.setLayout(new BorderLayout(0, 0));
```

修改成

```
contentPane.setLayout(new BorderLayout(30, 30));
```

会使得每个按钮对象间隔拉开，如图 11-4 所示.

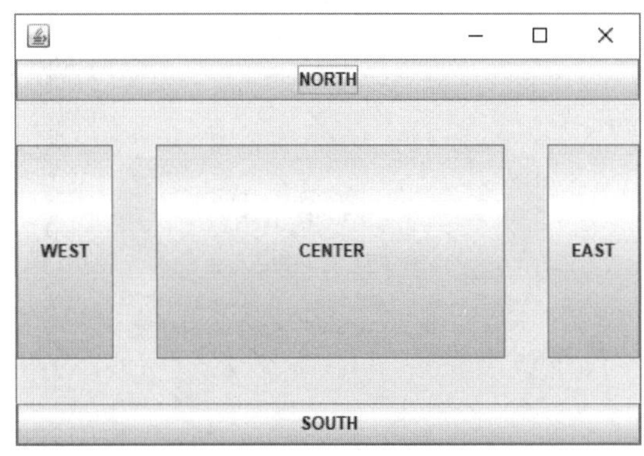

图11-4 调整后的按钮对象布局

11.3.3 流布局

流布局(FlowLayout)是 JPanel 容器默认的布局管理器，它对于组件的摆放方式是“由左至右，由上而下”。如果组件由左至右摆满了，也就是说要添加到面板的组件已经超过 JFrame 窗口的右边界时，这个组件就会被放到下一行。每个组件之间，不论垂直或水平都会有间距。其常用构造方法如下。

(1) public FlowLayout()。默认每个组件之间的左右和上下的间距为 5 个像素值，而且摆放组件位置的方式是居中。

(2) public FlowLayout(int align)。此构造方法可以改变摆放组件的位置方式，共有三种方式，如表 11-2 所示。

表11-2 FlowLayout方法的三种方式

Align值	数值	摆设方式
FlowLayout.Left	0	左
FlowLayout.Center	1	中
FlowLayout.Right	2	右

如设定 JFrame 的面板界面管理是 FlowLayout，组件居中摆放，其语法如下：

```
setLayout(new FlowLayout(FlowLayout.Center));
```

(3) public FlowLayout (int align, int hgap, int vgap)。此构造方法不但可以改变组件的摆放方式，还可以改变组件之间的间距。参数 hgap 用来设定组件和组件之间的水平间距，vgap 用来设定组件和组件之间的垂直间距。比如：设定 JFrame 的布局管理器是 FlowLayout，把组件靠左摆放，并且组件间的水平间距是 20 像素，而垂直间距是 30 像素，其语法如下：

```
setLayout(new FlowLayout(FlowLayout.Left, 20, 30));
```

实操 文件名：\ex11\src\flowLayoutDemo\FlowLayoutDemo.java

使用 FlowLayout 作为布局管理器，由程序执行结果发现，当调整窗口大小时，五个按钮的摆放方式都是“由左至右，由上而下”。

结果

执行结果如图 11-5 所示。

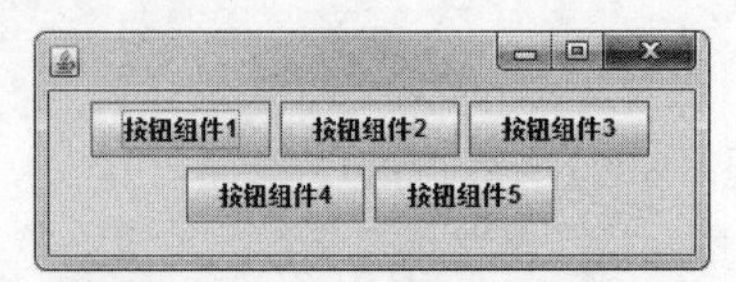

图11-5　FlowLayout管理器的按钮摆放

程序代码

文件名：\ex11\src\flowLayoutDemo\FlowLayoutDemo.java

```
01 package FlowLayoutDemo; //本例的两个类放在 FlowLayoutDemo 包中
02
03 import java.awt.*;       //使用 FlowLayout 必须加载 awt 包
04 import javax.swing.*;
05
06 class MyJFrame extends JFrame{
07   private JPanel contentPane;
08   public MyJFrame(){
09        setDefaultCloseOperation(JFrame.EXIT_ON_CLOSE);
10        setBounds(100, 100, 350, 120);
11        contentPane = new JPanel();
12        setContentPane(contentPane);
13        contentPane.setLayout(new FlowLayout(FlowLayout.CENTER, 5, 5));
14
15        JButton btn1 = new JButton("按钮组件 1");
16        contentPane.add(btn1);
17
18        JButton btn2 = new JButton("按钮组件 2");
19        contentPane.add(btn2);
20
21        JButton btn3 = new JButton("按钮组件 3");
22        contentPane.add(btn3);
23
24        JButton btn4 = new JButton("按钮组件 4");
25        contentPane.add(btn4);
26
27        JButton btn5 = new JButton("按钮组件 5");
28        contentPane.add(btn5);
29      setVisible(true);
30   }
31 }
32 public class FlowLayoutDemo {
33   public static void main(String[] args){
34        MyJFrame f= new MyJFrame();
35   }
36 }
```

(1) 第 13 行：设定容器的布局为 FlowLayout 流布局管理器，而且组件的水平间距和垂直间距都设为 5 像素。

(2) 第 15~28 行：在 contentPane 容器内创建 btn1~btn5 五个按钮对象。

11.3.4 网格布局

网格布局(GridLayout)主要是应用于必须将窗口平均分配时。依据所设定的方格长与宽的大小，会把窗口等分为一定数量。其常用构造方法如下。

(1) public GridLayout()。使用这个构造方法默认只有一列可以排放组件，即不能多个组件垂直排列。且每个组件之间默认是没有间距的。

(2) public GridLayout(int rows, int cols)。可以设定几行几列来摆放组件，参数 rows 用来设定行数，cols 用来设定列数。它们的值如果设为 0，则表示没有限制，如果添加的组件超过 rows × cols，则列数会自动增加来存放组件。比如：设定 JFrame 的布局管理器是 GridLayout，有 3 列 4 行，其语法如下：

```
setLayout(new GridLayout(3, 4));
```

(3) public GridLayout(int rows, int cols, int hgap, int vgap)。除了可以设定行和列的个数外，还可以设定各个组件之间的垂直和水平间距。比如：设定 JFrame 的布局管理器是 GridLayout，有 2 列 3 行，组件的水平间距是 5 像素，垂直间距是 10 像素，其语法如下：

```
setLayout(new GridLayout(3, 4, 5, 10));
```

 文件名：\ex11\src\gridLayoutDemo\GridLayoutDemo.java

使用 GridLayout 作为布局管理器，将“按钮组件 1” ~“按钮组件 5” 5 个按钮以 2 列 3 行的方式来进行排放。

结果

执行结果如图 11-6 所示。

图11-6　GridLayout布局管理器的按钮摆放

程序代码

文件名：\ex11\src\gridLayoutDemo\GridLayoutDemo.java

```
01 package GridLayoutDemo; //本例的两个类放在 GridLayoutDemo 包中
02
03 import java.awt.*;       //使用 GridLayout 必须加载 awt 包
04 import javax.swing.*;
05
06 class MyJFrame extends JFrame {
07   private JPanel contentPane;
08   public MyJFrame() {
09        setDefaultCloseOperation(JFrame.EXIT_ON_CLOSE);
10        setBounds(100, 100, 469, 300);
11        contentPane = new JPanel();
12
13        setContentPane(contentPane);
14        contentPane.setLayout(new GridLayout(2, 3, 5, 10));
15
16        JButton btn1 = new JButton("按钮组件 1");
17        contentPane.add(btn1);
18
19        JButton btn2 = new JButton("按钮组件 2");
20        contentPane.add(btn2);
21
22        JButton btn3 = new JButton("按钮组件 3");
23        contentPane.add(btn3);
24
25        JButton btn4 = new JButton("按钮组件 4");
26        contentPane.add(btn4);
27
28        JButton btn5 = new JButton("按钮组件 5");
29        contentPane.add(btn5);
30      setVisible(true);
31   }
32 }
33
34 public class GridLayoutDemo {
35   public static void main(String[] args) {
36        MyJFrame f= new MyJFrame();
37   }
38 }
```

(1) 第 14 行：设定容器的布局管理器是 GridLayout，有 2 列 3 行，组件的水平间距是 5 像素，垂直间距是 10 像素。

(2) 第 16~29 行：在 contentPane 容器内创建 btn1~btn5 五个按钮对象。

11.4 事件处理

在窗口模式下，用户的操作经由触发的事件与程序交互。例如：一个图形用户界面上有一个按钮，当用户将鼠标光标移至按钮上单击时，该按钮对象就会产生事件，而程序对该事件进行处理，以达到用户与程序之间的交互。所以，事件处理就成了图形用户接口程序设计的主轴。

事件触发的运作原理，是由“事件源”“事件监听者”及“事件处理”三个部分所构成，如图 11-7 所示。

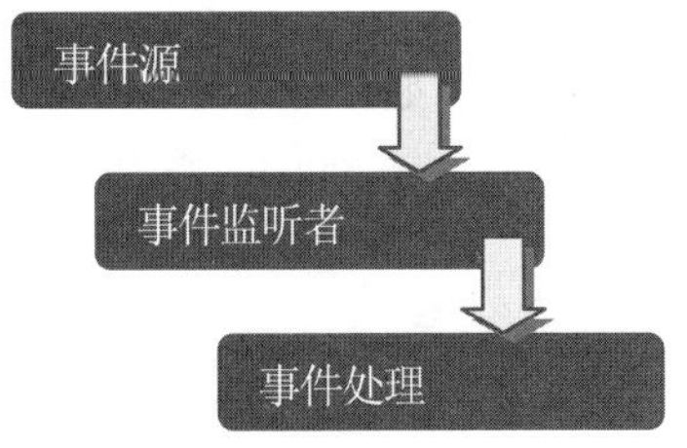

图11-7　事件触发的运作原理

Java 的事件处理模式是当事件源被触发时，由事件监听者的特定方法来进行事件处理，而事件监听者是一种接口对象。比如当单击“事件源”按钮时，会触发按钮的 ActionEvent 事件，然后将 ActionEvent 事件交由 ActionListener 监听者对象来处理，此时即会执行 ActionListener 监听者对象的 actionPerformed 方法，其步骤写法如下。

(1) 创建 button 按钮“事件源”。

```
JButton button = new JButton("事件源");
```

(2) 使用 addActionListener()方法处理当单击 button 按钮时触发 ActionEvent，即将事件交由 ActionListener 事件监听者对象处理，此时即会执行该对象的 actionPerformed 方法内的程序。

```
button.addActionListener(new ActionListener() {
    public void actionPerformed(ActionEvent e) {
      JOptionPane.showMessageDialog(null, "处理事件");
    }
});
```

上述new ActionListener(){…}写法即直接创建一个匿名监听者对象来处理事件。

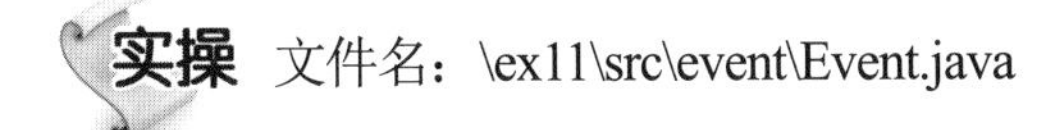
实操 文件名：\ex11\src\event\Event.java

当图 11-8(a)窗口中的“事件源”按钮被按下时即触发 ActionEvent 事件，此时会执行 ActionListener 事件监听者的 actionPerformed 方法，显示图 11-8(b)的对话框。

结果

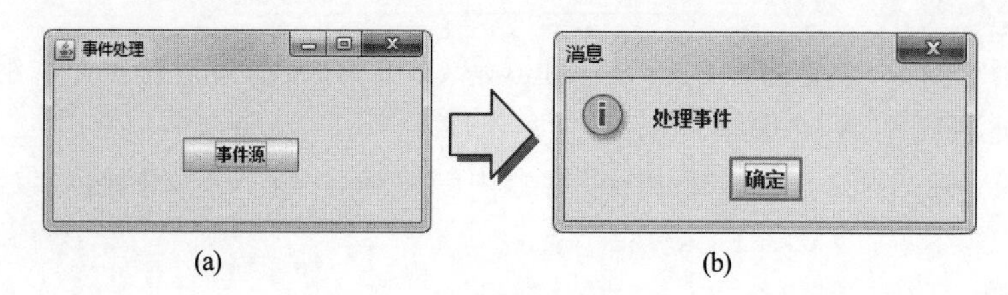

(a)　(b)

图11-8　触发ActionEvent事件

程序代码

文件名：\ex11\src\event\Event.java

```
01 package Event;                //本例的两个类放在 Event 包中
02
03 import java.awt.*;
04 import java.awt.event.*;   //使用事件必须加载 event 包
05 import javax.swing.*;
06
07 class MyJFrame extends JFrame {
08   private JPanel contentPane;
09   public MyJFrame() {
10           setTitle("事件处理");
11           setDefaultCloseOperation(JFrame.EXIT_ON_CLOSE);
12           setBounds(100, 100, 300, 150);
13           contentPane = new JPanel();
14           setContentPane(contentPane);
15           contentPane.setLayout(null);
16
17          JButton button = new JButton("事件源");
18           button.addActionListener(new ActionListener() {
19               public void actionPerformed(ActionEvent e) {
20                   JOptionPane.showMessageDialog(null, "处理事件");
21               }
22           });
23           button.setBounds(100, 50, 90, 25);
24           contentPane.add(button);
25          setVisible(true);
26   }
27 }
28
29 public class Event {
30   public static void main(String[] args){
31       MyJFrame f = new MyJFrame();
32   }
33 }
```

(1) 第17行：创建一个对象名称为button的按钮，并显示“事件源”的文字。

(2) 第 18 行：使用按钮 JButton 类的 addActionListener()方法，对 button 对象注册 ActionEvent 的监听者，而这个监听者就是使用 new ActionListener()所创建的匿名对象。

(3) 第18~22行：ActionListener事件监听者对象里面有一个名称为actionPerformed()的方法，我们必须要重写它。将这个方法传入的参数设为ActionEvent e，这个对象e是指事件源，也就是button按钮的对象引用。

(4) 第 20 行：使用 JOptionPane.showMessageDialog()方法产生对话框，并在对话框上显示“处理事件”。

(5) 监听者对象也可以改成 JFrame 本身，JFrame 为了处理 JButton 的事件，必须实现 ActionListener 监听者接口，在接口中要重写 actionPerformed (ActionEvent e)方法。其写法如下：

```
//MyJFrame 继承 JFrame 类，实现 ActionListener 监听者接口
class MyJFrame extends JFrame implements ActionListener {
  public MyJFrame() {
       ......
       JButton button = new JButton("事件源");
       button.addActionListener(this);  //监听者为目前对象 this
       ......
  }
  //实现 ActionListener 监听者接口的 actionPerformed 方法
  public void actionPerformed(ActionEvent e) {
       JOptionPane.showMessageDialog(null, "处理事件");
  }
}
```

实操 文件名：\ex11\src\event2\Event2.java

使用类自身实现监听者接口的方式来设计事件，本例执行结果与 Event.java 相同。

程序代码

文件名：\ex11\src\event2\Event2.java

```
01 package Event2;
02
03 import java.awt.*;
04 import java.awt.event.*;
05 import javax.swing.*;
06
07 class MyJFrame extends JFrame implements ActionListener {
08   private JPanel contentPane;
09   public MyJFrame() {
```

```
10          setTitle("事件处理");
11          setDefaultCloseOperation(JFrame.EXIT_ON_CLOSE);
12          setBounds(100, 100, 300, 150);
13          contentPane = new JPanel();
14          setContentPane(contentPane);
15          contentPane.setLayout(null);
16
17         JButton button = new JButton("事件源");
18          button.addActionListener(this);
19          button.setBounds(100, 50, 90, 25);
20          contentPane.add(button);
21         setVisible(true);
22   }
23   public void actionPerformed(ActionEvent e) {
24          JOptionPane.showMessageDialog(null, "处理事件");
25   }
26 }
27 public class Event2 {
28   public static void main(String[] args) {
29       MyJFrame f= new MyJFrame();
30   }
31 }
```

说明

(1) 第7行：MyJFrame继承JFrame类，并实现ActionListener监听者接口，此时MyJFrame必须重写actionPerformed()方法。

(2) 第17行：创建对象名称为button的按钮，并显示“事件源”的文字。

(3) 第18行：使用JButton类的addActionListener()方法替对象button注册目前对象this，这个监听者this就是目前的对象MyJFrame。

(4) 第23~25行：因为MyJFrame类实现ActionListener事件监听者接口，所以MyJFrame类必须重写actionPerformed()方法，于是当单击“事件源”按钮时即会执行actionPerformed()方法。

11.5 事件源

事件源是指用来产生某种事件的对象，比如上例的按钮就是一个事件源。它的任务有下列三项。

(1) 对监听者进行注册和取消注册。

① 对监听者进行注册的语法，比如将事件源button注册监听者(ActionListener)，其写法如下：

```
button.addActionListener(监听者对象);
```

② 对监听者取消注册的语法，比如将事件源 button 取消注册监听者(ActionListener)，其写法如下：

```
button.removeActionListener(监听者对象);
```

(2) 产生事件。常见的事件源和产生的事件，如表 11-3 所示。

表11-3　常见的事件源和产生的事件

事件源	事件类名称	说明
Mouse	MouseEvent	Mouse的事件
Keyboard	KeyEvent	Key的事件
Button	ActionEvent	Action的事件
Checkbox	ItemEvent	Item的事件
Chioce	ItemEvent	Item的事件
List	ActionEvent和ItemEvent	Action、Item的事件
MenuItem	ActionEvent和ItemEvent	Action、Item的事件
Scrollbar	AdjustmentEvent	Adjustment的事件
TextField	TextEvent	Text的事件
TextArea	TextEvent	Text的事件
Window	WindowEvent	Window的事件

(3) 发送事件给已注册的监听者。当按钮 button 注册给动作事件监听对象后，用户单击 button 按钮即产生 ActionEvent，其写法如下：

```
button.addActionListener(监听者对象);
```

监听者接口的 actionPerformed()方法可处理 ActionEvent，其写法如下：

```
actionPerformed(ActionEvent e)
```

actionPerformed()方法会接收事件源所传来的对象。比如上述代码中的参数 e 就是事件源传过来的对象，其类型为 ActionEvent。使用 e 对象的 getSource()方法，可以获得事件源。比如，btn1 及 btn2 共享同一个事件监听者，当单击 btn1 时，使用 e.getSource()方法会获得 btn1；当单击 btn2 时，e.getSource()会获得 btn2，其他以此类推。

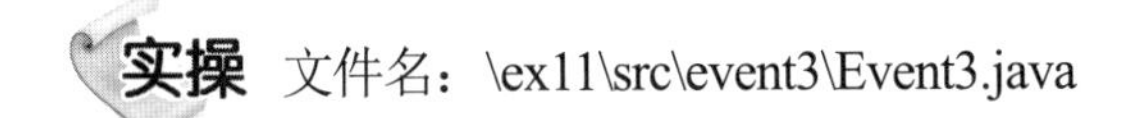

实操 文件名：\ex11\src\event3\Event3.java

在窗口内创建“按钮 1”与“按钮 2”两个按钮，当单击“按钮 1”时，会出现对话框显示“按钮 1－处理事件”信息；当单击“按钮 2”时，会出现对话框显示“按钮 2-处理事件”信息。

结果

执行结果如图 11-9 所示。

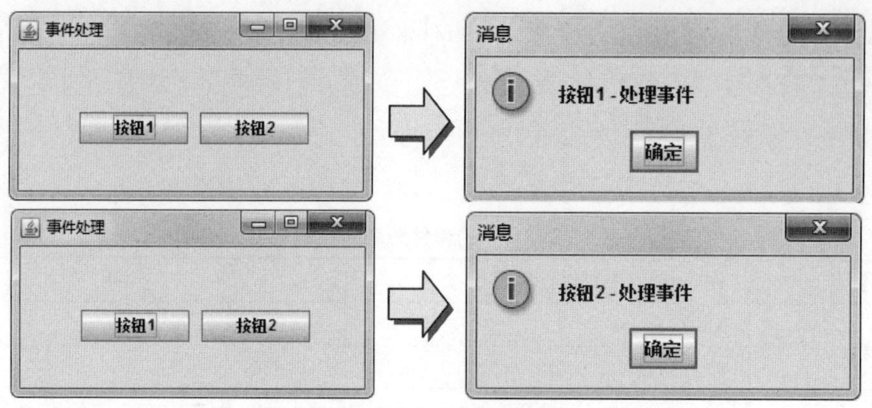

图11-9 触发不同事件源的结果

程序代码

文件名：\ex11\src\event3\Event3.java

```
01 package Event3;
02
03 import java.awt.*;
04 import java.awt.event.*;
05 import javax.swing.*;
06
07 class MyJFrame extends JFrame implements ActionListener{
08   private JPanel contentPane;
09   JButton btn1, btn2;
10   public MyJFrame() {
11           setTitle("事件处理");
12           setDefaultCloseOperation(JFrame.EXIT_ON_CLOSE);
13           setBounds(100, 100, 300, 150);
14           contentPane = new JPanel();
15           setContentPane(contentPane);
16           contentPane.setLayout(null);
17
18          btn1 = new JButton("按钮 1");
19           btn1.addActionListener(this);
20           btn1.setBounds(50, 50, 90, 25);
21           contentPane.add(btn1);
22
23          btn2 = new JButton("按钮 2");
24           btn2.addActionListener(this);
25           btn2.setBounds(150, 50, 90, 25);
26           contentPane.add(btn2);
27          setVisible(true);
28   }
29   public void actionPerformed(ActionEvent e) {
30       JButton hitBtn = (JButton)e.getSource();
31           JOptionPane.showMessageDialog(null, hitBtn.getText() + " - 处理事件");
```

```
32    }
33 }
34
35 public class Event3 {
36   public static void main(String[] args){
37        MyJFrame f= new MyJFrame();
38    }
39 }
```

说明

(1) 第 19、24 行：btn1 及 btn2 的事件监听者都为当前类的默认对象 this。

(2) 第 30 行：使用 getSource()方法获得触发事件的来源并转换成 JButton 类型，再赋值给 hitBtn，此时 hitBtn 即目前单击的按钮。

(3) 第 31 行：hitBtn 可获得目前单击按钮的标题文字，然后合并“ - 处理事件” 字符串，最后使用 JOptionPane.showMessageDialog()方法将信息显示于对话框上。

11.6 习题

1. 窗口内组件的界面布局，若不采用任何布局方式，则要使用语句(　　)。
   ① setVisible(true);　② setBounds();　③ setNull;　④ setLayout(null);
2. (　　)类所创建的对象不能用来当作容器使用。
   ① JPanel　② JScrollPane　③ JTextArea　④ JFrame
3. 可创建按钮组件的类是(　　)。
   ① JTextField　② JLabel　③ JPanel　④ JButton
4. 当单击按钮时会触发事件(　　)。
   ① Click　② ActionEvent　③ ItemEvent　④ TextEvent
5. 在文字字段上输入数据并按下Enter↵键会触发事件(　　)。
   ① Click　② ActionEvent　③ ItemEvent　④ TextEvent
6. ActionListener接口必须重写方法(　　)。
   ① setAction　② setActionEvent
   ③ actionPerformed　④ actionEvent
7. 当用户操作JComboBox组件的项目时，会触发事件(　　)。
   ① Click　② ActionEvent　③ ItemEvent　④ TextEvent
8. Swing组件放在(　　)包下。
   ① javax.swing.*　② java.swing.*　③ swing.*　④ javax.event.swing.*
9. 将组件摆放东西南北中的位置必须使用(　　)布局管理器。
   ① BorderLayout　② GridLayout　③ FlowLayout　④ 无须设定
10. 默认的布局管理器是(　　)。
   ① BorderLayout　② GridLayout　③ FlowLayout　④ 无须设定

第12章

Swing组件(一)

- ✧ Swing 组件简介
- ✧ JLabel 标签组件
- ✧ JImageIcon 图像图标组件
- ✧ JTextField 文本框组件
- ✧ JButton 按钮组件
- ✧ JOptionPane 对话框组件

12.1 Swing 组件简介

Swing 图形用户界面的架构是由一个 JFrame 窗口组件放置于 JPanel 容器，再将标签 JLabel 组件和 JButton 组件等加入，就可以创建窗口功能的接口。本章将介绍几个常用的 Swing 组件，如 JLabel 标签、JTextField 文本框、JButton 按钮、ImageIcon 图标和 JOptionPane 对话框等。

12.2 JLabel 标签组件

Swing 的 JLabel 标签组件除了可以用来显示文字，还能显示图片。JLabel 不会对输入事件做出反应，因此它无法获得键盘触点。它可以设置垂直和水平对齐方式，标签在其显示区内默认是垂直居中对齐。

1. 构造方法

(1) public JLabel()。创建无图标且标题为空字符串的 JLabel 对象。该对象在其显示区内垂直居中对齐。一旦设置标签内容，该内容就会显示在标签显示区的起始位置。

(2) public JLabel(Icon image)。创建具有图标的 JLabel 对象。该对象在其显示区内垂直和水平居中对齐。参数 image 为显示的图标。

(3) public JLabel(Icon image, int horizontalAlignment)。创建具有图标和水平对齐方式的 JLabel 对象。参数 horizontalAlignment 可使用以下常数之一：LEFT、CENTER、RIGHT、LEADING 或 TRAILING。默认为垂直居中对齐 CENTER。比如：创建一个名称为 jlbl 的 JLabel 组件，在该标签上面显示名称为 icon1 的 Icon 图标，并将该图标居中，其写法如下：

```
JLabel jlbl = new JLabel(icon1,JLabel.CENTER);
```

(4) public JLabel(String text)。创建具有文字的 JLabel 对象。比如：创建名称为 jlbl 的 JLabel 组件，并在标签上面显示 Hello, Java!字符串，其写法如下：

```
JLabel jlbl = new JLabel("Hello, Java!");
```

(5) public JLabel(String text, int horizontalAlignment)。创建具有文字和控制对齐方式的 JLabel 对象。比如：创建一个名称为 jlbl 的 JLabel 组件，将“学习 Java”字符串置于标签上面居左显示，其写法如下：

```
JLabel jlbl = new JLabel("学习 Java", JLabel.LEFT);
```

(6) public JLabel(String text, Icon icon,int horizontalAlignment)。创建具有指定文字、图标和控制对齐方式的 JLabel 对象。比如：创建一个名称为 jlbl 的 JLabel 组件，除了将“这是标签”字符串在标签上面居右显示外，还显示名称为 icon1 的 Icon 图标，其写法如下：

```
JLabel jlbl = new JLabel("这是标签",icon1,JLabel.RIGHT);
```

2. 常用的方法

(1) public Icon getIcon()。用来获取 JLabel 的 ImageIcon。比如：将名称为 jlbl 的 JLabel 上的图

标赋值给名称为 icon1 的 ImageIcon，其写法如下：

```
ImageIcon icon1 = jlbl.getIcon();
```

(2) public String getText()。用来获取 JLabel 的字符串。比如：将名称为 jlbl 的 JLabel 上的字符串赋值给字符串变量 str，其写法如下：

```
String str = jlbl.getText();
```

(3) public void setIcon(Icon icon1)。参数 icon1 用来设定 JLabel 的 ImageIcon。比如：设定名称为 jlbl 的 JLabel 上的图标为 icon1，其写法如下：

```
jlbl.setIcon(icon1);
```

(4) public void setText(String Text)。参数 text 用来设定 JLabel 所要显示的字符串。比如：将"学习 Java !"字符串显示在名称为 jlbl 的 JLabel 上，其写法如下：

```
jlbl.setText("学习 Java !");
```

12.3 ImageIcon 图像图标组件

ImageIcon 图像图标组件可以在指定的容器或组件内来显示指定的图像，常用构造方法如下：

```
public ImageIcon (String filename)
```

字符串变量为图像文件的路径

比如：将 C:\a.gif 的图像置于名称为 icon 的 ImageIcon 对象，写法如下：

```
ImageIcon icon = new ImageIcon("c:\\a.gif");
```

实操 文件名：\ex12\src\jLabelDemo\JLabelDemo.java

在 JFrame 窗口内创建一个名称为 lblImg 标签数组，其数组组件为 lblImg[0]~ lblImg [2]，再分别将"无尾熊.jpg""水母.jpg""企鹅.jpg"置于 lblImg[0]~ lblImg[2]标签内。

结果

执行结果如图 12-1 所示。

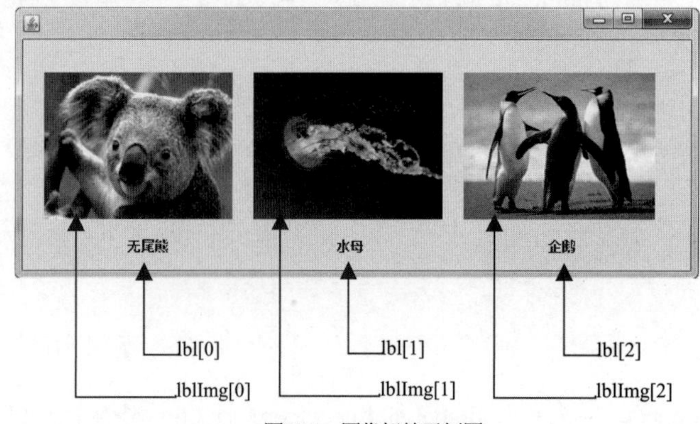

图12-1　图像标签示例图

程序代码

文件名：\ex12\src\jLabelDemo\JLabelDemo.java

```
01 package jLabelDemo;          //本例的两个类置于 jLabelDemo 报中
02
03 import javax.swing.*;        //导入 swing 包
04
05 class MyJFrame extends JFrame{
06   private JPanel contentPane;
07   String[] imgName = new String[]{"无尾熊", "水母", "企鹅"};
08   JLabel[] lbl = new JLabel[imgName.length];
09   JLabel[] lblImg = new JLabel[imgName.length];
10   MyJFrame(){
11         setDefaultCloseOperation(JFrame.EXIT_ON_CLOSE);
12         setBounds(100, 100, 650, 250);
13         contentPane = new JPanel();
14         setContentPane(contentPane);
15         contentPane.setLayout(null);
16
17         for (int i=0; i<imgName.length; i++){
18             lblImg[i] = new JLabel();
19             lblImg[i].setIcon(new ImageIcon("..\\ex12\\" + imgName[i] + ".jpg"));
20             lblImg[i].setBounds(i*200 +20, 30, 180, 135);
21             contentPane.add(lblImg[i]);
22             lbl[i] = new JLabel(imgName[i]);
23             lbl[i].setBounds(i*200 +100, 180, 50, 20);
24             contentPane.add(lbl[i]);
25         }
26         setVisible(true);
27   }
28 }
29 public class JLabelDemo {
30   public static void main(String[] args){
31       MyJFrame f = new MyJFrame();
32   }
33 }
```

说明

(1) 程序由第 30 行 main()开始执行。当执行第 31 行使用 new 创建属于 MyJFrame 类的 f 对象时，会自动执行第 10~27 行的 MyJFrame()默认构造方法。

(2) 第 7 行：创建 imgName 数组，数组元素依序为 imgName[0]~ imgName[2]，用来存放图像名称(不含扩展名)。

(3) 第 8 行：创建 lbl 标签数组，数组元素依次为 lbl[0]~lbl[2]，其数组大小同 imgName 数组，此标签数组用来存放显示图像的标题名称。

(4) 第 9 行：创建 lblImg 标签数组，数组元素依次为 lblImg[0]~ lblImg[2]，其数组大小同 imgName 数组，此标签数组用来存放“无尾熊.jpg”“水母.jpg”“企鹅.jpg”这三张图像。

(5) 第 17~25 行：使用 for 循环依次将创建的 ImageIcon 控件置入 lblImg[0]~ lblImg[2]标签内，最后将 lblImg[0]~lblImg[2]及 lbl[0]~ lbl[2]显示于窗口内。

(6) 第 19 行：使用 JLabel 标签的 setIcon 方法，将 ImageIcon 对象指定的 ex12 项目下的“无尾熊.jpg”“水母.jpg”“企鹅.jpg”三张图像置入 lblImg[0]~ lblImg[2]标签内。

(7) 为使本程序正常显示图文件，将“无尾熊.jpg”“水母.jpg”“企鹅.jpg”三张图像存放在 ex12 文件夹下。

12.4 JTextField 文本框组件

JTextFile 文本框组件是用户由键盘来输入数据的组件。JTextField 类所产生的组件允许用户在上面编辑文字，以及利用程序代码对这个字符串进行处理。其常用的构造方法与方法如下。

1. 构造方法

(1) public JTextField( )。此构造方法创建一个空的 JTextField 文本框组件。

(2) public JTextField(int columns)。参数 columns 用来设定 JTextField 的宽度是几行。

(3) public JTextField(String text)。JTextField 创建时，会显示出 text 字符串。

(4) public JTextField(String text, int columns)。JTextField 创建时，除了显示出 text 字符串外，还设定宽度是 columns 行。比如：创建一个宽度为 20 行、名称为 jtxt 的 JTextField 组件，该组件上面显示“Java 基础必修课”字符串，其写法如下：

```
JTextField jtxt = new JTextField("Java 基础必修课",20);
```

2. 常用的方法

(1) public int getColumns()。获取 JTextField 的行数。比如：将名称为 jtxt 的 JTextField 组件的宽度赋值给 column1 整型变量，其写法如下：

```
int column1 = jtxt.getColumns();
```

(2) public String getText()。获取 JTextField 的内容。比如：将名称为 jtxt 的 JTextField 组件的内容赋值给 str1 字符串变量，其写法如下：

```
String str1 = jtxt.getText();
```

(3) public String getSelectedText()。获取 JTextField 的内容中被选取的部份。比如：将名称为 jtxt 的 JTextField 组件内容被选取的部分赋值给字符串变量 str1，假设 jtxt 组件的内容是 123456789，其中 456 被选取，其写法如下：

```
String str1 = jtxt. getSelectedText();  // str1 = "456"
```

(4) public void setColumns(int columns)。设定 JTextField 的宽度(行数)。比如：将名称为 jtxt 的 JTextField 组件的宽度设为 20，其写法如下：

```
jtxt.setColumns(20);
```

(5) public void setEditable(boolean b)。若参数 b 是 true，则 JTextField 组件允许在上面编辑文字，反之则无法编辑文字。

(6) public void setFont(Font f)。设定 JTextFiled 内的字型。

(7) public void setText(String t)。设定 JTextField 内的文字内容。

(8) public synchronized void addActionListener(ActionListener ai)。注册 JTextField 组件的事件监听者，事件监听者必须实现 ActionListener 接口。当在 JTextField 组件输入数据后并按下 Enter 键时，会产生 ActionEvent 事件，最后交由监听者的 actionPerformed()方法做处理。

实操 文件名：\ex12\src\jTextFieldDemo\JTextFieldDemo.java

在 JFrame 窗口内创建标题为个人信息、居住城市、手机电话的标签，以及对象名称为 txtCity 及 txtPhone 的文本框。

结 果

执行结果如图 12-2 所示。

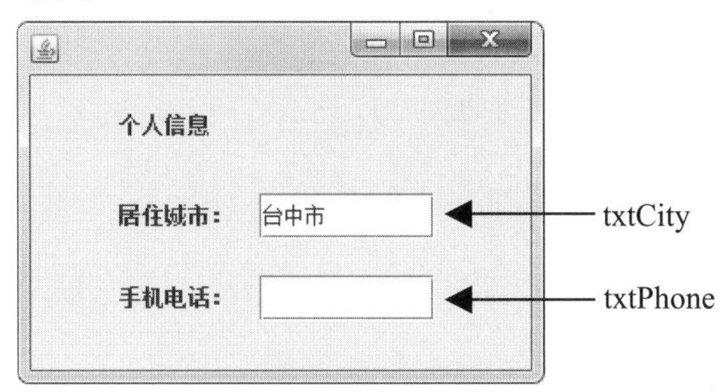

图12-2 JTextFieldDemo.java执行结果

程序代码

文件名：\ex12\src\jTextFieldDemo\JTextFieldDemo.java

```
01 package jTextFieldDemo; //本例的两个类置于 jTextFieldDemo 包中
02
03 import javax.swing.*;   //导入 swing 包
04
05 class MyJFrame extends JFrame{
06   private JPanel contentPane;
07   private JTextField txtCity,  txtPhone;
08   private JLabel lblCity,  lblPhone, lblTitle  ;
09   MyJFrame(){
10       setDefaultCloseOperation(JFrame.EXIT_ON_CLOSE);
11       setBounds(100, 100, 300, 200);
12       contentPane = new JPanel();
13       setContentPane(contentPane);
14       contentPane.setLayout(null);
15
16       txtCity = new JTextField();
```

```
17        txtCity.setColumns(10);
18        txtCity.setText("台中市");
19        txtCity.setBounds(130, 65, 100, 25);
20        contentPane.add(txtCity);
21
22        txtPhone = new JTextField();
23        txtPhone.setToolTipText("请输入手机电话");
24        txtPhone.setColumns(10);
25        txtPhone.setBounds(130, 110, 100, 25);
26        contentPane.add(txtPhone);
27
28        lblTitle = new JLabel("个人信息");
29        lblTitle.setBounds(50, 20, 100, 15);
30        contentPane.add(lblTitle);
31
32        lblCity = new JLabel("居住城市：");
33        lblCity.setBounds(50, 70, 100, 15);
34        contentPane.add(lblCity);
35
36       lblPhone = new JLabel("手机电话：");
37        lblPhone.setBounds(50, 115, 100, 15);
38        contentPane.add(lblPhone);
39        setVisible(true);
40    }
41 }
42 public class JTextFieldDemo {
43   public static void main(String[] args){
44        MyJFrame f= new MyJFrame();
45    }
46 }
```

说明

(1) 第 7 行：声明对象名称为 txtCity 与 txtPhone 的文本框。

(2) 第 16 行：声明对象名称为 txtCity 的文字框。

(3) 第 17 行：使用 setColumns()方法设定 txtCity 文本框对象的宽度为 10。

(4) 第 18 行：使用 setText()方法设定 txtCity 显示的文字为“台中市”。

(5) 第 19 行：使用 setBounds()方法将 txtCity 文本框的 X 和 Y 轴坐标设为(130,65)，将宽度和高度设为(100,25)。

(6) 第20行：将txtCity文字字段置于contentPane容器中。

(7) 第 22~26 行：创建 txtPhone 文本框，设定栏宽为 10、X 和 Y 轴坐标为(130,110)、宽和高为(100,25)。

(8) 第 23 行：使用 setToolTipText()方法，设定当鼠标移动到 txtPhone 文字字段时会出现“请输入手机电话”的提示字符。

(9) 第 28~30 行：创建 lblTitle 标签，设定标签显示“个人信息”、X 和 Y 轴坐标为(50,20)、宽和高为(100,15)。

(10) 第 32~34 行：创建 lblCity 标签，设定标签显示“居住城市：”、X 和 Y 轴坐标(50,70)、宽和高为(100,15)。

(11) 第 36~38 行：创建 lblPhone 标签，设定标签显示“手机电话：”、X 和 Y 轴坐标为(50,115)、宽和高为(100,15)。

(12) 第 39 行：设定 MyJFrame 窗口组件显示。

12.5 JButton 按钮组件

Swing 组件中的 JButton 按钮也可像 Jlabel 组件一样显示图标，使按钮的呈现更美观，它还可以呈现不同状态，当按钮被单击时或鼠标经过时等可以呈现出不同的图标。

1. 构造方法

(1) public JButton()。此构造方法创建一个空的按钮组件。

(2) public JButton(Icon icon)。此构造方法所创建的按钮组件上面有图标。

(3) public JButton(String text)。此构造方法所创建的按钮组件上面有 text 字符串。

(4) public JButton(String text, Icon icon)。此构造方法所创建的按钮组件上不但有字符串，而且有图标。比如：创建名称为 jbtn 的 JButton 按钮组件，该按钮组件上置入 icon 图标，而且显示“swing 按钮”字符串，其写法如下：

```
JButton jbtn = new JButton("swing 按钮", icon);
```

2. 常用的方法

(1) public Icon getIcon()。返回 JButton 按钮组件上面的图标。

(2) public Icon getDisableIcon()。返回 JButton 按钮组件失效时上面的图标。

(3) public Icon getPressedIcon()。返回JButton按钮组件被按下时上面的图标。

(4) public Icon getRolloverIcon()。返回鼠标经过 JButton 按钮组件时的图标。

(5) public void setVerticalAlignment(int alignment)。用来设定 JButton 的字符串和图标的垂直位置关系。参数 alignment 共有三种，分别是 CENTER、TOP 和 BOTTOM。比如：把名称为 jbtn 的 JButton 按钮组件上面的字符串居中显示，其写法如下：

```
jbtn.setVerticalAlignment (JButton.CENTER);
```

(6) public String getText()。返回 JButton 上面的字符串。

(7) public void setIcon(Icon icon)。设定 JButton 的 Icon 图标。

(8) public void setDisabledIcon(Icon icon)。设定JButton失效时显示的图标。

(9) public void setPressedIcon(Icon icon)。设定JButton被按下时的图标。

(10) public void setRolloverIcon(Icon icon)。设定鼠标经过JButton时的图标。

(11) public void setHorizontalTextPosition(int textPosition)。用来设定 JButton 的字符串和图标的水平位置关系。参数 textPosition 共有三种，分别是 CENTER、RIGHT 和 LEFT。比

如：把名称为 jbtn 的 JButton 按钮组件上面的字符串居左显示，其写法如下：

```
jbtn.setHorizontalTextPosition(JButton.LEFT);
```

(12) public String setText(String text)。参数 text 用来设定在 JButton 按钮组件上面显示的字符串。

(13) public void setBorderPainted(boolean b)。设定 JButton 按钮组件是否显示边框。比如：将名称为 jbtn 的 JButton 按钮组件设成显示边框，其写法如下：

```
jbtn.setBorderPainted(true);
```

(14) public void setFocusPainted(boolean b)。设定 JButton 按钮组件取得触点(即按钮为作用对象)时，该按钮组件的边框是否出现虚线。比如：希望名称为 jbtn 的 JButton 按钮组件取得触点时，组件的四周不出现虚线，其写法如下：

```
jbtn.setFocusPainted (false);
```

(15) public synchronized void addActionListener(ActionListener ai)。注册 JButton 组件的事件监听者，事件监听者必须实现 ActionListener 接口。当 JButton 组件被按下时，会产生 ActionEvent 事件类，最后交由监听者的 actionPerformed()方法进行处理。

JButton 对于事件的处理方式必须为监听者实现 ActionListener 接口，并且用 addActionListener()方法来为JButton注册监听者，最后必须重写ActionListener接口内的方法。其程序架构如下。

(1) 加载 javax.awt.event.* 组件。

(2) 定义类时，除了须继承 JFrame 类外，还须实现 ActionListener 监听者界面，其写法如下：

```
class JButton extends JFrame implements ActionListener { … }
```

(3) 创建 JButton 按钮组件，其写法如下：

```
JButton btn = new JButton();  //btn 为 JButton 按钮组件
```

(4) 按钮组件注册事件监听者类对象，其写法如下：

```
btn.addActionListener(this);  //this 为目前的类对象
```

(5) 在监听者内编写 actionPerformed 事件处理内容，此时单击按钮会执行该监听者对象的 actionPerformed 方法，其写法如下：

```
public void actionPerformed(ActionEvent e) { … }
```

文件名：\ex12\src\jButtonDemo\JButtonDemo.java

在 JFrame 窗口内创建绿色按钮与黄色按钮，单击绿色按钮窗口背景变成绿色，单击黄色按钮窗口背景变成黄色。

执行结果如图 12-3 所示。

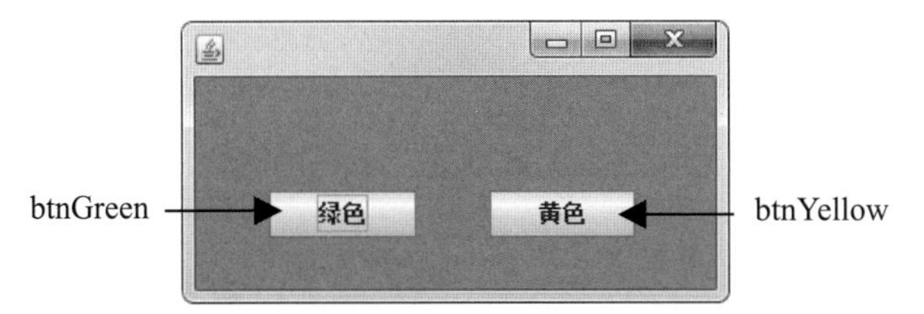

图12-3　JButtonDemo.java执行结果

程序代码

文件名：\ex12\src\jButtonDemo\JButtonDemo.java

```
01 package jButtonDemo;        //本例的两个类置于 jButtonDemo 包中
02
03 import javax.swing.*;       //导入 swing 包
04 import java.awt.event.*;    //编写事件必须导入此包
05 import java.awt.*;
06
07 class MyJFrame extends JFrame{
08      private JPanel contentPane;
09      private JButton btnGreen, btnYellow;
10       public MyJFrame() {
11              setDefaultCloseOperation(JFrame.EXIT_ON_CLOSE);
12              setBounds(100, 100, 300, 150);
13              contentPane = new JPanel();
14              setContentPane(contentPane);
15              contentPane.setLayout(null);
16
17              btnGreen = new JButton("绿色");
18              btnGreen.addActionListener(new ActionListener() {
19                  public void actionPerformed(ActionEvent arg0) {
20                      contentPane.setBackground(Color.GREEN);;
21                  }
22            });
23              btnGreen.setBounds(40, 60, 80, 25);
24              contentPane.add(btnGreen);
25
26              btnYellow = new JButton("黄色");
27              btnYellow.addActionListener(new ActionListener() {
28                  public void actionPerformed(ActionEvent e) {
29                      contentPane.setBackground(Color.YELLOW);
30                  }
31              });
32              btnYellow.setBounds(160, 60, 80, 25);
33              contentPane.add(btnYellow);
34
35            setVisible(true);
36     }
```

```
37 }
38 public class JButtonDemo {
39   public static void main(String[] args){
40        MyJFrame f= new MyJFrame();
41    }
42 }
```

说明

(1) 第17行：创建btnGreen按钮组件，并设置按钮上的文字为绿色。

(2) 第18~22行：创建btnGreen按钮组件的事件监听者为ActionListener匿名对象，并在处理事件的actionPerformed方法中将contentPane的背景色设置为绿色。

(3) 第26~31行：执行方法同第17~22行。

12.6 JOptionPane对话框组件

在使用操作系统或应用程序时，经常会忽然出现一个对话框，如“警告”对话框、“输入”对话框或“错误”对话框。如果要制作这种对话框，需利用JOptionPane对话框组件。这个组件必须先创建一个窗口，然后把JOptionPane都放进去，这样就形成了对话框。

虽然JOptionPane有很多种不同的形状，但是最典型的外形如图12-4所示。左上角会有一个小图标，右上角有信息告知用户目前有什么问题，输入值由用户输入数据，下面会有多个按钮供用户使用。

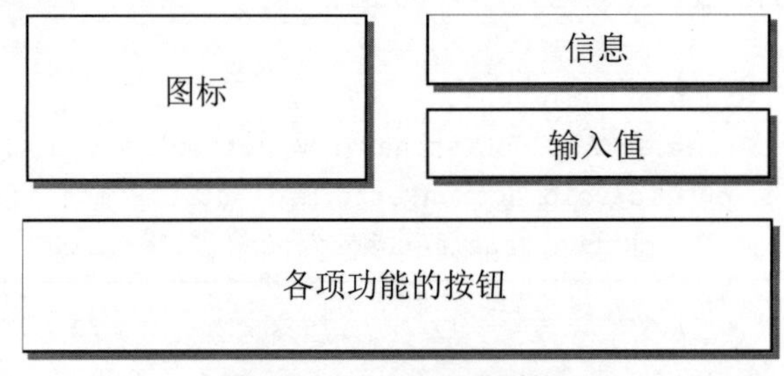

图12-4 JOptionPane典型外形

JOptionPane类是由javax.swing.JComponent衍生而来的。

1. 构造方法

(1) public JOptionPane()。此构造方法创建一个有OK按钮的JOptionPane组件。

(2) public JOptionPane(Object message)。此构造方法创建的对话框出现message的信息，而且有一个确定按钮。比如：创建一个名称为jotp的JOptionPane组件，出现“你好，欢迎光临”，而且有一个确定按钮，其写法如下：

```
JOptionPane jotp = new JOptionPane("你好，欢迎光临");
```

(3) public JOptionPane(Object message, int messageType)。和上个构造方法相比，该方法多了messageType参数。这个参数可以设定信息的种类，有以下5种常数名称类型：ERROR_MESSAGE、

INFORMATION_ MESSAGE、WARNING_ MESSAGE、QUESTION_MESSAGE 和 PLAIN_MESSAGE，不同的信息类型会有不同的小图标。对应图标说明如表 12-1 所示。

表12-1　messageType常数名称及其对应图标

messageType常数名称	对应图标
ERROR_MESSAGE	
INFORMATION_MESSAGE	
WARNING_MESSAGE	
QUESTION_ MESSAGE	
PLAIN_MESSAGE	没有图标

(4) public JOptionPane(Object message, int messageType, int optionType)。参数 optionType 可以设定 JOptionPane 要提供什么功能的按钮，optionType 可以使用如表 12-2 所示的 JOptionPane 类常数。

表12-2　optionType常数名称及其对应图标

optionType常数名称	对应按钮
DEFAULT_OPTION	是(Y)
YES_NO_OPTION	是(Y) 否(N)
YES_NO_CANCEL_OPTION	是(Y) 否(N) 取消
OK_CANCEL_OPTION	确定 取消

比如：创建名称为 jotp 的 JOptionPane，信息是“天气很差”，信息类型是 WARNING_MESSAGE，提供 是(Y) 和 否(N) 按钮，其写法如下：

```
JOptionPane jotp = new JOptionPane("天气很差",
        JOptionPane.WARNING_MESSAGE,
        JOptionPane.YES_NO_OPTION);
```

(5) public JOptionPane(Object message, int messageType, int optionType, Icon icon)。和上个构造方法相比，此构造方法可以利用 icon 参数来设定图标的图案。

(6) public JOptionPane(Object message, int messageType, int optionType, Icon icon, Object[] options)。之前的构造方法是利用按钮让用户选择不同的功能，此构造方法可以利用 options 以不同的对象来取代按钮。但是如果对象内有字符串的话，则还是会出现按钮。

(7) public JOptionPane(Object message, int messageType, int optionType, Icon icon, Object[] options, Object initialValue)。和上个构造方法相比，该方法可以用 initialValue 来设定快捷键功能。initialValue 必须是 options 中的一种，当用户按下 Enter 键或空格键时，相当于用鼠标单击该对象。比如：创建一个名为 jotp 的 JOptionPane，信息是“错误”，信息类型是 ERROR_MESSAGE，提供名为 obj 的对象(数组型)，指定快捷键是 obj[0]被执行，其写法如下：

```
JOptionPane jotp = new JOptionPane
 ("错误", JOptionPane. ERROR_MESSAGE, obj, obj[0]);
```

2. 常用的方法

(1) public JDialog createDialog(Component parent, String title)。返回 JOptionPane 和窗口合并的对话框，parent 是这个 JDialog 的父窗口，而 title 则是这个对话框的标题会出现的字样。比如：把名为 jotp 的 JOptionPane 和名为 jdlg 的 JDialog 合并成为对话框，标题是“合并成功”，而 jdlg 的父窗口是名为 frm 的 JFrame，其写法如下：

```
JFrame frm = new JFrame();
JDialog jdlg = new JDialog();
JOptionPane jopt = new JOptionPane();

jdlg = jotp.createDialog(frm, "合并成功");
```

(2) public Icon getIcon()。返回 JOptionPane 的小图标。

(3) public Object getInputValue()。返回用户在对话框中输入的值。通常返回字符串，如果是利用 JComboBox 组件的话，那就返回一个选项。比如：指定名为 jotp 的 JOptionPane 的输入数据赋值给字符串 str，其写法如下：

```
String str = jotp. getInputValue();
```

(4) public boolean getWantsInput()。返回当前的对话框是否有输入区，如果返回的值是 true 就有输入区，反之则没有。

(5) public void setInputValue(Object newValue)。用来设定对话框中所要输入的值。比如：指定名为 jotp 的 JOptionPane 的输入数据为 Hello, Java，其写法如下：

```
jotp.setInputValue("Hello, Java");
```

(6) public void setSelectionValues(Object[] newValues)。让用户在输入区使用如 List 组件来进行选择。比如：指定名为 jotp 的 JOptionPane 的输入区是 List 组件，里面的选项有“美国人”“中国人”，其写法如下：

```
String man[] = { "美国人", "中国人"};
jotp. setSelectionValues(man);
```

(7) public void setWantsInput(boolean newValue)。参数 newValue 用来决定是否有输入区。如果 newValue 是 true，则有文本框组件，反之则没有。用户可以在输入区中使用文本框组件。比如：指定名为 jotp 的 JOptionPane 的输入区是文本框文组件，其写法如下：

```
jotp. setWantsInput(true);
```

(8) public static int showConfirmDialog(Component parent, Object message, String title, int optionType, int messageType)。此方法是一个静态方法，使用时可以不必创建 JOptionPane 对象即可直接调用，这与 JOptionPane 的构造方法很相似，但是会创建一个没有输入区的对话框。Parent 参数是此对话框的父窗口，而 optionType 有 CANCEL_OPTION、OK_OPTION、NO_OPTION、YES_OPTION 和 CLOSED_OPTION 五种类型，它们可以用来决定对话框给用户提供哪个按钮。比如：要使对话框的信息是“错误发生”，信息类型是 ERROR_MESSAGE，标题是“失败”，而此对话框的父窗口是名为 frm 的 JFrame，并且提供 是(Y) 和 否(N) 按钮，其写法如下：

```
int n=JOptionPane.showConfirmDialog(frm, "错误发生","失败!",
  JOptionPane.YES_NO_OPTION , JOptionPane.ERROR_MESSAGE);
```

此方法会返回一个整型数据，由这个整数可判断用户按下哪个按钮，如表 12-3 所示。

表12-3 整型数据及其对应按钮

整数数据	对应按钮
返回0	是(Y) 确定
返回1	否(N)
返回2	取消

(9) showInputDialog 方法有以下两种用法：

① public static String showInputDialog(Component parent, Object message)

② public static String showInputDialog(Component parent, Object message, String title, int messageType)

这两种方法为静态方法，可直接调用。功能是创建一个在输入区有文本框的对话框，而且会返回这个输入区内的字符串。比如：想创建如图 12-5 所示信息为“请输入姓名”的文本输入框，其写法如下：

```
//当用户在文字栏内输入 "王小明" 并单击“确定”按钮
//则字符串变量myName 的值即为 "王小明"
String myName = JOptionPane.showInputDialog(null, "请输入姓名");
```

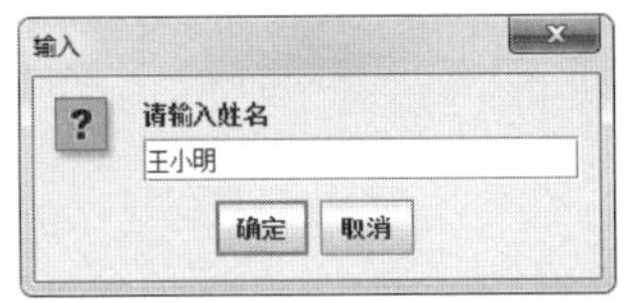

图12-5 文本输入框

(10) showMessageDialog方法有以下两种用法：

① public static void showMessageDialog(Component parent, Object message)

② public static void showMessageDialog(Component parent, Object message, String title, int messageType)

这两种方法为静态方法，可直接调用。其功能用来创建对话框。

实操 文件名：\ex12\src\jOptionPaneDemo\JOptionPaneDemo.java

创建账号密码验证程序，账号为 gotop，密码为 168；当账户或密码错误时，则出现错误信息窗口；若账户和密码正确，则出现询问是否前往碁峰网站的对话框，单击“是”按钮则前往碁峰网站，单击“否”按钮则返回主程序。

结果

执行结果如图 12-6 所示。

账号或密码错误出现此对话框

账号和密码正确出现此对话框

图12-6 JOptionPaneDemo.java执行结果

程序代码

文件名：\ex12\src\jOptionPaneDemo\JOptionPaneDemo.java

```
01 package jOptionPaneDemo;
02
03 import javax.swing.*;
04 import java.awt.*;
05 import java.awt.event.*;
06
07 class MyJFrame extends JFrame{
08    private JPanel contentPane;
09    private JTextField txtId, txtPwd;
10    private JLabel lblId, lblPwd;
11    private JButton btnLogin;
12    MyJFrame(){
13      setDefaultCloseOperation(JFrame.EXIT_ON_CLOSE);
14      setBounds(100, 100, 280, 180);
15      contentPane = new JPanel();
16      setContentPane(contentPane);
17      contentPane.setLayout(null);
18
19      txtId = new JTextField();
20      txtId.setToolTipText("请输入账号");
21      txtId.setColumns(20);
22      txtId.setBounds(100, 30, 120, 25);
23      contentPane.add(txtId);
24
25      txtPwd = new JTextField();
26      txtPwd.setToolTipText("请输入密码");
27      txtPwd.setColumns(20);
28      txtPwd.setBounds(100, 60, 120, 25);
29      contentPane.add(txtPwd);
30
31      lblId = new JLabel("账号：");
32      lblId.setBounds(50, 30, 100, 15);
33      contentPane.add(lblId);
34
35      lblPwd = new JLabel("密码：");
36      lblPwd.setBounds(50, 60, 100, 15);
37      contentPane.add(lblPwd);
38
39      btnLogin = new JButton("登录");
40      btnLogin.setBounds(100, 100, 80, 25);
41      contentPane.add(btnLogin);
42      btnLogin.addActionListener(new ActionListener() {
43        public void actionPerformed(ActionEvent e) {
```

```
44        if (txtId.getText().equals("gotop") && txtPwd.getText().equals("168")) {
45          int isOk = JOptionPane.showConfirmDialog
                        (null, "登录成功，是否前往碁峰官网", "登录作业",
                        JOptionPane.YES_NO_OPTION,
                        JOptionPane.INFORMATION_MESSAGE);
46          if (isOk==1) return ; //单击“否”离开
47          try {
48            Runtime runtime = Runtime.getRuntime();
49            Process process = runtime.exec("C:\\Program Files (x86)"
                            + "\\Google\\Chrome\\Application"
                            + "\\chrome.exe http://www.gotop.com.tw");
50          } catch(Exception ex) {
51          }
52        } else {
53          JOptionPane.showMessageDialog(null, "账密错误",
                              "登录作业", JOptionPane.ERROR_MESSAGE);
54        }
55      }
56    });
57    setVisible(true);
58  }
59  }
60  public class JOptionPaneDemo {
61  public static void main(String[] args){
62    MyJFrame f= new MyJFrame();
63  }
64  }
```

说明

(1) 第 19~41 行：创建账号标签、密码标签、txtId 文本框、txtPwd 文本框及 btnOk 登录按钮。

(2) 第 42~56 行：创建 btnLogin 登录按钮组件的事件监听者为 ActionListener 匿名对象，并在处理事件的 actionPerformed 方法中验证 txtId 文本框内容是否等于 gotop 且 txtPwd 文本框是否等于 168。

(3) 第 45 行：获取信息窗口单击“是”或“否”按钮的值，并赋值给 isOk 整型变量。isOk = 0 表示单击“是”按钮，isOk=1 表示单击“否”按钮。

(4) 第 47~51 行：使用 Runtime 对象的 exec 方法打开 chrome 浏览器并链接到 http://www.gotop.com.tw 网站，使用 exec 方法会产生运行时期的异常，所以使用时要用 try…catch…捕获。

(5) 第 53 行：若账号与密码验证失败，则显示错误信息窗口。

实操 文件名：\ex12\src\animalDemo\AnimalDemo.java

制作秀图程序。当单击 下一张 按钮时即切换到下一张图，若当前是最后一张图，则由第一张图开始显示；若单击 上一张 按钮即切换到上一张图，若当前是第一张图，即由最后一张图开始显示。

结 果

执行结果如果 12-7 所示。

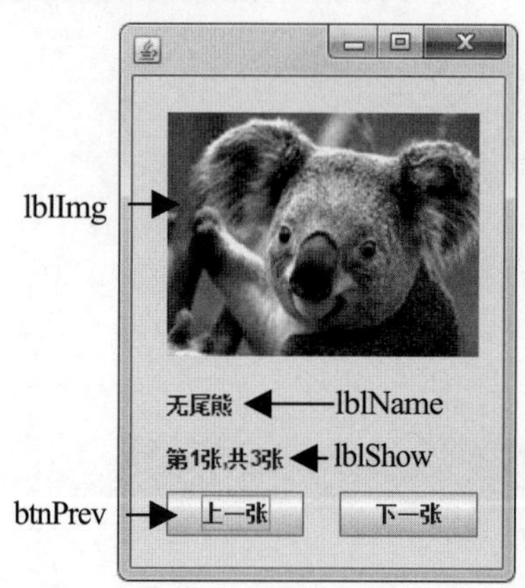

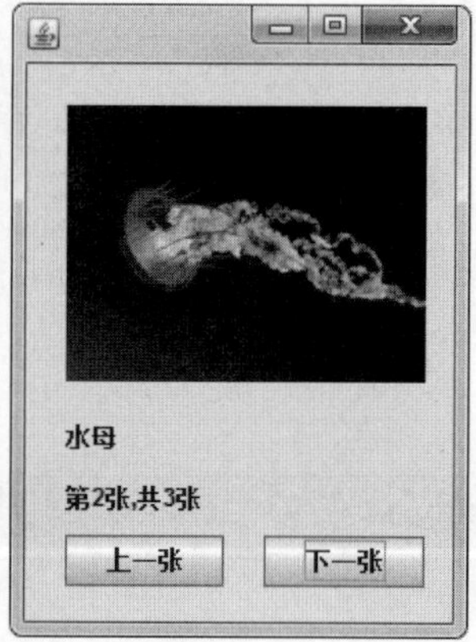

图12-7 AnimalDemo.java执行结果

程序代码

文件名：\ex12\src\animalDemo\AnimalDemo.java

```
01 package animalDemo;
02
03 import javax.swing.*;       //导入 swing 包
04 import java.awt.event.*;    //编写事件必须导入此包
05 import java.awt.*;
06
07 class MyJFrame extends JFrame{
08   private JPanel contentPane;
09   String[] imgName = new String[]{"无尾熊", "水母", "企鹅"};
10   JButton btnPrev, btnNext;
11   JLabel lblName, lblImg, lblShow;
12   int n = 0;
13   MyJFrame(){
14             setDefaultCloseOperation(JFrame.EXIT_ON_CLOSE);
15             setBounds(100, 100, 230, 310);
16             contentPane = new JPanel();
17             setContentPane(contentPane);
18             contentPane.setLayout(null);
19
20             lblImg = new  JLabel();
21             lblImg.setIcon (new ImageIcon("..\\ex12\\" + imgName[n] + ".jpg"));
22             lblImg.setBounds(20, 20, 180, 135);
23             contentPane.add(lblImg);
24
25             lblName = new JLabel(imgName[n]);
```

```
26          lblName.setBounds(20, 170, 180, 25);
27          contentPane.add(lblName);
28
29          String show = "第" + (n+1) + "张,共" + imgName.length + "张";
30          lblShow = new JLabel(show);
31          lblShow.setBounds(20, 200, 180, 25);
32          contentPane.add(lblShow);
33
34          btnPrev = new JButton("上一张");
35          btnPrev.setBounds(20, 230, 80, 25);
36          contentPane.add(btnPrev);
37          btnPrev.addActionListener(new ActionListener() {
38              public void actionPerformed(ActionEvent e) {
39                  n--;
40                  if (n<0){
41                      n=imgName.length-1;
42                  }
43                  lblImg.setIcon
                        (new ImageIcon("..\\ex12\\" + imgName[n] + ".jpg"));
44                  lblName.setText(imgName[n]);
45                  lblShow.setText
                        ("第" + (n+1) + "张,共" + imgName.length + "张");
46              }
47          });
48
49          btnNext = new JButton("下一张");
50          btnNext.setBounds(120, 230, 80, 25);
51          contentPane.add(btnNext);
52          btnNext.addActionListener(new ActionListener() {
53              public void actionPerformed(ActionEvent e) {
54                  n++;
55                  if (n>=imgName.length){
56                      n=0;
57                  }
58                  lblImg.setIcon
                        (new ImageIcon("..\\ex12\\" + imgName[n] + ".jpg"));
59                  lblName.setText(imgName[n]);
60                  lblShow.setText
                        ("第" + (n+1) + "张,共" + imgName.length + "张");
61              }
62          });
63
64          setVisible(true);
65      }
66  }
67  public class AnimalDemo {
68    public static void main(String[] args){
```

```
69          MyJFrame f= new MyJFrame();
70    }
71 }
```

说明

(1) 第9行：创建imgName数组，数组元素依次为imgName[0]~imgName[2]，用来存放动物与图像名称(不含扩展名)。

(2) 第10行：声明btnPrev及btnNext按钮。

(3) 第11行：声明lblName、lblImg、lblShow标签。lblName用来显示动物名称，lblImg用来显示动物图像文件，lblShow用来显示目前在几张图、共有多少张图的浏览信息。

(4) 第12行：定义n用来表示目前是在第几张图，n等于0表示在第一张图，n等于1表示在第二张，以此类推。

(5) 第20~23行：创建lblImg显示第一张图“无尾熊.jpg”。

(6) 第25~27行：创建lblName显示第一个动物名称“无尾熊”。

(7) 第29~32行：创建lblShow显示“第1张, 共3张”的记录浏览情形。

(8) 第34~36行：创建 上一张 btnPrev按钮。

(9) 第37~47行：注册 上一张 btnPrev按钮的事件监听者，并重写监听者的actionPerformed()方法，在该方法内编写切换至上一张图的程序。

(10) 第49~51行：创建 下一张 btnNext按钮。

(11) 第52~62行：注册 下一张 btnNext按钮的事件监听者，并重写监听者的actionPerformed()方法，在该方法内编写切换至下一张图的程序。

12.7 习题

一、选择题

1. 下列组件无法放入ImageIcon的是(　　)。

   ① JLabel　　② JButton　　③ JOptionPane　　④ JTextField

2. JLabel的(　　)方法可获取标签的ImageIcon对象。

   ① getPicture 1　　② getIcon　　③ getImage　　④ getImageIcon

3. 想获取JTextField被选取的文字，可使用方法(　　)。

   ① getSelectedText()1　　② getSelectedLabel

   ③ getSelect　　④ getSelected

4. 在JTextField输入文字并按下Enter键会触发事件(　　)。

   ① Click　　② ActionEvent　　③ ItemEvent　　④ TextEvent

5. ActionListener接口必须重写方法(　　)。

   ① setAction　　② setActionEvent　　③ actionPerformed　　④ actionEvent

6. Swing组件置于包(　　)下。

   ① javax.swing.*　　② java.swing.*　　③ swing.*　　④ javax.event.swing.*

7. 所建立的对象不能拿来当作容器使用的类是(　　)。

① JPanel　　② JScrollPane　　③ JTextField　　④ Jframe

8. 所建立的组件允许创建单行文本框的类是(　　)。

① JTextField　　② JLabel　　③ JTextArea　　④ JButton

9. 想在JOptionPane呈现 ，则信息类型参数要设为(　　)。

① PLAIN_MESSAGE　　② INFORMATION_MESSAGE

③ QUESTION_MESSAGE　　④ ERROR_MESSAGE

10. JOptionPane可用来显示输入文字对话框的方法是(　　)。

① InputBox　　② showInput　　③ showInputBox　　④ showInputDialog

二、程序设计

1. 设计一个程序可以让用户输入数值，然后判断该数值为奇数或偶数，其示例结果如图 12-8 所示。(提示：%运算符可以计算出余数，若某数除以 2 的余数为 0 就是偶数。)

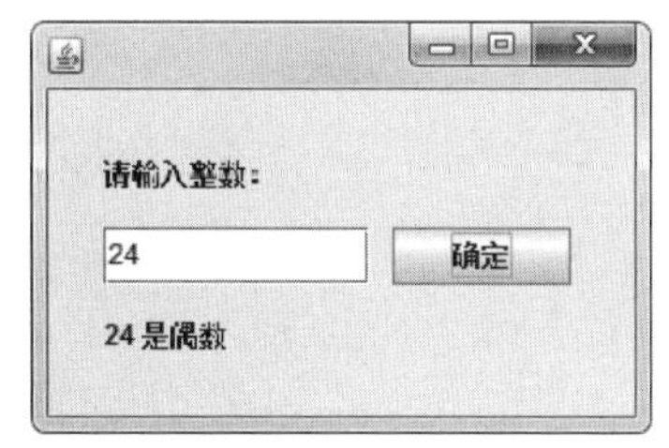

图12-8　判断奇偶数的示例图

2. 设计一个计算应缴所得税的简易程序。年收入 30 万元以下免税，30 万至 60 万税率为 3%，60 万至 90 万税率为 6%，90 万至 150 万税率为 12%，150 万至 500 万税率为 20%，大于 500 万以上税率为 30%，其示例结果如图 12-9 所示。

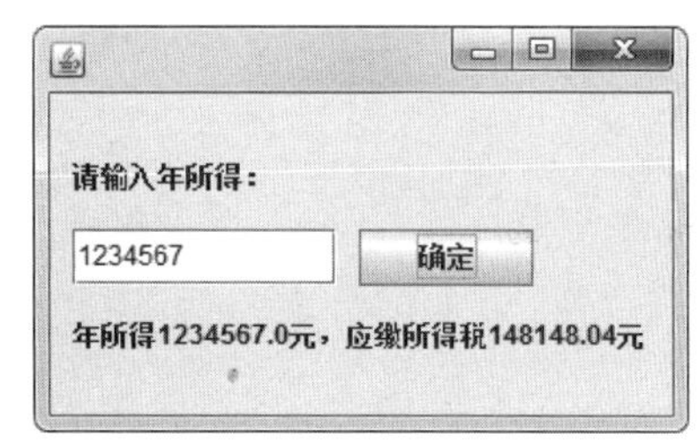

图12-9　计算应缴所得税的示例图

3. 在 JFrame 窗口内创建五个按钮，单击按钮后会出现按钮文字上对应的对话框，其示例结果如图 12-10 所示。

单击主窗口上的按钮会出现下图对应的信息窗口

图12-10　单击按钮出现对应对话框示例图

第13章

Swing组件(二)

- ✧ JPanel 面板组件
- ✧ JCheckBox 复选框组件
- ✧ JRadioButton 单选按钮组件
- ✧ 选择组件的事件
- ✧ JTextArea 文本域组件
- ✧ JScrollPane 滚动面板组件
- ✧ JList 列表组件
- ✧ JComboBox 下拉列表框组件

13.1 JPanel 面板组件

JPanel 面板组件的功能与 JFrame 窗口组件一样，都是可以放置 Swing 组件的容器，只是 JFrame 是个大盒子容器，而 JPanel 是放在大盒子里面的小盒子容器。两者比较如图 13-1 所示。

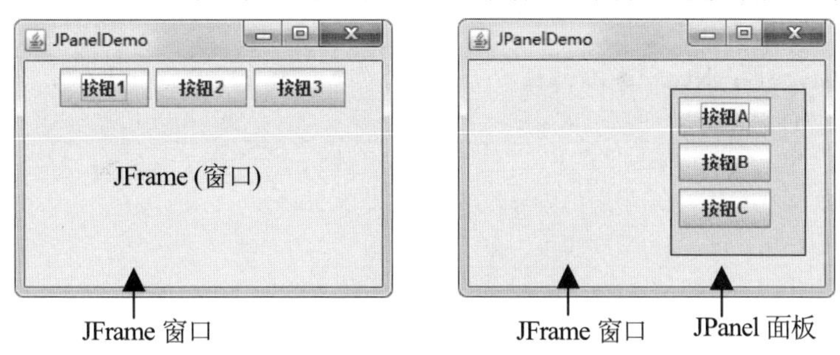

图13-1　JFrame与JPanel比较示意图

JPanel 的方法大部分可引用 JFrame 类，只不过使用时在方法前面要加上 JPanel 类的对象名称。下面仅介绍 JPanel 类的构造方法及常用的方法。

1. 构造方法

(1) public JPanel()。创建 JPanel 面板对象，布局方式需要由 setLayout 方法来设定。

(2) public JPanel(LayoutManager layout)。创建 JPanel 面板对象，参数用来指定布局方式。

2. 常用的方法

(1) public void setBounds(int x, int y, int width, int height)。指定面板对象的位置及大小。

(2) public void setBackground(Color rgb)。设定面板对象的背景色。

(3) public void setBorder(BorderFactory.createLineBorder(Color rgb))。设定面板对象的边框线条颜色，线条宽度默认为 1 像素。

(4) public void setBorder(BorderFactory.createLineBorder(Color rgb, int thick))。设定面板对象的边框线条颜色与宽度。

(5) public void setLayout(LayoutManager layout)。设定面板对象的界面布局方式。

文件名：\ex13\src\jPanelDemo\JPanelDemo.java

以JPanel面板对象为容器，使用FlowLayout布局方式，放置3个JButton按钮对象。

结果

执行结果如图 13-2 所示。

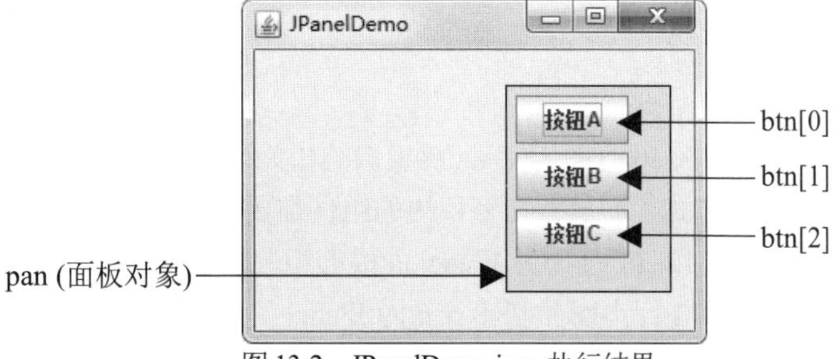

图 13-2　JPanelDemo.java 执行结果

程序代码

文件名：\ex13\src\jPanelDemo\JPanelDemo.java

```
01 package jPanelDemo;
02 import java.awt.*;
03 import javax.swing.*;
04
05 class FlowLayoutP extends JFrame {
06   FlowLayoutP() {                                    // 默认构造方法
07     setTitle("JPanelDemo");
08     setDefaultCloseOperation(JFrame.EXIT_ON_CLOSE);
09     setBounds(50, 50, 280, 200);
10     setLayout(null);
11
12     JPanel pan = new JPanel();
13     add(pan);
14     pan.setBounds(150, 20, 100, 120);
15     pan.setBackground(Color.yellow);
16     pan.setBorder(BorderFactory.createLineBorder(Color.black));
17     pan.setLayout(new FlowLayout(FlowLayout.LEFT));
18
19     String st[] = {"按钮A", "按钮B", "按钮C"};
20     JButton btn[] = new JButton[st.length];          // 创建按钮数组组件
21     for(int i = 0; i < st.length; i++) {
22       btn[i] = new JButton(st[i]);
23       pan.add(btn[i]);                               // 将按钮组件依次加入 pan 面板对象
24     }
25
26     setVisible(true);
27   }
28 }
29
30 public class JPanelDemo {
31   public static void main(String[] args) {
32     new FlowLayoutP();  // 执行此行会自动执行第 6~27 行 FlowLayoutP()默认构造方法
33   }
34 }
```

说明

(1) 第 7~10 行：为 JFrame 窗口的相关设定。其中第 10 行的 setLayout(null);表示窗口不设定任何布局方式，即放置在窗口内的组件都要设定位置坐标。

(2) 第 12~17 行：为 JPanel 面板的相关设定。其中：

① 第 12 行声明并创建 pan 为 JPanel 类的面板对象。

② 第 13 行将 pan 面板加入 JFrame 窗口内，该语句使 pan 面板成为 JFrame 窗口的组件。

③ 第 14 行设定 pan 面板在 JFrame 窗口内的坐标位置及大小。

④ 第 15~16 行设定 pan 面板的背景颜色为黄色，外框线颜色为黑色。

⑤ 第 17 行设定 pan 面板容器内摆放组件的布局方式。

(3) 第 19~24 行：在 pan 面板容器内加入摆放的 JButton 按钮组件。其中：

① 第 19 行创建字符串数组 st[]，有三个元素。

② 第 20 行创建按钮对象数组 btn[]，而数组的元素个数取决于 st[]字符串数组长度，即按钮对象数组 btn[]也有三个元素。

③ 第 21~24 行设定 btn[0]~btn[2]三个按钮的标题文字为 st[0]~st[2]三个字符串的内容，即“按钮 A”“按钮 B”“按钮 C”。

④ 若没有编写第 19~24 行，则程序执行的结果如图 13-3 所示。

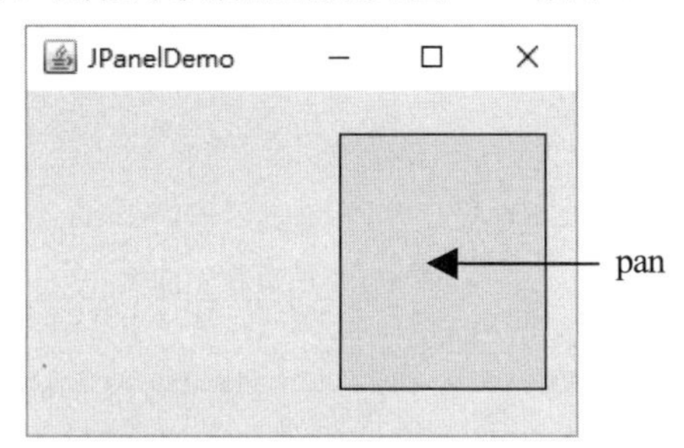

图13-3　无按钮语句的执行结果

3. 有标题的面板

面板容器可以分门别类地摆放不同性质的组件，如把同一组的单选按钮或同一组的复选框摆放在一起。为了能表示集中放置的组件的归属，放置组件的容器的左上角会有标题文字，如图 13-4 所示。

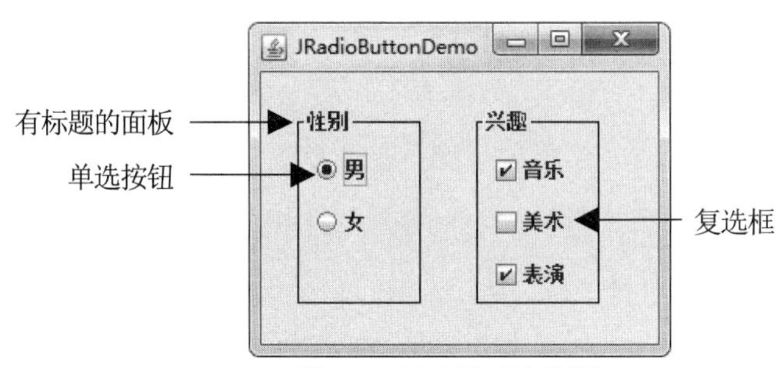

图13-4　有标题的面板示例图

制作有标题的面板容器主要有有以下 3 步。

(1) 导入 javax.swing.border.* 包，语句如下：

```
import javax.swing.border.*;    //导入这个包
```

(2) 创建一个框线对象，语句如下：

```
Border lineB = BorderFactory.createLineBorder(Color.black);
```

(3) 面板对象套用已创建的框线对象，并设定标题文字，语句如下：

```
pan.setBorder(BorderFactory.createTitleBorder(lineB, "标题"));
```

简 例 制作一个标题文字为“框架”的面板容器。

文件名：\ex13\src\borderDemo\BorderDemo.java

```
01 package borderDemo;
02 import java.awt.*;
03 import javax.swing.*;
04 import javax.swing.border.*;
05
06 class BorderJPanel extends JFrame {
07   BorderJPanel() {                // 默认构造方法
08     setTitle("BorderDemo");
09     setDefaultCloseOperation(JFrame.EXIT_ON_CLOSE);
10     setBounds(50, 50, 280, 200);
11     setLayout(null);
12
13     JPanel pan = new JPanel();        // 创建属于 JPanel 类的 pan 面板对象
14     add(pan);                         // 新建 pan 面板对象于窗口上
15     pan.setBounds(150, 20, 100, 120);
16     Border lineB = BorderFactory.createLineBorder(Color.black);
17     pan.setBorder(BorderFactory.createTitledBorder(lineB, "框架"));
18
19     setVisible(true);
20   }
21 }
22
23 public class BorderDemo {
24   public static void main(String[] args) {
25     new BorderJPanel();  // 执行此行会自动执行第 7~20 行 BorderJPanel()默认构造方法
26   }
27 }
```

结 果

执行结果如图 13-5 所示。

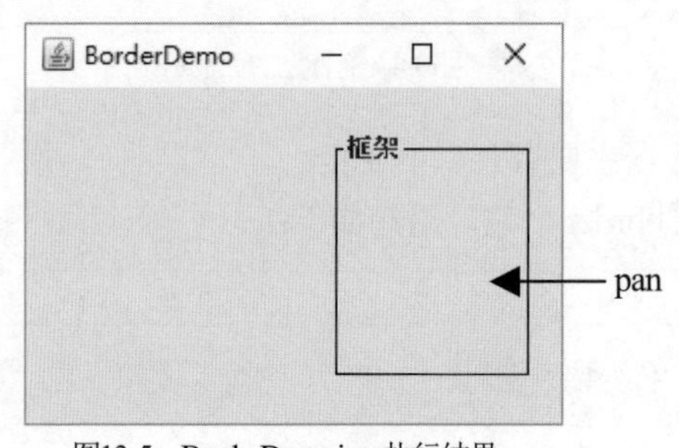

图13-5　BorderDemo.java执行结果

(1) 本范例程序代码修改延续上一范例。

(2) 第4、16、17行：是制作有标题面板容器的三个步骤。

13.2 JCheckBox 复选框组件

JCheckBox 类创建出来的对象称为复选框，是一种具有选择功能的组件。这种组件有两种状态值，即 true 与 false。当复选框组件状态为 true 时，其外观有打勾 ☑；若状态为 false 时，其外观没有打勾 ☐。JCheckBox 类可用来作为开关、有无、明暗等相关的对象。

1. 构造方法

(1) public JCheckBox(String text)。创建复选框对象，参数 text 为复选框的标题文字。

(2) public JCheckBox(String text, boolean b)。创建复选框对象，并设定复选框是否显示被打勾的状态。若参数 b 设为 true，则显示打勾；若设为 false，则显示没打勾。

2. 常用的方法

(1) public void setSelected(boolean b)。设定复选框对象是否被选中。若参数 b 为 true，则该对象显示打勾，表示被选取；若参数 b 为 false，则该对象显示不打勾，表示没被选取。

(2) public boolean isSelected()。判断复选框是否被选取(有打勾)。若是则返回 true，若无则返回 false。

执行程序后，当复选框对象外观呈打勾 ☑ 状态时，若用鼠标单击复选框，则该复选框外观会转为未打勾 ☐ 状态。同理，当复选框对象外观呈未打勾 ☐ 状态时，用鼠标单击复选框，会转为打勾 ☑ 状态。

简 例 制作一个有复选框组件的框架面板。

文件名：\ex13\src\jCheckBoxDemo\JCheckBoxDemo.java

```
01 package jCheckBoxDemo;
02 import javax.swing.*;
03 import javax.swing.border.*;
04 import java.awt.*;
05
06 class InterFrame extends JFrame {
07  InterFrame() {                 // 默认构造方法
08    setTitle("JCheckBoxDemo");
09    setDefaultCloseOperation(JFrame.EXIT_ON_CLOSE);
10    setBounds(50, 50, 280, 200);
11    setLayout(null);
12
13    JPanel panInter = new JPanel();
14    add(panInter);
15    panInter.setBounds(130, 20, 80, 120);
16    Border lineB = BorderFactory.createLineBorder(Color.black);
17    panInter.setBorder(BorderFactory.createTitledBorder(lineB, "兴趣"));
```

```
18      panInter.setLayout(new FlowLayout(FlowLayout.LEFT));
19      JCheckBox[] chk = new JCheckBox[3];
20      chk[0] = new JCheckBox("音乐", true);
21      chk[1] = new JCheckBox("美术");
22      chk[2] = new JCheckBox("表演", true);
23      for(int j = 0; j < chk.length; j++)
24        panInter.add(chk[j]);
25
26      setVisible(true);
27    }
28  }
29
30  public class JCheckBoxDemo {
31    public static void main(String[] args) {
32      new InterFrame();  // 执行此行会自动执行第 7~27 行 InterFrame()默认构造方法
33    }
34  }
```

结果

执行结果如图 13-6 所示。

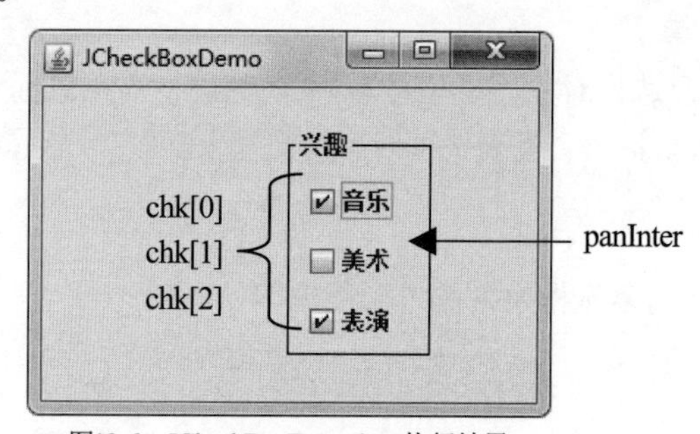

图13-6　JCheckBoxDemo.java执行结果

说明

(1) 第 16~17 行：制作面板 panInter 的框线与标题文字。

(2) 第 19 行：声明 JCheckBox 类的复选框对象数组 chk[0]~chk[2]。

(3) 第 20~22 行：创建三个复选框 chk[0]~chk[2]，设定文字内容，并设定 chk[0]与 chk[2]为默认打勾状态，再依次加入 panInter 面板内。

13.3 JRadioButton 单选按钮组件

JRadioButton 类创建出来的对象称为单选按钮，也是具有 true 与 false 两种状态值的选择功能组件。当选项圆钮状态为 true 时，其外观为选取◉；若状态为 false 时，其外观为不选取○。JRadioButton(单选按钮)的构造方法及常用方法与 JCheckBox(复选框)相似，在此不再重述。

单选按钮与复选框除了外观不同外，还有一项重大的差异，即复选框的勾取状态具有独立性，不受其他复选框是否打勾的影响。但单选按钮的选取状态具有唯一性，即归属在同一个组的单选按钮中，最多只能有一个呈现选取状态，即选取其中一个单选按钮使其呈现选取状态 ◉ 时，其余的单选按钮都自动呈现未选取状态 ○。

那如何将几个单选按钮组件归属到同一个组内呢？通过 ButtonGroup 类所创建的组对象来归类单选按钮组件。ButtonGroup 类的构造方法与常用的方法如下。

(1) public ButtonGroup()构造方法。可管理同一组的多个单选按钮组件。在同一组内的单选按钮中，最多只能有一个单选按钮被选取而呈现 ◉ 状态，其余的单选按钮都自动呈现未被选取的 ○ 状态。

(2) public void add(JRadioButton rdb)。组对象将单选按钮组件 rdb 加入组中。

(3) public void remove(JRadioButton rdb)。组对象将单选按钮组件 rdb 从组中移除。

简 例 制作一个有单选按钮组件的框架面板。

文件名：\ex13\src\jRadioButtonDemo\JRadioButtonDemo.java

```
01 package jRadioButtonDemo;
02 import javax.swing.*;
03 import javax.swing.border.*;
04 import java.awt.*;
05
06 class InterFrame extends JFrame {
07  InterFrame() {                    // 默认构造方法
08    setTitle("JRadioButtonDemo");
09    setDefaultCloseOperation(JFrame.EXIT_ON_CLOSE);
10    setBounds(50, 50, 300, 200);
11    setLayout(null);
12
13    JPanel panSex = new JPanel();
14    add(panSex);
15    panSex.setBounds(20, 20, 80, 120);
16    Border lineB = BorderFactory.createLineBorder(Color.black);
17    panSex.setBorder(BorderFactory.createTitledBorder(lineB, "性别"));
18    panSex.setLayout(new FlowLayout(FlowLayout.LEFT));
19    ButtonGroup group = new ButtonGroup();
20    JRadioButton[] rdb = new JRadioButton[2];
21    rdb[0] = new JRadioButton("男", true);
22    rdb[1] = new JRadioButton("女");
23    for(int i = 0; i < rdb.length; i++) {
24      group.add(rdb[i]);
25      panSex.add(rdb[i]);
26    }
27
28    setVisible(true);
29  }
30 }
```

```
31
32 public class JRadioButtonDemo {
33   public static void main(String[] args) {
34     new InterFrame();
35   }
36 }
```

结果

执行结果如图 13-7 所示。

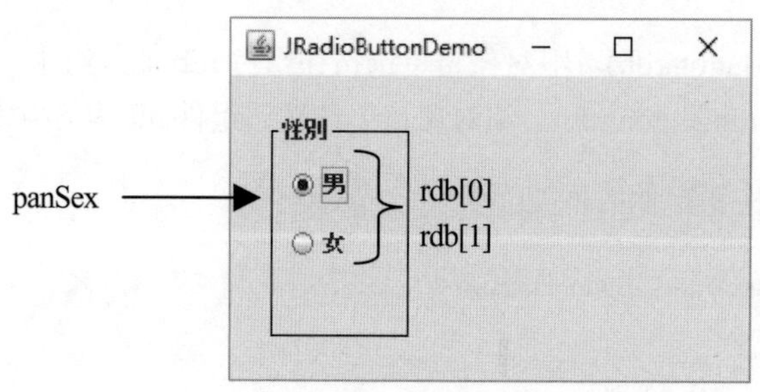

图13-7 JRadioButtonDemo.java执行结果

说明

(1) 第 16~17 行：制作面板 panSex 的框线与标题文字。

(2) 第19行：创建组对象group。

(3) 第20行：声明JRadioButton类的单选按钮对象数组rbd[0]、rdb[1]。

(4) 第 21~22 行：创建两个单选按钮 rbd[0]、rdb[1]，设定文字内容，并指定 rdb[0]为默认被选取状态。

(5) 第 23~26 行：依次将单选按钮 rbd[0]、rdb[1]加入 group 内及 panSex 面板容器内摆放。

13.4 选择组件的事件

当JRadioButton组件或JCheckBox组件被点选而改变true或false状态值时，触发ActionEvent事件。处理选择组件事件的程序架构步骤如下。

(1) 导入 javax.awt.event.* 包。

(2) 声明实现的类时，除了需继承 JFrame 类外，还需实现 ActionListener 监听者接口，语法如下：

```
class InterFrame extends JFrame implements ActionListener { …… }
```

(3) 创建选择组件，语法如下：

```
JCheckBox chk = new JCheckBox[3];  //chk 为复选框数组组件
```

(4) 选择复选框组件注册事件监听者，语法如下：

```
chk[2].addActionListener(this);   //this 为窗口对象
```

(5) 编写 actionPerformed 事件处理的程序代码内容，语法如下：

```
Public void actionPerformed(ActionEvent e) {
  ⋮
}
```

实操 文件名：\ex13\src\interest\Interest.java

利用前两节的练习，我们来设计一个兴趣调查表，当选取任何一个单选按钮或复选框时，程序会依据性别、兴趣显示对应的信息。

结果

执行结果如图 13-8 所示。

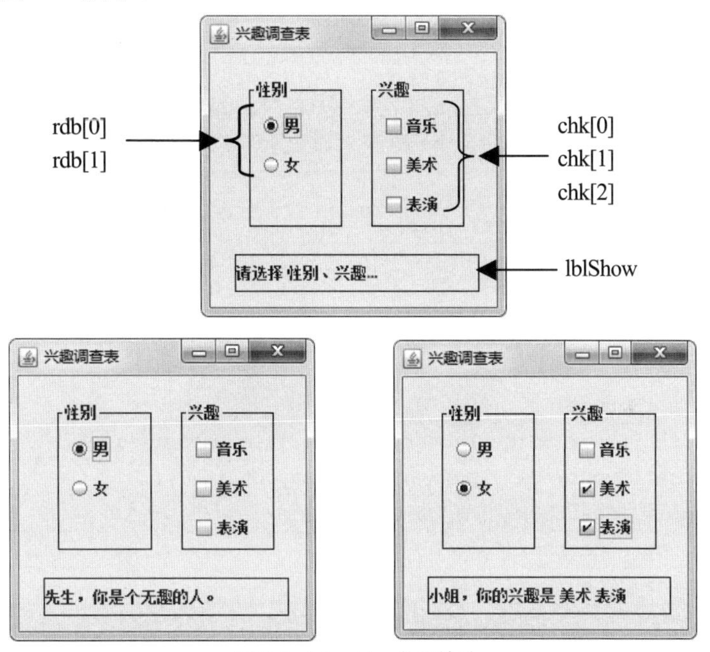

图13-8 Interest.java执行结果

程序代码

文件名：\ex13\src\interest\Interest.java

```
01 package interest;
02 import java.awt.*;
03 import javax.swing.*;
04 import java.awt.event.*;
05 import javax.swing.border.*;
06
07 class InterFrame extends JFrame implements ActionListener {
08   private Border lineB = BorderFactory.createLineBorder(Color.black);
09   private JRadioButton[] rdb = new JRadioButton[2];
```

```
10  private JCheckBox[] chk = new JCheckBox[3];
11  private JLabel lblShow = new JLabel("请选择 性别、兴趣...");
12
13  InterFrame() {                  // 默认构造方法
14    setTitle("兴趣调查表");
15    setDefaultCloseOperation(JFrame.EXIT_ON_CLOSE);
16    setBounds(50, 50, 250, 240);
17    setLayout(null);
18
19    JPanel panSex = new JPanel();
20    add(panSex);
21    panSex.setBounds(30, 20, 80, 120);
22    panSex.setBorder(BorderFactory.createTitledBorder(lineB, "性别"));
23    panSex.setLayout(new FlowLayout(FlowLayout.LEFT));
24    ButtonGroup group = new ButtonGroup();
25    rdb[0] = new JRadioButton("男", true);
26    rdb[1] = new JRadioButton("女");
27    for(int i = 0; i < rdb.length; i++) {
28      group.add(rdb[i]);
29      panSex.add(rdb[i]);
30      rdb[i].addActionListener(this);
31    }
32
33    JPanel panInter = new JPanel();
34    add(panInter);
35    panInter.setBounds(130, 20, 80, 120);
36    panInter.setBorder(BorderFactory.createTitledBorder(lineB, "兴趣"));
37    panInter.setLayout(new FlowLayout(FlowLayout.LEFT));
38    chk[0] = new JCheckBox("音乐");
39    chk[1] = new JCheckBox("美术");
40    chk[2] = new JCheckBox("表演");
41    for(int j = 0; j < chk.length; j++) {
42      panInter.add(chk[j]);
43      chk[j].addActionListener(this);
44    }
45
46    add(lblShow);
47    lblShow.setBounds(20, 160, 200, 30);
48    lblShow.setBorder(lineB);
49
50    setVisible(true);
51  }
52
53  public void actionPerformed(ActionEvent e) {
54    String stShow = "";
55    if (rdb[0].isSelected()) stShow += "先生，你";
```

```
56      else stShow += "小姐，你";
57
58    if (!(chk[0].isSelected() || chk[1].isSelected() || chk[2].isSelected()))
59      stShow += "是个无趣的人。";
60    else {
61      String inter = "";
62      if (chk[0].isSelected()) inter += chk[0].getText() + " ";
63      if (chk[1].isSelected()) inter += chk[1].getText() + " ";
64      if (chk[2].isSelected()) inter += chk[2].getText();
65      stShow += "的兴趣是 " + inter;
66    }
67    lblShow.setText(stShow);
68  }
69 }
70
71 public class Interest {
72  public static void main(String[] args) {
73    new InterFrame();
74  }
75 }
```

说明

(1) 在 InterFrame 类中，有 InterFrame()构造方法(第 13~51 行)与 actionPerformed()处理事件(第 53~68 行)。这两个程序块使用到某些相同的 Swing 组件，故将在程序块(或称方法成员)中出现的对象或变量声明成类的数据成员(第 8~11 行)。

(2) 第 30、43 行：为 rdb[0]~rdb[1]对象与 chk[0]~chk[2]对象注册事件监听者，若其中一个组件被选择了，会执行第 53~68 行。用 stShow 字符串结合 rdb[]单选按钮、chk[]复选框的选项的标题文字，然后将 stShow 字符串显示在 lblShow 标签对象上。

13.5 JTextArea 文本域组件

在前面的章节曾提过 JTextField 文本框组件，它只能输入或显示一行文字内容。而本节所要介绍的 JTextArea 文本域组件，能够输入或显示多行文字内容。

使用 JTextArea 多行文本域组件时，可用\n 来作为换行的符号，也可设定自动换行功能，当文字超过 JTextArea 组件宽度时，会自动跳到下一行显示。或者结合下一节介绍的 JScrollPane 滚动条组件，使 JTextArea 文本域组件在右侧或下方拥有滚动条功能，可浏览超过 JTextArea 组件宽度或高度的部分文字。

1. 构造方法

(1) public JTextArea()。创建空白的文本域组件对象。

(2) public JTextArea(String str)。创建有 str 默认文字内容的文本域组件对象。

(3) public JTextArea(String str, int row, int col)。创建有 str 文字内容的文本域组件对象，并限定文本域能显示的列数与行数。

(4) public JTextArea(int row, int col)。创建空白的文本域组件对象，限定文本域能显示的列数与行数。

2. 常用的方法

JTextField文本框组件的方法大部分都能适用于JTextArea文本域组件，故在此仅介绍JTextArea专有或重要的方法。

(1) public void append(String str)。在 JTextArea 文本域中增加 str 文字内容。

(2) public void insert(String str, int pos)。在 JTextArea 文本域组件内指定的位置，增加 str 文字内容。

(3) public void setRows(int row)。设定 JTextArea 文本域组件内能显示的列数。

(4) public void setColumns(int col)。设定 JTextArea 文本域组件内能显示的行数。

(5) public void setLineWrap(boolean wrap)。设定文字超过 JTextArea 组件宽度的部分是否能自动换行。若参数 wrap 设为 true，则会自动换行；若为 false，则不会自动换行(默认值)。

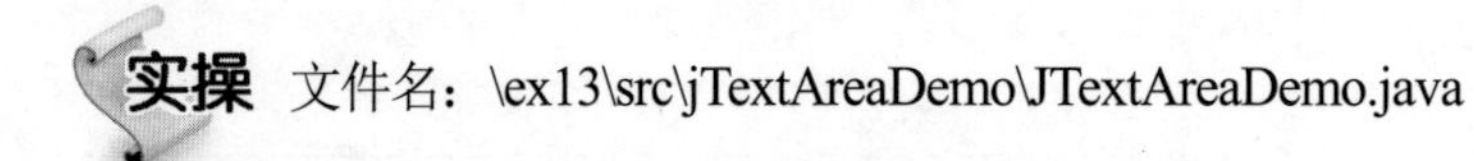

用 JTextArea 文本域组件显示九九乘法表。

结 果

执行结果如图 13-9 所示。

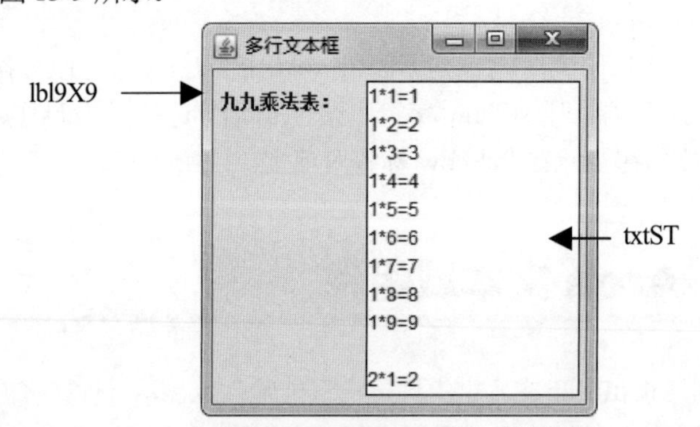

图13-9 JTextAreaDemo.java执行结果

程序代码

文件名：\ex13\src\jTextAreaDemo/JTextAreaDemo.java

```
01 package jTextAreaDemo;
02 import java.awt.*;
03 import javax.swing.*;
04
05 class TextAreaF extends JFrame {
06   TextAreaF() {      // 默认构造方法
```

```
07      setTitle("多行文本框");
08      setDefaultCloseOperation(JFrame.EXIT_ON_CLOSE);
09      setBounds(50, 50, 260, 250);
10      setLayout(null);
11
12      JLabel lbl9X9 = new JLabel("九九乘法表：");
13      add(lbl9X9);
14      lbl9X9.setBounds(5, 5, 80, 30);
15
16      String st = "";
17      for (int i = 1; i <= 9; i++) {
18        for (int j = 1; j <= 9; j++)
19          st += i + "*" + j + "=" + i * j + "\n";
20        st += "\n";
21      }
22      JTextArea txtST = new JTextArea(st);
23      txtST.setLineWrap(true);
24      add(txtST);
25      txtST.setBounds(100, 7, 140, 200);
26      txtST.setBorder(BorderFactory.createLineBorder(Color.blue));
27
28      setVisible(true);
29    }
30  }
31
32  public class JTextAreaDemo {
33    public static void main(String[] args) {
34      new TextAreaF();
35    }
36  }
```

说明

(1) 第 16~21 行：用程序产生九九乘法表的内容，以字符串的方式赋值给 st 变量。

(2) 第 22 行：创建 JTextArea 文本域对象 txtST，同时默认显示 st 字符串的内容。

(3) 第 23 行：设定文字超过 txtST 组件宽度时会自动换行。

(4) 第 26 行：为 txtST 组件加上蓝色框线。

13.6 JSrollPane 滚动面板组件

若将文本域组件的宽度或高度变小，则文本域组件就无法全部容纳一篇文章的内容。要解决这个问题，需在文本域组件的右侧或下方添加滚动条来滚动文字。本节我们来介绍 JScrollPane(滚动面板)，它是一种可以放入大尺寸 Swing 组件的容器，如显示大篇文章的 JTextArea 组件、显示大张图形的 JLabel 组件。当滚动面板容器无法一窥全貌的部分，都可通过容器右侧或下面的滚动条来滚动面板。

JScrollPane (滚动面板)的构造方法如下。

(1) JScrollPane(Component view)。创建放入 view 组件的滚动面板对象，只要 view 组件的内容超过面板大小就会自动显示水平和垂直滚动条。

(2) JScrollPane(Component view, int vsb, int hsb)。创建放入 view 组件的滚动面板对象，设定 vsb、hsb 参数值来决定是否显示垂直和水平滚动条。

① vsb 参数的设定值与垂直滚动条是否显示的情况有关，说明如下。

- ScrollPaneConstants.VERTICAL_SCROLLBAR_ALWAYS表示垂直滚动条会一直显示。
- ScrollPaneConstants.VERTICAL_SCROLLBAR_NEVER表示垂直滚动条不会显示。
- ScrollPaneConstants.VERTICAL_SCROLLBAR_AS_NEEDED表示垂直滚动条会根据需要而自动显示。

② hsb 参数的设定值与水平滚动条是否显示的情况有关，说明如下。

- ScrollPaneConstants.HORIZONTAL_SCROLLBAR_ALWAYS表示水平滚动条会一直显示。
- ScrollPaneConstants.HORIZONTAL_SCROLLBAR_NEVER表示水平滚动条不会显示。
- ScrollPaneConstants.HORIZONTAL_SCROLLBAR_AS_NEEDED表示水平滚动条会根据需要而自动显示。

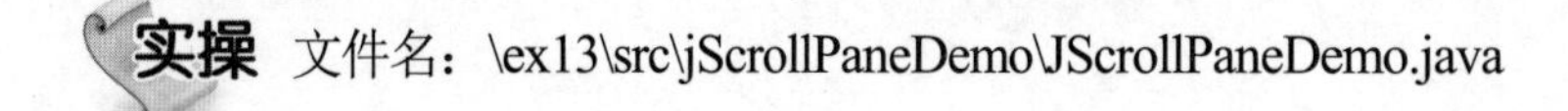

文件名：\ex13\src\jScrollPaneDemo\JScrollPaneDemo.java

接上节范例，用 JScrollPane 对象来容纳 JTextArea 组件，观察当 JTextArea 组件大于 JScrollPane 面板容器时的滚动条显示与使用情况。

结果

执行结果如图 13-10 所示。

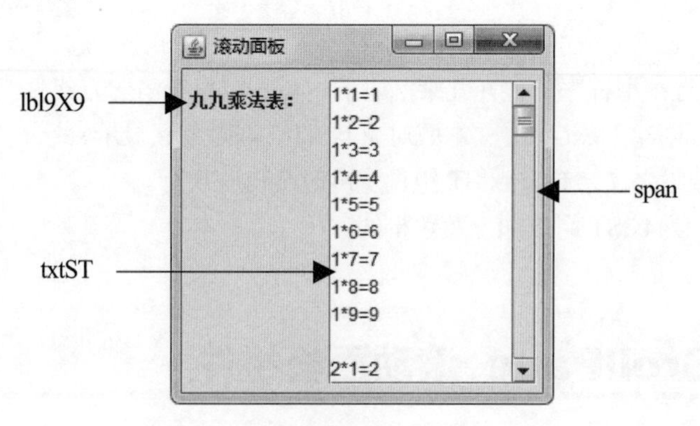

图13-10 JScrollPaneDemo.java执行结果

程序代码

文件名：\ex13\src\jScrollPaneDemo\JScrollPaneDemo.java

```
01 package jScrollPaneDemo;
02 import java.awt.*;
03 import javax.swing.*;
04
05 class TextAreaF extends JFrame {
06  TextAreaF() {
07    setTitle("滚动面板");
08    setDefaultCloseOperation(JFrame.EXIT_ON_CLOSE);
09    setBounds(50, 50, 260, 250);
10    setLayout(null);
11
12    JLabel lbl9X9 = new JLabel("九九乘法表：");
13    add(lbl9X9);
14    lbl9X9.setBounds(5, 5, 80, 30);
15
16    String st = "";
17    for (int i = 1; i <= 9; i++) {
18      for (int j = 1; j <= 9; j++)
19        st += i + "*" + j + "=" + i * j + "\n";
20      st += "\n";
21    }
22    JTextArea txtST = new JTextArea(st);
23    txtST.setLineWrap(true);
24    JScrollPane span = new JScrollPane(txtST,
              ScrollPaneConstants.VERTICAL_SCROLLBAR_ALWAYS,
              ScrollPaneConstants.HORIZONTAL_SCROLLBAR_AS_NEEDED);
25    span.setBounds(100, 7, 140, 200);
26    add(span);
27    setVisible(true);
28  }
29 }
30
31 public class JScrollPaneDemo {
32  public static void main(String[] args) {
33    new TextAreaF();
34  }
35 }
```

说 明

第 24 行：创建 span 滚动面板对象，用来容纳 txtST 文本域组件，并设定右侧的垂直滚动条一直显示，下方水平滚动条根据需要自动显示。

13.7 JList 列表组件

JList 类创建出来的对象称为列表，该列表是一种文字选项的列表，可以通过鼠标指针从列表中选取其中一个选项，也可以同时按住键盘上的 Ctrl 或 Shift 键选择多个选项。若列表内选取的选项太多而超过列表容器可显示的列数时，则在列表的右侧会自动出现滚动条提供用户滚动选取。

1. 构造方法

(1) public JList<String>()。创建空白的列表对象。因为列表是用来存放文字选项的集合对象，在创建集合对象时，需以泛型类型标明元素的数据类型。(有关集合与泛型，请参阅第 9 章)

(2) public JList<String>(Object[] data)。创建列表对象，并由参数 data 指定列表内的文字选项。

2. 常用的方法

(1) public void setListData(Object[] datas)。将参数 datas 指定的文字选项数组加入列表集合对象内。

(2) public void setVisibleRowCount(int count)。设定列表对象内能显示的列数，若存放在列表对象的选项多于显示的列数 count，则列表右侧会出现滚动条。

(3) public int getSelectedIndex()。获取在列表对象内被选取选项中排在最前面的索引值，适用于单选一个选项。

(4) public Object getSelectedValue()。获取在列表对象内被选取的选项中索引值最小的选项文字内容，适用于单选一个选项。

(5) public int getSelectedIndices()。获取在列表对象内所有被选取的选项索引值，适用于复选选项。

(6) public ArrayList<String> getSelectedValueList()。获取在列表对象内所有被选取的选项文字内容，适用于复选选项。

3. 列表事件

当列表对象内的选项有被选取时，会触发 ListSelectionEvent 事件。处理列表事件的程序架构步骤如下。

(1) 导入 javax.swing.event.* 包。

(2) 声明实现的类时，除了需继承 JFrame 类外，还需实现 ListSelectionListener 监听接口，语法如下：

```
cl6ass ListF extends JFrame implements ListSelectionListener { …… }
```

(3) 创建列表对象，语法如下：

```
JList<String> lst = new JList<>();    //lst 为空白列表组件
```

(4) 列表对象需注册事件监听者，语法如下：

```
lst.addListSelectionListener(this);   //this 为窗口对象
```

(5) 编写 valueChanged 列表事件内容，语法如下：

```
Public void valueChanged(ListSelectionEvent e) { …… }
```

实操 文件名：\ex13\src\jListDemo\JListDemo.java

将字符串数组的数据加入 JList 列表组件 lst 中，当在列表 lst 选取选项时，用 JTextArea 组件 txtShow 来显示单选或复选的选项与对应的索引值。

结果

执行结果如图 13-11 所示。

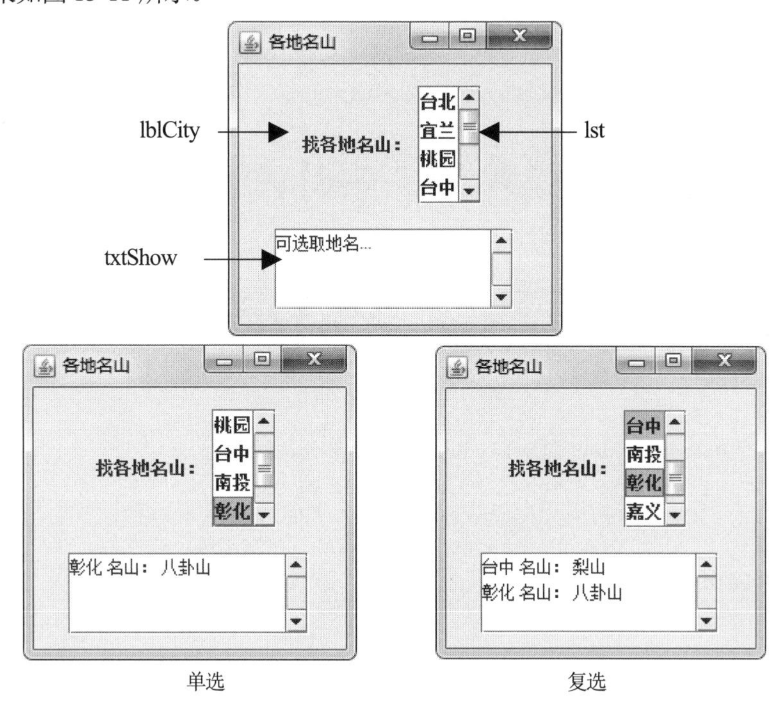

图13-11 JListDemo.java执行结果

程序代码

文件名：\ex13\src\jListDemo\JListDemo.java

```
01 package jListDemo;
02 import java.awt.*;
03 import javax.swing.*;
04 import javax.swing.event.*;
05 import java.util.*;
06
07 class ListF extends JFrame implements ListSelectionListener {
08   private JLabel lblCity = new JLabel("找各地名山：");
09   private String[] city = { "台北", "宜兰", "桃园", "台中", "南投",
                              "彰化", "嘉义" , "高雄" };
10   private String[] spot = { "阳明山", "太平山", "拉拉山", "梨山", "合欢山",
                              "八卦山", "寿山" };
11   private JList  lst = new JList (city);
```

```
12  private JTextArea txtShow = new JTextArea("可选取地名...", 3, 14);
13
14  public ListF() {       // 默认构造方法
15    setTitle("各地名山");
16    setDefaultCloseOperation(JFrame.EXIT_ON_CLOSE);
17    setBounds(50, 50, 240, 220);
18    setLayout(null);
19
20    JPanel panCity = new JPanel();
21    add(panCity);
22    panCity.setBounds(40, 10, 140, 90);
23    panCity.setLayout(new FlowLayout(FlowLayout.LEFT));
24    panCity.add(lblCity);
25    JScrollPane scrList = new JScrollPane(lst);
26    panCity.add(scrList);
27    lst.setVisibleRowCount(4);
28    lst.addListSelectionListener(this);
29
30    JPanel panShow = new JPanel();
31    add(panShow);
32    panShow.setBounds(20, 110, 180, 100);
33    panShow.setLayout(new FlowLayout(FlowLayout.LEFT));
34    JScrollPane scrShow = new JScrollPane(txtShow,
              ScrollPaneConstants.VERTICAL_SCROLLBAR_ALWAYS,
              ScrollPaneConstants.HORIZONTAL_SCROLLBAR_NEVER);
35    panShow.add(scrShow);
36
37    setVisible(true);
38  }
39
40 public void valueChanged(ListSelectionEvent e) {
41   txtShow.setText("");
42   int[] selectIndex = lst.getSelectedIndices();
43   for (int i : selectIndex) {
44     txtShow.append(city[i]+" 名山:   "+spot[i]+ "\n");
45    }
46   }
47 }
48
49 public class JListDemo {
50  public static void main(String[] args) {
51    new ListF();
52  }
53 }
```

(1) 第 9 行：将 city 数组的元素放入 JList 列表对象 lst 中。

(2) 第 27 行：设定 lst 列表最多可显示 4 列。

(3) 第 28 行：为列表 lst 注册事件监听者，若选取列表选项，会执行第 40~50 行。

(4) 第 41 行：清空文本域 txtShow 的内容。

(5) 第 42 行：selectIndex 为列表内被选取的列表选项索引数组，selectIndex [i]为每一个选项的索引值。

(6) 第 44 行：使用 txtShow 文本域显示用户选择的信息。

13.8 JComboBox 下拉列表框组件

JComboBox 组件像是 JList 和 JTextField 的结合，它不但有选取选项的功能，也可以让用户直接输入文字。JComboBox 组件也是列表，与 JList 组件功能相似，但两者主要有以下不同。

(1) 使用 JList 组件的事件需导入 java.swing.event.* 包。使用 JComboBox 组件的事件需导入 java.awt.event.* 包。

(2) JList 组件的选项选取有复选的功能。JComboBox 组件的选项选取只能单选，不能复选。

(3) JList 组件在操作时，不能新建选项，也不能删除选取的选项。JComboBox 组件在操作时，能新建选项，也能删除选取的选项。

1. 构造方法

(1) public JComboBox<String>()。创建空白的下拉列表框对象。

(2) public JComboBox<String>(Object[] items)。创建下拉列表框对象，并由参数 items 指定列表内的文字选项。

2. 常用的方法

(1) public void addItem(Object anObject)。将参数 anObject 指定的文字选项加入列表集合的末尾。

(2) public void insertItemAt(Object anObject, int index)。将参数 anObject 指定的文字选项插入指定的索引处。

(3) public void removeItem(Object anObject)。从下拉列表框中删除参数 anObject 指定的选项。

(4) public void removeItemAt(int anIndex)。从下拉列表框中删除参数 anIndex 索引值所对应的选项。

(5) public Object getItemAt(int index)。获取下拉列表框中参数 index 索引值指定的选项文字。

(6) public Object getSelectedItem()。获取在下拉列表框中被选取的选项文字。

(7) public int getSelectedIndex()。获取在下拉列表框中被选取选项的索引值。

(8) public void setEditable(boolean aFlag)。设定下拉列表框上方的文字是否能编辑文字，aFlag 默认值为 false。

3. 下拉列表框事件

当下拉列表框对象内的选项被选取时，会触动 ItemEvent 事件。处理该事件的程序架构步骤如下。

(1) 导入 javax.awt.event.* 包。

(2) 声明实现的类时，除了需继承 JFrame 类外，还需实现 ItemListener 监听者接口，语法如下：

```
class ListF extends JFrame implements ItemListener { …… }
```

(3) 创建下拉列表框对象，语法如下：

```
JComboBox<String> cbo = new JComboBox<>();  // cbo 为空白的下拉列表框对象
```

(4) 下拉列表框对象注册事件监听者，语法如下：

```
cbo.addItemListener(this);   //this 为当前类的默认对象
```

(5) 编写 itemStateChanged 下拉列表框列表事件内容，语法如下：

```
Public void itemStateChanged(ItemEvent e) { …… }
```

实操 文件名：\ex13\src\jComboBoxDemo\JComboBoxDemo.java

使用 JComboBox 下拉列表框对象 cbo 来容纳图书书目，除了选取可在 JLabel 组件 lblShow 显示选取的选项与对应的索引值外，还增加 新增 按钮和 删除 按钮的功能。

结 果

(1) 窗口内的对象有下拉列表框 cbo、标签 lblShow、新增按钮 btnAdd、删除按钮 btnDel，如图 13-12 所示。

(2) 单击 新增 按钮，打开“输入”对话框，输入书目名称，如 Java 12，如图 13-13 所示。

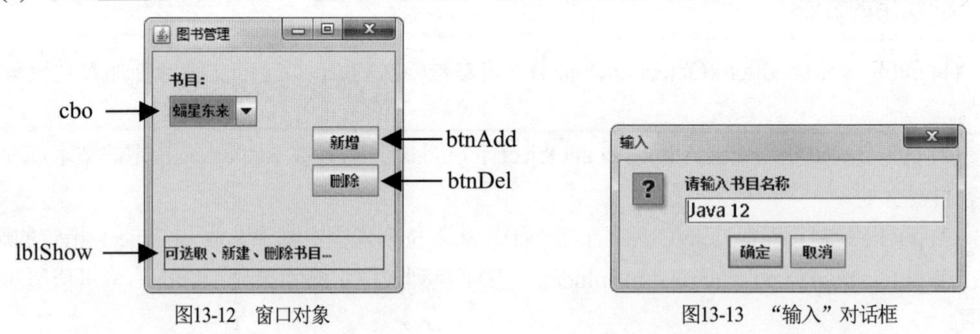

图13-12 窗口对象　　图13-13 “输入”对话框

(3) 单击 确定 按钮，返回“图书管理”窗口，lblShow 标签显示加入书目的信息，如图 13-14 所示。

(4) 在下拉列表框 cbo 中，选取要删除的书目，则 lblShow 标签显示被选取的书目信息，如图 13-15(a)所示。

(5) 单击 删除 按钮，则被选取的书目从列表中移除，并在 lblShow 标签显示删除书目信息，如图 13-15(b)所示。

图13-14 增加书目成功

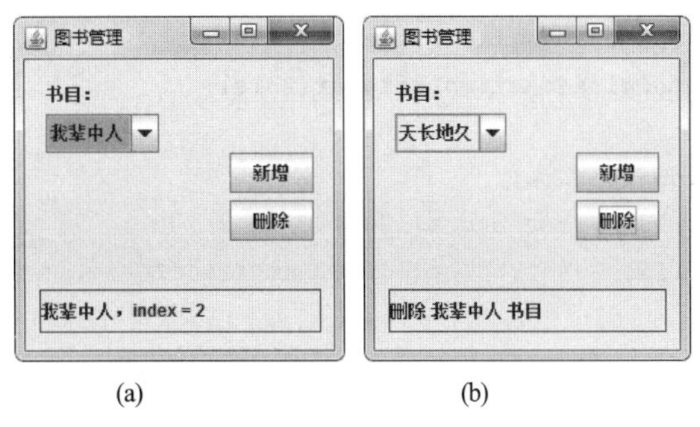

(a) (b)

图13-15 删除书目

程序代码

文件名：\ex13\src\jComboBoxDemo\JComboBoxDemo.java

```
01 package jComboBoxDemo;
02 import java.awt.*;
03 import javax.swing.*;
04 import java.awt.event.*;
05 
06 class ComboF extends JFrame implements ItemListener, ActionListener {
07   private JLabel lblName = new JLabel("书目：");
08   private String[] book = {"蝠星东来", "天长地久", "我辈中人", "夜鸦事典"};
09   private JComboBox cbo = new JComboBox(book);
10   private JLabel lblShow = new JLabel("可选取、新增、删除书目...");
11   private JButton btnAdd = new JButton("新增");
12   private JButton btnDel = new JButton("删除");
13 
14   public ComboF() {       // 默认构造方法
15     setTitle("图书管理");
16     setDefaultCloseOperation(JFrame.EXIT_ON_CLOSE);
17     setBounds(50, 50, 235, 240);
18     setLayout(null);
19 
20     JPanel panBook = new JPanel();
21     add(panBook);
22     panBook.setBounds(10, 10, 100, 120);
23     panBook.setLayout(new FlowLayout(FlowLayout.LEFT));
24     panBook.add(lblName);
25     panBook.add(cbo);
26     cbo.addItemListener(this);
27 
28     JPanel panBtn = new JPanel();
29     add(panBtn);
30     panBtn.setBounds(140, 60, 85, 70);
31     panBtn.setLayout(new FlowLayout(FlowLayout.LEFT));
32     panBtn.add(btnAdd);
33     panBtn.add(btnDel);
```

```
34     btnAdd.addActionListener(this);
35     btnDel.addActionListener(this);
36
37     add(lblShow);
38     lblShow.setBounds(10, 160, 200, 30);
39     lblShow.setBorder(BorderFactory.createLineBorder(Color.red));
40
41     setVisible(true);
42   }
43
44   public void itemStateChanged(ItemEvent e) {
45     Object show = cbo.getSelectedItem();
46     int index = cbo.getSelectedIndex();
47     lblShow.setText(show + ", index = " + index);
48   }
49
50   public void actionPerformed(ActionEvent e) {
51     if (e.getSource() == btnAdd) {
52       String bookName = JOptionPane.showInputDialog("请输入书目名称");
53       cbo.addItem(bookName);
54       lblShow.setText("加入 " + bookName + " 书目至最后一笔");
55     }
56     if (e.getSource() == btnDel) {
57       Object select = cbo.getSelectedItem();
58       cbo.removeItem(select);
59       lblShow.setText("删除 " + select + " 书目");
60     }
61   }
62 }
63
64 public class JComboBoxDemo {
65   public static void main(String[] args) {
66     new ComboF();
67   }
68 }
```

说明

(1) 第 9 行：将 book 数组的元素放入 JComboBox 下拉列表框对象 cbo 中。

(2) 第 26 行：为下拉列表框对象 cbo 注册事件监听者，若选取了列表的选项，就会执行第 44~48 行，在第 47 行用 lblShow 标签显示被选取的选项文字与索引值。

(3) 第 34 行：为 btnAdd 按钮注册事件监听者，若单击 btnAdd 按钮就会执行第 51~55 行，开启一个输入对话框来输入新增的书目，然后将新增书目文字加到 cbo 下拉列表框内的末尾。

(4) 第 35 行：为 btnDel 按钮注册事件监听者，若单击 btnDel 按钮就会执行第 56~60 行，从下拉列表框中移除被选取的选项。

13.9 习题

一、选择题

1. 窗口内组件的界面布局，若不套用任何布局方式，则使用语句(　　)。
   ① setVisible(true);　② setBounds();　③ setNull;　④ setLayout(null);
2. 要在显示面积较大范围的组件边侧附有滚动条，需使用类对象(　　)。
   ① JPanel　② JScrollPane　③ JScrollBar　④ JFrame
3. 放在同一容器内可同时有两个以上被勾选的选择类组件是(　　)。
   ① JCheckBox　② JRadioButton　③ JComboBox　④ JScrollPane
4. 在同一组的选择类组件中一次只能选择其中一个的是(　　)。
   ① JCheckBox　② JRadioButton　③ JComboBox　④ JScrollPane
5. 若要将几个JRadioButton类组件集中在同一组内，要使用类对象(　　)。
   ① JPanel　② ButtonGroup　③ ComboBox　④ JScrollPane
6. 所创建的对象不能拿来当作容器使用的类是(　　)。
   ① JPanel　② JScrollPane　③ JTextArea　④ JFrame
7. 所创建的组件允许在文字区域显示多行文字的类是(　　)。
   ① JTextField　② JLabel　③ JTextArea　④ JButton
8. 有关JList组件与JComboBox组件的比较，下列描述有误的是(　　)。
   ① 两组件需要使用事件时，都需导入 java.swing.event.* 包
   ② 选取JList组件的选项时，可以单选，也可以复选
   ③ 选取JComboBox组件的选项时，只能单选，不能复选
   ④ JList组件在操作时，不能新建也不能删除选项
9. 用来设定面板对象的线条颜色的方法是(　　)。
   ① setBackground()　② setForeground()　③ setLineColor()　④ setBorder()
10. 当用户在操作JComboBox组件的选项时，会触发事件(　　)。
   ① ActionEvent　② ItemEvent
   ③ ListSelectionEvent　④ ChangeEvent

二、程序设计

1. 分别在两个文本框组件内输入两段文字字符串，单击 确定 按钮合并成一个字符串，并显示在文本域中。单击 清除 按钮将所有文本框的文字内容都清除掉。执行结果如图 13-16 所示。

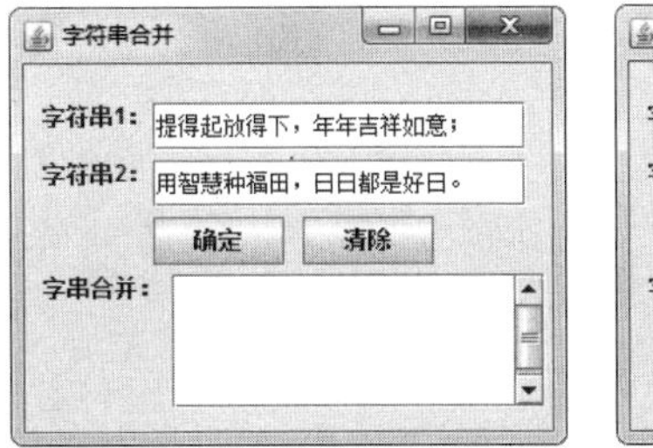

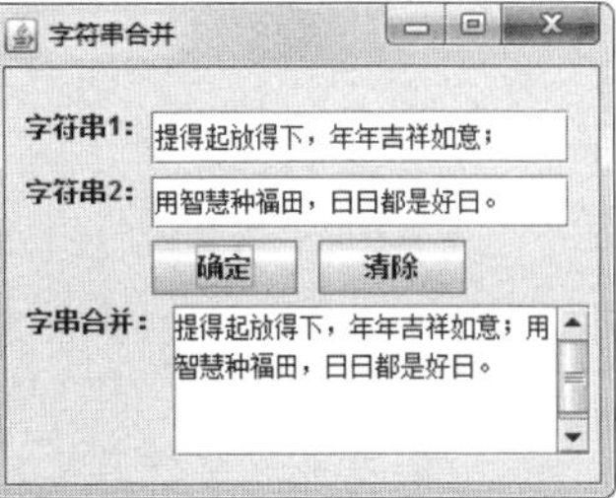

图13-16　字符串合并执行结果

2. 制作一个含有水平滚动条的图片标签，使用户能操作水平滚动条来浏览图片，如图 13-17 所示。(图片文件可选取本书提供的本章范例文件夹，复制到本题目的文件夹内)

图13-17　水平滚动条的图片标签执行结果

第14章

I/O常用类

- ✧ Java I/O 处理
- ✧ File 类
- ✧ 文件输入流类
- ✧ 文件输出流类
- ✧ 二进制文件输入流类
- ✧ 二进制文件输出流类
- ✧ 实例练习

14.1 Java I/O 处理

前面章节我们都没有对磁盘上的文件进行访问，接下来要讲述如何对磁盘文件进行读写操作，这称为“Java 输入/输出操作”，简称 Java I/O。在 Java 中读写数据，是采用数据流(Data Stream)的概念。什么是数据流呢？每当要输入文件时，计算机就会提供一个接口给用户，就好像家里的水龙头，打开就会有水流出来，关闭就没有水流出来。Java 把对磁盘及网络数据的访问都以 Stream 的方式来处理，这样做的好处一是和访问数据的来源无关，二是不管来自磁盘还是网络，所编写的 Java I/O 程序代码都一样。Java 中对于数据处理的类都在 java.io 这个包中，使用时必须在程序的最开头编写 import java.io.*; 语句，将 java.io 包导入程序中。

Java 中定义了两种类型的数据流：字节流与字符流。字节流是用来读写字节(8 bits)数据，所使用的系统类是 InputStream 与 OutputStream 类。字符流是用来处理字符的输入与输出，所使用的是 Unicode 编码，每个字符码占用 16 bits，字符流所使用的系统类是 Reader 与 Writer 类。

14.2 File 类

File 类是处理 Java I/O 中常用的类之一，它并不是 Java I/O 中所定义的数据流类，但是可以直接处理文件及文件系统 File 类提供的方法，还可以说明文件本身的相关信息。表 14-1 是 File 类提供的常用方法。

表14-1 File类提供的常用方法

方法	功能
canRead	是否可输入文件：true表示是；false表示否
canWrite	是否可写入文件：true表示是；false表示否
compareTo	比较两个文件路径
createNewFile	创建新文件
createTempFile	创建临时文件
delete	删除文件路径
exists	判断文件是否存在：true表示存在；false表示不存在
getName	返回路径或文件名
isDirectory	判断文件对象是否为目录
length	返回文件大小
list	返回以字符串数组表示的文件名
renameTo	更改文件名
setReadOnly	将文件或目录设为只读
toString	返回文件路径字符串
toURL	将文件路径转换成URL文件

实操 文件名：\ex14\src\fileSample\FileSample.java

程序执行时先要求用户输入文件路径，然后通过 File 类对象判断输入的文件路径是文件还是目录，最后显示该文件的长度。

结果

执行结果如图 14-1 所示。

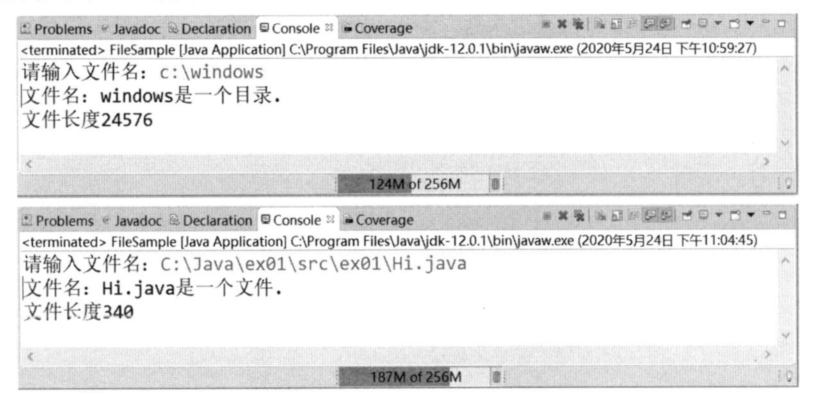

图14-1 FileSample.java执行结果

程序代码

文件名：\ex14\src\fileSample\FileSample.java

```
01 package fileSample;
02 import java.io.*;
03 import java.util.Scanner;
04
05 public class FileSample {
06    public static void main(String[] args) {
07        String msg, fname, fpath;
08        System.out.print("请输入文件名：");
09        Scanner sn = new Scanner(System.in);
10        fpath = sn.nextLine();
11        File fin = new File(fpath);
12        fname = fin.getName();
13        long len = fin.length();
14        msg = "文件名：" + fname;
15        if (fin.isFile()) {
16            msg += "是一个文件.";
17        } else if (fin.isDirectory()) {
18            msg += "是一个目录.";
19        } else {
20            System.out.print("无此文件或目录");
21            System.exit(0);
22        }
```

```
23        System.out.print(msg + "\n 文件长度" + String.valueOf(len));
24        sn.close();
25    }
26 }
```

说 明

(1) 第9~10行：输入文件的路径赋值给变量fpath。
(2) 第 11 行：创建一个 File 类的对象 fin，路径设为变量 fpath 的值。
(3) 第 12 行：如果指定的文件存在，fin.getName()返回文件的完整名称。
(4) 第 13 行：通过 fin.length()可以获取文件的大小。
(5) 第 15 行：判断是否为文件，若是则执行第 16 行。
(6) 第 17 行：判断是否为目录，若是则执行第 18 行。
(7) 第 19 行：若输入文件名错误，则执行第 20~21 行。

14.3 文件输入流类

14.3.1 Reader 类

Reader 类是用来处理字符流输入的抽象类，所有的字符流输入类都继承 Reader 类，此类的架构如图 14-2 所示。

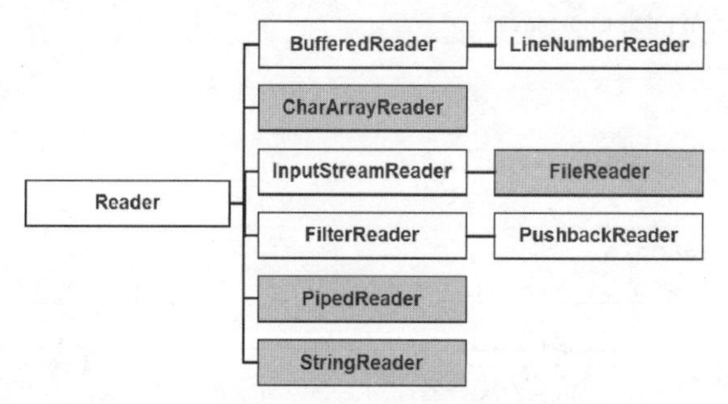

图14-2 Reader类架构图

Reader 类常用的方法如表 14-2 所示。

表14-2 Reader类常用的方法

方法	功能
close()	关闭数据流
mark(int numChars)	在数据流中标记当前的位置
read()	输入一个字符
read(char[] buffer)	将输入的字符(其大小为buffer的长度)放入buffer字符数组中
ready()	检查数据流是否准备好可以输入数据，若不须等待返回true，否则返回false
reset()	重置数据流
skip(long n)	跳过n个字符

14.3.2 FileReader 类

有关字符流的输入操作，首先介绍的是 FileReader 类，此类输入数据源对象是文件，可以利用 FileReader 类字符流的方式来输入文件内的数据，该类的构造方法有如下两种：

```
public FileReader(File file)
public FileReader(String filename)
```

第一种方式中 file 表示 File 类对象，第二种方式的 filename 是文件名。

实操 文件名：\ex14\src\readerFile01\ReaderFile01.java

程序执行时让用户由键盘输入要读取的文件，并结合 FileReader 类对象，将文件内最前面 100 个字符的数据输入并显示在屏幕上。

结果

执行结果如图 14-3 所示。

```
Problems  Javadoc  Declaration  Console  Coverage
<terminated> ReaderFile01 [Java Application] C:\Program Files\Java\jdk-12.0.1\bin\javaw.exe (2020年5月24日 下午11:13:06)
请输入文件路径：C:\Java\ex14\src\ReaderFile01.java
文件名：ReaderFile01.java
文件总长度：949
import java.io.*;
import java.util.Scanner;

public class ReaderFile01 {
    public static void main(String[] args) {
117M of 256M
```

图14-3　ReaderFile01.java执行结果

程序代码

文件名：\ex14\src\readerFile01\ReaderFile01.java

```
01 package readerFile01;
02 import java.io.*;
03 import java.util.Scanner;
04
05 public class ReaderFile01 {
06     public static void main(String[] args) {
07         try {
08             System.out.print("请输入文件路径：");
09             Scanner sn = new Scanner(System.in);
10             String fpath = sn.next();
11             char buffer[] = new char[100];
12             FileReader fin = new FileReader(fpath);
13             fin.read(buffer);
14             System.out.println(buffer);
15             fin.close();
16             sn.close();
17         } catch (IOException e) {
```

```
18            System.out.println("输入文件路径有误!!");
19        }
20    }
21 }
```

(1) 第 11 行：声明 char 数组，用来存放从文件中读取的数据，在本例中数组的大小设定 100 个字符。

(2) 第 12 行：使用 FileReader 创建一个输入文件的字符流 fin，且指定文件名为 fpath 参数。

(3) 第13~14行：将文件的内容存入buffer数组，然后将数组内容输出到屏幕上。

在上例中，将文件内读出的数据放入已声明大小为 100 的 char 字符数组中，这个数组用来存放文件内容，如果文件的内容超过 100 个字符时，超出的部分就无法放入字符数组，但是我们如何知道要声明多大的数组才能把完整的文件内容输入进来呢？解决的方法是通过 File 类所提供的 length()方法，先获取文件的大小，再声明适当的内存空间给数组。接下来我们修改上面的程序，解决超出数组大小的问题。修改后的程序请参考 ReaderFile02.java。

程序代码

文件名：\ex14\src\readerFile02\ReaderFile02.java

```
01 package readerFile02;
02 import java.io.*;
03 import java.util.Scanner;
04
05 public class ReaderFile02 {
06    public static void main(String[] args) {
07        try {
08            System.out.print("请输入文件路径：");
09            Scanner sn = new Scanner(System.in);
10            String fpath = sn.next();
11            File f = new File(fpath);
12            FileReader fin = new FileReader(f);
13            int size = (int) f.length();
14            String name = f.getName();
15            char buffer[] = new char[size];
16            System.out.println("文件名：" + name);
17            System.out.println("文件总长度：" + size);
18            fin.read(buffer);
19            System.out.println(buffer);
20            fin.close();
21            sn.close();
22        } catch (IOException e) {
23            System.out.println("输入文件路径有误!!");
24        }
25    }
26 }
```

(1) 如果用上例 ReaderFile01.java 程序来读取文件，输出到屏幕上只有前 100 个字符，并非完整的文件内容，本例 ReaderFile02.java 程序为了解决这个问题，在第 11 行创建 File 类的对象 f。

(2) 第 13 行：使用 File 类所提供的 length()方法获得文件大小。

(3) 第 15 行：声明 char 数组用来存放输入的文件内容，其声明的字符数组大小和所获取的文件大小一样。由于本例中存放文件内容的数组大小是以整个文件的大小设定的，所以可以解决上例中存在的问题。

14.3.3 BufferedReader 类

上一小节两个文件读取的方式都是将文件内容全部读进数组中来处理。Java 在读取文件内容时，还有一种方式就是利用 BufferedReader 类将所有的数据暂时存储到缓冲区，然后一行一行读出来，缓冲区容量大小由系统自动分配。BufferedReader 类的构造方法有如下两种：

```
public BufferedReader(Reader inputStream)
public BufferedReader(Reader inputStream,int bufSize)
```

第一种构造方法中的参数表示只要是 Reader 类下所有子类的对象，都可被包装在缓冲数据流中；第二种方式与第一种相似，不同之处为第一种方式的缓冲区大小是使用默认大小，而第二种方式可以用 bufSize 自行指定缓冲区的大小。

文件名：\ex14\src\readerFile03\ReaderFile03.java

使用 BufferedReader 类的对象来输入用户所指定的文件内容。

结 果

执行结果如图 14-4 所示。

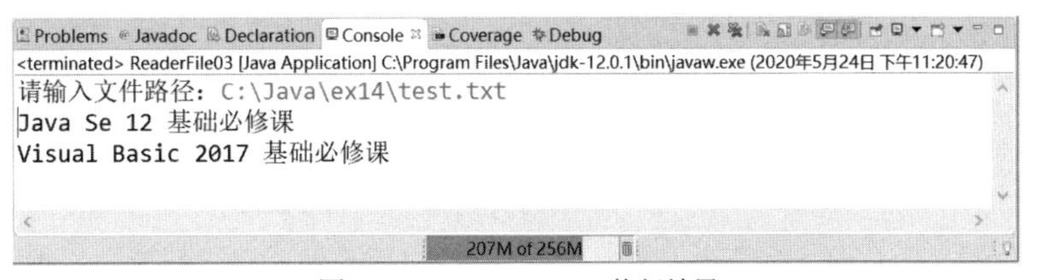

图14-4 ReaderFile03.java执行结果

程序代码

文件名：\ex14\src\readerFile03\ReaderFile03.java

```
01 package readerFile03;
01 import java.util.Scanner;
02 import java.io.*;
03
04 public class ReaderFile03 {
```

```
05    public static void main(String[] args) {
06        String data;
07        try {
08            System.out.print("请输入文件路径：");
09            Scanner sn = new Scanner(System.in);
10            String fpath = sn.next();
11            FileReader f = new FileReader(fpath);
12            BufferedReader bfin = new BufferedReader(f);
13            do {
14                data = bfin.readLine();
15                if (data == null) {
16                    break;
17                }
18                System.out.println(data);
19            } while (true);
20            bfin.close();
21            sn.close();
22        } catch (IOException e) {
23            System.out.println("输入文件路径有误!!");
24        }
25    }
26 }
```

说明

(1) 第 11~12 行：通过 BufferedReader 对象输入文件。

(2) 第 14 行：使用 bfin.readLine()将文件以一行为单位输入，并结合第 13~19 行 do…while 循环将文件内所有内容输入出来。

14.3.4 CharArrayReader 类

前面所介绍的有关字符流输入处理都是以文件作为数据源，我们也可以使用数组数据作为输入的数据源，CharArrayReader 类便是使用此种方式。该类的构造方法有如下两种：

```
public CharArrayReader(char array[])
public CharArrayReader(char array[],int offset,int numChars)
```

在 CharArrayReader()构造方法中，第一个参数数组 array 是输入的数据源，第二个参数 offset 用来设定从数组下标 offset 处开始输入，第三个参数 numChars 表示读取字符的长度。

14.4 文件输出流类

14.4.1 Writer 类

Writer 类是用来处理字符流写入的抽象类，将字符流写入指定路径下的文件，图 14-5 所示的七个子类全部都继承自 Writer 类。

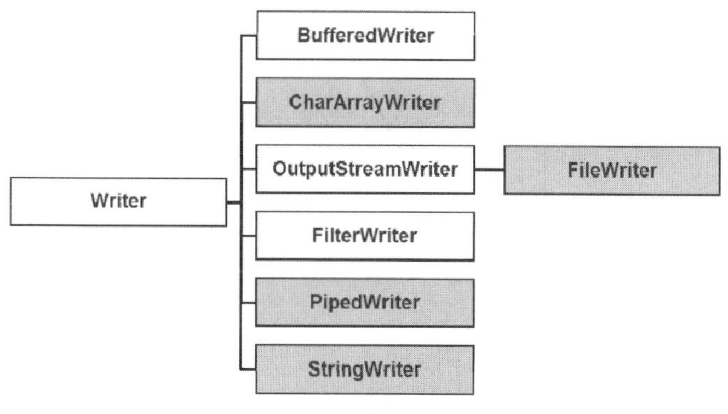

图14-5 Writer类架构图

Writer 类常用的方法如表 14-3 所示。

表14-3 Writer类常用的方法

方法	功能
close()	关闭数据流
flush()	将缓冲区内的数据写入指定的文件中
write(int ch)	将ch字符的ASCII码写入缓冲区内
write(char[] buffer)	将buffer字符数组写入缓冲区内
write(String str)	将字符串str写入缓冲区内

14.4.2 FileWriter 类

处理 Java 输出首先要介绍的是 FileWriter 类，我们可以利用 FileWriter 类操作字符流的方式将字符写入指定的文件中，其构造方法有如下两种：

```
public FileWriter(File file)
public FileWriter(String filename)
```

第一种方式中 file 表示 File 类对象，第二种方式 filename 则是文件名。

14.4.3 BufferedWriter 类

BufferedReader 类可以自动分配缓冲区实现数据的输入，Java 在写入数据时也同样可以使用缓冲区的方式，即使用 BufferedWriter 来写入数据。构造方法有如下两种：

```
public BufferedWriter(Writerer outputStream)
public BufferedWriter(Writer outputStream,int bufSize)
```

第一种方式中的参数表示只要是 Writer 类下的所有子类对象，都可被包装在缓冲数据流中；第二种方式与第一种相似，不同之处在于第一种方式的缓冲区大小是使用默认大小，而第二种方式可以用 bufSize 来指定缓冲区的大小。

实操 文件名：\ex14\src\writeFile\WriteFile.java

将“花花世界，看不完红男绿女”字符串信息写入到 D:/pair.txt 文件中。

结果

执行结果如图 14-6 所示。

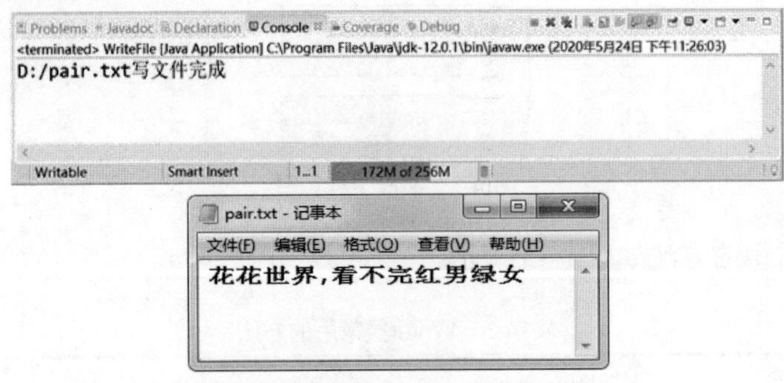

使用记事本检查D:/pair.txt文件的内容

图14-6 WriteFile.java执行结果

程序代码

文件名：\ex14\src\writeFile\WriteFile.java

```
01 package writeFile;
02 import java.io.*;
03
04 public class WriteFile {
05  public static void main(String[] args) {
06    try {
07      String fpath = "D:/pair.txt";
08      BufferedWriter fout = new BufferedWriter(new FileWriter(fpath));
09      fout.write("花花世界,看不完红男绿女");
10      fout.newLine();
11      fout.close();
12      System.out.println(fpath + " 写文件完成");
13        } catch (IOException e) {
14      System.out.println("输入文件路径有误!!");
15    }
16  }
17 }
```

说明

(1) 第 7~8 行：创建一个 BufferedWriter 对象，将 FileWriter 作为参数，而 FileWriter 类中参数包含文件的名称及路径，文件名称是 D:\pair.txt。

(2) 第 9 行：将字符串“花花世界,看不完红男绿女”分别写入文件中。

(3) 第 10 行：fout.newLine()写入下一行字符。
(4) 第 11 行：关闭文件(字符流)。

实操 文件名：\ex14\src\writeAppend\WriteAppend.java

上例 WriteFile.java 一旦在文件内写入数据，不论文件原来的内容是什么，都会被覆盖，只剩下新写入的数据。若想保留原来文件的内容，将新增的数据附加至原数据之后，可参考本例。本例修改上例，具有将数据附加至指定数据文件的最后，不会覆盖掉原来的数据。

结 果

执行结果如图 14-7 所示。

请输入文件路径：D:/pair.txt
请输入新增数据：钻石舞台,演不完黑皮白牙
D:/pair.txt 写档完成
加入 钻石舞台,演不完黑皮白牙

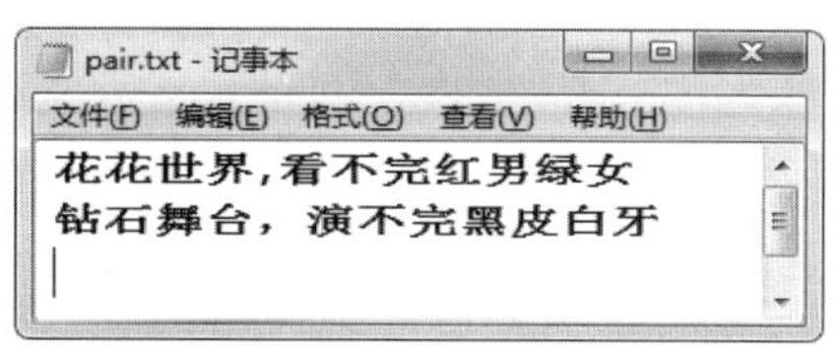

使用记事本打开 D:/pair.txt 文件的内容

图14-7 WriteAppend.java执行结果

程序代码

文件名：\ex14\src\writeAppend \WriteAppend.java

```
01 package writeAppend;
02 import java.io.IOException;
03 import java.util.Scanner;
04 import java.io.*;
05
06 public class WriteAppend {
07     public static void main(String[] args) {
08         try {
09             System.out.print("请输入文件路径: ");
10             Scanner sn = new Scanner(System.in);
11             String fpath, newdata;
12             fpath = sn.nextLine();
13             System.out.print("请输入新增数据: ");
14             newdata = sn.nextLine();
15             BufferedWriter fout = new BufferedWriter(new FileWriter(fpath, true));
16             fout.write(newdata);
17             fout.newLine();
18             fout.close();
19             sn.close();
20             System.out.println(fpath + " 写文件完成\n 加入 " + newdata);
21         } catch (IOException e) {
22             System.out.println("输入文件路径有误!!");
```

```
23          }
24      }
25 }
```

说明

(1) 第 15 行：new FileWriter(fpath,true)增加了第二个 boolean 值参数，其值为 true，表示不会覆盖原内容。若无此参数设置，默认值为 false，如同上例文件内容将会被覆盖。

(2) 第 16 行：将字符参数 newdata 写入文件中。

14.4.4 CharArrayWriter 类

前面介绍的 CharArrayReader 类的数据源为字符数组，而 CharArrayWriter 类则是使用字符数组作为输出的目的地。CharArrayWriter 的构造方法有如下两种：

```
public CharArrayWriter()
public CharArrayWriter(int numChars)
```

第一种方式会使用默认的大小来创建缓冲区，第二种所创建的缓冲区大小由 numChars 来指定。

14.5 二进制文件输入流类

14.5.1 InputStream 类

所有字节数据(二进制文件)的输入类全部继承自抽象类InputStream，其架构图如图 14-8 所示。

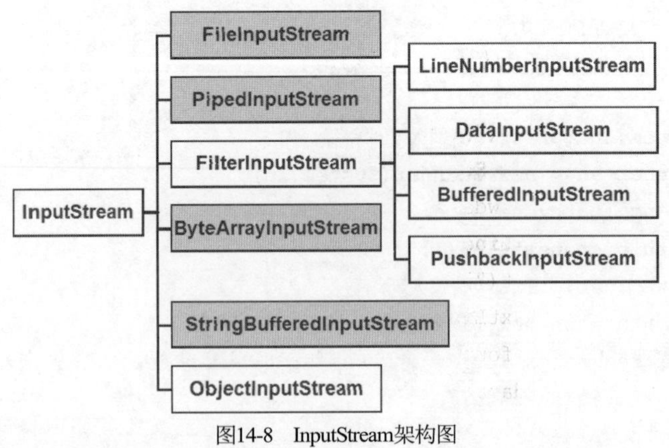

图14-8 InputStream架构图

InputStream 类中定义的方法如表 14-4 所示。

表14-4　InputStream类中定义的方法

方法	功能
close()	关闭数据流
available()	返回数据流可读到的字节数量
read(byte[] buffer)	输入字节数据并放入buffer位数组中
reset()	重置数据流
skip(long n)	跳过n个字符

14.5.2 FileInputStream 类

字节流输入处理首先介绍的是 FileInputStream 类，这个类输入的数据源是文件，可以利用 FileInputStream 类来输入文件内的数据，构造方法有如下两种：

```
public FileInputStream(File file)
public FileInputStream(String filename)
```

第一种方式 file 表示 File 类对象，第二种方式 filename 则是文件名。

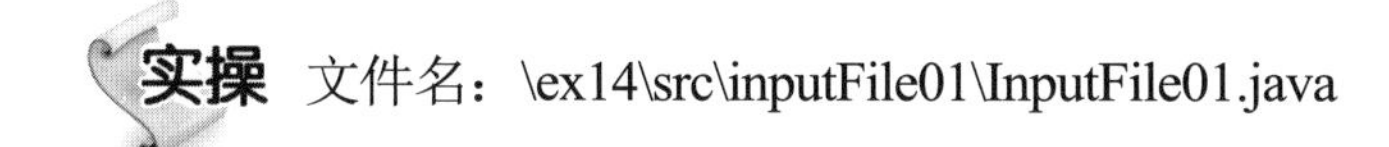

实操 文件名：\ex14\src\inputFile01\InputFile01.java

将 C:/Java/ex14/mytxt.txt 的字符输入并显示至屏幕上。首先显示该文件可输入字节的数量，再将文件所有内容显示至屏幕中。

结果

执行结果如图 14-9 所示。

```
Problems  Javadoc  Declaration  Console  Coverage  Debug
<terminated> InputFile01 [Java Application] C:\Program Files\Java\jdk-12.0.1\bin\javaw.exe (2020年5月25日 下午4:32:33)
C:/Java/ex14/mytxt.txt 可读字节的数量：29
Visual Basic
Visual c#
Java
247M of 448M
```

图14-9　InputFile01.java执行结果

程序代码

文件名：\ex14\src\inputFile01\InputFile01.java

```
01 package InputFile01;
02 import java.io.*;
03
04 public class InputFile01 {
05     public static void main(String[] args) {
06         try {
07             FileInputStream fin = new FileInputStream("C:/Java/ex14/mytxt.txt");
08             int size = fin.available();
```

```
09          byte b[] = new byte[size];
10          fin.read(b);
11          System.out.println("C:/Java/ex14/mytxt.txt 可读字节的数量: " + size);
12          for (int i = 0; i < size; i++) {
13             System.out.print((char) b[i]);
14          }
15          fin.close();
16       } catch (IOException e) {
17          System.out.println("输入文件路径有误!!");
18       }
19    }
20 }
```

(1) 第 7 行：创建 FileInputStream 类的对象 fin，数据源文件名为 C:/Java/ex14/ mytxt.txt。

(2) 第 8 行：fin.available()返回数据流中可输入的字节的数量。

(3) 第 9~10 行：将数据流中的字符读取至数组 b。

(4) 第 12~14 行：将 byte 类型的数组 b 中的数据输出至屏幕。

14.5.3 BufferedInputStream 类

在字节流中同样也可以使用缓冲区的方式来增加访问的效率，字节流缓冲输入流类 BufferedInputStream 的构造方法有如下两种：

```
public BufferedInputStream(File file)
public BufferedInputStream(String filename)
```

第一种方式中的参数表示只要是 InputStream 类下的所有子类对象，都可被包装在缓冲数据流中；第二种方式与第一种相似，区别之处在于第一种方式的缓冲区大小是使用默认大小，而第二种方式可以用 bufSize 来指定缓冲区的大小。

实操 文件名：\ex14\src\inputFile02\InputFile02.java

试将上例改成使用 BufferedInputStream 类，并将文件中的数据输出至屏幕。本例执行结果同上例。

程序代码

文件名：\ex14\src\inputFile02\InputFile02.java

```
01 package inputFile02;
02 import java.io.*;
03
04 public class InputFile02 {
05    public static void main(String args[]) {
06       try {
```

```
07          BufferedInputStream fin = new BufferedInputStream
               (new FileInputStream("C:/Java/ex14/mytxt.txt"));
08          int size = fin.available();
09          byte b[] = new byte[size];
10          fin.read(b);
11          System.out.println("C:/Java/ex14/mytxt.txt 可读字节的数量： " + size);
12          for (int i = 0; i < size; i++) {
13            System.out.print((char) b[i]);
14          }
15          fin.close();
16        } catch (IOException e) {
17          System.out.println("输入文件路径有误!!");
18        }
19    }
20 }
```

(1) 第 7 行：使用 FileInputStream 类对象作为参数，文件路径为 C:/Java/ex14/mytxt.txt。

(2) 第 8 行：fin.available()返回数据流中可输入的字节数量。

(3) 第 9~10 行：将数据流中的字符读取至数组 b。

(4) 第 12~14 行：将 byte 类型的 b 数组中的数据输出至屏幕。

14.5.4 ByteArrayInputStream 类

ByteArrayInputStream 是以数组为输入数据源的类对象，构造方法有如下两种：

```
public ByteArrayInputStream(byte array[])
public ByteArrayInputStream(byte array[],int offset,int len)
```

array 是输入数据源，第一种构造方法将数据源数组中所有数据读取到数据流中，而第二种构造方法只会将数据源数组中数组下标第 offset 个后的 len 长度的内容读取至数据流中。

实操 文件名：\ex14\src\inputFile03\InputFile03.java

试将 Hello World!!!字符串放入数据流中，然后将数据流中的数据输出至屏幕。

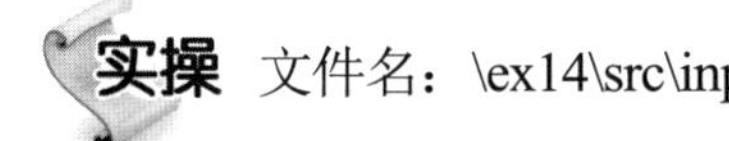

执行结果如图 14-10 所示。

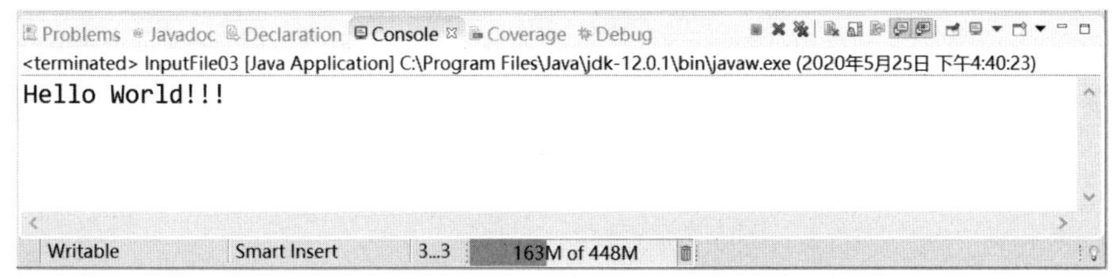

图14-10 InputFile03.java执行结果

程序代码

文件名：\ex14\src\inputFile03\InputFile03.java

```
01 package inputFile03;
02 import java.io.*;
03
04 public class InputFile03 {
05   public static void main(String[] args) {
06     String str = "Hello World!!!";
07     byte b[] = str.getBytes();
08     ByteArrayInputStream f = new ByteArrayInputStream(b);
09     int size = f.available();
10     for (int i = 0; i < size; i++) {
11       int ch = f.read();
12       System.out.print((char) ch);
13     }
14   }
15 }
```

说 明

(1) 第 8 行：创建 ByteArrayInputStream 类对象，并将数组 b 中的内容读取到数据流中。

(2) 第 9 行：f.available()方法获取数据流可输入的字节数量，并赋值给变量 size。

(3) 第 10~13 行：将数据流中的内容输出。

14.6 二进制文件输出流类

14.6.1 OutputStream 类

所有字节数据的输出类全部继承自 OutputStream 类，其架构图如图 14-11 所示。

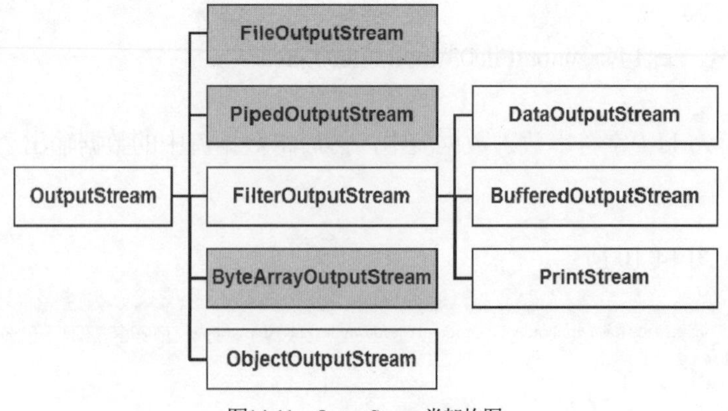

图14-11　OutputStream类架构图

OutputStream 类定义的方法如表 14-5 所示。

表14-5　OutputStream类定义的方法

方法	功能
close()	关闭数据流
flush()	将缓冲区内的数据写入指定的文件中
write(int ch)	将ch字符的ASCII码写入缓冲区内
write(char[] buffer)	将buffer字符数组写入缓冲区内

14.6.2 FileOutputStream 类

FileOutputStream 类可以将字节数据写入文件之中，构造方法有如下三种声明方式：

```
public FileOutputStream(String filepath)
public FileOutputStream(File file)
public FileOutputStream(String filepath,boolean append)
```

filepath 为写入文件的名称或路径；file 是 File 类对象；append 若为 false，则原文件内容会被覆盖，append 若为 true，则新加入的数据会放在原数据后面。

实操　文件名：\ex14\src\outputFile01\OutputFile01.java

使用 FileOutputStream 类将 Hello World!!!及 Java SE 10 字节数据依次写入 test1.txt 及 test2.txt 文件中。

程序代码

文件名：\ex14\src\outputFile01\OutputFile01.java

```
01 package outputFile01;
02 import java.io.*;
03
04 public class OutputFile01 {
05    public static void main(String[] args) throws IOException {
06       FileOutputStream f1 = new FileOutputStream("D:/test1.txt");
07       FileOutputStream f2 = new FileOutputStream("D:/test2.txt", true);
08       String str1 = "Hello World!!!\n", str2 = "Java SE 10";
09       byte b1[] = str1.getBytes(), b2[] = str2.getBytes();
10       for (int i = 0; i < b1.length; i++) {
11          f1.write(b1[i]);
12       }
13       for (int i = 0; i < b2.length; i++) {
14          f2.write(b2[i]);
15       }
16       f1.close();
17       f2.close();
18    }
19 }
```

(1) 第6行：创建 FileOutputStream 输入流对象 f1，写入文件名为 test1.txt。FileOutputStream 写入文件如果不存在，则自动创建一个新文件后再打开。如打开的是一个只读文件，则会出触发 IOException 异常。

(2) 第7行：代码作用与第6行相同，所打开的写入文件名为 test2.txt，而且参数 append 为 true，所以新写入的数据会追加在原文件数据后面。

(3) 第8~9行：将要写入文件的字符串 str1 及 str2 依次转换为字节数组 b1 及 b2。

(4) 第10~12行：将字节数组 b1 中的数据依次写入 test1.txt 文件中。

(5) 第13~15行：将字节数组 b2 中的数据依次写入 test2.txt 文件。

(6) 第16~17行：关闭数据流 f1 及 f2。

14.6.3 BufferedOutputStream 类

BufferedOutputStream 类提供以缓冲区的方式将字节数据写入到文件中，构造方法有如下两种声明方式：

```
public BufferedOutputStream(OutputStream outputStream)
public BufferedOutputStream(OutputStream outputStream,int bufSize)
```

第一种方式的缓冲区大小是使用默认大小，而第二种方式可以用 bufSize 来指定缓冲区的大小。

文件名：\ex14\src\outputFile02\OutputFile02.java

使用 BufferedOutputStream 类对象将字符串 Java SE 10 写入 D:/Sample.txt 文件中。

程序代码

文件名：\ex14\src\outputFile02\OutputFile02.java

```
01 package outputFile02;
02 import java.io.*;
03
04 public class OutputFile02 {
05   public static void main(String[] args) throws IOException {
06      BufferedOutputStream fout = new BufferedOutputStream
                         (new FileOutputStream("D:/Sample.txt"));
07      String str = "Java SE 10";
08      byte b[] = str.getBytes();
09      for (int i = 0; i < b.length; i++) {
10         fout.write(b[i]);
11      }
12      fout.close();
13   }
14 }
```

(1) 第 6 行：以 FileOutputStream 类的对象作为参数，创建 BufferedOutputStream 类对象 fout，输出文件名为 D:/Sample.txt。

(2) 第 7~8 行：将字符串 str 转换成字节数组 b。

(3) 第 9~11 行：将数组 b 中的内容写入文件中。

(4) 第 12 行：使用 fout.close()方法关闭数据流 fout。

14.6.4 ByteArrayOutputStream 类

ByteArrayOutputStream 类是以字节数组为输出目的地，也就是将数据流中的数据写入字节数组中，构造方法如下：

```
public ByteArrayOutputStream()
public ByteArrayOutputStream(int size)
```

第一种方式使用默认的缓冲区大小，第二种则根据 size 来指定缓冲区的大小。

文件名：\ex14\src\outputFile03\OutputFile03.java

使用 ByteArrayOutputStream 类对象将 Hello World!!!字符串写入字节数组中，再将字节数组中的数据输出至屏幕。

结果

执行结果如图 14-12 所示。

```
<terminated> OutputFile03 [Java Application] C:\Program Files\Java\jdk-12.0.1\bin\javaw.exe (2020年5月25日 下午5:05:30)
Hello World!!!
```

图14-12　OutputFile03.java执行结果

程序代码

文件名：\ex14\src\outputFile03\OutputFile03.java

```
01 package outputFile03;
02 import java.io.*;
03
04 public class OutputFile03 {
05   public static void main(String[] args) throws IOException {
06     String str = "Hello World!!!";
07     byte a[] = str.getBytes();
08     ByteArrayOutputStream out = new ByteArrayOutputStream();
09     out.write(a);
```

```
10      byte b[] = out.toByteArray();
11      int size = b.length;
12      for (int i = 0; i < size; i++) {
13        System.out.print((char) b[i]);
14      }
15    }
16 }
```

说明

(1) 第 6~7 行：将字符串 str 转化为字节数组 a。
(2) 第 8 行：创建 ByteArrayOutputStream 类的对象 out。
(3) 第 9 行：使用 out.write(a)方法将字节数组 a 的数据写入输出流 out。
(4) 第 10 行：使用 out.toByteArray()方法把输出流内容转化为字节数组 b。

实操 文件名：\ex14\src\lottlySample\LottlySample.java

产生 10 组 1~49 大乐透号码，并将 10 组号码写入 D:\lottly.txt 文件内。

結果

执行结果如图 14-13 所示。

```
Problems  Javadoc  Declaration  Console  Coverage  Debug
<terminated> LottlySample [Java Application] C:\Program Files\Java\jdk-12.0.1\bin\javaw.exe (2020年5月25日 下午5:23:26)
如下数据已写入 D:/lottly.txt 内:
第 1 组:14 9 22 35 28 36        特别号:27
第 2 组:17 5 11 40 36 45        特别号:35
第 3 组:7 33 16 45 47 22        特别号:18
第 4 组:21 34 16 3 36 40        特别号:26
第 5 组:25 45 26 11 29 20       特别号:27
第 6 组:12 14 37 38 25 22       特别号:39
第 7 组:26 25 3 37 7 40         特别号:49
第 8 组:24 17 29 36 41 1        特别号:16
第 9 组:33 7 18 6 8 22          特别号:20
第 10 组:2 19 30 44 21 28       特别号:9
Writable    Smart Insert    3...7    127M of 256M
```

图14-13　LottlySample.java执行结果

程序代码

文件名：\ex14\src\LottlySample\LottlySample.java

```
01 package lottlySample;
02 import java.io.*;
03
04 public class LottlySample {
05   public static void main(String[] args) {
06     int[] lot = new int[49];
07     String str = "";
08     int[] myNum = new int[7];
09     int maxIndex;
```

```
10      int r = 0;
11      for (int k = 0; k < 10; k++) {
12        str += "第 " + (k + 1) + " 组: ";
13        maxIndex = lot.length - 1;
14        for (int i = 0; i < lot.length; i++) {
15          lot[i] = (i + 1);
16        }
17        for (int i = 0; i < myNum.length; i++) {
18          r = (int) Math.floor(Math.random() * maxIndex);
19          myNum[i] = lot[r];
20          lot[r] = lot[maxIndex];
21          maxIndex--;
22        }
23        str += myNum[0] + " " + myNum[1] + " " + myNum[2] + " " + myNum[3] + " "
              + myNum[4] + " " + myNum[5] + "\t\t特别号: " + myNum[6] + "\r\n";
24      }
25      try {
26        String fpath = "D:/lottly.txt";
27        BufferedWriter fout = new BufferedWriter(new FileWriter(fpath));
28        fout.write(str);
29        fout.close();
30      } catch (IOException e) {
31        System.out.println("输入文件路径有误!!");
32      }
33      System.out.println("如下数据已写入 D:/lottly.txt 内: ");
34      System.out.println(str);
35    }
36 }
```

说明

(1) 第 6 行：创建 lot 数组用来存放 49 个大乐透的号码。

(2) 第 8 行：创建 myNum 用来存放 7 个大乐透中奖号码。myNum[0]~myNum[5]是前 6 个中奖号码，myNum[6]为特别号。

(3) 第 11~24 行：产生 10 组大乐透中奖号码并存放到 str 字符串变量内。

(4) 第 14~22 行：产生一组大乐透中奖号码。

(5) 第 26~29 行：将 str 字符串变量(即 10 组大乐透中奖号码)写入 D:\lottly.txt 文本文件内。

14.7 实例练习

题目

1. 将 test.txt 文本文件里所有数据显示出来，请加入合适的语句至下列程序片段中：

BufferedReader　　BufferedWriter　　FileReader　　FileWriter　　read　　readLine flush　　Close　　object1　　object2　　object3　　object4

```
01 import java.io.*;
02
03 public class Demo {
04  public static void main(String[] args){
05        try{
06        File ____①____ = new File("test.txt");
07        ______②______ ____③____ = new ______④______(object1);
08        ______⑤______ object3 = new ______⑥______(object2);
09       String object4 = null;
10       while((object4 = ____⑦____.______⑧______())!=null){
11          System.out.println(object4);
12       }
13      ____⑨____.____⑩____ ();
14       } catch(IOException e){
15             e.printStackTrace();
16       }
17  }
18 }
```

说明

(1) 第 6 行：创建 File 对象 object1，操作的是 test.txt 文件，因此①填入 object1。

(2) 第 7 行：创建 FileReader 对象 object2，且该对象操作的文件名为 object1 (File 对象)，因此②和④填入 FileReader，③填入 object2。

(3) 第 8 行：创建 BufferedWriter 对象 object3，该对象的构造方法传入 object2 (FileReader 对象)，因此⑤和⑥填入 BufferedReader。

(4) 第 10 行：使用 while 循环判断 object3 对象当前输入数据的位置是否不为 null，若不为 null 即将输入的数据放入 object4 字符串并输出该数据，否则终止 while 循环，因此⑦填入 object3，⑧填入 readLine。

(5) 第 13 行：当使用 object3 对象输入数据文件完毕时即关闭数据流，因此⑨填入 object3，⑩填入 close。

题目

2. 将 Java SE 数据附加到 test.txt 文件的最后，请加入合适的语句至下列程序片段中：

write　　append　　BufferedWriter　　FileWriter　　"abc.txt"　　"abc.txt"　　true

```
01 import java.io.*;
02 public class Sample {
03  public static void main(String[] args){
04      try{
05        ____①____     out = null;
06        out = new ___②___  (new ____③____   (  ____④____  ));
07        out. ____⑤____  ("Java SE");
08        out.close();
09     }catch(IOException e){
10        e.printStackTrace();
11     }
12      }
13 }
```

(1) 第 5 行：声明 BufferedWriter 对象，因此①填入 BufferedWriter。

(2) 第 6 行：创建 BufferedWriter 对象，该对象的构造方法参数传入 FileWriter 对象，由于本题要求数据要附加到 test.txt 的最后，因此②填入 BufferedWriter，③填入 FileWriter，④填入"test.txt", true。

(3) 第 7 行：BufferedWriter 对象的 Write 方法可将数据写入缓冲区，因此⑤填入 Write。

题 目

3. 当前目录是空的，该用户具有读写权限，并执行以下程序代码：

```
11 import java.io.*;
12 public class FileDemo01 {
13 public static void main(String[] args){
14     File dir = new File("dir");
15     dir.mkdir();
16     File f1 = new File(dir, "f1.txt");
17     try{
18         f1.createNewFile();
19     }catch(IOException e){}
20     File newDir = new File("newDir");
21     dir.renameTo(newDir);
22 }
23 }
```

试问下列为真的语句是(　　)。

① Compilation fails.

② The file system has a new empty directory named dir.

③ The file system has a new empty directory named newDir.

④ The file system has a directory named dir, containing a file f1.txt.

⑤ The file system has a directory named newdir, containing a file f1.txt.

说 明

(1) 第 15 行：创建 dir 目录。

(2) 第 18 行：在 dir 下创建 f1.txt。

(3) 第 21 行：将原目录名称 dir 改成 newDir。

所以本题答案是⑤。

14.8 习题

一、选择题

1. 有关文件的类都放在包(　　)下。

　① java.util　　② java.io　　③ java.sql　　④ javax.swing

2. Unicode 编码一个字符占(　　)个 Bytes。

　① 1　　② 2　　③ 4　　④ 8

3. 下列不是 File 类的方法的是(　　)。

　① canRead　　② delete　　③ getName　　④ open

4. File 类中可获取文件大小的方法是(　　)。

　① length　　② getLength　　③ len　　④ getLen

5. Reader 类的功能是(　　)。

　① 写入字符流　　② 写入数据到数据库

　③ 输入字符流　　④ 由数据库中输入数据

6. BufferedReader 类是将数据读取到(　　)缓冲区。

　① 数据库　　② 文件　　③ 参数　　④ 数组

7. Write 类可以关闭文件数据流的方法是(　　)。

　① close　　② cls　　③ clear　　④ setClose

8. 使用 BufferedWriter 将指定数据附加至 D:/test.txt 文件的最后，BufferedWriter 对象创建的写法为(　　)。

　① BufferedWriter fo=new BufferedWriter("D:/test.txt",false);

　② BufferedWriter fo=new BufferedWriter("D:/test.txt",true);

　③ BufferedWriter fo=new BufferedWriter(new FileWriter("D:/test.txt",false));

　④ BufferedWriter fo=new BufferedWriter(new FileWriter("D:/test.txt",true));

9. InputStream类可用来获取数据流可输入的字节数的方法是(　　)。

　① available　　② length　　③ getLength　　④ skip

10. 所有字节数据的输出类都是继承自(　　)类。

　① File　　② InputStream　　③ OutputStream　　④ BufferedWriter

二、程序设计

1. 试编写一个程序，可以将两个指定的数据文件合并为一个新的数据文件。

2. 试编写一个程序，可以将指定的文本文件内容读出之后，接着将读出内容反转显示在屏幕上。例如文本文件的内容为 How Are You，输出的内容为 uoY erA woH。

3. 文件中有一篇英文文章，请统计此文件中各英文字母共出现几次？例如文件的内容如左下，执行结果如右下。

How Are you
Thank you

A, a ⇨2个	N, n ⇨1个
B, b ⇨0个	O, o ⇨3个
C, c ⇨0个	P, p ⇨0个
D, d ⇨0个	Q, q ⇨0个
E, e ⇨1个	R, r ⇨0个
F, f ⇨0个	S, s ⇨0个
G, g ⇨0个	T, t ⇨1个
H, h ⇨2个	U, u ⇨2个
I, i ⇨0个	V, v ⇨0个
J, j ⇨0个	W, w ⇨ 0个
K, k ⇨1个	X, x ⇨ 0个
L, l ⇨0个	Y, y ⇨ 2个
M, m ⇨ 0个	Z, z ⇨ 0个

第15章

JDBC数据库程序设计

- ✧ JDBC 简介
- ✧ 连接 SQL Server 数据库
- ✧ 如何查询数据表的记录
- ✧ 如何编辑数据表的记录

15.1 JDBC 简介

JDBC(Java Database Connectivity)是 Java 连接数据库的标准规范，它是由数据库厂商提供的一组标准类与接口，简称 JDBC API，开发人员可以使用这组 API 提供的通信协议来连接和访问数据库，如图 15-1 所示。

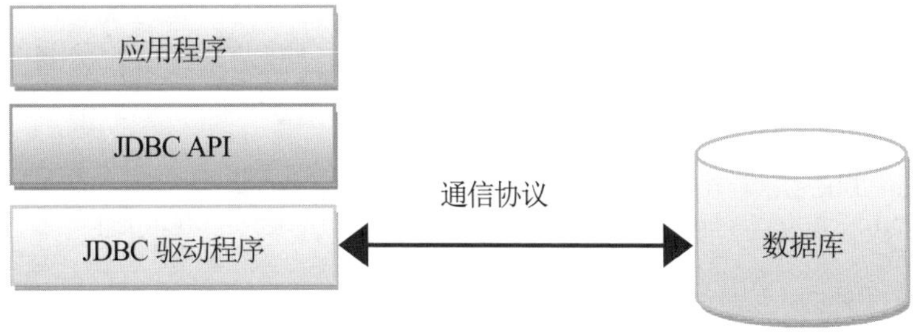

图15-1 JDBC API连接访问数据库

JDBC 中提供的 **java.sql** 包可以用来访问数据库，程序中若需要使用 sql 程序包，必须在程序最开头使用 import 导入，写法如下：

```
import java.sql.* ;
```

当导入 sql 包后，即可以使用 DriverManager.getConnection()获得 Connection 接口类型的对象，通过该对象可以开启与关闭数据库的连接。使用 Statement 接口类型的对象并结合 SQL 语句，可以增加、修改、删除数据表中的记录；通过 ResultSet 接口类型的对象来获取数据表中的记录；通过 ResultSetMetaData 接口类型的对象可以设置数据表的格式。本章将介绍访问数据库常用的类与方法，关于 SQL 语法的介绍请参阅附录 B，SQL Server 数据库的创建请参阅附录 C。

15.2 连接 SQL Server 数据库

15.2.1 下载 JDBC for SQL Server 驱动程序

为了连接指定的数据库系统，必须要有该厂商实现的 JDBC 数据库驱动程序，因此首先要获得 JDBC 数据库驱动程序。具体步骤如下。

Step 1 进入 https://www.microsoft.com/zh-cn/download/details.aspx?id=56615 网页下载 Microsoft JDBC Driver 6.4 for SQL Server驱动程序，该驱动程序名为sqljdbc_6.4.0.0_chs.exe，将该驱动程序存放到C盘中，如图 15-2 所示。

Step 2 打开 C 盘的 sqljdbc_6.4.0.0_cht.exe 可执行文件，该文件进行解压缩同时产生 Microsoft JDBC Driver 6.4 for SQL Server 文件夹，在 C:\Microsoft JDBC Driver 6.4 for SQL Server\sqljdbc_6.4\chs 文件夹下会出现 Java SE 7~Java SE 9 版本使用的 SQL Server 驱动程序，本例使用 Java SE 9 版本的 mssql-jdbc-6.4.0.jre9，如图 15-3 所示。

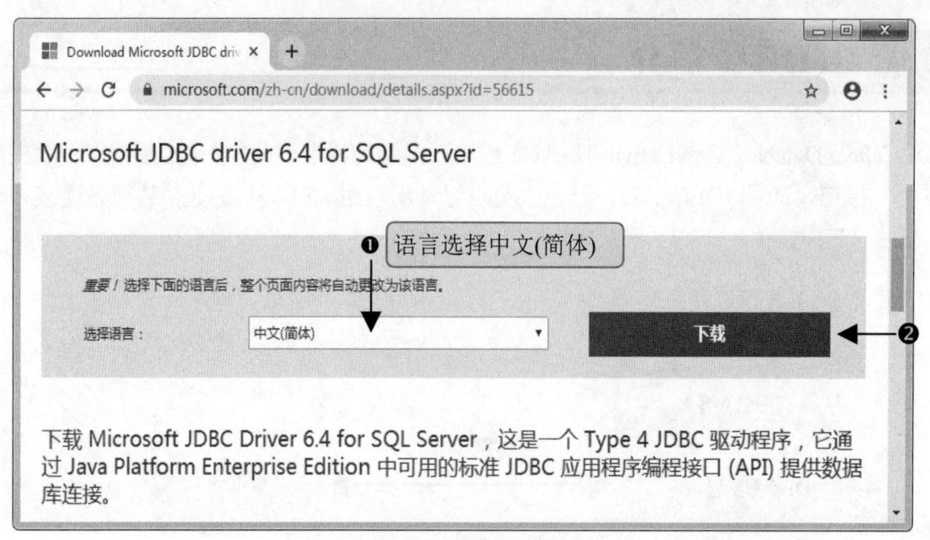

图15-2　下载驱动程序

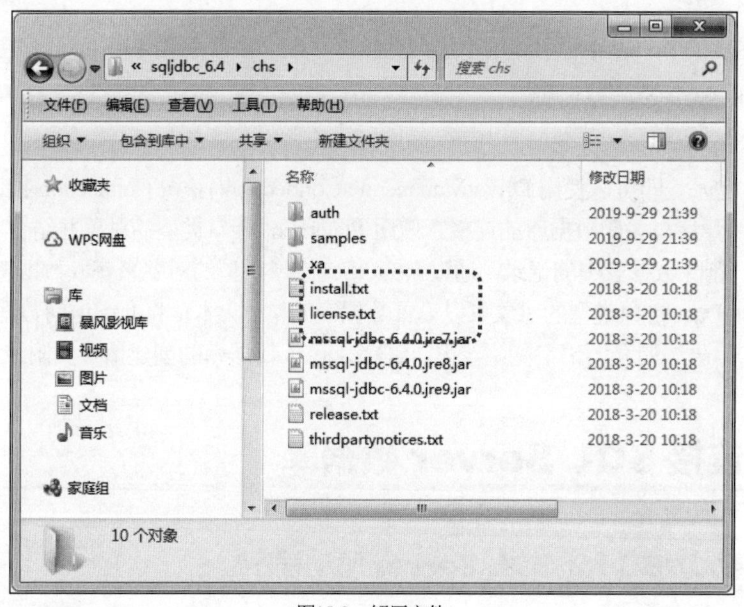

图15-3　解压文件

此 JDBC 驱动程序可以在支持使用 Java Virtual Machine(JVM)的任何操作系统上运作，支持的 SQL 数据库版本有 SQL Server 2008~SQL Server 2017 以及云端数据库 Microsoft SQL Azure。

15.2.2　在项目中加载 JDBC for SQL Server 驱动程序

由于本例使用 Windows 10 的 64 位操作系统，连接的是 SQL Server 2014，因此必须在项目中加载需要的 JDBC 数据库驱动程序的 JAR 文件。具体步骤如下。

Step 1　在 eclipse 中创建 Java 项目，其项目名称为 ex15。

Step 2　在 ex15 项目文件夹下的 JRE System Library 处右击鼠标，执行【Build Path/Configure Build Path…】命令，如图 15-4 所示。

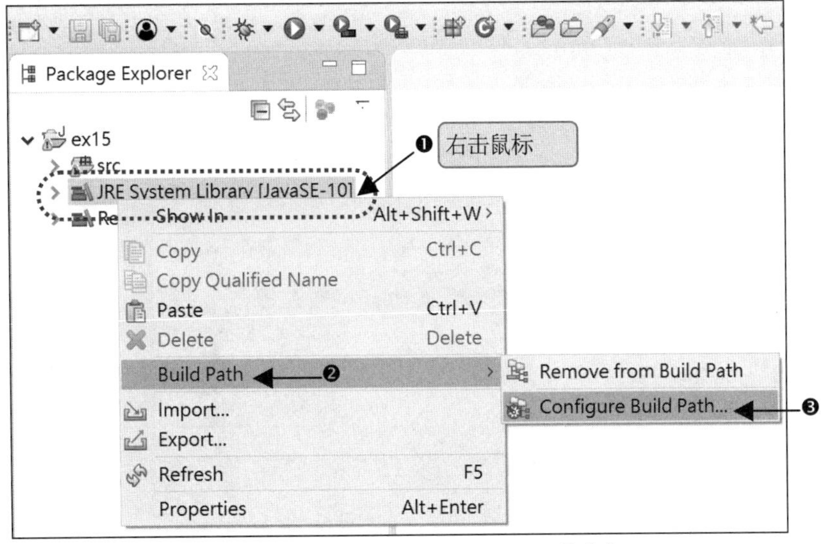

图15-4　执行【Build Path/Configure Build Path】命令

Step 3　切换到 Libraries 标签页，单击 Add External JARs... 按钮，如图 15-5 所示。

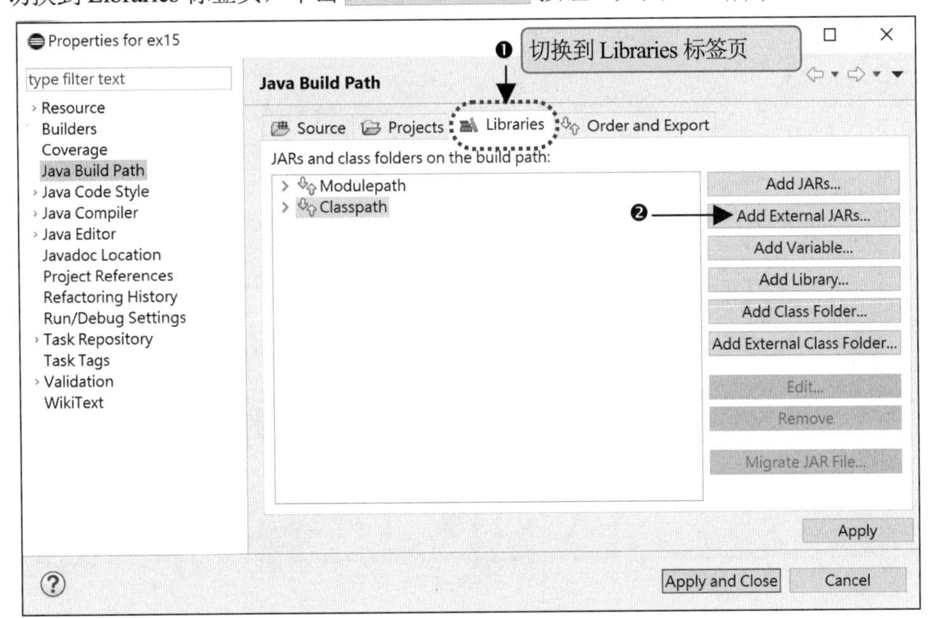

图15-5　单击 Add External JARs 按钮

Step 4　选择对话框中的 C:\Microsoft JDBC Driver 6.4 for SQL Server\sqljdbc_6.4\chs\mssql-jdbc-6.4.0.jre9 驱动程序文件后，再单击 打开(O) 按钮，如图 15-6 所示。

Step 5　在项目内成功新建 mssql-jdbc-6.4.0.jre9 驱动程序，单击该驱动程序，然后单击 Apply and Close 按钮，如图 15-7 所示。

完成之后即可以使用下节介绍的 JDBC API 来访问 SQL Server 数据库。

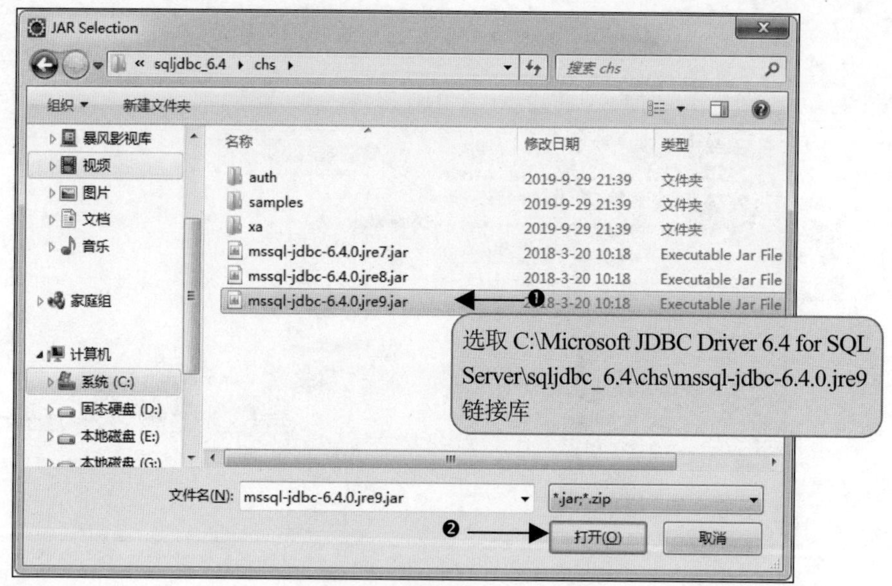

图15-6　选择链接库

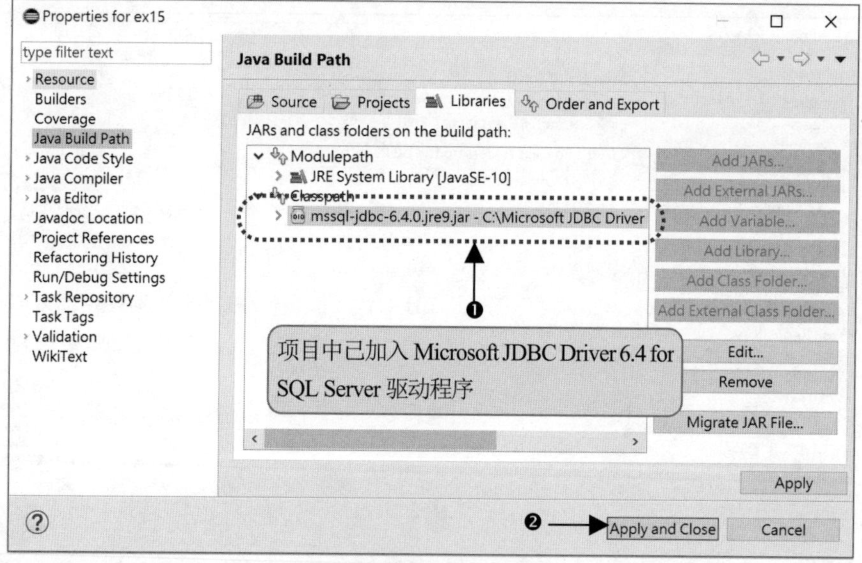

图15-7　成功新建驱动程序

15.2.3　连接数据库的类

在 Java 中可以利用 JDBC API 中的 JDBC 驱动程序来连接 SQL Server 数据库。可以使用 Class 类的静态方法 forName()来加载 JDBC 驱动程序。其语法如下：

```
public void forName("com.microsoft.sqlserver.jdbc.SQLServerDriver")
                                        throws ClassNotFoundException
```

当通过 Class.forName()方法将 JDBC 驱动程序加载到当前的 Java 程序时，即可以使用 DriverManager 类的 getConnection()方法建立与数据库之间的连接。以下介绍 Connection 接口与 DriverManager 类的常用方法。

1. DriverManager类常用方法

DriverManager 类的 getConnection 方法可用来建立数据库的连接，其语法如下：

```
public static synchronized Connection getConnection (String url)
                                     throws SQLException
```

该类用来获取与数据库的连接并返回 Connection 接口类型的对象。url 参数的设置格式为：

jdbc:sqlserver://**SQL Server IP**;user=**账号**; password=**密码**; database=**数据库名称**

2. Connection接口常用方法

(1) void close() throws SQLException。释放与数据库的连接(即关闭与数据库的连接)。

(2) Statement createStatement()。返回 Statement 接口类型的对象，通过该对象可以执行 SQL 语句来查询或更新数据库的数据(关于 SQL 语法请参阅附录 B)。

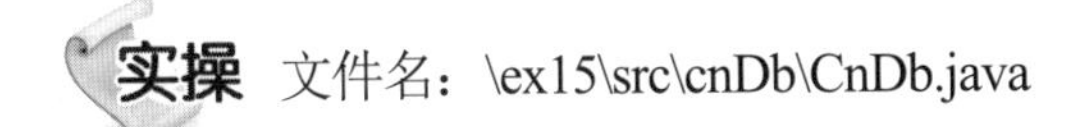

实操 文件名：\ex15\src\cnDb\CnDb.java

使用 Class.forName()方法及 Connection 接口类型的对象连接 SQL Server 的 sample 数据库，本例 SQL Server 账号为 sa，密码是 ab8626043。若连接成功则显示“数据库连接成功”信息，然后释放数据库连接并显示“释放与数据库的连接”；若连接失败则显示“数据库连接失败”信息；若无安装 JDBC 驱动程序则显示“JDBC 没有驱动程序”信息。(SQL Server 数据库创建请参阅附录 C)

结果

数据库连接成功 释放与数据库的联机	JDBC没有驱动程序 com.microsoft.sqlserver.jdbc.SQLServerDriver

程序代码

文件名：ex15\src\cnDb\CnDb.java

```
01 package cnDb;
02 import java.sql.*;
03
04 public class CnDb {
05   public static void main(String[] args) {
06     try {
07       Class.forName("com.microsoft.sqlserver.jdbc.SQLServerDriver");
08     } catch (ClassNotFoundException ce) {
09       System.out.println("JDBC 没有驱动程序" + ce.getMessage());
10       return;
11     }
12     try {
13       Connection cn = DriverManager.getConnection
         ("jdbc:sqlserver://localhost;user=sa;password=ab8626043;database=sample");
```

```
14          System.out.println("数据库连接成功");
15          cn.close();
16          System.out.println("释放与数据库的连接");
17      } catch (SQLException e) {
18          System.out.println("数据库连接失败\n" + e.getMessage());
19      }
20   }
21 }
```

说明

(1) 第 1 行：声明 cnDb 包。

(2) 第 2 行：由于与 JDBC 驱动程序相关的类位于 java.sql 包中，因此必须导入 java.sql.*包。

(3) 第 6~11 行：第 7 行使用 Class.forName()方法加载驱动程序，使用 Class.forName()方法会抛出 ClassNotFoundException 的异常对象，所以必须使用 try…catch 语句来捕获。

(4) 第 12~19 行：第 13 行使用 DriverManager.getConnection()方法获得与 SQL Server 的 sample 数据库连接对象 cn，此处设置 SQL Server 账号是 sa，密码是 ab8626043，当连接数据库时，需要设置想要连接 SQL Server 的账号及密码。使用 DriverManager.getConnection()方法会抛出 SQLException，因此必须使用 try…catch 来捕获。

(5) 第 15 行：使用 close()方法关闭数据库的连接。

(6) 第 18 行：若数据库连接失败则抛出 SQLException 类的异常对象，此时即会执行此行语句。

(7) 本书所介绍的有关 sql 包的类与常用方法都会抛出 SQL Exception 异常，所以使用时必须使用 try…catch 语句进行捕获，后面的示例中将不再重复说明。

15.3 如何查询数据表的记录

若要查询数据库中的数据，首先使用 Connection 接口的 createStatement()方法获得 Statement 接口类型的对象，然后通过 Statement 接口的 executeQuery()方法执行 SQL 语法中的 SELECT 语句，返回的结果是 ResultSet 然后类型的对象，或者是使用 Statement 接口的 executeUpdate()方法执行 SQL 语法中的 INSERT、DELETE、UPDATE 语句来增加、删除、修改数据表的数据。下面介绍 Statement、ResultSet、Result SetMetaData 常用的方法。

1. Statement接口常用方法

(1) void close() throws SQLException。关于 Statement 对象的资源，也就是将 Statement 对象所连接的数据库与资源释放掉。

(2) ResultSet executeQuery(String sql)throws SQLException。执行 SQL 语法的 SELECT 语句并返回 ResultSet 对象，ResultSet 对象就是所查询数据表的集合。

(3) int executeUpdate(String sql)throws SQLException。执行 SQL 语法的 INSERT、UPDATE、DELETE 语句来增加、修改、删除数据表中的数据，此方法会返回改动数据表的行数，若为 0 表示没有改动数据库的数据。

(4) int getUpdateCount() throws SQLException。返回当前更新数据的记录数，若没有更新则返回-1。

(5) ResultSet getResultSet() throws SQLException。返回当前查询的 ResultSet 对象。

2. ResultSet接口常用方法

ResuletSet 接口类型的对象封装的就是一个数据表，当使用 executeQuery()方法执行 SELECT 语句，此时返回 ResultSet 接口类型的对象，然后开发人员即可通过下面的方法来获得查询结果。

(1) boolean next()throws SQL Exception。判断 ResultSet 对象是否有下一条记录。若有，则指向当前记录的下一条记录，并返回 true；若没有下一条记录，则返回 false。

(2) void close() throws SQLException。释放ResultSet对象资源。

(3) float getFloat(int i)throws SQLException。如果当前记录中第 i 列字段为浮点类型，则使用该方法返回当前记录中第 i 列字段的数据。字段的编号由 1 开始。

(4) float getFloat(String columnName)throws SQLException。如果参数指定的字段为浮点类型，则使用该方法返回当前记录中指定字段的数据。

(5) int getInt(int i)throws SQLException。如果当前记录中第 i 列字段为整型，则使用该方法返回当前记录中第 i 列字段的数据。字段的编号由 1 开始。

(6) int getInt(String columnName)throws SQLException。如果参数指定的字段为整型，则使用该方法返回当前记录中指定字段的数据。

(7) Object getObject(int i)throws SQLException。如果当前记录中第 i 列字段为 Object 类型，则使用该方法返回当前记录中第 i 列字段的数据。字段的编号由 1 开始。

(8) Object getObject(String columnName)throws SQLException。如果参数指定的字段为 Object 类型，则使用该方法返回当前记录中指定字段的数据。

(9) String getString(int i)throws SQLException。如果当前记录中第 i 列字段为 String 类型，则使用该方法返回当前记录中第 i 列字段的数据。字段的编号由 1 开始。

(10) String getString(String columnName)throws SQLException。如果参数指定的字段为 String 类型，则使用该方法返回当前记录中指定字段的数据。

(11) ResultSetMetaData getMetaData()throws SQLException。返回 ResultSetMetaData 对象，通过此对象可以知道数据表的表结构。

3. ResultSetMetaData接口常用方法

使用 ResultSet 的 getMetaData()方法会返回 ResultSetMetaData 接口类型的对象，然后通过其提供的方法即可获得数据表的表结构。

(1) int getColumnCount() throws SQLException。返回数据表的列数。

(2) Stirng getColumnName(int i)throws SQLException。返回数据表第 i 列的字段名。字段的编号由 1 开始。

(3) String getColumnTypeName(int i)throws SQLException。返回数据表第 i 列字段的数据类型。字段的编号由 1 开始。

实操 文件名：\ex15\src\rsDb1\RsDb1.java

延续上例，使用 Statement、ResultSetMetaData、ResultSet 来获得 sample 数据库中“产品”数据表的所有记录。(Sample 数据库与产品数据表的创建可参阅附录 C)

数据行名称	数据类型	允许Null	备注
编号	nvarchar(5)		主索引字段
品名	nvarchar(30)	是	
单价	int	是	
数量	int	是	

结果

```
编号    品名       单价   数量
------------------------------------------------
A0001   英本沙士    25     20
A0002   万松可乐    30     30
A0003   好吃饼干    40     25
A0004   Java 蛋卷   20     18
A0005   知心糖果    50     35
```

程序代码

文件名：\ex15\src\rsDb1\RsDb1.java

```
01 package rsDb1;
02 import java.sql.*;
03  public class RsDb1 {
04   public static void main(String[] args) {
05         try
06         {
07          Class.forName
                  ("com.microsoft.sqlserver.jdbc.SQLServerDriver");
08         }
09            catch(ClassNotFoundException ce)
10         {
11             System.out.println("JDBC 没有驱动程序" + ce.getMessage());
12             return ;
13         }
14          try
15         {
16            Connection cn=DriverManager.getConnection
              ("jdbc:sqlserver://localhost;user=sa;password=ab8626043;database=sample");
17           Statement sm = cn.createStatement();
18           ResultSet rs = sm.executeQuery("SELECT * FROM 产品");
19           ResultSetMetaData rsmd = rs.getMetaData();
```

```
20              for (int i = 1; I <= rsmd.getColumnCount(); i++)
21              {
22                  System.out.print(rsmd.getColumnName(i) + "\t");
23              }
24              System.out.println("\n-----------------------------");
25              while (rs.next())
26              {
27                  System.out.print(rs.getString(1) + "\t" + rs.getString(2) + "\t" +
                   rs.getInt(3) + "\t" + rs.getInt(4) + "\n");
28              }
29              sm.close();
30              cn.close();
31          }
32          catch(SQLException e)
33          {
34              System.out.println("数据库连接失败\n" + e.getMessage());
35          }
36      }
37  }
```

说明

(1) 第16行：创建与sample数据库连接的对象cn。

(2) 第 17 行：创建 Statement 查询的对象 sm。

(3) 第 18 行：使用 sm.executeQuery()方法执行查询“产品”数据表的 SELECT 语句，结果返回查询“产品”数据表 Resulet 的对象 rs。

(4) 第 19 行：执行 rs.getMetaData()方法获得 ResultSetMetaData 的对象 rsmd。此对象可获取数据表的表结构。

(5) 第 20~23 行：显示“产品”数据表字段名称。

(6) 第 20 行：rsmd.getColumnCount()方法获取数据表的列数。

(7) 第 22 行：rsmd.getColumnName()方法获取数据表第 i 列的字段名。

(8) 第 25~28 行：显示“产品”数据表的所有记录。第 27 行也可以改写成如下形式，请自行参阅 ex15\src\rsDb2\RsDb2.java 示例：

```
System.out.print(rs.getString("编号") + "\t" + rs.getString("品名") + "\t" +
            rs.getInt("单价") + "\t" + rs.getInt("数量") + "\n");
```

(9) 第 29 行：释放对象 sm 的资源。

15.4 如何编辑数据表的记录

若要增加、修改、删除数据表的记录，最简单方式就是使用 Statement 接口的 executeQuery()方法执行 SQL 语法的 INSERT、UPDATE、DELETE 语句。

实操 文件名：\ex15\src\editDb\EditDb.java

程序执行时出现功能选项，选项有“1.增加产品　2.删除产品　3.修改产品　4.显示产品所有记录　5.离开”。选项 1、2、3 可进行增加、修改、删除产品记录；选项 4 可显示产品数据表的所有记录；选项 5 则离开程序。

结果

```
———产品管理———
1. 增加产品
2. 删除产品
3. 修改产品
4. 显示产品所有记录
5. 离开
请输入选项：
```

```
####################################
编号      品名        单价    数量
------------------------------------
A0001    英本沙士     25      20
A0002    万松可乐     30      30
A0003    好吃饼干     40      25
A0004    Java蛋卷     20      18
A0005    知心糖果     50      35
####################################
```

程序代码

文件名：\ex15\src\EditDb\EditDb.java

```
01 package editDb;
02 import java.sql.*;
03 import java.util.Scanner;
04
05 public class EditDb {
06    //指定 SQL Server 数据库连接字符串
07    static String cnstr =
      "jdbc:sqlserver://localhost;user=sa;password=ab8626043;database=sample";
08
09    //显示产品数据表所有记录
10    static void showProduct() {
11         try {
12             Class.forName
                   ("com.microsoft.sqlserver.jdbc.SQLServerDriver");
13         } catch(ClassNotFoundException ce) {
14             System.out.println("JDBC 没有驱动程序" + ce.getMessage());
15             return ;
16         }
17         try {
18             Connection cn = DriverManager.getConnection(cnstr);
19             Statement sm = cn.createStatement();
```

```
20              ResultSet rs = sm.executeQuery("SELECT * FROM 产品");
21              ResultSetMetaData rsmd = rs.getMetaData();
23              for (int i = 1; I <= rsmd.getColumnCount(); i++){
24                  System.out.print(rsmd.getColumnName(i) + "\t");
25              }
26              System.out.println("\n----------------------------");
27              while (rs.next()) {
                        System.out.print(rs.getString("编号") + "\t" +
                        rs.getString("品名") + "\t"+
                        rs.getInt("单价") + "\t" +
                        rs.getInt("数量") + "\n");
28            }
29              sm.close();
30              cn.close();
31          } catch(SQLException e) {
32              System.out.println("数据库连接失败\n" + e.getMessage());
33        }
34    }
35
36    //依据传入的 SQL 语句编辑产品记录
37    static void editProduct(String sqlstr) {
38        try {
39            Class.forName
                    ("com.microsoft.sqlserver.jdbc.SQLServerDriver");
40        } catch(Class 取反 FoundException ce) {
41            System.out.println("JDBC 没有驱动程序" + ce.getMessage());
42            return ;
43        }
44        try{
45            Connection cn = DriverManager.getConnection(cnstr);
46            Statement sm = cn.createStatement();
47            int count = sm.executeUpdate(sqlstr);
48            sm.close();
49            cn.close();
50            if (count==0) {
51                System.out.println("产品编辑失败\n");
42            } else {
53                System.out.println("产品编辑成功\n");
54            }
55        } catch(SQLException e) {
56          System.out.println("数据库连接失败\n" + e.getMessage());
57      }
58    }
59
60    //显示功能选项
61    static void showMenu() {
62        System.out.println("=====产品管理=====");
```

```
63        System.out.println("1. 增加产品");
64        System.out.println("2. 删除产品");
65        System.out.println("3. 修改产品");
66        System.out.println("4. 显示产品所有记录");
67        System.out.println("5. 离开");
68        System.out.print("请输入选项: ");
69    }
70
71    //主程序
72    public static void main(String[] args) {
73        Scanner scn = new Scanner(System.in);
74        String sqlstr, id, name;
75        int op, price, qty;
76        while(true) {
77            showMenu();
78            op = scn.nextInt();
79            System.out.println("##############################");
80            if (op == 1) {  //增加作业
81                System.out.println("请输入欲增加的产品记录");
82                System.out.print("编号: ");
83                id = scn.next().replace("'", "''");
84                System.out.print("品名: ");
85                name = scn.next().replace("'", "''");
86                System.out.print("单价: ");
87                price = scn.nextInt();
88                System.out.print("数量: ");
89                qty = scn.nextInt();
90               sqlstr = "INSERT INTO 产品(编号,品名,单价,数量)Values("  + "'"
                        + id + "','" + name + "'," + price +"," + qty + ")";
91              editProduct(sqlstr);
92            } else if(op == 2) {     //删除作业
93                System.out.println("请输入欲删除的产品编号");
94                System.out.print("编号: ");
95                id = scn.next().replace("'", "''");
96               sqlstr = "DELETE FROM 产品 WHERE 编号='" + id + "'" ;
97               editProduct(sqlstr);
98            } else if(op == 3) {     //修改作业
99                System.out.println("请输入欲修改的产品记录");
100               System.out.print("编号: ");
101               id = scn.next().replace("'", "''");
102               System.out.print("品名: ");
103               name = scn.next().replace("'", "''");
104               System.out.print("单价: ");
105               price = scn.nextInt();
106               System.out.print("数量: ");
```

```
107                 qty = scn.nextInt();
108                sqlstr = "UPDATE 产品 SET 品名='" + name + "',单价="
                   +price + ",数量=" + qty + " WHERE 编号='" + id + "'" ;
109                editProduct(sqlstr);
110            } else if(op == 4) {     //显示产品记录
111                 showProduct();
112            } else {
113                 System.out.println("离开系统");
114                 break ;
115            }
116            System.out.println("##############################");
117        }
118  }
119 }
```

说明

(1) 第10~34行：showProduct()方法用来显示所有产品记录。

(2) 第 37~58 行：editProduct()方法可依据传入的 SQL 语句编辑指定的产品记录。

(3) 第 47 行：使用 Statement 的 executeUpdate()方法执行 sqlstr 字符串变量，进行更新“产品”数据表的记录。

(4) 第61~69行：使用showMenu()方法显示功能选项。

(5) 第 76~117 行：使用 while 无限循环让用户可持续操作增加、修改、删除和显示产品记录功能，直到用户选择的选项不是 1、2、3、4 时跳出 while 循环。

(6) 第 81~90 行：获取产品记录的数据(编号、品名、单价、数量)，然后构成插入数据的 INSERT 语句，最后赋值给 sqlstr 字符串变量。

(7) 第 93~96 行：获取产品的编号，然后构成删除数据的 DELETE 语句，最后赋值给 sqlstr 字符串变量。

(8) 第 99~108 行：获取产品记录的数据(编号、品名、单价、数量)，然后构成修改数据的 UPDATE 语句，最后赋值给 sqlstr 字符串变量

本例修改与删除记录是以“编号”字段为依据，输入正确的产品编号数据才可修改或删除指定的记录，否则不会做修改或删除操作。其他步骤与增加大同小异，此处不再重复说明。

15.5 习题

一、选择题

1. sql程序包位于(　　)包下。

   ① javax.sql　　② java.sql　　③ java.jdbc.sql　　④ java.sqlClient

2. 想要获取数据表的表结构必须使用(　　)。

   ① Connection　　② Statement　　③ ResultSet　　④ ResultSetMetaData

3. 要返回连接数据库的Connection对象必须使用(　　)。

① Class.forName　　② Manager.getConnection

③ DriverManager.getConnection　　④ Statement

4. Connection对象的(　　)方法可以关闭与数据库的连接。

① cls　　② clear　　③ open　　④ close

5. Connection对象的(　　)方法可创建Statement对象。

① execute　　② createStatement　　③ getResultSet　　④ getStatement

6. 下列属于Statement对象功能的是(　　)。

① 执行SQL语句　　② 连接数据库　　③ 关闭数据库　　④ 加载JDBC驱动

7. Statement对象的(　　)方法可返回查询结果的ResultSet对象。

① close　　② execute　　③ executeQuery　　④ getUpdteCount

8. 下列SQL语句可用来增加新的记录到数据表里的是(　　)。

① SELECT　　② INSERT　　③ DELETE　　④ UPDATE

9. 下列SQL语句可用来删除数据表内指定的记录的是(　　)。

① SELECT　　② INSERT　　③ DELETE　　④ UPDATE

10. Statement提供的(　　)方法可用来编辑数据表的记录。

① executeUpdate()　　② createStatement　　③ getUpdate()　　④ update

二、程序设计

1. 在 sample 数据库内创建“书籍”数据表，该数据表有书号、书名、单价、数量 4 个字段，表内总共有 5 条记录，使用 JDBC 提供的 API 将“书籍”数据表内的所有记录显示出来。

2. 延续上题，加入可增加、修改、删除“书籍”数据表记录的功能。

3. 在 sample 数据库内创建“会员”数据表，该数据表有账号、密码、姓名、生日 4 个字段，表内总共有 3 条记录。程序执行时要求输入会员的账号及密码，若账号及密码正确则输出该会员的基本资料；若账号及密码错误则输出“你不是会员，登录失败”信息。

第16章

Lambda表达式

- ✧ Lambda 简介
- ✧ Lambda 简例介绍
- ✧ Lambda 语法说明
- ✧ 方法引用

16.1 Lambda 简介

Lambda 语法是 Java 8 开始提供的新功能，此语法并不是新的语法，在 Script 语言和 Functional 语言中都可以见到，C#及 VB 也都有提供 Lambda 语法。不同领域对于 Lambda 的定义可能不太一样，但相同的是 Lambda 可当成一个方法，可以输入不同值来返回输出值。Lambda 与一般方法不同，Lambda 不需要为方法命名，Lambda 常用于匿名类并实现方法的场合上，以便让 Java 语法更简洁。

16.2 Lambda 简例介绍

Lambda 语法通常用于仅包含一个 public 方法的接口，本节以线程、事件处理、自定义类的方式来逐一说明 Lambda 的使用方式。

1. 以线程为例

本例创建线程对象，将当前的线程名字打印 10 次，且采用实现 Runnable 接口的方式来创建线程，一般我们会采用下列写法。

简 例

文件名：\ex16\src\lambdaRunnable1\LambdaRunnable1.java

```
01 package lambdaRunnable1;
02
03 class MyThread implements Runnable {     //MyThread 类实现 Runnable 接口
04   public void run() {                    //实现 Runnable 接口的 run()方法
05   //线程所执行的处理，依次将当前的线程名字打印 10 次
06      for (int i = 1; i <= 10; i++) {
07         System.out.println(Thread.currentThread().getName() + "; 打印第 " + i + " 次");
08      }
09   }
10 }
11
12 public class LambdaRunnable1 {
13   public static void main(String[] args) {   //程序进入点
14      //创建 Runnable 接口类型的对象 obR
15      MyThread obR = new MyThread();
16      //创建线程对象 t，并传入 Runnable 接口类型的对象 obR
17      Thread t = new Thread(obR);
18      //启动线程对象 t，此时执行 Runnable 接口类型的对象的 run()方法
19      t.start();
20   }
21 }
```

结 果

执行结果如图 16-1 所示。

```
Problems  Javadoc  Declaration  Console  Coverage  Debug
<terminated> LambdaRunnable1 [Java Application] C:\Program Files\Java\jdk-12.0.1\bin\javaw.exe (2020年5月25日 下午6:29:38)
Thread-0; 打印第 1 次
Thread-0; 打印第 2 次
Thread-0; 打印第 3 次
Thread-0; 打印第 4 次
Thread-0; 打印第 5 次
Thread-0; 打印第 6 次
Thread-0; 打印第 7 次
Thread-0; 打印第 8 次
Thread-0; 打印第 9 次
Thread-0; 打印第 10 次
113M of 256M
```

图16-1 LambdaRunnable1.java执行结果

为了简化程序代码，上面范例在 Java 8 版本之前可采用下面方式，直接在 Thread 类构造方法内传入 Runnable 接口的匿名对象，并直接实现 Runnable 接口的 run()方法。

简 例

文件名：\ex16\src\lambdaRunnable2\LambdaRunnable2.java

```
01 package lambdaRunnable2;
02
03 public class LambdaRunnable2 {
04    public static void main(String[] args) {
05       // 创建 t 线程对象，并传入 Runnable 接口类型的匿名对象
06       Thread t = new Thread(new Runnable() {
07          //实现 Runnable 接口的 run()方法
08          public void run() {
09             //线程所执行的处理，依次将当前的线程名字打印 10 次
10             for (int i = 1; i <= 10; i++) {
11                System.out.println(Thread.currentThread().getName()
                            + "; 打印第 " + i + " 次");
12             }
13          }
14       });
15       t.start();
16    }
17 }
```

上面程序代码使用匿名对象的写法很冗长，第 10 章介绍过 Runnable 接口必须实现 public 修饰符的 run()方法，且 run()方法没有传入参数。此处可以使用 Lambda 简化程序代码，请比较修改前和修改后(使用 Lambda)的差异。

修改前：

```
Thread t = new Thread( new Runnable(){
  public void run() {
     for (int i = 1; i <= 10; i++) {
        System.out.println(Thread.currentThread().getName() + "; 打印第 " + i + " 次");
     }
  }
});
```

修改后(使用 Lambda)：

```
Thread t = new Thread(() -> {
   for (int i = 1; i <= 10; i++) {
      System.out.println(Thread.currentThread().getName() + "; 打印第 " + i + " 次");
}
  });
```

比较修改前和修改后的程序，发现 new Runnable()可以省略，而 Runnable 接口只有一个 run()方法要实现。简单地说，本例 Lambda 的使用其实就是要实现 Runnable 接口的 run()方法，并由编译器自动推断得到 Runnable 接口类型的对象。程序中的()其实就是 run()方法，->后的{…}内放 run()方法的方法体，若方法内的代码只有一行，则左大括号 { 和右大括号 }可以省略。

通过这个范例可发现 Lambda 不需要对方法进行命名，可用于匿名类并实现方法的场合，以便让 Java 语法更简洁。如下是使用 Lambda 的完整程序代码。

简例

文件名：\ex16\src\lambdaRunnable3\LambdaRunnable3.java

```
01 package lambdaRunnable3;
02
03 public class LambdaRunnable3 {
04   public static void main(String[] args){
05       // 创建 t 线程对象，并使用 Lambda 实现返回 Runnable 接口的匿名对象
06       Thread t = new Thread(() -> {
07          //实现 Runnable 接口的 run()方法
08          //run()方法表示线程所执行的操作，依次将当前的线程名字打印 10 次
09          for (int i = 1; i <= 10; i++) {
10             System.out.println(Thread.currentThread().getName()
                                + "; 打印第 " + i + " 次");
11          }
12       });
13       t.start();
14   }
15 }
```

2. 以事件处理为例

只拥有一个方法的接口类型的对象，可直接使用 Lambda。例如上例中线程的 Runnable 接口

只有一个 run()方法，以及 Swing 事件监听者 ActionListener 接口的 actionPerformed()方法。在下面的例子中，button 按钮注册匿名的 ActionListener 事件监听者对象，并实现该对象的 actionPerformed()方法；当单击 button 按钮即会执行 ActionListener 事件监听者对象的 actionPerformed()方法。

简例

文件名：\ex16\src\ lambdaEvent1\ LambdaEvent1.java

```
01 package lambdaEvent1;
02
03 import java.awt.event.*;                    //使用事件必须导入 event 包
04 import javax.swing.*;                       //导入 Swing 窗口组件包
05
06 class MyJFrame extends JFrame {             //MyJFrame 继承自 JFrame
07    private JPanel contentPane;              //声明 JPanel 容器对象 contentPane
08    //MyJFrame 构造方法
09    public MyJFrame() {
10       setTitle("事件处理");                  //指定窗口标题
11       setDefaultCloseOperation(JFrame.EXIT_ON_CLOSE);
12       setBounds(100, 100, 200, 150);       //指定窗口位置和大小
13       contentPane = new JPanel();
14       setContentPane(contentPane);
15       contentPane.setLayout(null);          //使用空布局
16       //创建 button 按钮
17       JButton button = new JButton("事件来源");
18       //注册 button 事件监听者
19       //并实现 ActionListener 监听者对象的 actionPerformed()方法
20       button.addActionListener(new ActionListener() {
21          public void actionPerformed(ActionEvent e) {
22             //显示对话框
23             JOptionPane.showMessageDialog(null, "处理事件");
24          }
25       });
26
27       button.setBounds(50, 40, 90, 25);        //指定按钮的位置与大小
28       contentPane.add(button);                 //button 按钮放入容器中
29       setVisible(true);                        //显示窗口
30    }
31 }
32
33 public class LambdaEvent1 {
34    public static void main(String[] args) {
35       MyJFrame f = new MyJFrame();
36    }
37 }
```

执行结果如图 16-2 所示。

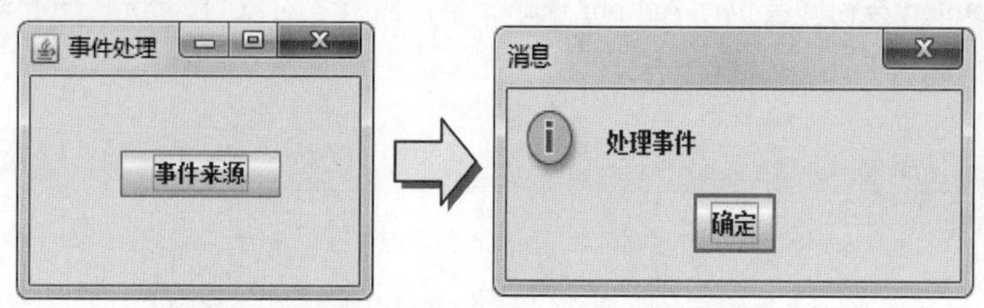

图16-2 LambdaEvent1.java执行结果

ActionListener 事件监听者必须实现 ActionPerformed()方法，且 Action Performed()方法会传入 ActionEvent 类型对象 e。此处可以使用 Lambda 简化程序代码，请比较修改前和修改后(使用 Lambda)的差异。

修改前：

```
    button.addActionListener(new ActionListener() {
        public void actionPerformed(ActionEvent e) {
            JOptionPane.showMessageDialog(null, "处理事件");
    }
});
```

修改后(使用 Lambda)：

```
    button.addActionListener
        ( (e) -> JOptionPane.showMessageDialog(null, "处理事件") );
```

比较修改前和修改后的程序，发现new ActionListener()可以省略，而ActionListener接口只有一个actionPerformed()方法要实现，该方法传入ActionEvent类型对象e。简单地说，本例Lambda的使用其实就是要实现ActionListener接口的actionPerformed()方法，并由编译器自动推断得到ActionListener接口类型的对象。程序中的(e)就是actionPerformed(ActionEvent e)方法，由于->后只有一行语句，因此可省略左大括号 { 和右大括号 }。

如下是使用 Lambda 的完整程序代码。

简 例

文件名：\ex16\src\ lambdaEvent2\ LambdaEvent2.java

```
01 package lambdaEvent2;
02
03 import java.awt.event.*;                          //使用事件必须导入 event 包
04 import javax.swing.*;                             //导入 Swing 窗口组件包
05
06 class MyJFrame extends JFrame{                    //MyJFrame 继承自 JFrame
07    private JPanel contentPane;                    //声明 JPanel 容器对象 contentPane
08    //MyJFrame 构造方法
09    public MyJFrame() {
10        setTitle("事件处理");                      //指定窗口标题
```

```
11          setDefaultCloseOperation(JFrame.EXIT_ON_CLOSE);
12          setBounds(100, 100, 200, 150);          //指定窗口位置和大小
13          contentPane = new JPanel();
14          setContentPane(contentPane);
15          contentPane.setLayout(null);            //使用空布局
16          //创建 button 按钮
17          JButton button = new JButton("事件来源");
18          //注册 button 事件监听者
19          //并实现 ActionListener 监听者对象的 actionPerformed()方法
20          button.addActionListener
            ( (e) -> JOptionPane.showMessageDialog(null, "处理事件") );
21          button.setBounds(50, 40, 90, 25);       //指定按钮的位置与大小
22          contentPane.add(button);                //button 按钮放入容器中
23          setVisible(true);   //显示窗口
24      }
25 }
26
27 public class LambdaEvent2{
28     public static void main(String[] args) {
29         MyJFrame f = new MyJFrame();
30     }
31 }
```

3. 以自定义类为例

Lambda 并不像一般程序设计，将常用的程序代码抽离出来以利之后共享，Lamdba 使用的时机是将某部分功能抽离出来，以便之后程序设计师编写来决定。

比如，Arrays.sort()方法默认只能对 int、long、double、char 等基本数据类型的数据进行排序，若要对 String 类型或自定义类型(类)的数据进行排序，则要告诉 Arrays.sort()方法的排序方式。Arrays.sort()方法的第一个参数指定要排序的数组；第二个参数指定要排序的规则，其类型是 Comparator 接口。

```
Arrays.sort(T[] a, Comparator<? super T> c);
```

Comparator 接口中包含 compare 方法，此方法会传入两个泛型 T 的参数进行比较且返回 int 整型值。Arrays.sort()方法执行时不断调用 compare()方法。若 compare()方法返回值大于 0 表示第一个参数较大，返回值等于 0 表示两个参数相同，返回值小于 0 表示第二个参数较大，通过方法的返回值让 Arrays.sort()方法作为排序的依据。compare 方法如下：

```
int compare(T o1, T o2)
```

下面的示例说明如何使用 Arrays.sort()方法配合 Comparator 接口对自定义的产品类 Product 对象进行排序。Product 产品类包括：name(品名)、price(单价)、qty(数量)等私有成员；公有方法 getTotal()，用来返回该产品单价乘以数量的销售额；公有方法 show()，用来显示产品名、单价、数量及销售额等信息。

创建 ProductComparator 类实现并 Comparator 接口的 compare 方法，此方法用来比较产品类对象的销售额。在主程序部分先创建 p[0]~p[3]的 Product 对象数组，然后使用下列语句，即可对

Product 对象数组排序。

```
Arrays.sort( p ,  new ProductComparator() );
```

Product 对象数组 —— p

实现 Comparator 接口中 compare 方法的 ProductComparator 类对象 —— new ProductComparator()

简例

文件名：\ex16\src\lambdaMyObject1\LambdaMyObject1.java

```
01 package lambdaMyObject1;
02 
03 import java.util.*;             //使用 Comparator 必须导入 util 包
04 
05 //产品类
06 class Product {
07    private String name;     //品名
08    private int price;       //单价
09    private int qty;         //数量
10    public Product(String _name, int _price, int _qty) {
11       name = _name; price = _price; qty = _qty;
12    }
13    //getTotal()方法可获得单价*数量小计
14    public int getTotal() {
15       return (price * qty);
16    }
17    //显示产品销售信息
18    public void show() {
19       System.out.print(name + "\t" + price + "\t" + qty + "\t" + getTotal() + "\t");
20    }
21 }
22 
23 //ProductComparator 类实现 Comparator 接口的 compare 方法
24 //用来比较 Product 产品销售额(单价*数量)
25 class ProductComparator implements Comparator<Product> {
26    public int compare(Product o1,Product o2) {
27       int a, b, r = 1;
28       a = o1.getTotal();
29       b = o2.getTotal();
30       if (a > b){
31          r = 1;
32       } else if (a == b) {
33          r = 0;
34       } else if (a < b) {
35          r = -1;
36       }
37       return r;
```

```
38    }
39 }
40
41 public class LambdaMyObject1 {
42    public static void main(String[] args) {
43       //创建 p[0]~p[3]的 Product 对象数组
44       Product[] p = new Product[]{
                   new Product("火影忍者", 120, 77),
                   new Product("航海王", 1000, 88),
                   new Product("哆啦A梦", 120, 99),
                   new Product("小丸子", 560, 67)
       };
45       //使用 Arrays 的 sort()方法对 p 对象数组进行由小到大排序
46       //排序规则为实现 Comparator 接口的类 ProductComparator 对象
47       Arrays.sort(p, new ProductComparator());
48
49       System.out.println("  品名 \t 单价\t 数量\t 金额\t 名次");
50       System.out.println("====================================");
51       //按销售额从高到低输出 p 产品对象数组信息，以及产品销售额名次
52       for (int i = p.length - 1, k = 1; i >= 0; i--, k++) {
53          p[i].show();
54          System.out.println(k);
55       }
56    }
57 }
```

结 果

执行结果如图 16-3 所示。

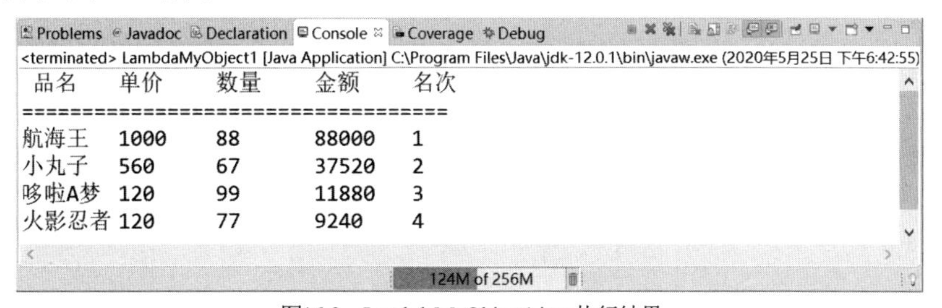

图16-3 LambdaMyObject1.java执行结果

为了简化程序代码，上面范例在 Java 8 版本之前可采用下面方式。Arrays.sort()方法第一个参数指定要排序的 Product 类型的对象数组 p；第二个参数创建 Comparator 接口类型的匿名对象，并实现 compare 方法作为排序规则。完整程序代码如下：

简 例

文件名：\ex16\src\lambdaMyObject2\LambdaMyObject2.java

```
01 package lambdaMyObject2;
02
03 import java.util.*;         //使用 Comparator 必须导入 util 包
```

```
04
05 //产品类
06 class Product {
07   private String name;       //品名
08   private int price;         //单价
09   private int qty;           //数量
10   public Product(String _name, int _price, int _qty) {
11     name = _name; price = _price; qty = _qty;
12   }
13   //getTotal()方法可获得销售额(单价*数量)
14   public int getTotal() {
15     return (price * qty);
16   }
17   //显示产品销售信息
18   public void show() {
19     System.out.print(name + "\t" + price + "\t" + qty + "\t"  + getTotal() + "\t");
20   }
21 }
22
23 public class LambdaMyObject2 {
24   public static void main(String[] args) {
25     //创建p[0]~p[3]的Product对象数组
26     Product[] p = new Product[]{
                 new Product("火影忍者", 120, 77),
                 new Product("航海王", 1000, 88),
                 new Product("哆啦A梦", 120, 99),
                 new Product("小丸子", 560, 67)
       };
27     //Arrays.sort 第二个参数创建Comparator接口类型的匿名对象
28     //并实现Comparator接口的compare方法来比较Product产品销售额(单价*数量)
29     Arrays.sort(p, new Comparator<Product>() {
30       public int compare(Product o1, Product o2) {
31         int a, b, r = 1;
32         a = o1.getTotal();
33         b = o2.getTotal();
34         if (a > b) {
35           r = 1;
36         } else if (a == b) {
37           r = 0;
38         } else if(a < b) {
39           r = -1;
40         }
41         return r;
42       }
43     });
```

```
44
45    System.out.println(" 品名 \t 单价\t 数量\t 金额\t 名次");
46    System.out.println("====================================");
47    //按销售额从高到低输出 p 产品对象数组信息，以及产品销售额名次
48    for (int i = p.length - 1, k = 1; i >= 0; i--, k++) {
49      p[i].show();
50      System.out.println(k);
51    }
52  }
53 }
```

实现 Comparator 接口 compare()方法，且 compare()方法会传入两个 T 泛型对象 o1 和 o2，此处泛型使用的是 Product。这里可以使用 Lambda 简化程序代码，请比较修改前和修改后(使用 Lambda)的差异。

修改前：

```
Arrays.sort(p, new Comparator<Product>() {
    public int compare(Product o1, Product o2) {
        int a, b, r = 1;
        a = o1.getTotal();
        b = o2.getTotal();
        if (a > b) {
            r = 1;
        } else if (a == b) {
            r = 0;
        } else if(a < b) {
            r = -1;
        }
        return r;
    }
});
```

修改后(使用 Lambda)：

```
Arrays.sort(p, (o1, o2) -> {
    int a, b, r = 1;
    a = o1.getTotal();
    b = o2.getTotal();
    if (a > b) {
        r = 1;
    } else if (a == b) {
        r = 0;
    } else if(a < b) {
        r = -1;
    }
    return r;
});
```

比较修改前和修改后的程序，发现new Comparator<Product>()可以省略，而Comparator接口只有一个compare ()方法要实现，该方法传入两个T泛型对象o1 和o2，此处泛型使用的是Product。简单地说，本例Lambda的使用其实就是要实现Comparator接口的compare ()方法，并由编译器自动推断得到Comparator接口类型的对象。程序中的o1 和o2 就是compare(Product o1, Product o2)方法，->后的{…}内放的是compare ()方法的方法体，若方法内的代码只有一行，则左大括号 { 和右大括号 } 可以省略。

以下是使用 Lambda 的完整程序代码。

简 例

文件名：\ex16\src\lambdaMyObject3\LambdaMyObject3.java

```
01 package lambdaMyObject3;
02
03 import java.util.*;              //使用 Comparator 必须导入 util 包
04
05 //产品类
06 class Product {
07   private String name;           //品名
08   private int price;             //单价
09   private int qty;               //数量
10   public Product(String _name, int _price, int _qty) {
11     name = _name; price = _price; qty = _qty;
12   }
13   //getTotal()方法可获得销售额（单价*数量）
14   public int getTotal(){
15     return (price * qty);
16   }
17   //显示产品销售信息
18   public void show() {
19     System.out.print(name + "\t" + price + "\t" + qty+ "\t" + getTotal() + "\t");
20   }
21 }
22
23 public class Lambda_MyObject3 {
24   public static void main(String[] args) {
25     //创建 p[0]~p[3]的 Product 对象数组
26     Product[] p = new Product[]{
                 new Product("火影忍者", 120, 77),
                 new Product("航海王", 1000, 88),
                 new Product("哆啦 A 梦", 120, 99),
                 new Product("小丸子", 560, 67)
       };
27     //Arrays.sort 第二个参数创建 Comparator 接口类型的匿名对象
28     //并实现 Comparator 接口的 compare 方法来比较 Product 产品销售额(单价*数量)
29     Arrays.sort(p, (o1, o2) -> {
30       int a, b, r = 1;
```

```
31        a = o1.getTotal();
32        b = o2.getTotal();
33        if (a > b) {
34          r = 1;
35        } else if (a == b) {
36          r = 0;
37        } else if(a < b) {
38          r = -1;
39        }
40        return r;
41      });
42      System.out.println("  品名 \t 单价\t 数量\t 金额\t 名次");
43      System.out.println("===================================");
44      //按销售额从高到低输出 p 产品对象数组信息，以及产品销售额名次
45      for (int i = p.length - 1, k = 1; i >= 0; i--, k++) {
46        p[i].show();
47        System.out.println(k);
48      }
49    }
50  }
```

16.3 Lambda 语法说明

上节介绍了使用 Lambda 编写线程、事件处理、自定义类的范例，相信大家对 Lambda 已经有一些基本的认识，下面来看一下 Lambda 的语法结构。

1. Lambda的语法结构

Lambda 可以当作一个没有方法名的方法。如下语法中，input 表示的是方法的参数；->之后的 body 是方法的方法体，若方法内的程序代码只有一行，则左大括号 { 和右大括号 }可以省略。

```
(input) -> { body }
```

Lambda 语法中的 input 和 body 有很多编写方式，现举例说明。

(1) ()表示 Lambda 没有参数，如果程序代码只有一行，可以省略左大括号 { 和右大括号 }，写法如下：

```
() -> System.out.println("Hello!");
```

例如上一节线程 Thread 类传入 Runnable 接口类型的匿名对象，实现的 run()方法没有参数，所以 Lambda 语法的写法如下：

```
Thread t = new Thread(() -> {System.out.println("Hello!");});
t.start();
```

因为程序代码只有一行，可以省略{}大括号，Lambda 语法的写法如下：

```
Thread t = new Thread(() -> System.out.println("Hello!"));
t.start();
```

(2) (数据类型　变量) 表示 Lambda 必须传入一个指定数据类型的变量，写法如下：

```
(int a) -> System.out.println("Hello!");
```

例如上一节ActionListener事件监听者必须实现ActionPerformed()方法，且ActionPerformed()方法要传入ActionEvent类型对象e，所以Lambda语法的写法如下：

```
button.addActionListener
 ( (ActionEvent e) -> JOptionPane.showMessageDialog(null, "处理事件") );
```

(3) 表示实现的程序代码所传入的参数类型很明确，因此 Lambda 所传入的参数类型也可以省略。

例如上面的简例，因为 e 变量一定为 ActionEvent 类型对象，所以可以省略数据类型，Lambda 语法可以改为如下：

```
button.addActionListener
   ( (e) -> JOptionPane.showMessageDialog(null, "处理事件") );
```

(4) (数据类型 1　变量 1, 数据类型 2　变量 2) 表示 Lambda 必须传入两个指定数据类型的变量。写法如下：

```
(int a, int b) -> System.out.println("Hello!");
```

例如上一节自定义类实现了 Comparator 接口的 compare()方法，且 compare()方法需要传入两个 T 泛型 Product 对象 o1 和 o2，所以按照 Lambda 语法书写如下：

```
Arrays.sort(p, (Product o1, Product o2) -> {
    int a, b, r = 1;
    a = o1.getTotal();
    b = o2.getTotal();
    if (a > b) {
        r = 1; // 返回值大于 0 表示 o1 大于 o2
    } else if (a == b) {
        r = 0; // 返回值等于 0 表示 o1 等于 o2
    } else if (a < b) {
        r = -1; // 返回值小于 0 表示 o1 小于 o2
    }
    return r;
});
```

因为编译器可以自动推断得到 Comparator 接口类型的对象，所以数据类型可以省略，Lambda 语法可简写为：

```
Arrays.sort(p, (o1, o2) -> {
    ...
});
```

(5) 如果 Lambda 传入的两个参数类型为整型，当程序代码为一行以上时，就必须要加上左大括号 { 和右大括号 }。

```
(int a, int b) -> {
    System.out.println(a);
    System.out.println(b);
}
```

(6) 如果 Lambda 传入的两个参数类型为整型，程序代码为一行以上，当有返回值时要加上 return 语句。

```
(int a, int b) -> {
    System.out.println(a);
    System.out.println(b);
    return a + b;//返回 a 和 b 两数相加的结果
}
```

2. Lambda应用与效率

在 Java 中有很多接口都只有一个方法，例如，要使用 Runnable 接口中的 run()方法，就必须使用下面的代码：

```
Runnable runnable = new Runnable() {     //创建 Runnable 接口类型的对象
   public void run() {                   //实现 run()方法
       System.out.println("执行当前线程");
   }
};
```

上述写法程序代码非常冗长，Lambda 最重要的功能就是取代使用接口所创建的匿名对象，以达到减少程序代码，上面写法可改成如下写法：

```
Runnable runnable = () -> System.out.println("执行当前线程");
```

使用 Lambda 可以提高程序执行效率，因为在编译过程中可以避免产生新的*.class 文件。程序代码执行时，也不会创建(new)一个新的对象，而是将 Lambda 程序代码的主体放入内存，直接使用 call function 的方式执行，因此可提高程序执行效率。

16.4 方法引用

Lambda 还有一个优点，就是重用 Java API 现有的方法。重用现有方法就是 Java 8 中的“方法引用”。

下面的例子使用 Arrays.sort()方法对 name 姓名字符串数组排序，默认的排序方式是依英文大小写字母的顺序进行排序，但本例希望排序时忽略英文大小写，因此在 Arrays.sort()方法第二个参数编写了 Lambda 表达式，在 Lambda 表达式中实现了字符串排序规则，排序规则使用字符串比较方法 compareToIgnoreCase()，此方法比较字符串会忽略英文大小写。完整程序代码如下。

简 例

文件名：\ex16\src\lambdaFun1\LambdaFun1.java

```
01 package lambdaFun1;
02
03 import java.util.Arrays;
04
05 public class LambdaFun1 {
06   public static void main(String[] args) {
07     //创建 name[0]~name[3]字符串数组元素
08     String[] name = new String[] { "peter", "Tom", "Jasper", "anita" };
09     //编写字符串比较的规则
10     Arrays.sort(name, (str1, str2) -> str1.compareToIgnoreCase(str2) );
13     //输出排序后的结果
14     for(int i = 0 ; i < name.length; i++) {
15       System.out.println(name[i]);
16     }
17   }
18 }
```

现在来思考一下，String 类的 compareToIgnoreCase()方法需要传入两个字符串参数来进行比较。此处就可以使用方法引用方式来调用 String 类的 compareToIgnoreCase()方法。请比较修改前和修改后(使用 Lambda)的差异。

修改前，使用 Lambda 比较排序规则：

```
Arrays.sort(name, (str1, str2) -> str1.compareToIgnoreCase(str2));
```

修改后，使用方法引用的方式重用了 String 类的 compareToIgnoreCase()方法进行比较，中间用“::”符号连接，参数可以完全省略。

```
Arrays.sort(name, String::compareToIgnoreCase);
```

如下是使用方法引用的完整程序代码。

简 例

文件名：\ex16\src\lambdaFun2\LambdaFun2.java

```
01 package lambdaFun2;
02
03 import java.util.Arrays;
04
05 public class LambdaFun2 {
06   public static void main(String[] args) {
07     //创建 name[0]~name[3]字符串数组元素
08     String[] name = new String[]{ "peter", "Tom", "Jasper", "anita" };
09     //字符串比较规则使用 String 类的 compareToIgnoreCase()方法
10     Arrays.sort(name, String::compareToIgnoreCase );
11     //输出排序后的结果
12     for(int i = 0 ; i < name.length; i++){
```

```
13        System.out.println(name[i]);
14      }
15    }
16 }
```

由上面范例可知，方法引用可避免到处编写 Lambda，也可以重用 Java API，让程序代码更好理解。本书作为入门教材，对于 Lambda 只进行简要介绍，Lambda 还可以应用在集合的遍历、过滤、排序和一些简单的运算，关于 Lambda 更高级的应用请参阅 Java 相关的进阶书籍。

16.5 习题

一、填空题

1. Lambda常用于__________________类并实现方法的场合上。
2. Runnable接口内含__________________方法。
3. ActionListener接口内含__________________方法。
4. Arrays.sort()方法若要排序自定义类型对象，该方法的第二个参数必须为____________接口类型的对象，该接口类型的对象必须实现____________方法。
5. Lambda重用Java API现有的方法，重用现有方法称____________________。
6. 下面语句使用Lambda来对name数组排序，排序比较字符串会忽略英文大小写：

```
Arrays.sort(name, (str1, str2)-> str1.compareToIgnoreCase(str2) );
```

请将上述程序代码改成使用Lambda方法引用：

7. 下面语句实现Runnable接口的run()方法：

```
Runnable runnable = new Runnable() {
    public void run() {
     for (int i = 1 ; i <= 5; i++)
        System.out.println("第" + i + "次");
    }
};
```

请将上述程序代码改成使用Lambda：

二、程序设计

1. 自定义 Student 类有 name 姓名、chi 语文、eng 英语、math 数学等私有属性，用来获得该名学生语文、英语、数学三科成绩总分的 getTotal()公共方法，以及用来显示学生成绩信息的 show()公共方法。创建 5 位学生的成绩记录，然后使用 Comparator 接口以及 Lambda 语法依学生语文、英语、数学三科总分进行由大到小排序。

2. 创建账号密码验证程序，账号为 gotop，密码为 168；若账号或密码错误则出现错误信息窗口；若账号和密码正确则出现询问是否链接到碁峰网站的对话框，单击“是”按钮则链接到碁峰网站，单击“否”按钮则返回主程序，如图 16-4 所示。本例事件处理程序请使用 Lambda 语法。

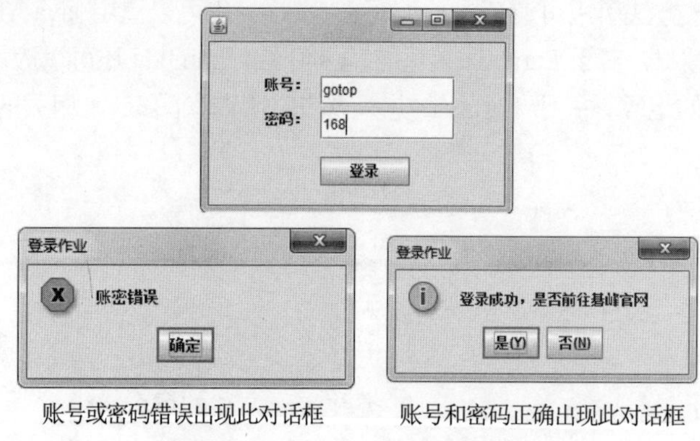

账号或密码错误出现此对话框　　账号和密码正确出现此对话框

图16-4　账户密码验证程序执行结果

第17章 窗口应用程序设计专题

- 拉霸游戏机设计
- 记忆大考验游戏设计

17.1 拉霸游戏机设计

拉霸游戏机是电玩机中常见的机器，常见的有 9 个图标的拉霸机与 3 个图标的拉霸机。9 个图标的拉霸机中奖的概率与设计的过程比较复杂，本节介绍 3 个图标的拉霸机，如图 17-1 所示。

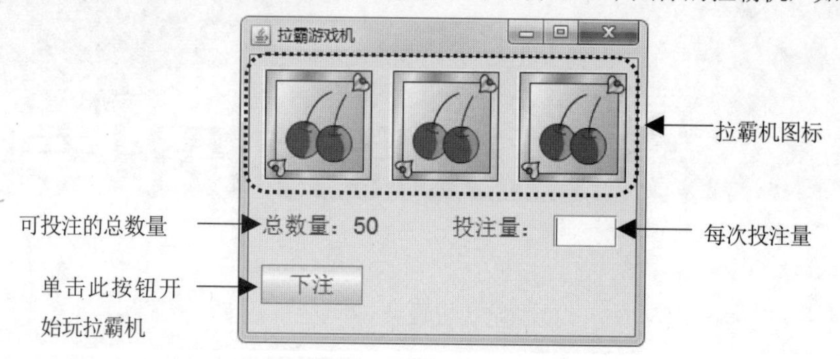

图17-1　3个图标的拉霸游戏机

1. 系统功能说明

下面对拉霸游戏机的游戏规则进行说明。

(1) 开始时必须先设定本次投注的数量，然后单击 下注 按钮即开始玩拉霸机。若投注量为 0，则显示图 17-2(a)所示对话框“您已经破产了！即将离开游戏”的信息并结束游戏；若投注量超过拥有的总数量或投注量小于等于 0，即显示图 17-2(b)所示对话框“金额不足或金额不对！”的信息。投注总量默认设置为 50。

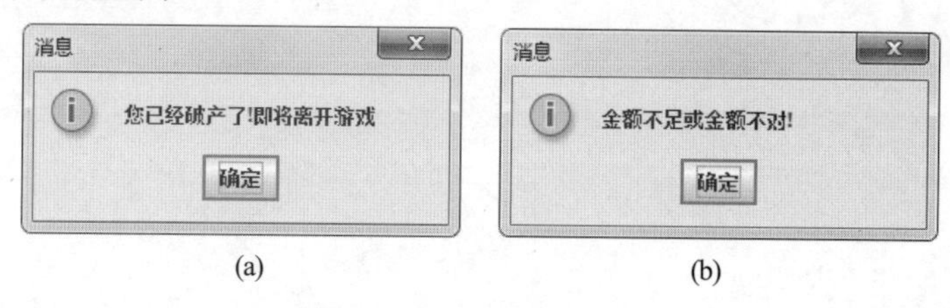

(a)　(b)

图17-2　投注量不符的提示信息

(2) 若在拉霸游戏的投注量文本框输入文本数据并单击 下注 按钮，则显示图 17-3 对话框“请输入数字”的信息。

图17-3　文本框输入文本后的提示信息

(3) 若允许投注并单击 下注 按钮，此时拉霸机开始启动且窗口上的三个图片会以随机数的方式由下面的 0.jpg~3.jpg 四张图片中任选一张来显示。

- 0.jpg、 - 1.jpg、 - 2.jpg、 - 3.jpg

大约三秒后，拉霸机停止转动，再判断是否有中奖。中奖条件如下：

① 若显示3个 图，则投注量得到3倍。

② 若显示3个 图，则投注量得到10倍。

③ 若显示3个 图，则投注量得到20倍。

④ 若显示 3 个 图，则显示图 17-4 所示对话框 “中奖得 50 倍”，单击“确定”按钮后，主界面上可投注的总数

图17-4　“中奖得50倍”对话框

量改变为投注后剩余的总数量加上投注量 50 倍。上述投注量得到 3 倍、10 倍、20 倍的情况同此。

2. 界面设计

(1) 定义 MyJFrame 类继承自 JFrame 类，由于此类中的 下注 按钮必须处理 ActionEvent(单击事件)，因此 MyJFrame 还必须实现 ActionListener 接口的 actionPerformed 方法。

(2) 在 MyJFrame 类的构造方法内加入下列组件。

① 创建 icons[0]~icons[3]四个 ImageIcon 用来存放樱桃、星星、西瓜、bar 四个拉霸机图标，这四个图标对应的图片是项目 barImg 文件夹下的 0.jpg、1.jpg、2.jpg、3.jpg。

② 创建 jlbl[0]~jlbl[2] 三个标签用来显示拉霸游戏的三张图片，即 jlbl[0]~jlbl[2]三个标签用来显示 icons[0]~icons[3]所代表的图片。

③ 创建 jlblSum 标签用来显示“总数量：”的信息。

④ 创建 jlblBetting 标签用来显示“投注量：”的文字信息。

⑤ 创建 jtxtBetting 文本框用来设定每一次拉霸要投注的数量。

⑥ 创建 jbtnOk 按钮(即 下注 按钮)用来启动拉霸机。

⑦ 将MyJFrame窗口大小设为宽320、高250。

⑧ 将 0.jpg~3.jpg 图片放到当前项目的 barImg 文件夹下。

窗口内创建的组件如图 17-5 所示。

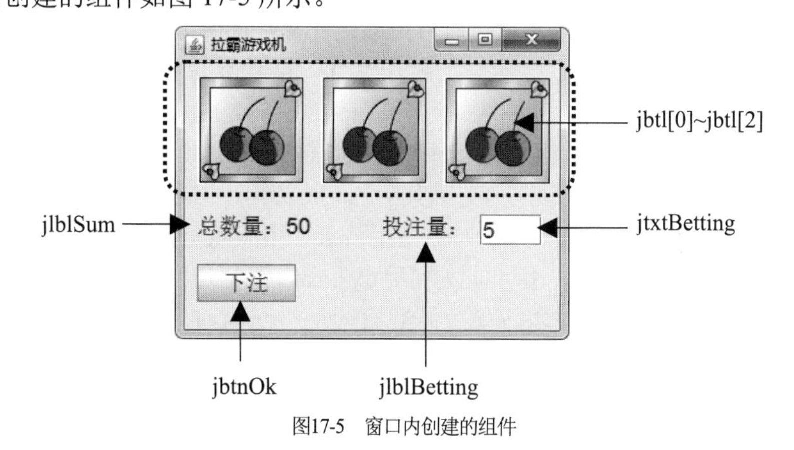

图17-5　窗口内创建的组件

3. 问题分析

(1) 拉霸机上面三个图标如何创建？

本例使用标签组件来显示拉霸游戏上的图标，因此在窗口上创建数组组件 jlbl，其数组元素为 jlbl[0]~jlbl[2]用来显示三个拉霸图片。为方便使用，循环将图片赋值给 jlbl[0]~jlbl[2]，必须创建数组组件 icons，其数组元素为 icons[0]~icons[3] 用来存放 -0.jpg、-1.jpg、-2.jpg、-3.jpg 四张图片，此时可使用循环，配合 jlbl[0]~jlbl[2]以随机数的方式随机显示 icons[0]~icons[3]的图片。

(2) 如何应用线程在 jlbl[0]~jlbl[2]数组元素(标签组件)中随机取图？

当单击 下注 按钮时拉霸机启动，此时线程对象启动 run()方法执行，在 run()方法中设定 jlbl[0]~jlbl[2]数组元素分别以随机数方式由 icons[0]~icons[3] (即 0.jpg~3.jpg)四张图片中选取一张来显示。为了让拉霸机上面的三张水果图有滚动的感觉，该线程对象每隔 0.1 秒进入休眠状态，并重新以随机数取图一次，直到连续 10 次才停止。

(3) 如何判断是否中奖？

当拉霸机的 jlbl[0]~jlbl[2]数组元素停止换图时，即马上判断是否中奖，此处将四张图分别设定代码以便判断所中的奖项及倍数，具体如下：

① 荔枝代码为 0

② 星星代码为 1

③ 西瓜代码为 2

④ BAR 代码为 3

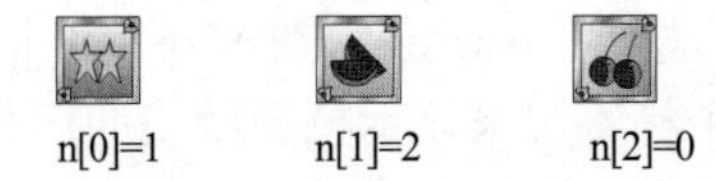

上图为拉霸机以随机数显示出来的水果图，将三张水果图代码依次存入数组 n，当数组元素 n[0]、n[1]和 n[2]的代码都相同，则表示有中奖，依中奖规则指定倍数。

4. 事件流程

在下注按钮 ActionListener 监听对象的 actionPerformed 方法(即下注按钮所执行的方法) 内启动线程对象，该线程对象的 run()方法做下列事情。

(1) 判断投注量是否有误？

① 若 sum 总数量等于 0，即表示没有可用的投注额，此时显示对话框并提示“您已经破产了!即将离开游戏”的信息，接着马上离开游戏；若 sum 总数量不为 0，则继续下一步骤。

② 由 jtxtBetting 文本框获取使用者的投注额并赋值给 betting，接着判断 sum 总数量是否小于 betting 投注额或 betting 投注额是否小于 0，若其中之一成立表示金额不足，此时显示对话框并提示“金额不足或金额不对!”的信息，接着马上执行 return 语句离开事件方法；由于用户可能在 jtxtBetting 文本框内输入文本数据，因此此处使用 try…catch…语句，以便捕获异常。

③ 当用户在 jtxtBetting 文本框内输入文本数据时会产生运行时异常，此时显示对话框提示“请输入数字”信息，提示用户投注额输入错误。

(2) 如何每 0.1 秒让 jlbl[0]~jlbl[2]随机显示 icons[0]~icons[3]的图(即 0.jpg ~3.jpg)：

① 预设 k=0，进入 do…while 循环。

② 使用 for 循环配合随机数使 jlbl[0]~jlbl[2]随机显示 icons[0]~icons[3]的图片(即 0.jpg~3.jpg)，并将随机数生成的三个水果图代码依次存入数组元素 n[0]、n[1]和 n[2]中。

③ 使 k 加 1，用来表示 do…while 循环执行的次数。

④ 使用 Thread.currentThread().sleep(100)语句让当前线程暂停 0.1 秒，使 jlbl[0]~jlbl[2]能显示指定的图标。

⑤ 判断 k 是否小于 10，若成立则跳到本项目步骤②继续执行，否则离开 do…while 循环。

由于唤醒线程的 sleep()方法会产生 InterruptedException 的异常，因此将上述程序代码写在 try…catch…语句内。程序代码如下：

```
k = 0
    try {
        do {
```

```
            // 产生 0~3 之间的随机数并赋值给 n[0]~n[2]
            // 并在 jlbl[0]~jlbl[2]随机显示樱桃、星星、西瓜、bar 图片
            for (int i = 0; i < jlbl.length; i++){
                n[i] = (int)Math.round(Math.random() * 3);
                jlbl[i].setIcon(icons[n[i]]);
            }
            k++;
            //当前线程暂停 0.1 秒
            Thread.currentThread().sleep(100);
        } while(k < 10);    // 若 k 大于 0，则停止拉霸游戏
    } catch(InterruptedException ex) { }
```

(3) 如何判断中奖的是哪个奖项，流程图如图 17-6 所示。

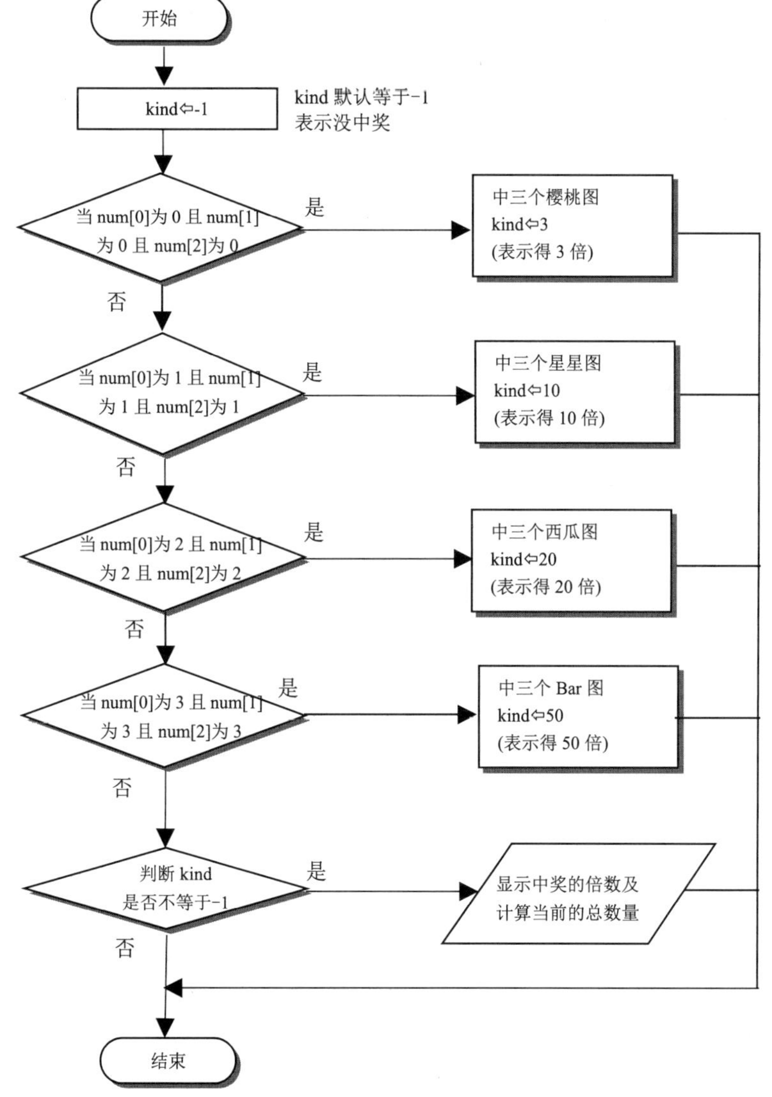

图17-6　拉霸游戏机流程图

5. 完整程序代码

由于本例会使用 barImg 文件夹下的 0.jpg~3.jpg 图片，因此将 barImg 文件夹放在当前项目下，本例完整程序代码及注释说明如下。

程序代码

文件名：\ex17\src\bar\Program.java

```
01 package bar;                        //置于 bar 包下
02
03 import java.awt.*;                  //使用 Font 类请导入 java.awt.*包
04 import java.awt.event.*;            //使用事件请导入 java.awt.event.*包
05 import javax.swing.*;               //使用 swing 组件请导入 javax.swing.*包
06
07 // MyJFrame(拉霸游戏窗口)继承 JFrame 窗口组件
08 // MyJFrame 实现 ActionListener 接口的 actionPerformed 方法用来处理按钮的单击事件
09 class MyJFrame extends JFrame implements ActionListener {
10   // 声明 jlbl[0]~jlbl[2]用来当拉霸游戏三个图标的标签
11   private JLabel[] jlbl = new JLabel[3];
12   // 声明 icons[0]~icons[3] 用来存放樱桃、星星、西瓜、bar 四个图标
13   // 四个图标依次为 0.jpg, 1.jpg, 2.jpg, 3.jpg
14   private ImageIcon[] icons = new ImageIcon[4];
15   // 声明 jlblSum 标签用来显示 "总数量: " 信息
16   // 声明 jlblBetting 标签用来显示 "投注量: " 信息
17   private JLabel jlblSum, jlblBetting;
18   // 声明 jtxtBetting 文本框用来让用户输入投注量
19   private JTextField jtxtBetting;
20   // 声明 jbtnOk "下注" 按钮
21   private JButton jbtnOk;
22   private int sum = 50;
23     //构造方法
24   MyJFrame()
25   {
26       // 不使用界面布局
27       super.setLayout(null);
28       // 窗口标题设为 "拉霸游戏机"
29       super.setTitle("拉霸游戏机");
30       // 设定 icons[0]~icons[3]组件的图标为 barImg 文件夹下的 0.jpg~3.jpg
31       for(int i = 0; i < icons.length; i++) {
32     icons[i] = new ImageIcon (".\\barImg\\" + String.valueOf(i) + ".jpg");
```

```
33      }
34      // 创建jlbl[0]~jlbl[2]，并赋值三个标签为樱桃图(0.jpg)，最后放入窗口内
35      for (int i = 0; i < jlbl.length; i++) {
36        jlbl[i] = new JLabel();
37          jlbl[i].setBounds(i*100+10, 10, 86, 86);
38          jlbl[i].setIcon(icons[0]);
39          add(jlbl[i]);
40      }
41      // 在窗口放入jlblSum标签，该标签显示 "总数量："
42      jlblSum = new JLabel("总数量：" + String.valueOf(sum));
43      // 设定jlblSum标签x坐标10, y坐标120, 宽160, 高20
44      jlblSum.setBounds(10, 120, 160, 20);
45      jlblSum.setFont(new Font("微软中黑体",Font.PLAIN, 18));
46      add(jlblSum);
47      // 在窗口放入jlblBetting标签，该标签显示 "投注量："
48          jlblBetting = new JLabel("投注量：");
49          jlblBetting.setBounds(160, 120, 80, 20);
50          jlblBetting.setFont(new Font("微软中黑体",Font.PLAIN, 18));
51          add(jlblBetting);
52          // 在窗口放入jtxtBetting文本框，让使用输入投注量
53          jtxtBetting = new JTextField();
54          jtxtBetting.setBounds(240, 120, 50, 25);
55          jtxtBetting.setFont(new Font("微软中黑体",Font.PLAIN, 18));
56          add(jtxtBetting);
57          // 在窗口放入jbtnOk下注按钮
58          jbtnOk = new JButton("下注");
59          jbtnOk.setBounds(10, 160, 80, 30);
60          jbtnOk.setFont(new Font("微软中黑体",Font.PLAIN, 18));
61          add(jbtnOk);
62
63          // 指定jbtnOk下注按钮的监听者为当前的对象
64          // 因此按下注按钮时会执行目前类的 actionPerformed 方法
65          jbtnOk.addActionListener(this);
66
67          // 设定窗口大小为宽320, 高250
68          setSize(320, 250);
69          // 显示窗口
70          setVisible(true);
71          // 设定按窗口的关闭按钮会结束程序
```

```
72        setDefaultCloseOperation(JFrame.EXIT_ON_CLOSE);
73   }
74
75   // 实作 ActionListener 接口的 actionPerformed 方法
76     public void actionPerformed(ActionEvent evt) {
77      // 创建线程 t 对象，并传入 Runnable 接口对象
78        // 此线程用来启动拉霸游戏
79        // 让 jlbl[0]~jlbl[2]以随机数方式显示樱桃、星星、西瓜、bar 四个图标
80        // 并判断是否中奖
81        Thread t = new Thread (
82        new Runnable() {
83          //实作 Runnable 接口的 run 方法
84          public void run() {
85            // k 用来计算拉霸游戏的换图次数
86            // kind 用来表示中奖倍数，kind 等于-1 表示没中奖
87            int k = 0, kind = -1;
88            //n[0]~n[2] 用来存放产生的随机数值
89            int[] n = new int[jlbl.length];
90            int betting = 0;          // 用来存放投注量
91            try {
92              // 若 sum 总数量等于 0，表示没有可用的投注额即离开游戏
93              if(sum == 0) {
94                JOptionPane.showMessageDialog(null, "您已经破产了!即将离开游戏");
95                System.exit(0);
96              }
97              // 获取使用者的投注额，并赋值给 betting
98              betting = Integer.parseInt(jtxtBetting.getText());
99              // 当总数量小于投注额或投注额小于 0，表示金额不足
100             if (sum < betting || betting <= 0) {
101               JOptionPane.showMessageDialog(null, "金额不足或金额不对!");
102               return ;
103             }
104             sum -= betting;
105             jlblSum.setText("总数量：" + String.valueOf(sum));
106              // 按下注按钮启动拉霸游戏机后马上即停用下注按钮
107              // 防止使用者重复按下
108             jbtnOk.setEnabled(false);
109           } catch(Exception ex) {
110             JOptionPane.showMessageDialog(null, "请输入数字");
```

```
111                return ;
112              }
113              try {
114                do {
115                  // 产生 0~3 之间的随机数并赋值给 n[0]~n[2]
116                   // 并在 jlbl[0]~jlbl[2]随机显示樱桃、星星、西瓜、bar 图标
117                  for (int i=0; i<jlbl.length; i++) {
118                    n[i] = (int)Math.round(Math.random()*3);
119                    jlbl[i].setIcon(icons[n[i]]);
120                  }
121                  k++;
122                  //当前线程暂停 0.1 秒
123                  Thread.currentThread().sleep(100);
124                } while(k < 10); //若 k 大于 0，则停止拉霸游戏
125              } catch(InterruptedException ex) { }
126              // 判断中那个奖
127              if (n[0] == 0 && n[1] == 0 && n[2] == 0) {
128                kind = 3; //三个图为樱桃，得 3 倍
129              } else if(n[0] == 1 && n[1] == 1 && n[2] == 1) {
130                kind = 10;  //三个图为星星，得 10 倍
131              } else if(n[0] == 2 && n[1] == 2 && n[2] == 2) {
132                kind = 20;  //三个图为西瓜，得 20 倍
133              } else if(n[0] == 3 && n[1] == 3 && n[2] == 3) {
134                kind = 50;  //三个图为 bar，得 50 倍
135              }
136              // 判断是否中奖，若 kind 不等于-1 表示中奖
137              if (kind != -1) {
138                JOptionPane.showMessageDialog(null,
                            "中奖得" + String.valueOf(kind) + "倍");
139                // 目前总数量(总投注额)累加中奖数量
140                sum += kind*betting;
141                jlblSum.setText("总数量：" + String.valueOf(sum));
142              }
143              jbtnOk.setEnabled(true); // 下注按钮启用
144            }
145        });
146        t.start();//启动线程，使拉霸机启动，此时 jlbl[0]~jlbl[2]即以随机数展示图片
147      }
148  }
```

```
149 // 主程序
150 public class Program {
151 public static void main(String[] args){
152       // 创建 MyJFrame 窗口(拉霸游戏)
153       new MyJFrame();  // 调用第 24~73 行 MyJFrame()默认构造方法
154 }
155 }
```

17.2 记忆大考验游戏设计

记忆大考验游戏在 Flash、平板电脑及智能手机游戏上是常见的多媒体小游戏。单击“确定”按钮进行随机分配图片，且所有图片会被覆盖并以问号显示，玩家可使用鼠标单击要翻开的图片。当连续翻开两张图是相同的，表示完成翻开一组图片。当四组图片皆被翻开，并且每一组的两张图是相同的，则表示过关。

1. 系统功能说明

(1) 任意两张图片为一组，连续翻开任意两张图片，如果这两张图片相同则显示对话框信息“猜对了!”，如图 17-7 所示。该组两张图片随后被设为失效，不能再单击。

图17-7　翻开两张相同图片的效果

(2) 连续翻开两张不相同的图片，则会显示对话框信息“不对哦!”，如图 17-8 所示。

图17-8　翻开两张不同图片的效果

(3) 当四组图片皆被翻开，并且每一组的两张图片是相同的，则出现对话框并显示“全对了...ya!”信息，如图 17-9 所示。

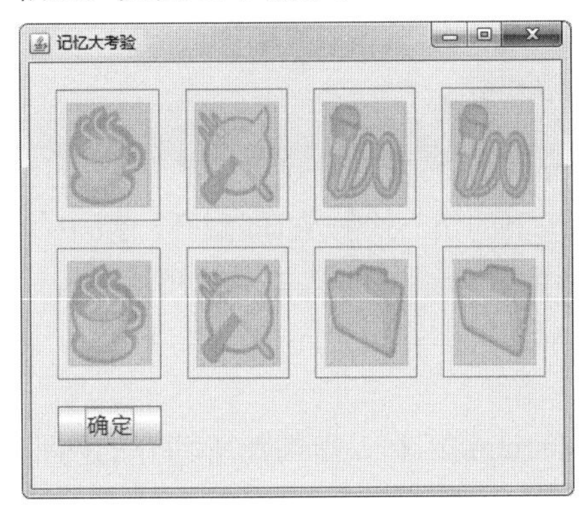

图17-9　全部翻开的效果

2. 游戏界面设计

(1) 定义 MyJFrame 类继承自 JFrame 类。

(2) 在 MyJFrame 类的构造方法内加入下列组件。

① 创建 icons[0]~icons[4]四个 ImageIcon 组件，用来存放 memoryImg 文件夹下的 0.jpg、1.jpg、2.jpg、3.jpg 及 4.jpg。

② 创建 jbtn[0]~jbtn[7]八个按钮数组，用来当作记忆大考验游戏的 8 个图片按钮。

③ 创建 jbtnOk 按钮(即“确定”按钮)，用来开始记忆大考验游戏。

游戏窗口界面如图 17-10 所示。

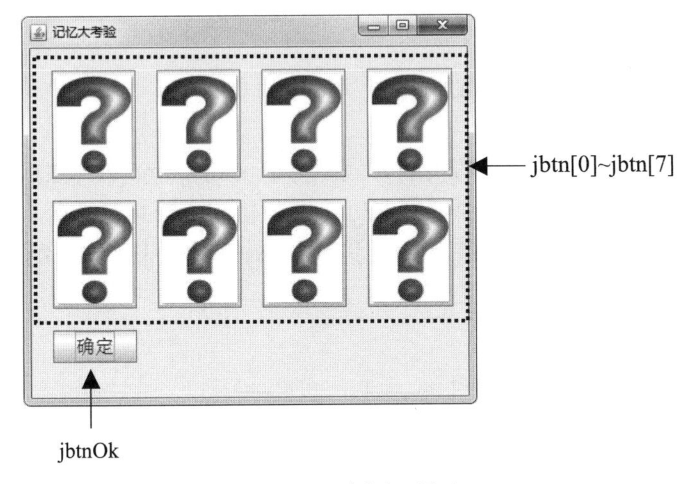

图17-10　游戏窗口界面

3. 问题分析

(1) 声明与创建下列成员。

① 创建 icons[0]~icons[4]五个 ImageIcon 组件，用来存放项目中 memoryImg 文件夹下的 0.jpg、1.jpg、2.jpg、3.jpg、4.jpg 五张图片，如图 17-11 所示。

图17-11 存放的图片

② 创建 jbtn[0]~jbtn[7]按钮数组，jbtn[0]~jtn[7]用来表示游戏界面的八个图片按钮。

③ 创建 jbtnOk 确定按钮。声明 jbtnf 表示按下的第一个按钮(即翻开一组中的第一个按钮图片)，声明 jbtns 表示按下的第二个按钮(即翻开一组中的第二个按钮图片)。

④ 声明 f 用来存放按下的第一个图片按钮(翻开图片)所得的字符串，声明 s 用来存放按下的第二个图片按钮所得的字符串。

⑤ 声明 num 表示按下图片按钮的次数，若 num 等于 2 则判断所翻开的两张图片是否相同；win 表示共猜对几组图片，因为有 8 张图片，如果 win 的值为 4 则表示翻开四对相同的图片，顺利过关。

⑥ 创建 rnd[0]~rnd[7]数组元素，用来存放游戏中每张图片所代表的编号。数组元素的值相同表示为一对，若 rnd 各数组元素值如下：

```
rnd[0] = 0 ;  rnd[1] = 1 ; rnd[2] = 3 ; rnd[3] = 2 ;
rnd[4] = 2 ;  rnd[5] = 0 ; rnd[6] = 3 ; rnd[7] = 1 ;
```

rnd[0]和rnd[5]其值为 0，即为一对：rnd[1]和rnd[7]其值为 1，即为一对；其他以此类推。

(2) 在窗口中创建“确定”按钮并指定该按钮为 ActionEvent 的事件监听对象，并在该监听对象的 actionPerformed 方法中做下列事情。

① 创建 ary[0]~ary[7]用来存放图片的编号，编号相同的为同一组。写法如下：

```
int[] ary = new int[]{1,1,2,2,3,3,4,4};
```

② 声明变量 n 用来存放产生的随机数，默认值为 0。

③ 声明变量 max 存放数组下标上限 7。

④ 使用循环将 ary[0]~ary[7]以随机的方式赋值给 rnd[0]~rnd[7]，然后将 rnd[0]~rnd[7]内的值放入 jbtn[0]~jbtn[7]的 ActionCommand 内，以便将来判断翻开的两个图片按钮的值是否一样，最后再将 jbtn[0]~jbtn[7]按钮的图片设为 icons[0](即 0.jpg 问号图)，同时设为可用状态。

上述步骤程序代码如下：

```
jbtnOk.addActionListener(new ActionListener(){  //按下确定按钮执行此处
    public void actionPerformed(ActionEvent evt) {
        // 创建 ary[0]~ary[7] 用来存放图片的编号，编号相同的为同一组
            int[] ary = new int[]{1,1,2,2,3,3,4,4};
        int n = 0; // 用来存放产生的随机数
            int max = ary.length-1;
            // 使用循环 jbtn[0]~jbtn[7]进行随机数存放 1.jpg~4.jpg
            // 编号相同为同一组
            for (int i = 0; i < ary.length; i++){
                n = (int)Math.round((Math.random() * max));
```

```
                    rnd[i] = ary[n];
                    ary[n] = ary[max];
                max--;
                    jbtn[i].setActionCommand(String.valueOf(rnd[i]));
                    jbtn[i].setToolTipText(String.valueOf(i));
                    jbtn[i].setIcon(icons[0]);
                    jbtn[i].setEnabled(true);
            }
        }
    });
```

(3) 设定图片按钮排列成两行，每行四个；设定 jbtn[0]~jbtn[7]显示问号图片；设定 jbtn[0]~jbtn[7]的图片按钮为失效不可用状态；指定 jbtn[0]~jbtn[7]为 ActionEvent 的事件监听对象。其程序写法如下：

```
        int x = 0, y = 0;
        for (int i = 0; I < jbtn.length; i++){
        jbtn[i] = new JButton();
        jbtn[i].setBounds(x * 100 + 20, y * 120 + 20, 80, 100);
        jbtn[i].setIcon(icons[0]);  // 按钮上默认显示问号图片
        jbtn[i].setEnabled(false);
        x++;
        if (i % 4 == 3){
            y++;
            x = 0;
        }
        //指定 jbtn[0]~jbtn[7]的事件监听对象
        jbtn[i].addActionListener(new ActionListener(){
        public void actionPerformed(ActionEvent evt) {
        //事件处理相关程序代码
        }
    });
```

(4) 指定 jbtn[0]~jbtn[7]为匿名事件监听对象，并在监听对象的 actionPerformed 方法做下列事情。

① 先将 num 加 1。

② 判断 num 是否为 1。若成立表示按下的第一个图片按钮，此时按下的图片按钮即显示当前翻开的图片，并使用 getActionCommand()方法获取按钮所代表的字符串并赋值给 f，使用 getSource()方法获取当前按下的按钮对象并赋值给 jbtnf；若 num 的值不为 1，则跳到步骤③。

③ 判断 num 是否为 2。若成立表示按下的第二个图片按钮，此时做下面事情。

- 按下的图片按钮显示当前翻开的图片，使用getActionCommand()方法取得按钮所代表的字符串并赋值给s，使用getSource()方法取得当前按下的按钮对象并赋值给jbtns。
- 判断f是否等于s且jbtnf不等于jbtns，若此条件不成立则跳到下一步骤。若成立表示连续翻开两张图片相同并做下列事情：
  - 显示对话框，提示“猜对了!”信息。
  - 将第一个和第二个翻开的图片按钮设为失效，不可再单击。
  - win的值加1，表示翻开一组相同的图片。
  - 判断win是否等于4。若成立表示4组相同的图片都翻开，此时显示对话框提示“全对了...ya!”信息。
- 若f不等于s或jbtnf等于jbtns，则表示连续翻开的两张图片不相同。此时显示对话框并提示“不对哦”的信息，最后在第一次jbtnf和第二次jbtns翻开的图片按钮上显示icons[0] (0.jpg问号图片)，表示将牌盖住。
- 将s和f字符串设为空串，num设为0，表示要重新设定一组新翻开的图片。

4. 完整程序代码

由于本例使用 memoryImg 文件夹下的 0.jpg~4.jpg 图片，因此需要将 memoryImg 文件夹放在当前项目下，本例完整程序代码及注释说明如下。

程序代码

文件名：\ex17\src\memory\Program.java

```
01 package memory;
02
03 import java.awt.*;            //使用 Font 类请导入 java.awt.*包
04 import java.awt.event.*;      //使用事件请导入 java.awt.event.*包
05 import javax.swing.*;         //使用 swing 组件请导入 javax.swing.*包
06
07 //MyJFrame(记忆大考验游戏窗口)继承 JFrame 窗口组件
08 class MyJFrame extends JFrame  {
09    // 声明 icons[0]~icons[4]用来存放 0.jpg,1.jpg,2.jpg,3.jpg,4.jpg 五张图片
11    private ImageIcon[] icons = new ImageIcon[5];
12    // 声明 jbtn[0]~jbtn[7] 八个按钮
13    private JButton[] jbtn = new JButton[8];
14    // 声明 jbtnOk 确定按钮，jbtnf 表示按下的第一个按钮，jbtns 表示按下的第二个按钮
15    private JButton jbtnOk, jbtnf, jbtns;
16    // 声明 f 表示按下的第一个按钮取得的字符串，s 表示按下的第二个按钮取得的字符串
17    String f = "", s = "";
18    // 声明 num 表示按下按钮的次数；win 表示共猜对几组图片
19    int num = 0, win = 0;
```

```
20    // 创建 rnd[0]~rnd[7]用来存放游戏中每张图所代表的编号
21    int[] rnd = new int[8];
22    // MyJFrame 构造方法
23    MyJFrame()
24    {
25        // 使用 Null 空布局
26        super.setLayout(null);
27        // 窗口标题设为 "记忆大考验"
28            super.setTitle("记忆大考验");
29        // 设定 icons[0]~icons[4]组件的图片为 memberImg 文件夹下的 0.jpg~4.jpg
30            // 其中 0.jpg 为?问号图
31            for(int i = 0; i < icons.length; i++) {
32            icons[i] = new ImageIcon (".\\memoryImg\\" + String.valueOf(i) + ".jpg");
33            }
34
35        // 在窗口放入 jbtnOk 确定按钮
36          jbtnOk = new JButton("确定");
37          jbtnOk.setBounds(20, 260, 80, 30);
38          jbtnOk.setFont(new Font("微软中黑体",Font.PLAIN, 18));
39          add(jbtnOk);
40          // 指定 jbtnOk 确定按钮的监听者为 ActionListener 匿名对象
41          // 按下确定按钮时会执行该对象的 actionPerformed 方法
42          jbtnOk.addActionListener(new ActionListener() {      //按下确定按钮执行此处
43          public void actionPerformed(ActionEvent evt) {
44            // 创建 ary[0]~ary[7] 用来存放图片的编号，编号相同的为同一组
45            int[] ary = new int[]{1,1,2,2,3,3,4,4};
46            int n = 0;     // 用来存放产生的随机数
47            int max = ary.length - 1;
48            // 使用循环 jbtn[0]~jbtn[7]进行随机数存放 1.jpg~4.jpg
49            // 编号相同为同一组
50            for (int i=0; i<ary.length; i++) {
51              n = (int)Math.round((Math.random() * max));
52              rnd[i] = ary[n];
53              ary[n] = ary[max];
54              max--;
55              jbtn[i].setActionCommand(String.valueOf(rnd[i]));
56              jbtn[i].setToolTipText(String.valueOf(i));
57              jbtn[i].setIcon(icons[0]);
```

```
58            jbtn[i].setEnabled(true);
59          }
60        }
61        });
62
63        // 创建 jbtn[0]~jbtn[7] 八个按钮，排成两行，一行有四个按钮
64        int x = 0, y = 0;
65        for (int i = 0; I < jbtn.length; i++){
66        jbtn[i] = new JButton();
67        jbtn[i].setBounds(x * 100 + 20, y * 120 + 20, 80, 100);
68        jbtn[i].setIcon(icons[0]);        // 按钮默认显示 ? 问号图
69        jbtn[i].setEnabled(false);
70        x++;
71        if (i % 4 == 3) {
72          y++;
73          x = 0;
74        }
75        // 在窗口放入 jbtn[0]~jbtn[7] 八个按钮
76        add(jbtn[i]);
77        // 指定 jbtn[0]~jbtn[7] 八个按钮的监听者为 ActionListener 匿名对象
78        // 当按下 jbtn[0]~jbtn[7] 时会执行该对象的 actionPerformed 方法
79            jbtn[i].addActionListener(new ActionListener() {
80          public void actionPerformed(ActionEvent evt) {
81            num++;      // 按下按钮次数加 1
82            if (num == 1) {  // 按下的第一个按钮
83              // 获取按下第一个按钮代表的字符串
84              f = evt.getActionCommand();
85              // 获取按下的第一个按钮
86              jbtnf = (JButton)evt.getSource();
87              jbtn[Integer.parseInt(jbtnf.getToolTipText())]
                            .setIcon(icons[Integer.parseInt(f)]);
88            } else if (num == 2) {     // 按下的第二个按钮
89              // 获取按下的第二个按钮代表的字符串
90              s = evt.getActionCommand();
91              // 获取按下的第二个按钮
92              jbtns= (JButton)evt.getSource();
93               jbtn[Integer.parseInt(jbtns.getToolTipText())]
                 .setIcon(icons[Integer.parseInt(s)]);
94             //若按下的第一个按钮的 f 字符串与按下的第二个按钮的 s 字符串相等
```

```
95                    //且按下的第一个按钮与按下的第二个按钮不是同一个，则表示猜对一组图片
96                     if (f.equals(s) && jbtns!=jbtnf) {
97                        JOptionPane.showMessageDialog(null, "猜对了!");
98                        jbtnf.setEnabled(false);      // 按下的第一个按钮停用
99                        jbtns.setEnabled(false);      // 按下的第二个按钮停用
100                       win++;                        // 猜对的组数加一
101                       if (win == 4) {               // 若猜对四组
102                         JOptionPane.showMessageDialog(null, "全对了...ya!");
103                       }
104                   } else {
105                      //若没有猜对任一组图片，则之前按下的按钮都还原成?问号图片
106                       JOptionPane.showMessageDialog(null, "不对哦!");
107                       jbtnf.setIcon(icons[0]);
108                        jbtns.setIcon(icons[0]);
109                   }
110                   f = "";
111                   s = "";
112                   num = 0;
113                }
114                 }
115             });
116         }
117
118         // 设定窗口大小为宽 430, 高 360
119         setSize(430, 360);
120         // 显示窗口
121         setVisible(true);
122         // 设定当用户按窗口的关闭按钮时结束程序
123         setDefaultCloseOperation(JFrame.EXIT_ON_CLOSE);
124     }
125 }
126 //主程序
127 public class Program {
128  public static void main(String[] args){
129         // 创建 MyJFrame 窗口(记忆大考验游戏界面)
130         new MyJFrame(); // 调用第 23~123 行 MyJFrame 默认构造方法
131     }
132 }
```

附录A

MTA 98-388 Java
国际认证模拟试题

附录B

SQL语言

附录C

SQL Server数据库创建